高等职业教育土建类"十四五"规划"互联网+"创新系列教材

建设工程招投标与合同管理 第2版

JIANSHE GONGCHENG ZHAOTOUBIAO
YU HETONG GUANLI

主　编　林孟洁　陈　淼
副主编　党建新　刘雨琪
主　审　刘孟良

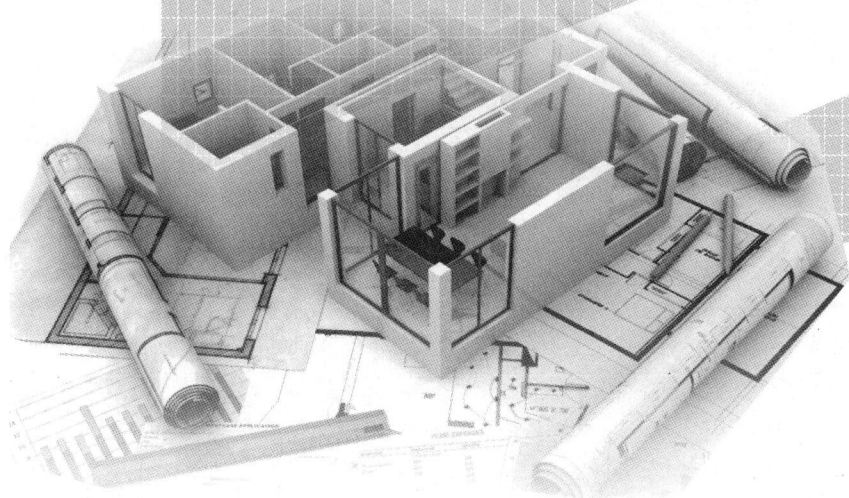

中南大学出版社
www.csupress.com.cn

内容简介

本书按照技能型人才培养的特点，总体思路以真实的工程项目案例为主线，融入课程思政内容，以典型工作任务为载体，以具体的工作任务训练为手段来组织教材编写，注重法律、法规的时效性。将知识点分别融入五大学习情境和 16 个工作任务中：学习情境一　工程招投标与合同管理知识引入；学习情境二　建设工程招标；学习情境三　建设工程投标；学习情境四　建设工程合同管理；学习情境五　招投标综合实训（即招标、投标文件编制和开标、评标、定标模拟训练）。通过对本书的学习，使学生所学理论知识能得到灵活的应用、能力目标得到更好的锻炼，为学生零距离上岗奠定坚实的基础。

本书为高等职业技术院校建筑工程类、工程管理类专业教材，也可作为成人教育、网络教育、电大土木类专业教材，亦可作为相关技术人员零距离上岗的参考用书。本书配有多媒体教学电子课件。

高等职业教育土建类"十四五"规划"互联网+"创新系列教材编审委员会

主 任

王运政　　胡六星　　郑 伟　　玉小冰　　刘孟良　　陈安生

李建华　　谢建波　　彭 浪　　赵 慧　　赵顺林　　向 曙

副主任

（以姓氏笔画为序）

王超洋　　卢 滔　　刘文利　　刘可定　　刘庆潭　　孙发礼

杨晓珍　　李 娟　　李玲萍　　李清奇　　李精润　　欧阳和平

项 林　　胡云珍　　黄 涛　　黄金波　　龚建红　　颜 昕

委 员

（以姓氏笔画为序）

万小华　　邓 慧　　王四清　　龙卫国　　叶 姝　　包 蕠

邝佳奇　　朱再英　　伍扬波　　庄 运　　刘小聪　　刘天林

刘汉章　　刘旭灵　　许 博　　阮晓玲　　孙光远　　孙湘晖

李为华　　李 龙　　李 冰　　李 奇　　李 侃　　李 鲤

李亚贵　　李进军　　李丽田　　李丽君　　李海霞　　李鸿雁

肖飞剑　　肖恒升　　何 珊　　何立志　　佘 勇　　宋士法

宋国芳　　张小军　　张丽姝　　陈 晖　　陈 翔　　陈贤清

陈淳慧　　陈婷梅　　易红霞　　金红丽　　周 伟　　赵亚敏

徐龙辉　　徐运明　　徐猛勇　　卿利军　　高建平　　唐 文

唐茂华　　黄郎宁　　黄桂芳　　曹世晖　　常爱萍　　梁鸿颉

彭 飞　　彭子茂　　彭秀兰　　蒋 荣　　蒋买勇　　曾维湘

曾福林　　熊宇璟　　樊淳华　　魏丽梅　　魏秀瑛　　瞿 峰

出版说明 INSTRUCCIONS

　　为了深入贯彻党的十九大精神和全国教育大会精神，落实《国家职业教育改革实施方案》（国发〔2019〕4 号）和《职业院校教材管理办法》（教材〔2019〕3 号）有关要求，深化职业教育"三教"改革，全面推进高等职业院校土建类专业教育教学改革，促进高端技术技能型人才的培养，依据教育部高职高专教育土建类专业教学指导委员会《高职高专土建类专业教学基本要求》和国家教学标准及职业标准要求，通过充分的调研，在总结吸收国内优秀高职高专教材建设经验的基础上，我们组织编写和出版了这套高等职业教育土建类专业规划教材。

　　高职高专教学改革不断深入，土建行业工程技术日新月异，相应国家标准、规范，行业、企业标准、规范不断更新，作为课程内容载体的教材也必然要顺应教学改革和新形势，适应行业的发展变化。教材建设应该按照最新的职业教育教学改革理念构建教材体系，探索新的编写思路，编写出版一套全新的、高等职业院校普遍认同的、能引导土建专业教学改革的系列教材。为此，我们成立了规划教材编审委员会。规划教材编审委员会由全国 30 多所高职院校的权威教授、专家、院长、教学负责人、专业带头人及企业专家组成。编审委员会通过推荐、遴选，聘请了一批学术水平高、教学经验丰富、工程实践能力强的骨干教师及企业专家组成编写队伍。

　　本套教材具有以下特色：

　　1. 教材符合《职业院校教材管理办法》（教材〔2019〕3 号）的要求，以习近平新时代中国特色社会主义思想为指导，注重立德树人，在教材中有机融入中国优秀传统文化、"四个自信"、爱国主义、法治意识、工匠精神、职业素养等思政元素。

　　2. 教材依据教育部高职高专教育土建类专业教学指导委员会《高职高专土建类专业教学基本要求》及国家教学标准和职业标准（规范）编写，体现科学性、综合性、实践性、时效性等特点。

　　3. 体现"三教"改革精神，适应高职高专教学改革的要求，以职业能力为主线，采用行动导向、任务驱动、项目载体，教、学、做一体化模式编写，按实际岗位所需的知识能力来选取教材内容，实现教材与工程实际的零距离"无缝对接"。

4. 体现先进性特点，将土建学科发展的新成果、新技术、新工艺、新材料、新知识纳入教材，结合最新国家标准、行业标准、规范编写。

5. 产教融合，校企双元开发，教材内容与工程实际紧密联系。教材案例选择符合或接近真实工程实际，有利于培养学生的工程实践能力。

6. 以社会需求为基本依据，以就业为导向，有机融入"1+X"证书内容，融入建筑企业岗位(八大员)职业资格考试、国家职业技能鉴定标准的相关内容，实现学历教育与职业资格认证的衔接。

7. 教材体系立体化。为了方便教师教学和学生学习，本套教材建立了多媒体教学电子课件、电子图集、教学指导、教学大纲、案例素材等教学资源支持服务平台；部分教材采用了"互联网+"的形式出版，读者扫描书中的二维码，即可阅读丰富的工程图片、演示动画、操作视频、工程案例、拓展知识等。

高等职业教育土建类专业规划教材

编 审 委 员 会

前 言 PREFACE

党的十九大明确指出必须坚持依法治国、依法执政、依法行政共同推进，坚持法治国家、法治政府、法治社会一体建设。建设工程招投标行业更是新时代"法治"的重点领域，为了顺应招投标事业的发展，突显课程思政融入专业课的重要性，作者结合职教改革要求和最新的现行的招投标法律、条例、规范和合同文本，对本教材进行了修订。

本次修订突出了以下特色：

1. 贯彻职教 20 条精神，立德树人，课程思政进课堂，每个情境内容都设计了课程思政教学主题，教师可以在学习中插入引导案例，培养学生的社会主义核心价值观和职业道德。

2. 突出职业教育特色，紧跟建筑业发展趋势，提供了招投标与合同管理领域国家现行的《中华人民共和国招标投标法》《中华人民共和国招标投标法实施条例》《中华人民共和国民法典》《建设工程施工合同(示范文本)》《建设工程工程量清单计价规范》等相关法律、条例、规范、标准文本和各类表单。

3. 体现"三教"改革精神，产教融合。本书编写过程中特意邀请了施工总承包特级企业湖南建工集团、湖南华意项目管理有限公司相关专家参与了教材的修订与审定，在学习任务和实训任务的设计上充分尊重企业意见。

4. 依据国家教学标准和职业标准(规范)编写。通过对企业实践专家访谈，现场走访调查，结合本人多年招投标合同管理工作实践和教学经验，以典型工作任务为载体，紧密结合实际工作。引入电子招投标系统、"四库一平台"的建设工程、BIM 技术在工程招投标各环节中的应用等招投标最新发展趋势组织情境教学和创新实践。

5. 贯彻书证融通，融入"1+X"(毕业证与职业资格证)的教学内容，在融合了建筑企业岗位职业资格考试、国家职业技能鉴定标准的基础上，课后设计了大量的案例、习题、图表，同时对接造价员、监理员、资料员、招投标员等职业标准和岗位要求，有利于学生在校期间或毕业后考取相关职业证书。

6.建立了多媒体教学电子课件、课程标准、电子教案、教学指导、案例素材等教学资源，读者扫描书中二维码，即可阅读丰富的工程图片、演示动画、操作视频、工程案例、拓展知识等。

7.本书建议总学时80课时，根据不同任务的重难点进行分配，各任务再以理论教学、实践教学、模拟现场教学进行详细分配，注重理论教学与实践经历的相互融合。具体课时分配见各情境内容。

本书由湖南交通职业技术学院林孟洁负责全书的整体设计及统稿，具体编写分工如下：学习情境一由湖南交通职业技术学院陈文萃编写，学习情境二和学习情境三由湖南交通职业技术学院林孟洁编写，学习情境四由邵阳职业技术学院陈淼编写，学习情境五由湖南交通职业技术学院党建新、彭子茂编写。由于建设工程招投标与合同管理的内容应随着国家法律、法规、政策和工程实践不断发展和完善，本书法律方面的内容由西南政法大学刘雨琪编写。全书由林孟洁、陈淼任主编，湖南交通职业技术学院刘孟良主审。本书编写过程中得到了湖南建工集团、湖南华意项目管理有限公司相关专家的支持与帮助，谨向他们表示最真诚的谢意。

限于编者水平有限，书中难免存在疏漏之处，诚望读者、同行提出批评和改进建议。

编者

2022 年 6 月

目 录 CONTENTS

学习情境一　工程招投标与合同管理知识引入

【学习目标】

能力目标	知识目标	思政目标	权重
能在建筑市场中完成各种建设项目的报建工作	建筑市场的主体、客体、内容三要素	介绍建筑市场的交易规则和管理体制,让学生熟悉建筑市场的运行规律,以及中、外不同政治体制下建筑市场的管理特点。结合"全民战疫"的现实背景,彰显中国特色社会主义市场经济体制的优越性。在疫情蔓延的紧要关头,只有中国特色社会主义体制能够做到统筹全局,快速反应,及时扭转局面,遏制蔓延态势。激发学生的爱国、爱党热情,自觉形成道路自信、理论自信、制度自信和文化自信	20%
能对工程交易建立感性认识	建设工程交易中心的功能、交易程序及运作模式,招投标监督管理		10%
能对招投标知识初步了解	招投标主体、适用范围,招投标程序		30%
能对合同管理知识初步了解	合同管理主要内容及工作流程		30%
能够运用法律法规保护自己或自己所在组织的相关权益	我国工程招投标与合同管理的相关法律、法规、部门规章及规范性文件		10%
合　计			100%

【教学建议】

　　建议参观当地公共资源交易中心,让学生对建设工程交易场所及功能建立感性认识,为招投标综合能力训练和从事招标投标相关工作奠定基础。参观后完成参观调研报告。

【建议学时】

　　4 学时。

任务一　建筑市场认识

【案例引入】

　　某高校拟新建一栋教学楼,投资约 5600 万元,建筑面积约 30000 m²,现准备进入建筑市场交易。目前的任务是了解我国建筑交易市场的运行模式及建筑工程交易活动的过程。

　　引导问题:建筑工程市场的三要素;我国的建设工程项目管理机构、管理体制及交易方式。

【任务目标】

1. 了解当地交易中心功能划分、机构设置。
2. 了解建设项目招标、投标在交易中心的运作程序。
3. 了解我国建筑交易市场的运行模式。
4. 了解建设工程交易活动的过程。

【知识链接】

1.1 建筑市场的主体和客体

1.1.1 建筑市场概念

建筑市场是以工程承发包交易活动为主要内容的市场，是建筑产品交换关系的总和，一般称作建筑工程市场或建设市场。

建筑市场有狭义和广义之分。狭义的建筑市场是指以建筑产品交换为内容的市场，它主要表现为建设项目业主通过招投标过程与承包商形成商品交换关系。一般指有形建设工程市场，即建设工程交易中心，是单一型建设工程市场。

广义的建筑市场除有形建筑市场外，还包括与建筑产品生产与交换相联系的无形建设工程市场，即勘察设计市场、建筑生产资料市场、资金市场和从事招标代理、工程监理和造价咨询等中介服务的市场，由此形成建筑市场体系。

由于建筑产品具有生产周期长、价值量大、生产过程的不同阶段对承包方的能力和特点要求不同等特点，决定了建筑市场交易贯穿于建筑产品生产的整个过程。从工程建设的咨询、设计、施工任务的发包开始，一直到工程竣工、保修期结束为止，发包方与承包方、分包方进行的各种交易，以及相关的商品混凝土供应、构配件生产、建筑机械租赁等活动，都是在建筑市场中进行的。生产活动和交易活动交织在一起，使得建筑市场在许多方面不同于其他产品市场。

建筑市场经过近几年的发展，已形成以发包方、承包方、为双方服务的咨询服务者和市场组织管理者组成的市场主体，由建筑产品和建筑生产过程为对象组成的市场客体，以招标投标为主要交易形式的市场竞争机制，以企业资质管理和从业人员资格管理为主要内容的市场监督管理体系以及我国特有的有形建筑市场等。

【特别提示】

建筑市场的运行模式：
(1)运行主体：发包人、承包人、工程咨询服务机构。
(2)运行基地：建筑市场(建设工程交易中心)。
(3)调节主体：国家机关(建设行政主管部门)。
(4)调节对象：市场活动(三公原则，遵循市场经济规律原则，法制统一原则，责、权、利相一致原则)。

1.1.2 建筑市场的主体

建筑市场的主体指参与建筑市场交易活动的各方，主要包括发包人(政府部门、企事业单位、房地产开发公司和个人)，承包人(承担工程的勘察设计、施工任务的建筑企业)，为市场主体服务的工程咨询服务机构、物资供应机构和银行。

1. 发包人

发包人是既有进行某项工程建设的需求，又具有该项工程建设相应的建设资金和各种准建手续，在建筑市场中发包工程建设的咨询、设计、施工监理任务，并最终得到建筑产品的所有权的政府部门、企事业单位或个人。他们可以是各级政府、专业部门、政府委托的资产管理部门，可以是学校、医院、工厂、房地产开发公司等企事业单位，也可以是个人或个人合伙。在我国工程建设中，过去一般称之为建设单位或甲方；国际工程承包中通常称作业主(在以下论述中统一称作发包人)。他们在发包工程和组织工程建设时进入建筑市场，成为建筑市场的主体。

项目发包人是由投资方代表组成，从建设项目的筹划、筹集、设计、建设实施直至生产经营、归还贷款及债券本息等全面负责并承担风险的项目(企业)管理班子。也就是说，发包人首先必须承担建设项目的全部责任和风险，对建设过程中的各个环节进行统筹安排，实行责、权、利的统一。发包人是投资行为的主体，应形成企业法人。

项目业主主要有以下三种形式：

(1)机关、企事业单位。机关、企业、事业单位投资新建、扩建、改建工程，则该单位即为项目业主。

(2)联合投资董事会。由不同投资方参股或共同投资的项目，则业主是共同投资方组成的董事会或管理委员会。

(3)各类开发公司。开发公司自行融资或由投资方协商组建或委托开发的工程管理公司也可称为业主。

项目业主在项目建设中的主要责任有：

(1)建设项目立项决策；

(2)建设项目的资金筹措与管理；

(3)办理建设项目的有关手续；

(4)建设项目的招标与合同管理；

(5)建设项目的施工管理；

(6)建设项目的施工验收和试运行；

(7)建设项目的统计与文件管理。

由于长期计划经济体制的束缚，绝大多数工程建设的发包人还不是合格的市场主体，主要表现在以下几个方面：

第一，有的发包人不是完全的法人主体，对于建设资金的使用、建筑物的标准和承包方的选择方面，没有完全的自主权，经常受到其行政主管部门的干预，无法承担发包方应当承担的义务和责任。

第二，有的发包人同时享有对承包方行为进行干预的行政权力，缺少等价有偿、协商一致、平等互利的市场意识，破坏了与承包方之间的平等交易关系，也阻碍了市场机制作用的发挥。

第三，投资责任机制不健全，发包人对工程建设的投资效益不负责任，不能发挥对发包人的刚性约束作用，造成其行为的不合理，片面追求低造价、高标准、短工期，这些都损害了工程质量，也给国家财产造成了损失。国家资产管理体制的不完善和发包人内部管理制度的薄弱，使管理工程的发包人员追求个人或小集团的利益，造成了工程发包中不正之风和腐败现象的泛滥。

第四，现行的建筑管理体制使发包人在选择承包商时受到各种干预。目前，发包人和专业建筑队伍大部分隶属于各级行业管理部门和地方政府，投资责任机制不健全，投资效益对发包人缺少约束，承发包双方的利益界定不明确，因此市场难以通过利益激励机制发挥作用。同时，部门和地方互相割据封锁，从根本上阻碍了市场竞争的优胜劣汰和资源的优化配置。

第五，有相当部分的发包人没有相应的工程技术经济管理人员，不具备承担发包和组织工程建设的能力，而各种咨询、监理等中介服务机构的发展又远远不能满足需要，造成了工程发包和管理等工作中存在着不科学、不合理、不完善等问题。

2.承包人（商）

承包人（商）是指有一定生产能力、机械装备、流动资金，具有承包工程建设任务的营业资格，在建筑市场中能够按照发包人的要求，提供不同形态的建筑产品，并最终得到相应的工程价款的建筑业企业。按照生产的主要形式，它们主要分为勘察、设计单位，建筑安装企业，混凝土构配件及非标准预制件等生产厂家，商品混凝土供应站，建筑机械租赁单位以及专门提供建筑劳务的企业等。它们的生产经营活动是在建筑市场中进行的，是建筑市场主体中的主要成分。承包人从事建设生产一般需要具备以下三个方面的条件：

(1)拥有符合国家规定的注册资本；

(2)拥有与其等级相适应且具有注册执业资格的专业技术和管理人员；

(3)具有从事相应建筑活动所需的技术培训装备。

3.工程服务咨询机构

工程服务咨询机构是指具有一定注册资金和相应的专业服务能力，持有从事相关业务的资质证书和营业执照，在建筑市场中受承包方、发包方或政府管理机构的委托，能对工程建设进行估算测量、咨询代理、建设监理等高智能服务，并取得服务费用的咨询服务机构和其他建设专业中介服务组织。在市场经济运行中，中介组织作为政府、市场、企业之间联系的纽带，具有政府行政管理不可替代的作用。而发达的市场中介组织又是市场体系成熟和市场经济发达的重要表现。

工程服务咨询机构包括勘察设计、项目管理、工程造价咨询、招标代理、工程监理等单位。

【特别提示】

各主体组织之间的关系

建设工程承发包是根据协议，作为交易一方的承包商（勘察、设计、监理、施工、企业）负责为交易另一方的发包人（建设单位）完成某一项工程的全部或部分工作，并按一定的价格取得相应报酬的生产经营活动。承包商和发包人之间是平等的合同关系。

建筑市场不同于其他商品市场，市场中的各方存在着既相互对立又相互统一、既交叉重叠又互为因果的特殊关系，是一种很复杂的政治、经济、社会、技术关系。建筑市场的各主体（业主、承包商、各类中介组织）之间的合同关系如图1-1所示。

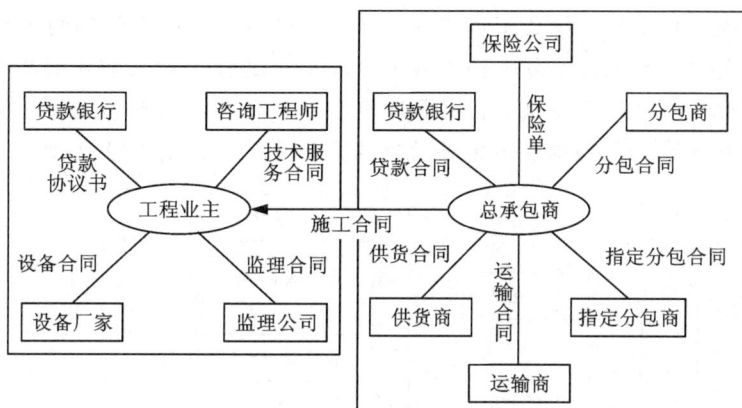

图 1-1　建筑市场各主体间的合同关系

1.1.3　建筑市场客体

1.建筑市场的客体

建筑市场的客体一般称作建筑产品,它包括有形的建筑产品(建筑物、构筑物)和无形的建筑产品(设计、咨询、监理)等各种智力型服务。

2.建筑产品的特点

(1)建筑产品的固定性及生产过程的流动性。

建筑物与土地相连,不可移动,这就要求施工人员和施工机械只能随着建筑物不断流动,从而带来施工管理的多变性和复杂性。

(2)建筑产品的单件性。

由于业主对建筑产品的用途、性能要求不同,及建筑地点的差异,决定了多数建筑产品都需要单独进行设计,不能批量生产。

(3)建筑产品的投资额大,生产周期和使用周期长。

建筑产品工程量巨大,消耗大量的人力、物力和资金。因时间长,投资可能受到物价涨落、国内国际经济形势的影响,因而投资管理非常重要。

(4)建筑生产的不可逆性。

建筑产品一旦进入生产阶段,其产品不能退换,也难以重新建造,否则双方都将承受极大的损失。所以建筑产品的最终产品质量是由各阶段成果的质量决定的。设计、施工必须按照规范和标准进行,才能保证生产出合格的建筑产品。

(5)建筑产品的整体性和施工生产的专业性。

这个特点决定了建筑产品的生产需要采用总包和分包相结合的特殊承包形式。随着经济的发展和建筑技术的进步,施工生产的专业性越来越强。在建筑生产中,有各种专业承包企业分包承担工程的土建、安装、装饰、劳务分包,有利于施工生产技术和工作效率的提高。

【特别提示】

建筑市场经过近几年的发展已形成以发包方、承包方、为双方服务的咨询服务机构和市场组织管理者组成的市场主体，由建筑产品和建筑生产过程为对象组成的市场客体，由招标投标为主要交易形式的市场竞争机制，由资质管理为主要内容的市场监督管理体系以及我国特有的有形建筑市场等。这些构成了完整的建筑市场体系，如图1-2所示。

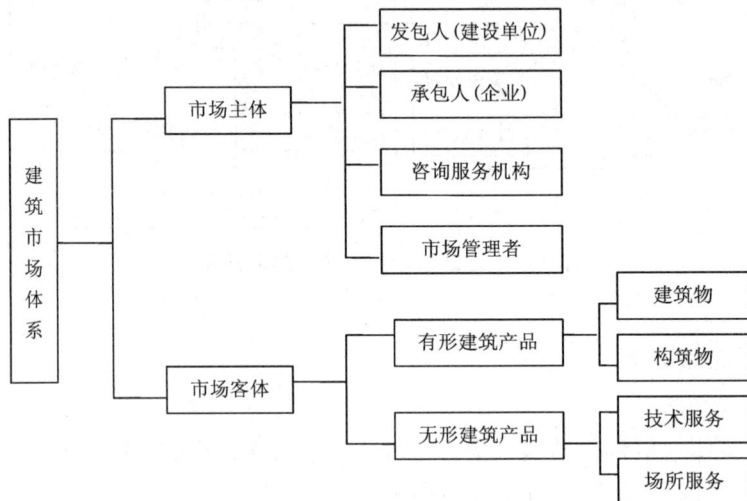

图1-2　建筑市场体系

1.2　建筑市场资质管理

建筑业作为我国经济的重要支柱产业，关系到国民经济的健康发展及人民的生产生活。我国通过资质管理对建筑市场起到规范和督促作用。建筑市场的资质管理是以维护行业秩序为目标，以对行业管理提出强制性要求为手段。建筑市场中的资质管理包括2类：一类是对从业企业的资质管理；另一类是对专业人员的资质管理。

1.2.1　从业企业的资质管理

《中华人民共和国建筑法》规定，对从事建筑活动的勘察单位、设计单位、施工单位和工程咨询机构(含工程监理单位等)实行资质管理。

1.工程勘察设计企业资质管理

我国工程勘察设计资质分为工程勘察资质、工程设计资质。

(1)工程勘察资质管理　根据住房和城乡建设部制定的《工程勘察资质标准》规定，工程勘察资质分为工程勘察综合资质、工程勘察专业资质、工程勘察劳务资质。

(2)工程设计资质管理　工程设计资质分为工程设计综合资质、工程设计行业资质、工程设计专业资质和工程设计专项资质四类。

建设工程勘察、设计企业应当按照其拥有的注册资本、专业技术人员、技术装备和业绩等条件申请资质，经审查合格，取得建设工程勘察、设计资质证书后，方可在资质等级许可范围内从事建设工程勘察、设计活动。

2.建筑企业资质管理

我国最新的《建筑业企业资质管理规定》是由中华人民共和国住房和城乡建设部令第22号发布，自2015年3月1日起施行。规定所称建筑业企业，是指从事土木工程、建筑工程、线路管道设备安装工程的新建、扩建、改建等施工活动的企业。

建筑业企业资质分为施工总承包资质、专业承包资质、施工劳务资质三个序列。施工总承包企业资质等级标准包括12个类别，即建筑工程施工总承包、公路工程施工总承包、铁路工程施工总承包、港口与航道工程施工总承包、水利水电工程施工总承包、电力工程施工总承包、矿山工程施工总承包、冶金工程施工总承包、石油化工工程施工总承包、市政公用工程施工总承包、通信工程施工总承包、机电工程施工总承包，施工总承包资质一般分为四个等级（特级、一级、二级、三级）；专业承包企业资质等级标准包括36个类别，一般分为三个等级（一级、二级、三级）；劳务分包企业资质不分类别与等级。

施工总承包工程应由取得相应施工总承包资质的企业承担。取得施工总承包资质的企业可以对所承接的施工总承包工程内各专业工程全部自行施工，也可以将专业工程依法进行分包。对具有资质的专业工程进行分包时，应分包给具有相应专业承包资质的企业。施工总承包企业将劳务作业分包时，应分包给具有施工劳务资质的企业。

具有专业承包资质的专业工程单独发包时，应由取得相应专业承包资质的企业承担。取得专业承包资质的企业可以承接具有施工总承包资质的企业依法分包的专业工程或建设单位依法发包的专业工程。取得专业承包资质的企业应对所承接的专业工程全部自行组织施工，劳务作业可以分包，但应分包给具有施工劳务资质的企业。取得施工劳务资质的企业可以承接具有施工总承包资质或专业承包资质的企业分包的劳务作业。取得施工总承包资质的企业，可以从事资质证书许可范围内的相应工程总承包，工程项目管理等业务。

3.工程咨询单位资质管理

我国对工程咨询单位也实行资质管理。已有明确资质等级评定条件的有：工程监理咨询机构。其中对工程监理企业资质管理情况介绍如下：

工程监理企业资质分为综合资质、专业资质和事务所三个序列。综合资质只设甲级。专业资质原则上分为甲、乙、丙三个级别，并按照工程性质和技术特点划分为14个专业工程类别；除房屋建筑、水利水电、公路和市政公用四个专业工程类别设丙级资质外，其他专业工程类别不设丙级资质。事务所不分等级。

综合资质可以承担所有专业工程类别建设工程项目的工程监理业务。专业甲级资质可承担相应专业工程类别建设工程项目的工程监理业务；专业乙级资质可承担相应专业工程类别二级以下（含二级）建设工程项目的工程监理业务；专业丙级资质可承担相应专业工程类别三级建设工程项目的工程监理业务。事务所资质可承担三级建设工程项目的工程监理业务，但是，国家规定必须实行强制监理的工程除外。

工程监理企业可以开展相应类别建设工程的项目管理、技术咨询等业务。

1.2.2 专业人士资格管理

在建设工程市场中，把具有从事工程咨询资格的专业工程师称为专业人士。

专业人士在建设工程市场管理中起着非常重要的作用。由于他们的工作水平对工程项目建设成败具有重要影响，因此对专业人士的资格条件要求很高。从某种意义上说，政府对建设工程市场的管理，一方面要靠完善的建筑法规，另一方面要依靠专业人士。

我国专业人士制度是近几年才从发达国家引入的。目前,已经确定的专业人士种类有建筑工程师、结构工程师、监理工程师、造价工程师、注册建造师和岩土工程师等。由全国资格考试委员会负责组织专业人士的考试,由建设行政主管部门负责专业人士注册。资格和注册条件为:大专以上的专业学历;参加全国统一考试,成绩合格;具有相关专业的实战经验。符合以上条件即可取得注册工程师资格。各专业人士资格和注册条件见表1-1。

目前我国专业人士制度尚处在起步阶段,但随着建设工程市场的进一步完善,对其管理会进一步规范化和制度化。

表1-1　各专业人士资格和注册条件一览表

专业人士名称	资格条件	考试或资格证	注册机构
建筑工程师	建筑工程师分为一级建筑师、二级建筑师 建筑工程师考试资格及注册条件:参见中华人民共和国国务院令第184号《中华人民共和国注册建筑师条例》,网址:http://www.pqrc.org.cn	由人事部、住房和城乡建设部共同组织执业资格考试及资格证书颁发	住房和城乡建设部执业资格注册中心
结构工程师	结构工程师分为一级结构、二级结构师 结构工程师考试资格及注册条件:参见中华人民共和国建设部颁布的《注册结构工程师执业资格制度暂行规定》,网址:http://www.pqrc.org.cn	由人事部、住房和城乡建设部共同组织执业资格考试及资格证书颁发	住房和城乡建设部执业资格注册中心
监理工程师	监理工程师考试资格条件:①工程技术或工程经济专业大专(含大专)以上学历,按照国家有关规定,取得工程技术或工程经济专业中级职务,并任职满3年;②按照国家有关规定,取得工程技术或工程经济专业高级职务;③1970年(含1970年)以前工程技术或工程经济专业中专毕业,按照国家有关规定,取得工程技术或工程经济专业中级职务,并任职满3年。参见中华人民共和国建设部第18号令《监理工程师资格考试和注册试行办法》,网址:http://www.pqrc.org.cn	由人事部、住房和城乡建设部共同组织执业资格考试及资格证书颁发	住房和城乡建设部执业资格注册中心
造价工程师	造价工程师考试资格条件:参见中华人民共和国建设部《注册造价工程师管理办法》,网址:http://www.pqrc.org.cn	由人事部、住房和城乡建设部共同组织执业资格考试及资格证书颁发	住房和城乡建设部执业资格注册中心
建造师	建造师分为一级建造师、二级建造师 建造师考试资格条件,参见国人部发〔2004〕16号《建造师执业资格考试实施办法》 注册条件:参见中华人民共和国建设部第153号令《注册建造师管理规定》,网址:http://www.pqrc.org.cn	一级建造师由人事部、住房和城乡建设部共同组织执业资格考试及资格证书颁发 二级建造师由各省、自治区、直辖市人事厅(局),建设厅(委)按照国家确定的考试大纲和有关规定,在本地区组织实施二级建造师执业资格考试及资格证书颁发	住房和城乡建设部执业资格注册中心

1.3 建设工程交易中心

自 20 世纪 90 年代中期，各地相继设立有形建筑市场(即公共资源交易中心)，经过二十多年的发展，已经初步形成场所设施完备、人员素质较高、管理信息化的公开透明的交易平台。在当前我国市场体系还不完善的情况下，交易中心在促进市场体系的发展和完善方面起着不可替代的作用。把所有代表国家或国有企事业单位投资的业主请进建设工程交易中心进行招标，设置专门的监督机构，这是解决国有建设项目交易透明度差的问题和加强建筑市场管理的一种特殊方式。

1.3.1 建设工程交易中心的性质

建设工程交易中心是由建设工程招投标管理部门或政府建设行政主管部门授权的其他机构建立的、自收自支的非营利性事业法人单位，它根据政府建设行政主管部门委托实施对市场主体的服务、监督和管理。

1.3.2 建设工程交易中心的基本功能

根据我国有关规定，所有建设项目的报建、招标信息发布、合同签订、施工许可证的申领、招标投标、合同签订等活动均应在建设工程交易中心进行，并接受政府有关部门的监督。建筑工程交易中心应具有以下三大功能(表 1-2)：

表 1-2　建设工程交易中心三大基本功能表

功能	服务内容	功能	服务内容	功能	服务内容
信息服务	工程信息	集中办公	建设项目报建	场所服务	信息发布大厅
	法律法规		招标登记		洽谈室
	造价信息		承包商资质审查		开标室
	建材价格		合同登记		封闭评标室
	承包商信息		质量报建		计算机室
	专业和劳务分包信息		安全报建		中心办公室
	咨询单位和专业人士信息		发放施工许可证		资料室
	中标公示		其他		其他
	违规曝光和处罚公告				
	其他				

1. 集中办公功能

由于众多建筑项目进入有形建筑市场报建、进行招投标交易和办理有关批准手续，这就要求政府及有关建设主管部门的各职能机构进驻建设工程交易中心，分别开设对外服务窗口，实行一站式服务。

2. 信息服务功能

包括收集、存储和发布各类工程信息、法律法规、造价信息、建材价格、承包商信息、咨询单位和专业人士信息等。在设施上备有大型电子墙、计算机网络工作站，为承发包交易提供广泛的信息服务。

3. 场所服务功能

为承发包交易活动提供场所及相关服务。对于政府部门、国有企业、事业单位的投资项目，我国明确规定，一般情况下必须进行公开招标，只有特殊情况才允许采用邀请招标。所有建设项目进行招标投标必须在有形建筑市场内进行，必须由有关管理部门进行监督。按照这个要求，建设工程交易中心必须为工程承发包双方提供建设工程的招标、评标、定标、合同谈判等设施和场所。

根据建设部《建设工程交易中心管理办法》规定，中心要为政府有关部门提供办理有关手续和依法监督招标投标活动的场所，还应设有信息发布厅、开标室、洽谈室、会议室、商务中心和有关设施。

我国有关法规规定，建设工程交易中心必须经政府建设主管部门认可后才能设立，而且每个城市一般只能设立一个中心，特大城市可增设若干个分中心，但三项基本功能必须健全。

1.3.3　建设工程交易中心的运行原则

交易中心的运行应遵守以下原则。

1. 信息公开原则

中心必须充分掌握工程发包、政策法规、招投标和咨询单位资质、造价指数、招标规则、评标标准、专家评委会等各项信息，并保证市场各方主体均能及时获得所需要的信息资料。

2. 依法管理原则

中心应严格按照法律、法规开展工作，尊重建设单位依照法律法规选择投标单位和选定中标单位的权利。尊重符合资质条件的建筑业企业提出的投标要求和接受邀请参加投标的权利。任何单位和个人不得非法干预交易活动的正常进行。监察机关应当进驻建设工程交易中心实施监督。

3. 公平竞争原则

建立公平竞争的市场秩序是中心的一项重要原则。进驻的有关行政监督管理部门应严格监督招标、投标单位的行为，防止地方保护、行业和部门垄断等各种不正当竞争，不得侵犯交易活动各方的合法权益。

4. 属地进入原则

按照我国有形建筑市场的管理规定，中心实行属地进入。每个城市原则上只能设立一个建设工程交易中心，特大城市可增设若干个分中心，在业务上由上属中心领导。对于跨省、自治区、直辖市的铁路、公路、水利等工程，可在政府有关部门的监督下，通过公告由项目法人组织招标、投标。

5. 办事公正原则

中心是政府建设行政主管部门批准的服务性机构，需配合进场的各行政管理部门做好相应的工程交易活动管理和服务工作。要建立监督制约机制，公开办事规则和程序，应当向政府有关管理部门报告，并协助进行处理。

1.3.4　建设工程交易中心运行的一般程序

按照有关规定，建设项目进入建设工程交易中心后，一般按表1-3所示的程序进行。

表 1-3　建设项目运行的一般程序

序号	程序	管理部门	办理期限	办理结果
1	建设项目报建	市招标办	资料齐全后即办	签署报建意见发布项目报建信息
2	工程类别核定	市工程造价管理处	资料齐全后即办	核定工程类别
3	发包申请	交易中心、市招标办	发包申请书递交后两个工作日内	发布项目发包信息
4	承包报名	交易中心	规定时间内即办	核发交易联系单
5	交易洽谈	交易中心	30 个工作日内	确认交易
6	招标投标	市招标办	30 个工作日内	核发中标通知书并确认交易
7	合同审核	交易中心	两个工作日	签署审核意见
8	合同签证	市工商局		签署审核意见
9	建设工程安全监督	市建设工程安全监督站	资料齐全后即办	核发安全监督受理表
10	申领施工许可证	市建委、建管局	资料齐全后即办	核发施工许可证
11	建设工程质量监督	市建设工程质量监督站	资料齐全后即办	核发质量监督受理表

1.4　招投标监督管理

国家发展计划委员会(后更名为国家发展和改革委员会)根据国务院授权,负责组织国家重大建设项目稽查特派员及其助理,对国家重大建设项目的招标投标活动进行监督检查。

省发展计划行政主管部门对省政府确定的重大项目建设过程中的招标投标进行监督检查。省、市、县(含县级市、区,下同)发展计划行政主管部门负责本行政区域内招标投标活动的指导和协调工作。经贸、建设、水利、交通、教育、国土资源、信息产业等行政管理部门分别负责行业和产业项目招标投标活动的监督执法。

在国家住房和城乡建设部统一监管下,实行省、市、县三级行政主管部门对所管辖行政区内的建设工程招标投标分级属地管理以及属地的纪检监察部门介入。

【相关链接】

公共资源交易中心简介

公共资源交易中心是负责公共资源交易和提供咨询、服务的机构,是公共资源统一进场交易的服务平台。工程建设招标投标、土地和矿业权交易、企业国有产权交易、政府采购、公立医院药品和医疗用品采购、司法机关罚没物品拍卖、国有的文艺品拍卖等所有公共资源交易项目全部纳入中心集中交易。

公共资源交易管理体制改革是政府行政管理体制改革的一项重要内容,是建设服务型政府的重要举措。公共资源交易中心的成立，整合并规范了公共资源交易的流程，形成了统一、规范的业务操作流程和管理制度。实行八统一，即统一受理登记、统一信息发布、统一时间安排、统一专家中介抽取、统一发放中标通知、统一费用收取退付、统一交易资料保存、统一电子监察监控。

附：全国公共资源交易平台网址：http://www.ggzy.gov.cn/。

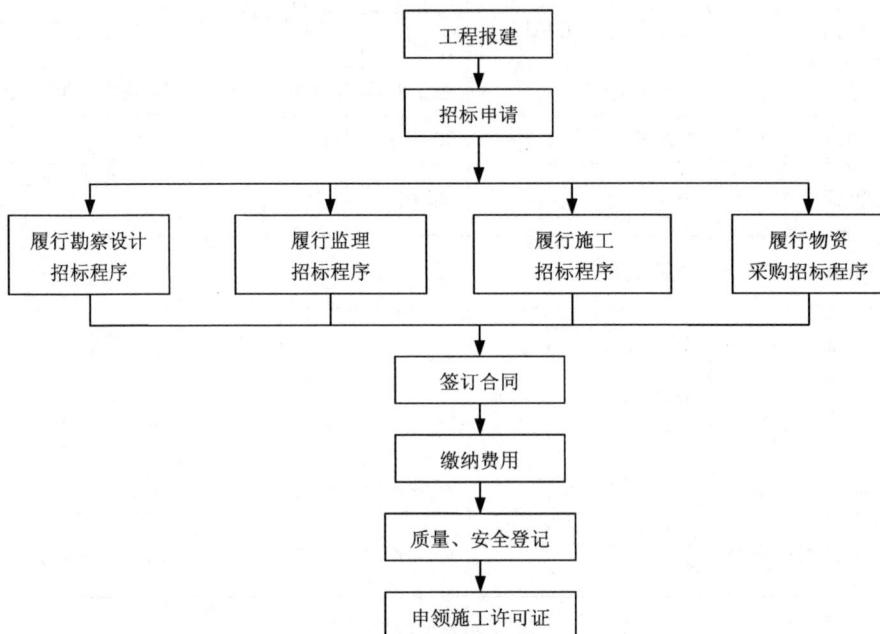

图 1-3　××市公共资源交易中心运行程序图

【任务实施】

1. 本建设项目在建筑市场中交易，建设工程市场的主体与客体之间有什么关系，市场交易谁在参与，交易物是什么。

2. 指出交易流程，并做好相关准备工作。

【任务评价】

任务一　评价表

能力目标	知识要点	权重	自测
能对建设工程项目及交易建立感性认识	建筑市场的主体、客体、内容三要素	20%	
	我国建筑市场的准入制度	10%	
	建设工程交易中心的功能、交易程序	60%	
	招投标的监督管理	10%	
组长评价： 教师评价：			

【知识总结】

建筑市场是指以建筑产品承发包交易活动为主要内容的市场。建筑市场交易贯穿于建筑产品生产的整个过程。建筑市场主体是指参与建筑生产交易的各方，主要有业主、承包商、工程咨询服务机构等。建筑市场的客体则为有形的建筑产品(建筑物、构筑物)和无形的建筑产品(咨询、监理等智力型服务)。

建筑市场中的资质管理是对从业企业的资质管理和对专业人士的资格管理。

建设工程交易中心是政府或政府授权主管部门批准的非一般意义上的服务机构，按照我国的有关规定，所有建设项目都要在建设工程交易中心(公共资源交易中心)内报建、发布招标信息、合同授予、申领施工许可证。

主要目的是通过介绍建筑工程市场及其主、客体，引入建设工程项目的管理机构、管理体制、交易方式。学生通过专项实训，对建筑工程项目及交易建立感性认识，能够达到加深上述知识的理解和记忆的目的。

【练习与作业】

一、选择题(不定项选择)

1. 建筑市场的进入，是指各类项目的(   )进入建设工程交易市场，并展开建设工程交易活动的过程。

A. 业主、承包商、供应商　　　　　　　　B. 业主、承包商、中介机构

C. 承包商、供应商、交易机构　　　　　　D. 承包商、供应商、中介机构

2. 建设工程交易的基本功能有(   )。

A. 场所服务功能　　　　　　　　　　　　B. 信息服务功能

C. 集中办公功能　　　　　　　　　　　　D. 监督管理功能

作业答案

二、案例分析

案例 1 某市城管综合执法支队日常巡查白云山风景名胜区时，发现风景名胜区特别保护范围内的一幢简易旧仓库被悄悄拆除，而一幢建筑面积为 98.94 m² 的混合结构建筑物拔地而起，此建筑物由林某负责的施工队承建，由林某自行设计施工，拟建施工队办公用房；林某负责的施工队"挂靠"于该市的某建筑公司，是某管理局长期聘用进行工程建设的施工队。

经过询问调查和进一步取证，确认该建筑物为违法建筑，遂对违法建设主体发出了责令限期改正通知书，要求其在规定的期限内将违法建筑自行拆除，否则依法强制拆除。不久此违法建筑在规定的期限内被当事人自行拆除。

问题：此案中的违法建设主体是谁？是林某、某建筑公司还是某管理局？该如何认定该项目的违法建设的主体？

案例 2 某市机场是经过批准建设的国家重点工程，工程总投资 12 亿人民币，建设工期 36 个月。建设内容包括航站楼、栈桥、跑道、照明、电子信息、供油工程等，其中航站楼建筑面积 64000 m²，其建筑安装工程合同估算额 31000 万元；飞行区指标 4C，其中飞行区跑道、滑行道地基处理工程即"地基强夯工程"，合同估算价为 9800 万元人民币，机场场道工程合同估算价为 4200 万元人民币；机场空管工程合同估算额为 2800 万元人民币。

问题(1)：建筑业企业资格共分几个序列？各有多少个类别？为什么施工承包人必须取得相应施工资质

才能承揽相应业务？

问题(2)：依据背景资料，选择航站楼、地基处理、跑道和机场空管工程施工投标人的资质名称及相应等级，并说明选择理由。

三、专项实训——公共资源交易中心

参观当地公共资源交易中心，让学生对公共资源交易中心场所及功能等建立感性认识，为招投标综合能力训练和从事招标投标相关工作奠定基础。

1. 实践目的

学生通过参观，熟悉公共资源交易中心功能划分、机构设置、建设项目招标、投标在中心一般运作程序，了解我国建筑交易市场运行模式。体验建设工程交易活动的过程，提高学生对建筑交易的认知能力。

2. 实践方式

参观、调研当地公共资源交易中心。

具体步骤：

(1)学生集体活动，由指导教师带队，参观、讲解方法：请公共资源交易中心工作人员介绍基本情况，使学生对中心有基本了解。

(2)学生分组活动：学生7~8人一组，由各组组长负责。参观、调查方法：学会以调查、问询、请教、收集为主，了解中心具体功能划分、机构设置；搜集相关资料，掌握建设项目招标、投标在中心一般运作程序。

3. 实践内容和要求

(1)认真完成参观日记。

(2)完成参观调研报告。

(3)实践总结。

任务二 建设工程合同体系

【案例引入】

某高校拟新建一栋教学楼，投资约5600万元，建筑面积约30000 m²，按工作程序和工作内容，你必须了解当事人合同管理相关方面知识点。为维护当事人权益，你应该从哪些方面准备？

【任务目标】

1. 了解建设工程合同体系，熟悉项目实施各阶段各方合同管理内容；

2. 了解合同管理、实施工作流程；

3. 熟悉合同管理体系及制度，明确相应管理职责。

【知识链接】

2.1 建设工程合同体系

1. 概念

建设工程合同，是指约定发承包方权利义务的意思表示，指一方依约定完成建设工程，另一方按约定验收工程并支付酬金的合同。前者称承包人，后者称为发包人。建设工程合同

包括工程勘察、设计、施工合同，属于承揽合同的特殊类型，因此，法律对建设工程合同没有特别规定的，适用法律对承揽合同的相关规定。合同一旦成立将在当事人之间产生约束力，建设工程合同应当采用书面形式。

2.建设工程合同主要内容

1)建设工程合同主体

作为建设工程合同主体的当事人，发包人、承包人必须具备一定的资格条件，否则，建设工程合同会因主体不合格而导致无效。

①发包人主体资格。发包人有时也称发包单位、建设单位、业主或项目法人。发包人进行工程发包并签订建设工程合同时主要应当具备相应主体资格条件。实行招标发包的，应当具有编制招标文件和组织评标的能力或者委托招标代理机构代理招标事宜。进行招标项目的相应资金或者资金来源已经落实，应具有支付工程价款的能力。

②承包人主体资格。建设工程合同的承包人分为勘察人、设计人、施工人。对于建设工程承包人，我国实行严格的市场准入制度、承包人进行工程承包并签订建设工程合同时也应具备相应的主体资格条件。

2)建设工程合同基本条款

建设工程合同基本条款主要包括发包人、承包人的名称和住所、标的、数量、质量、价款、履行方式、地点、期限、违约责任、解决争议的方法等。如法律对合同中某些内容有特别规定，该规定也应是建设工程合同的必备条款。

(1)建设施工合同的基本条款。施工合同的内容包括工程范围、建设工期、中间交工工程的开工和竣工时间、工程质量、工程造价、技术资料交付时间、材料和设备供应责任、拨款和结算、竣工验收、质量保修范围和质量保证期、双方相互协作等条款。

①工程范围：当事人应在合同中附上工程项目一览表及其工程量，主要包括建筑栋数、结构、层数、资金来源、投资总额以及工程的批准文号等。

②建设工期：即全部建设工程的开工和竣工日期。

③中间交工工程的开工和竣工日期：所谓中间交工工程，是指需要在全部工程完成期限之前完工的工程。对中间交工工程的开工和竣工日期也应当在合同中做出明确约定。

④工程质量：发包人、承包人必须遵守《建设工程质量管理条例》的有关规定，保证工程质量符合工程建设强制性标准。

⑤工程造价：或称工程价格，由成本(直接成本、间接成本)、利润(酬金)和税金构成。工程价格包括合同价款、追加合同价款和其他款项。实行招投标的工程应当通过工程所在地招投标监督管理机构采用招投标的方式定价；对于不宜采用招投标的工程，可采用施工图预算加变更治商的方式定价。

⑥技术资料交付时间：发包人应当在合同约定的时间内按时向承包人提供与本工程项目有关的全部技术资料，否则造成的工期延误或者费用增加应由发包人负责。

⑦材料和设备供应责任：即在工程建设过程中所需要的材料和设备由谁负责，并应对材料和设备的验收程序加以约定。

⑧拨款和结算：即发包人向承包人拨付工程价款和结算的方式和时间。

⑨竣工验收：竣工验收应当根据《建设工程质量管理条例》第十六条的有关规定执行。

⑩质量保修范围和质量保证期：合同当事人应当根据实际情况确定合理的质量保修范围

和质量保证期，但不得低于《建设工程质量管理条例》规定的最低质量保修期限。

除了上述 10 项基本合同条款以外，当事人还可以约定其他协作条款，如工程准备工作的分工、工程变更时的处理办法等。

（2）建设工程合同文件组成部分：①合同协议书；②中标通知书；③投标书及其附件；④合同通用条款；⑤合同专用条款；⑥洽商、变更等明确双方权利义务的纪要、协议；⑦已标价的工程量清单、工程报价单或工程预算书、图纸；⑧标准、规范和其他有关技术资料、技术要求。

所有合同文件，应能互相解释，互为说明，保持一致。在工程实践中，当发现合同文件出现含糊不清或相互矛盾的问题时，通常按合同文件的优先顺序进行解释，并应按照合同词句与条款、合同目的、交易习惯以及诚实信用原则，确定歧义条款真实意思。如合同文本采用两种以上的文字订立并约定具有同等效力的，应推定各文本具有相同含义。

3.建设工程合同体系

一个工程建设涉及土建、水电、机械设备、通信等专业设计和施工活动，需要各种材料、设备、资金和劳动力的供应。各方主体之间形成各式各样的经济关系，工程中维系这种关系的纽带就是各式各样的合同，从而组建了一个如图 1-4 所示的合同体系。

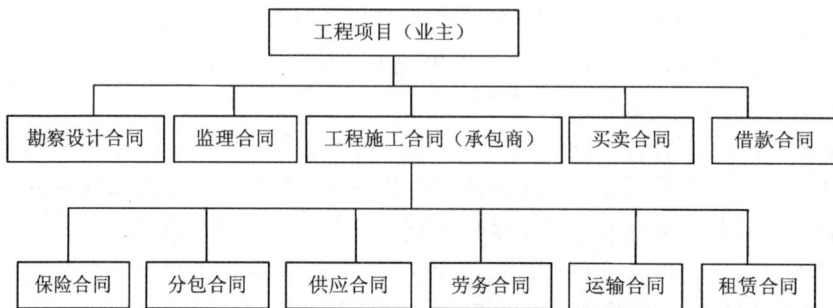

图 1-4 合同体系

在这个体系中，业主和承包商是两个最主要的节点，建设工程施工合同是最有代表性、最普遍也是最复杂的合同类型。它在建设工程项目的合同体系中处于主导地位，无论是业主、监理工程师或承包商都将它作为合同管理的主要对象。合同的履行过程是工程项目建设过程的最重要的环节，是整个建设工程项目合同管理的重点。

（1）业主的主要合同关系

业主是工程的所有者，可能是政府、企业、其他投资者、几个企业的组合、政府与企业的组合（例如合资项目、BOT 项目的业主）。业主根据对工程的需求，通常委派一个代理人（或代表）以业主的身份进行工程的经营管理。确定工程项目的整体目标后，按照工程承包方式和范围的不同，业主可能以不同的方式将建筑工程的勘察设计、各专业工程施工、设备和材料供应等工作委托出去。例如，业主可以与一个承包商订立一个总承包合同，由承包商负责整个工程的设计、供应、施工，甚至管理等工作；也可将工程分专业、分阶段委托，将材料和设备供应分别委托，或将上述委托形式合并，如把土建和安装委托给一个承包商，把整个设备供应委托给一个成套设备供应企业。由此可能存在以下合同关系：

①咨询（监理）合同：即业主与咨询（监理）公司签订的合同。咨询（监理）公司负责工程

的可行性研究、设计监理、招标和施工阶段监理等某一项或几项工作。

②勘察设计合同：即业主与勘察设计单位签订的合同。勘察设计单位负责工程的地质勘察和技术设计工作。

③供应合同：当由业主负责提供工程材料和设备时，业主与有关材料和设备供应单位签订供应(采购)合同。

④工程施工合同：即业主与工程承包商签订的工程施工合同。一个或几个承包商分别承包土建、机械安装、电器安装、装饰、通信等工程施工。

⑤贷款合同：即业主与金融机构签订的合同，后者向业主提供资金保证。按照资金来源的不同，可能有贷款合同、合资合同或 BOT 合同等。

(2)承包商的主要合同关系

承包商是工程施工的具体实施者，是工程承包合同的执行者。承包商通过投标接受业主的委托，签订工程总承包合同。承包商要完成承包合同的责任，包括由工程量表所确定的工程范围的施工、竣工和保修，为完成这些工程提供劳动力、施工设备、材料。有时也包括技术设计，由此承包商常产生以下合同关系。

①分包合同：承包商将从业主那里承接到的工程中的某些分项工程或工作分包给另一承包商来完成而签订的分包合同。承包商在承包合同下可能订立许多分包合同，而分包商仅完成总承包商分包给自己的工程，与总承包商一起就分包工程承担连带责任。总承包商须向业主担负全部工程责任，即负责工程的管理和所属各分包商工作之间的协调，各分包商之间合同责任界面的划分、工程风险等等责任。

在投标书中，承包商必须附上拟定的分包商的名单，供业主审查。如果在工程施工中重新委托分包商，必须经过监理工程师的批准。

②供应合同：承包商为工程所进行的必要的材料与设备的采购和供应，必须与供应商签订供应合同。

③运输合同：这是承包商为解决材料和设备的运输问题而与运输单位签订的合同。

④加工合同：即承包商将建筑构配件、特殊构件加工任务委托给加工承揽单位而订的合同。

⑤租赁合同：在建设工程中，有些设备、周转材料在现场使用率较低，或承包商自己购置需要大量资金投入而自己又不具备这个经济实力时，承包商往往采用租赁方式，与租赁单位签订租赁合同。

⑥劳务供应合同：承包商采用固定施工不能满足建筑产品所花费的大量人力、物力和财力时，为了满足任务的临时需要，承包商常与劳务供应商签订劳务供应合同，由劳务供应商向工程提供劳务。

⑦保险合同：承包商按施工合同要求对工程进行保险，与保险公司签订保险合同。

⑧联营合同：在许多大型工程中，尤其是在业主要求总承包的工程中，承包商经常与设备供应商、土建承包商、安装承包商、勘察设计等单位联合投标，进行联营，这时承包商之间订立联营合同。

【特别提示】

一个工程项目从立项、报建，常常通过招投标缔结合同，以索赔事务的完成作为项目的完结，合同管理贯穿项目始终。项目运行过程中将涉及多方经济利益，各方通过合同形成庞大的合同体系。合同是调整各方关系的纽带和规范项目实施的基础。为保证招标或投标活动的成功及整个合同的圆满执行，必须采取有效和必要的手段做好各阶段的运作管理工作，合同管理就是其中最重要的一环。工程项目合同管理具体是指在项目进行各阶段，对合同的签订、履行、变更和解除进行监督检查，对签约过程中发生的争议或纠纷进行处理，对索赔事务进行管理，以确保合同签订的合法和合理性，保障合同顺利全面地履行，最终保证项目的盈利。合同管理的中心任务是在项目签约阶段和履约阶段，利用合同的正当手段避免风险、保护自己，争取获得尽可能多的经济效益。从合同签订、合同履行、合同终结以及合同归档，合同管理成为工程项目管理的核心。

2.2 合同管理的主要内容

1. 业主的合同管理

业主对合同的管理内容主要包括施工合同的前期策划和合同履行期间的监督管理。业主的主要职责包括提供给承包商必要的合同实施条件；派驻业主代表或者聘请监理单位及具备相应资质的人员。

(1)合同签订前的各项准备工作

①合同文件草案的准备、各项招标工作的准备、评标工作，合同签订前的谈判和合同文稿的拟订。

②选择好监理工程师(或业主代表、CM 经理等)。

为使合同的各项规定更为完善，最好能及早让监理工程师参与合同的制定(包括谈判、签约等)过程，接受其合理化建议。

(2)加强合同实施阶段的合同管理

现场的施工准备一经开始，合同管理的工作重点就转移到施工现场，直到工程全部结束。

(3)合同索赔和合同结算

2. 承包商的合同管理

承包商的总体目标是通过工程承包获得赢利。如何减少失误和双方的纠纷，减少延误和不可预见费用支出，这都依赖完善的合同管理。由此承包商的工程承包合同管理体现出复杂性、细致性和困难性等特点，这要求承包商在合同生命期的每个阶段都必须有详细周全的计划和有效的控制。其主要管理内容包括以下几个方面。

(1)制定投标战略，做好市场调研，认真细心地分析研究招标文件，在投标中战胜竞争对手，赢得工程承建机会。

(2)对招标文件中不合理的规定提出自己的建议，签订一个有利的合同。

(3)给项目经理和项目管理职能人员、各工程小组、所属的分包商进行合同关系交底和合同解释，审查来往信件、会谈纪要等。

(4)进行合同控制，保证整个工程按合同、按计划、有步骤、有秩序地施工，防止工程中的失控现象，避免违约责任。

(5)及时预见和防止合同问题，处理合同纠纷和避免合同争执造成的损失。对因干扰事件造成的损失进行索赔，创造赢利。

（6）积极协作，赢得信誉，为将来新项目的合作和扩展业务奠定基础。

3. 监理工程师的合同管理

监理单位受业主雇用，负责进行工程的进度控制、质量控制、投资控制以及做好协调工作。它是业主和承包商合同之外的第三方，是独立的法人单位。发承包合同条件应规定监理工程师的具体职责，如果业主要对监理工程师的某些职权做出限制，它应在合同专用条款中做出明确规定。

监理工程师对合同的监督管理与承包商在实施工程时的管理的方法和要求都不一样。承包商是工程的具体实施者，他需要制定详细的施工进度和施工方法，研究人力、机械的配合和调度，安排各个部位施工的先后次序以及按照合同要求进行质量管理，以保证高速优质地完成工程。监理工程师则不具体安排施工和研究如何保证质量的具体措施，而是宏观上控制施工进度，按承包商在开工时提交的施工进度计划以及月计划、周计划进行检查督促。对施工质量则是按照合同中的技术规范、图纸的要求去进行检查验收。监理工程师可以向承包商提出建议，但并不对如何保证质量负责，监理工程师提出的建议是否采纳，由承包商自己决定，因为他要对工程质量和进度负责。对于成本问题，承包商要精心研究如何去降低成本，提高利润率。而工程师主要是按照合同规定，特别是工程量表的规定，严格为业主把住支付这一关，并且防止承包商的不合理的索赔要求。

2.3　合同管理的主要工作流程

合同管理工作流程如图1-5所示，作为各方的合同管理人员在合同管理各阶段的主要工作流程如下。

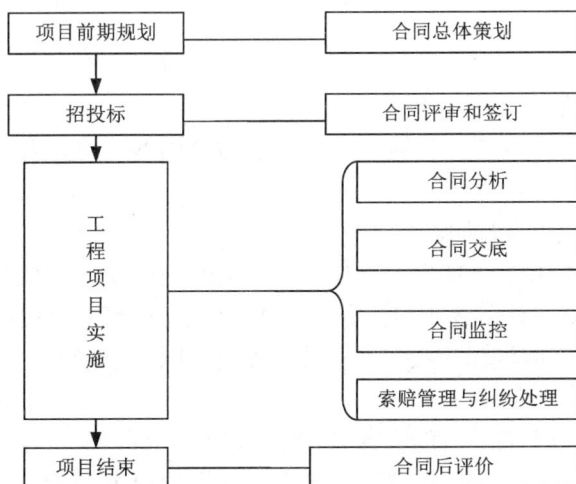

图 1-5　合同管理工作流程

1. 合同总体策划

（1）概念

合同总体策划是指在建筑工程项目的开始阶段首先分析解决对整个工程和合同的实施有重大影响的问题，完成对与工程相关合同的合理规划。正确的合同总体策划能够保证各个合

19

同圆满履行，促使各合同能完善协调，最终顺利地实现工程项目的整体目标。

（2）策划内容

合同总体策划不仅仅是针对一个具体的合同而是确定以下工程合同的一些重大问题。它对工程项目的顺利实施，对项目总目标的实现有决定性作用。

①该项目可分解成几个独立的合同？每个合同有多大的工程范围？

②采用什么样的委托方式和承包方式？采用什么样的合同形式及条件？

③如何确定合同中一些重要条款？如适用法律、违约责任、风险分担付款方式、奖惩措施、项目实施监控措施以及对承包人的激励措施等。

④合同签订和实施过程中有哪些重大问题？如何决策？

⑤如何与相关各个合同在内容上、时间上、组织上、技术上进行协调？

（3）策划依据

合同双方有不同的立场和角度，但他们有相同或相似的策划研究内容。以下是合同策划主要依据。

①业主方面：业主的资信、管理水平和能力，业主的目标和动机，对工程管理的介入深度期望值，业主对承包商的信任程度，业主对工程的质量和工期要求，等等。

②承包商方面：承包商的能力、资信、企业规模、管理风格和水平、目标与动机、目前经营状况、过去同类工程经验、企业经营战略等。

③工程方面：工程的类型、规模、特点、技术复杂程度、工程技术设计准确程度和计划程度、招标时间和工期的限制、项目的营利性、工程风险程度、工程资源（如资金等）供应及限制条件等。

④环境方面：建筑市场竞争激烈程度，物价的稳定性，地质、气候、自然、现场条件的确定性等。

（4）策划过程

合同总体策划过程如下。

①研究企业战略和项目战略，确定企业和项目对合同的要求。合同必须体现和服从企业和项目战略。

②确定合同的总体原则和目标。

③按照上述策划的依据，分层次、分对象对合同的一些重大问题进行研究，采用各种预测、决策方法，风险分析方法、技术经济分析方法，综合分析各种选择的利弊得失。

④对合同的各个重大问题做出决策和安排，提出合同更改措施。

（5）业主的合同总体策划

业主为了实现工程总目标，可能会签订许多主合同。每一个主合同都定义了许多工程活动，分别形成各自的子网络，同时它们又一起形成一个项目的总网络。因此，各种工程活动不仅应与项目计划（或主合同）的时间要求一致，各活动之间也应在执行时间上保持协调，从而形成一个有序的、有计划的主合同实施活动。例如设计图纸、供应与施工，设备、材料供应与运输、土建和安装施工，工程交付与运行，等等之间应合理搭接。其合同策划主要包括以下内容。

①分标策划。

②合同种类的选择。

③招标方式的确定。

④合同条件的选择。

⑤工程合同体系中各个合同之间的协调。

（6）承包商的合同总体策划

在建筑工程市场中，业主的合同决策（如招标文件、合同条件）常常影响和决定承包商的合同策划。但承包商的合同策划又必须符合企业经营战略，达到盈利的基本目标。因此其合同策划应包括以下几个方面内容。

①投标方向的选择。影响投标方向的因素主要包括承包市场基本现状与竞争形势、工程及业主状况和承包商自身的情况。这几方面是承包商制定报价策略和合同谈判策略的基础。

②合作方式的选择。从经济和自身能力考虑，大多数承包商都不会自己独立完成全部工程。因此，在主承包合同投标前，承包商必须就合作方式做出选择，决定是否及如何与其他承包商合作，以求充分发挥各自的技术、管理、财力的优势和共同承担风险。

③确定投标报价和合同谈判基本战略。承包商如何做好所属各分包合同之间的协调？如何确定分包合同的范围、委托方式、定价方式和主要合同条款？选择什么报价和合同谈判策略？这些是策划的主要内容。

④确定合同执行战略。合同执行战略是承包商执行合同的基本方针和履约管理的基础，这部分策划主要是中标后合同管理部门的主要工作。

2. 合同评审和签订工作

该阶段主要指招标、投标、评标、中标直至合同谈判结束的一整段时间。该阶段工作主要包括业主的招标实务管理、投标方的投标实务管理、各方的合同审查和合同谈判。保证合同的有效性和争取最有利的合同条件是该阶段最主要的工作目标。

3. 履约管理

该阶段主要指合同建立后到合同实施直至合同终结的一整段时间。该阶段主要工作是建立完善的合同实施体系，进行有效的合同分析与交底、合同控制、合同索赔与纠纷处理，以保证合同实施过程中的一切日常事务有序进行，最终保证各方合同目标的实现。承包方应做好以下工作。

（1）合同分析与交底。承包商应进行完善的合同分析与交底，分解合同任务，落实到个人，督促各方以积极合作的态度完成自己的合同责任，努力做好自我监督。同时，还应督促和协助业主和工程师完成他们的合同责任，以保证工程顺利进行。

（2）合同监控与变更管理。对合同实施情况进行跟踪；收集合同实施的信息，收集各种工程资料，并做出相应的信息处理；将合同实施情况与合同分析资料进行对比分析，找出其中的偏离，对合同履行情况做出诊断；向项目经理提出合同实施方面的意见、建议，甚至警告。参与变更谈判，对合同变更进行事务性处理，落实变更措施，修改变更相关的资料，检查变更措施的落实情况。

（3）日常的索赔和反索赔。这里主要指承包商与业主之间的索赔和反索赔；承包商与分包商及其他方面之间的索赔和反索赔。该阶段的工作主要包括对于干扰事件引起的损失，向责任者提出索赔要求；收集索赔证据和理由；计算索赔值，起草并提出索赔报告；审查分析对方的索赔报告；收集反驳理由和证据；复核索赔值，起草并提出反索赔报告；参加索赔谈判。许多工程实践证明，如承包商不会行使合同所规定的权利，不会索赔，不敢索赔，超过索赔有效期或没有书面证据，等等，都会导致索赔无效，而使承包商权利得不到保护。

（4）处理合同纠纷。如何及时预见和防止合同问题，处理合同纠纷和避免合同争执造成的损失，这也是合同管理的重点。关键在于做好有关项目的鉴证、公证、调解、仲裁及诉讼工作。

4. 工程项目合同的后评价工作

建设项目合同后评价工作是指工程项目结束后，对项目的合同策划、招投标工作、设计施工、合同履行、竣工结算等全过程进行系统评价的一种技术经济活动。它是工程建设管理的一项重要内容，也是合同管理的最后一个环节。它可使发承包双方达到总结经验、吸取教训、改进工作、不断提高项目决策和管理水平的目的。合同实施后评价工作流程如图1-6所示。

（1）合同签订情况评价包括：①预定的合同战略和策划是否正确？是否已经顺利实现？②招标文件分析和合同风险分析的准确程度；③该合同环境调查、实施方案、工程预算以及报价方面的问题及经验教训；④合同谈判中的问题及经验教训，以后签订同类合同注意点；⑤各个相关合同之间的协调问题等。

（2）合同执行情况评价包括：①本合同执行战略是否正确？是否符合实际？是否达到预想的结果？②在本合同执行中出现了哪些特殊情况？已采用或应采取什么措施防止、避免或减少损失？③合同风险控制的利弊得失；④各个相关合同在执行中协调的问题等。

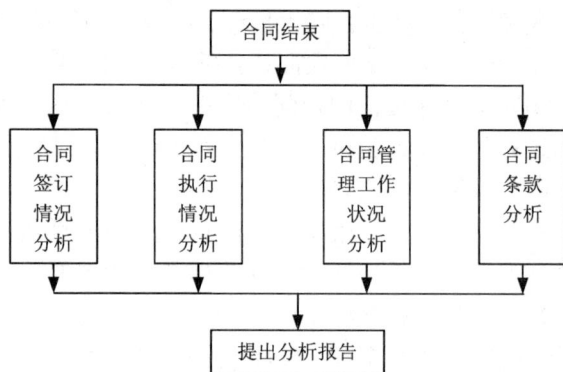

图1-6 合同实施后评价工作流程

（3）合同管理工作评价。这是对合同管理本身，如工作职能、程序、工作成果的评价，包括：①合同管理工作对工程项目的总体贡献或影响；②合同分析的准确程度；③在投标报价和工程实施中，合同管理子系统与其他职能的协调问题，需要改进的地方；④索赔处理和纠纷处理的经验教训等。

（4）合同条款分析包括：①本合同的具体条款，特别对本工程有重大影响的合同条款的表达和执行利弊得失；②本合同签订和执行过程中所遇到的特殊问题的分析结果；对具体的合同条款如何表达更为有利等。

2.4 合同管理体系与制度

1. 合同管理机构及人员设置

（1）设置原则

合同管理机构与人员设置的三大原则，即首要原则——对应流程原则、核心原则——权责明确原则及重要补充原则——节约成本原则。

①首要原则，也就是对应流程原则，不同的合同可能适用不同的管理流程，在不同的管理流程中，机构及人员的设置及其职责是不同的，这样才能与管理流程相对应、相适应。

②核心原则，也就是权责明确原则，不同的合同管理机构及人员应当被赋予不同的权责，明确不同的机构及人员的权责，才能实现合同管理的规范化、流程化。

③补充原则，也就是节约成本原则，机构与人员的集团应充分考虑企业组织机构现状，不能为进行合同管理而凭空增设不必要的机构或人员。增加现有机构及人员的职责可以节约管理成本。

（2）基本框架

遵循上述原则，合同管理机构可建立由业务部门及人员、法律部门及人员、企业主管机构及人员以及印章管理部门及人员构成的基本管理框架。

主管机构在对重大事项进行决策时，如有必要，可以考虑运用外部专业顾问机构，如律师事务所、业务专门咨询机构，充分听取其意见，并结合企业的实际情况认真论证，以确保决策的科学性。

2. 建立合同管理制度

由于施工合同实施时间长、价额高、变更多、风险大、外界干扰事件频繁，因此从确定合同管理的组织机构到合同责任在实际工程工作中的落实，还需要相适应的工作制度和工作程序作保证。

（1）建立报告和行文制度

工程施工合同管理中的行文制度包含两层含义：一是当事人双方对需要行文的事项达成共识的行文；另一层含义是当事人一方要求对方对某一事件给予书面认可的行文。后一种情况往往是施工索赔工作中最重要的。如某工程施工中，应发包方要求，承包方将所有的木制门窗更换为合金材质门窗；在基础施工中遇到罕见的暴雨，已挖基础出现塌方，进而引起工程返工、清理等事情。工程竣工后，承包方以出现不可预见的情况提出索赔要求时，被发包方予以拒绝。理由是"在合同规定时间内没有人提出，也没有人确认这些不可预见的情况"。报告和行文制度包括如下几个方面。

①定期的工程实施情况报告，主要由调度部门以周报的形式对工程实施情况做出报告。

②工程实施过程中发生特殊情况及其处理的书面文件，如特殊的气候条件、工程环境的突然变化等都应有书面记录，并由监理工程师签署。在工程中对合同双方的任何协商、意见、请示、指示等都应落实在纸上。尽管天天见面，也应养成文字交往的习惯，相信"一字千金"，而不信"一诺千金"。

③工程中所有涉及双方的工程活动，如材料、设备、各种工程的检查，场地、图纸、各种文件的交换等，都应有相应的手续，应有签收的证据。

（2）建立合同管理会议制度

为了在工程实施中检查或落实合同的执行情况，沟通工程施工中的合同信息，协调合同各方的关系，讨论和解决已经发生和以后可能发生的问题，等等，必须建立有关的会议制度，以求妥善和及时解决问题。会议制度可根据实际需要确定为定期会议和不定期会议。

①内部定期会议：内部定期会议内容为定期检查合同执行情况，总结已完成工程合同管理的经验教训，提出当前合同管理工作的具体要求，安排日常性合同管理事务。

②内部不定期专题会议：内部不定期专题会议主要是为解决工程中出现的需要及时解决的问题而临时决定召开的合同管理会议。一般是在发生严重违约事件或重大意外事件情况下进行。专题会议通常是对严重违约的责任划分、违约后的经济损失情况、索赔的策略及工作

安排、减少损失的措施等重大原则问题进行商定。

③双方当事人协调会：双方当事人合同协调在多数情况下是情况沟通，一般在发生严重违约事件或重大意外事件的情况之后都需要通过协调会的形式相互说明意向。当双方发生合同争议时，或提请仲裁、诉讼之前，协调会是必不可少的形式。

无论是内部定期或不定期专题会议，还是双方当事人的协调会，合同管理人员都应负责会议资料的准备，明确会议的议题，提出对合同信息搜集的要求，拿出对合同问题解决的方案或意见。并提供相关文件、起草初步文件、整理会谈纪要，对纪要进行合同法律方面的审查。

（3）建立文件资料管理制度

一个工程项目建设过程中会有各种各样的文件，其中众多文件都和合同管理密切相关。将工程所发生的文件资料按照预先规定的分类及管理办法进行登记保管，为合同管理中各种工作的需要和问题的处理提供可靠的依据。对某些重要资料，如重大设计变更、工程事故、索赔事件等，甚至需要作为历史文件存入工程档案。

文件资料管理一般包括文件的搜集、分类、编码、归档等。文件资料管理最基础、最重要的工作就是搜集工程建设项目过程中的各种文件资料。一个工程项目从建设准备到竣工投入使用，所产生的各种书面资料种类之多、数量之大、内容之广往往是不能事先预料的。工程中常发生这样的情况，即当时认为很简单且不重要的文件，到了工程后期却成为十分重要的索赔证据。所以，从文件资料搜集的角度看问题，只要是发生的、反映当时工程过程中的各种情况的文件都属搜集的范围。对工程勘探报告、施工图纸、施工变更签证、设计变更通知、会议纪要、通知、付款申请、验收证明、工程结算、设备材料产品技术说明、产品考察报告、现场施工日志等都应该搜集。所有搜集到的资料，除了按照有关部门的要求进行分类编目造册的以外，还应按照单位内部的资料管理将其他资料进行分类编码，进行编目造册，按照国家有关规定进行归档管理，以便工作中借阅使用，查找核对，避免因管理人员的变动造成资料的混乱或丢失。

（4）信息管理制度

信息管理是指对信息的搜集、加工整理、储存、传递与应用等一系列工作的总称。

建设工程信息管理贯穿建设工程全过程，衔接建设工程各个阶段、各个参建单位和各个方面，其基本环节有信息的收集、传递、加工、整理、检索、分发、存储。信息收集主要涉及项目决策阶段、设计阶段、施工招投标阶段、施工阶段和竣工结算 5 个阶段的信息收集。

（5）工程过程中严格的检查验收制度

合同管理人员应主动地抓好工程和工作质量，协助好全面质量管理工作，建立一整套质量检查和验收制度。例如每道工序结束应有严格的检查和验收；工序之间、工程小组之间应有交接制度；材料进场和使用应有一定的检验措施，等等。防止由于承包商自己的工程质量问题造成被工程师检查验收不合格，试生产失败而承担违约责任。在工程中，工程质量引起的返工、窝工损失、工期的拖延应由承包商自己负责，得不到赔偿。

【任务实施】

1. 本项目在实施过程中，将要涉及哪些合同管理工作？涉及的当事人有哪些？

2. 列出当事人各方工作流程，并做好相关准备工作。

【任务评价】

任务二　评价表

能力目标	知识要点	权重	自测
了解建设工程合同体系	合同基础知识	5%	
	合同体系	5%	
掌握建设工程合同管理主要内容	业主的合同管理	10%	
	承包商的合同管理	10%	
	监理工程师的合同管理	10%	
掌握建设工程合同管理基本工作流程	合同总体策划	10%	
	合同评审和签订	10%	
	合同分析与交底	5%	
	合同监控	5%	
	索赔管理和纠纷处理	5%	
	合同后评价	5%	
了解合同管理体系与制度	合同管理体系	10%	
	合同管理制度	10%	
组长评价： 教师评价：			

【知识总结】

　　本任务主要介绍了合同基础知识与合同体系、合同管理主要内容、合同管理主要工作流程、合同管理体系和制度等部分内容。通过了解合同基础知识，熟悉合同策划、合同评审与签订、合同分析与交底、合同监控、合同变更、合同索赔与纠纷处理相关程序与工作内容，了解合同管理体系与相关制度，明确合同管理职责，为之后的合同管理工作做好准备。

【练习与作业】

作业答案

一、单项选择题

1.下列选项中，不能成为合同法律关系主体的是(　　)。

A. 自然人　　　　　　B. 国家　　　　　　C. 法人　　　　　　D. 其他组织

2.我国《建设工程施工合同(示范文本)》规定，建筑工程一切保险的投保人应是(　　　　)。

A. 施工合同的发包人　　　　　　　　B. 施工合同的承包人

C. 施工合同的发包人和承包人　　　　D. 工程项目的代建方和施工合同的发包人

3. 下列不是建筑工程施工安装合同法律关系的客体是(　　　)。

A. 物　　　　　B. 货币　　　　　C. 行为　　　　　D. 智力成果

4. 某小型施工项目，甲乙双方只订立了口头合同，工程完工后，因甲方拖欠乙方工程款而发生纠纷，应当认定该合同(　　　)。

A. 未成立　　　　B. 补签后成立　　　C. 成立　　　　D. 备案登记后成立

5. 下列选项属于指定代理关系终止的条件是(　　　)。

A. 代理期间届满　　　　　　　　B. 代理事项完成

C. 作为代理人的法人终止　　　　D. 被代理人死亡

6. 合同发生纠纷时，通过经济合同管理机关的主持，自愿达成协议，以求解决经济合同纠纷的方法是(　　　)。

A. 和解　　　　　B. 调解　　　　　C. 仲裁　　　　　D. 协议

7. 建设单位将自己开发的房地产项目抵押给银行，订立了抵押合同，后来又办理了抵押登记，则(　　　)。

A. 项目转移给银行占有，抵押合同自签订之日起生效

B. 项目转移给银行占有，抵押合同自登记之日起生效

C. 项目不转移占有，抵押合同自签订之日起生效

D. 项目不转移占有，抵押合同自登记之日起生效

8. 甲、乙双方签订的合同中，预定的违约金是 5 万元，合同履行过程中由于甲方违约造成乙方损失 3 万元，那么，损失的承担方应为(　　　)。

A. 各自承担自己的损失　　　　　B. 甲赔偿乙 3 万元损失

C. 乙赔偿甲 5 万元损失　　　　　D. 乙赔偿甲 2 万元损失

9. 发包人根据工程的实际需要修改建设工程勘察、设计文件时，应当首先(　　　)。

A. 报经原审批机关批准　　　　　B. 经监理人同意

C. 经设计人同意　　　　　　　　D. 由原建设勘察、设计单位修改

10. 甲公司与乙公司订立了一份总贷款为 20 万元的设备供货合同，合同约定的违约金为贷款总值的 10%，同时甲公司向乙公司给定金 5000 元，后乙公司违约，给甲公司造成损失 2 万元，乙公司应依法向甲公司支付(　　　)万元。

A. 2　　　　　B. 2.5　　　　　C. 3　　　　　D. 3.5

11. 开展建筑活动的主要依据是(　　　)。

A. 合同主体　　　B. 合同内容　　　C. 合同客体　　　D. 合同程序

12. 施工企业以自己的资产为抵押向银行借款后，由于资金链断裂无力还款，在依法拍卖该房房产时尚欠银行 500 万元本金、20 万元利息、50 万元违约金，拍卖房产得款 400 万元，拍卖费用 10 万元，则施工企业欠银行的债务为(　　　)万元。

A. 0 元　　　　　B. 100　　　　　C. 150　　　　　D. 180

二、简答题

1. 建设工程合同体系的核心是什么?

2. 建设工程合同的管理内容有哪些?

3. 建设工程合同管理有哪些基本制度? 请以实例进行说明。

三、案例分析

2021 年 1 月，某市三建公司(买方)与本市某水泥厂(卖方)签订一份水泥供货合同，约定卖方在一年内分四期向买方供水泥 1100 t(分别为 450 t、350 t、100 t、200 t)，但未明确各期具体供货时间，每吨单价 180 元，货到付款。第一批 450 t 于 3 月中旬交货，买方支付了该批货款。第二批，按照双方交易惯例及当地惯

例，应于 6 月份交付，此时正值施工旺季，水泥需求量极大，卖方为图更高利益，将库存水泥全部高价卖给其他单位。买方因现场急需水泥，多次派人向卖方催货无果，无奈之下只好向他处购买高价水泥。2021 年 9 月，施工进入淡季，卖方向买方送去未交付的三批水泥计 650 t，被买方拒收。双方为此出现争议，并诉至法院。卖方认为，因合同未约定履行时间，所以可以随时履行，并未违约，有权要求买方收货、付款。

问题：该纠纷如何处理？

任务三 招投标相关法律法规认识

【案例引入】

某高校拟新建一栋教学楼，投资约 5600 万元，建筑面积约 30000 m²，现准备进入建筑市场交易。目前的任务是了解我国关于招投标相关法律法规。

引导问题：在工程实施过程中怎样用法律法规来保护自己或自己所在组织的相关权益。

《中华人民共和国建筑法》

《中华人民共和国招投标法》

【任务目标】

了解我国招投标与合同管理的法律体系。

【知识链接】

改革开放以来，我国工程建设方面的法律、法规、部门规章及规范性文件也是一个逐步完善的过程。下面把已经颁布与招投标与合同管理有关的主要法律、法规、规章及规范性文件、示范文本汇总如下。

《中华人民共和国招投标法实施条例》

3.1 国家法律

1.《中华人民共和国建筑法》

《中华人民共和国建筑法》(以下简称《建筑法》)由中华人民共和国第八届全国人民代表大会常务委员会第二十八次会议于 1997 年 11 月 1 日通过，自 1998 年 3 月 1 日起施行。《建筑法》是建筑业的基本法律，其制定目的是为了加强对建筑活动的监督管理，维护建筑市场秩序，保证建筑工程的质量和安全，促进建筑业健康发展。2011 年 4 月 22 日第十一届全国人民代表大会常务委员会第二十次会议《关于修改〈中华人民共和国建筑法〉的决定》第一次修正。2019 年 4 月 23 日第十三届全国人民代表大会常务委员会第十次会议《关于修改〈中华人民共和国建筑法〉等八部法律的决定》第二次修正。

《中华人民共和国招投标法实施条例》解读

2.《中华人民共和国招标投标法》

《中华人民共和国招标投标法》(以下简称《招标投标法》)由中华人民共和国第九届全国人民代表大会常务委员会第十一次会议于 1999 年 8 月 30 日通过，自 2000 年 1 月 1 日起施行。该法包括招标、投标、开标、评标、中标及相应的法律责任等。其制定目的在于规范招标投标活动，保护国家利益、社会公共利益和招标投标活动当事人的合法权益，提高经济效益，保证项目质量。在中华人民共

《中华人民共和国合同法》

国境内进行招标投标活动,适用本法。2017 年 12 月 27 日第十二届全国人民代表大会常务委员会第三十一次会议《关于修改〈中华人民共和国招标投标法〉〈中华人民共和国计量法〉的决定》修正。

3.《中华人民共和国政府采购法》

《中华人民共和国政府采购法》(以下简称《政府采购法》),由中华人民共和国第九届全国人民代表大会常务委员会第二十八次会议于 2002 年 6 月 29 日通过,自 2003 年 1 月 1 日起施行。其制定目的在于规范政府采购行为,提高政府采购资金的使用效益,维护国家利益和社会公共利益,保护政府采购当事人的合法权益,促进廉政建设。在中华人民共和国境内各级国家机关、事业单位和团体组织,使用财政性资金采购依法制定的集中采购目录以内的或者采购限额标准以上的货物、工程和服务的行为适用本法。2014 年 08 月 31 日第十二届全国人民代表大会常务委员会第十次会议《关于修改〈中华人民共和国保险法〉等五部法律的决定》修正。

4.《中华人民共和国民法典》

2021 年 1 月 1 日,《中华人民共和国合同法》废止,《中华人民共和国民法典》实施。《中华人民共和国民法典》吸收了 1999 年 10 月 1 日生效的《中华人民共和国合同法》的立法和实施的成果,进一步完善了合同领域行为规范,将更好地保护合同当事人的合法权益,维护社会经济秩序,促进社会主义现代化建设。

《中华人民共和国民法典》被称为“社会生活的百科全书”,是新中国第一部以法典命名的法律,在法律体系中居于基础性地位,也是市场经济的基本法。《中华人民共和国民法典》共 7 编、1260 条,各编依次为总则、物权、合同、人格权、婚姻家庭、继承、侵权责任,以及附则。通篇贯穿以人民为中心的发展思想,着眼满足人民对美好生活的需要,对公民的人身权、财产权、人格权等做出明确翔实的规定,并规定侵权责任,明确权利受到削弱、减损、侵害时的请求权和救济权等,体现了对人民权利的充分保障,被誉为“新时代人民权利的宣言书”。2020 年 5 月 28 日,十三届全国人大三次会议表决通过了《中华人民共和国民法典》,自 2021 年 1 月 1 日起施行。

3.2　行政法规

1.《建设工程安全生产管理条例》

《建设工程安全生产管理条例》(国务院第 393 号令)经 2003 年 11 月 12 日国务院第二十八次常务会议通过,自 2004 年 2 月 1 日起施行。其制定目的在于加强建设工程安全生产监督管理,保障人民群众生命和财产安全。在中华人民共和国境内从事建设工程的新建、扩建、改建和拆除等有关活动及实施对土木工程、建筑工程、线路管道和设备安装工程及装修工程安全生产的监督管理,必须遵守本条例。2021 年 6 月 10 日,习近平主席签署第八十八号主席令:《全国人民代表大会常务委员会关于修改〈中华人民共和国安全生产法〉的决定》已由中华人民共和国第十三届全国人民代表大会常务委员会第二十九次会议于 2021 年 6 月 10 日通过,现予公布,自 2021 年 9 月 1 日起施行。

2.《建设工程质量管理条例》

《建设工程质量管理条例》(国务院第 279 号令)经 2000 年 1 月 10 日国务院第二十五次常务会议通过,自发布之日起施行。其制定目的在于加强对建设工程质量的管理,保证建设工程质量，保护人民生命和财产安全。凡在中华人民共和国境内从事土木工程、建筑工程、线路管道和设备安装工程及装修工程的新建、扩建、改建等有关活动及实施对建设工程质量监督管理的，必须遵守本条例。2017 年 10 月 7 日国务院令第 687 号《国务院关于修改部分行政法规的决定》修正，2019 年 4 月 23 日国务院令第 714 号《国务院关于修改部分行政法规的决定》第二次修正。

3.3 地方性法规

例如，《湖南省建筑市场管理条例》于 1994 年 8 月 30 日湖南省第八届人民代表大会常务委员会第十次会议通过，根据 2002 年 3 月 29 日湖南省第九届人民代表大会常务委员会第二十八次会议修正，其制定目的在于加强建筑市场管理，维护建筑市场秩序，保障建筑经营活动当事人的合法权益，根据国家有关法律、法规的规定，结合该省实际制定。凡在该省行政区域内从事土木建筑、建筑业范围内的线路管道和设备安装、建筑装饰装修（以下统称"建设工程"）的勘察、设计、施工、检测及中介服务和建筑构配件的生产经营活动的单位和个人，必须遵守本条例。

3.4 部委规章

1.《房屋建筑和市政基础设施工程施工招标投标管理办法》

《房屋建筑和市政基础设施工程施工招标投标管理办法》（以下简称"建设部第 89 号令"）已于 2001 年 5 月 31 日经第四十三次建设部常务会议讨论通过，自 2001 年 6 月 1 日发布之日起施行。本办法依据《建筑法》《招标投标法》等法律、行政法规制定，其目的在于规范房屋建筑和市政基础设施工程施工招标投标活动，维护招标投标当事人的合法权益。凡在中华人民共和国境内从事房屋建筑和市政基础设施工程施工招标投标活动，实施对房屋建筑和市政基础设施工程施工招标投标活动的监督管理，均应遵守本办法。《住房城乡建设部关于修改〈房屋建筑和市政基础设施工程施工招标投标管理办法〉的决定》已经 2018 年 9 月 19 日第 4 次部常务会议审议通过，现予发布，自发布之日起施行。

2.《工程建设项目施工招标投标办法》

2003 年 3 月 8 日，国家计委、建设部、铁道部、交通部、信息产业部、水利部、中国民用航空总局审议通过了《工程建设项目施工招标投标办法》（简称"七部委第 30 号令"），自 2003 年 5 月 1 日起施行。其制定目的在于规范工程建设项目施工招标投标活动。凡在中华人民共和国境内进行工程施工招标投标活动，均适用本办法。2013 年 3 月 11 日国家发展和改革委员会、工业和信息化部、财政部、住房和城乡建设部、交通运输部、铁道部、水利部、国家广播电影电视总局、中国民用航空局令第 23 号《关于废止和修改部分招标投标规章和规范性文件》修订。

3.《房屋建筑和市政基础设施工程施工分包管理办法》

2003 年 11 月 8 日建设部第二十一次常务会议讨论通过《房屋建筑和市政基础设施工程施工分包管理办法》（简称"建设部第 124 号令"），2004 年 2 月 3 日发布，自 2004 年 4 月 1 日起施行。本办法根据《建筑法》《招标投标法》《建设工程质量管理条例》等有关法律、法规制定，其目的在于规范房屋建筑和市政基础设施工程施工分包活动，维护建筑市场秩序，保证工程质量和施工安全。凡在中华人民共和国境内从事房屋建筑和市政基础设施工程施工分包活动，实施对房屋建筑和市政基础设施工程施工分包活动的监督管理，适用本办法。2014 年

8月27日住房和城乡建设部令第19号第一次修订，2019年3月13日《住房和城乡建设部关于修改部分部门规章的决定》(住房和城乡建设部令第47号)第二次修订。

4.《工程建设项目招标范围和规模标准规定》

《工程建设项目招标范围和规模标准规定》(简称"国家计委第3号令")于2000年4月4日经国务院批准，自2000年5月1日起施行。本办法根据《招标投标法》第三条的规定制定，其目的在于确定必须进行招标的工程建设项目的具体范围和规模标准，规范招标投标活动。办法中规定各省、自治区、直辖市人民政府根据实际情况，可以规定本地区必须进行招标的具体范围和规模标准，但不得缩小本规定确定的必须进行招标的范围。国家发展计划委员会可以根据实际需要，会同国务院有关部门对本规定确定的必须进行招标的具体范围和规模标准进行部分调整。

5.《评标委员会和评标方法暂行规定》

为了规范评标委员会的组成和评标活动，国家计委、国家经贸委、建设部、铁道部、交通部、信息产业部、水利部联合制定了《评标委员会和评标方法暂行规定》(简称"七部委第12号令")，自2001年7月5日起施行。本办法依照《招标投标法》制定，其目的在于规范评标活动，保证评标的公平、公正，维护招标投标活动当事人的合法权益。依法必须招标项目的评标活动适用本办法。

6.《评标专家和评标专家库管理暂行办法》

《评标专家和评标专家库管理暂行办法》(简称"国家计委第29号令")，经国家计委审议通过，自2003年4月1日起施行。本办法根据《招标投标法》制定，其目的在于加强对评标专家的监督管理，健全评标专家库制度，保证评标活动的公平、公正，提高评标质量。本办法适用于评标专家的资格认定、入库及评标专家库的组建、使用、管理等活动。

7.《工程建设项目招标投标活动投诉处理办法》

国家发展和改革委员会、建设部、铁道部、交通部、信息产业部、水利部、中国民用航空总局联合发布《工程建设项目招标投标活动投诉处理办法》(以下简称"七部委第11号令")，自2004年8月1日起施行。本办法根据《招标投标法》第六十五条规定制定，其目的在于保护国家利益、社会公共利益和招标投标当事人的合法权益，建立公平、高效的工程建设项目招标投标活动投诉处理机制。本办法适用于工程建设项目招标投标活动的投诉及其处理活动。2013年3月11日国家发展和改革委员会、工业和信息化部、财政部、水利部、国家广播电影电视总局、中国民用航空局令联合修正了第23号《关于废止和修改部分招标投标规章和规范性文件的决定》。

8.《招标公告和公示信息发布管理办法》

《招标公告和公示信息发布管理办法》经国家发展和改革委员会讨论通过，自2018年1月1日起执行。本办法根据《招标投标法》制定，其目的在于规范招标公告发布行为，保证潜在投标人平等、便捷、准确地获取招标信息。办法适用于依法必须招标项目招标公告发布活动。

9.《工程建设项目自行招标试行办法》

《工程建设项目自行招标试行办法》(简称"国家计委第5号令")已经国家计委主任办公会议讨论通过，自2000年7月1日起实施。本办法根据《招标投标法》和《国务院办公厅印发国务院有关部门实施招标投标活动行政监督的职责分工意见的通知》制定，其目的在于规范工程建设项目招标人自行招标行为，加强对招标投标活动的监督。本办法适用于经国家计委审批(含经国家计委初审后报国务院审批)的工程建设项目的自行招标活动。2013 年 3 月 11 日国家发展和改革委员会、工业和信息化部、财政部、水利部、国家广播电影电视总局、中国民用航空局令联合修正了第 23 号《关于废止和修改部分招标投标规章和规范性文件的决定》。

10.《〈标准施工招标资格预审文件〉和〈标准施工招标文件〉试行规定》

为了规范施工招标资格预审文件、招标文件编制活动，促进招标投标活动的公开、公平和公正，国家发展和改革委员会、财政部、建设部、铁道部、交通部、信息产业部、水利部、民用航空总局、广播电影电视总局联合制定了《〈标准施工招标资格预审文件〉和〈标准施工招标文件〉试行规定》(简称"九部委第 56 号令")及相关附件，自 2008 年 5 月 1 日起施行。本"标准文件"在政府投资项目中试行。国务院有关部门和地方人民政府有关部门可选择若干政府投资项目作为试点，由试点项目招标人按本规定使用"标准文件"。

11.《电子招标投标办法》

2013 年 2 月 4 日，中华人民共和国国家发展和改革委员会令第 20 号公布《电子招标投标办法》。该办法分总则，电子招标投标交易平台，电子招标，电子投标，电子开标、评标和中标，信息共享与公共服务，监督管理，法律责任，附则 9 章 66 条，自 2013 年 5 月 1 日起施行。

3.5 国家部委规范性文件

1.《国务院办公厅关于进一步规范招投标活动的若干意见》(国办发[2004]356 号)

此文件是国务院办公厅为深入贯彻党的十六届三中全会精神，整顿和规范市场经济秩序，创造公开、公平、公正的市场经济环境，推动反腐败工作的深入开展，加强和改进招投标行政监督，进一步规范招投标活动。经国务院同意，于 2004 年 7 月 12 日以文件形式下发。

2.《国务院办公厅印发国务院有关部门实施招标投标活动行政监督的职责分工意见的通知》(国办发[2000]34 号)

此文件是国务院办公厅根据《招标投标法》和国务院有关部门"三定"规定，就国务院有关部门实施招标投标活动行政监督的职责分工，于 2000 年 5 月 3 日以文件形式做出了进一步的明确。

3.《招标代理服务收费管理暂行办法》(计价格[2002]1980 号)

本办法由国家计委根据《中华人民共和国价格法》《中华人民共和国招标投标法》及有关法律、行政法规制定，自 2002 年 10 月 15 日发布实施。其制定目的在于规范招标代理服务收费行为，维护招标人、投标人和招标代理机构的合法权益。凡中华人民共和国境内发生的各类招标代理服务的收费行为，适用本办法。

4.《招标投标违法行为记录公告暂行办法》(发改法规[2008]1531 号)

为贯彻《国务院办公厅关于进一步规范招投标活动的若干意见》(国办发[2004]56 号)，促进招标投标信用体系建设，健全招标投标失信惩戒机制，规范招标投标当事人行为，招标投标部协调各成员单位决定建立招标投标违法行为记录公告制度，由发展改革委、工业和信息化部、监察部、财政部、住房和城乡建设部、交通运输部、铁道部、水利部、商务部、法制办共同制定《招标投标违法行为记录公告暂行办法》，自 2009 年 1 月 1 日起施行。本办法根据《招标投标法》等相关法律规定制定。适用于招标投标活动当事人的招标投标违法行为记录进行公告。

5.《中华人民共和国房屋建筑和市政工程标准施工招标资格预审文件》和《中华人民共和国房屋建筑和市政工程标准施工招标文件》

为了规范房屋建筑和市政工程施工招标资格预审文件、招标文件编制活动，促进房屋建筑和市政工程招标投标公开、公平和公正，根据《〈标准施工招标资格预审文件〉和〈标准施工招标文件〉试行规定》，住房和城乡建设部制定了《中华人民共和国房屋建筑和市政工程标准施工招标资格预审文件》和《中华人民共和国房屋建筑和市政工程标准施工招标文件》，自 2010 年 6 月 9 日起施行。

6.《建设工程工程量清单计价规范》（GB 50500—2013）

《建设工程工程量清单计价规范》
（GB 50500—2013）

2013 年 4 月 1 日，住房和城乡建设部发布了《建设工程工程量计价清单规范》（GB 50500—2013）（以下简称"13 计价规范"），"13 计价规范"的出台，对巩固工程量清单计价改革的成果、进一步规范工程量清单计价行为具有十分重要的意义。

7.《建设工程施工合同（示范文本）》（GF—2017—0201）

国家 2017 版《建设工程施工合同（示范文本）》（GF—2017—0201）已由住建部、国家工商总局于 2017 年联合发布使用，原《建设工程施工合同（示范文本）》（GF—2013—0201）同时废止。

【任务实施】

1.本项目在实施过程中，将要涉及哪些相关体系？涉及的当事人有哪些？

2.列出当事人各方受法律保护的相关条例，并做好相关准备工作。

【任务评价】

任务三　评价表

能力目标	知识要点	权重	自测
了解国家法律	《中华人民共和国建筑法》相关知识	10%	
	《中华人民共和国招标投标法》相关知识	25%	
	《中华人民共和国合同法》相关知识	15%	
	《中华人民共和国政府采购法》相关知识	10%	
了解行政法规	《建设工程安全生产管理条例》相关知识	10%	
	《建设工程质量管理条例》相关知识	10%	
了解地方性法规	地方性法规相关知识	10%	
了解部委规章	合同管理体系	10%	
组长评价：			
教师评价：			

【知识总结】

本任务主要介绍了最新的招投标相关法律、法规、规章制度及规范性文件。

【练习与作业】

作业答案

认真学习《中华人民共和国招标投标法》，完成下面习题。

一、判断题

1. 任何单位和个人不得将依法必须进行招标的项目化整为零或者以其他任何方式规避招标。

2. 招标人对已发出的招标文件进行必要的澄清或者修改的，应当在招标文件要求提交投标文件截止时间至少十五日前，以书面形式通知所有招标文件收受人。

3. 依法必须进行招标的项目，自招标文件开始发出之日起至投标人提交投标文件截止之日止，最短不得少于二十日。

4. 中标人确定后，招标人应当向中标人发出中标通知书，并同时将中标结果通知中标的投标人，但不用通知未中标的投标人。

5. 投标人应当在招标文件要求提交投标文件的截止时间前，将投标文件送达投标地点。投标人少于三个的，招标人可以改为竞争性谈判继续进行。

6. 招标人设有标底的，标底可以在开标前公开。

二、案例题

1. 甲、乙工程承包单位组成施工联合体参与某项目的投标，中标后联合体接到中标通知书，且与招标人签订了合同，并以联合体名义提交了 10 万元履约保证金。之后，两家单位认为该项目盈利太少，于是放弃该项目。招标人可以采取的措施及招标投标法的相关依据是？

2. 某单位医疗设备采购项目公开招标，评标后确定某承包单位为中标人并于 2021 年 4 月 1 日向其发出中标通知书，之后招标人于 6 月 12 日与中标人订立了书面合同，同时签订合同前要求中标人承诺。请问有何不妥之处？招标投标法的相关依据为？

学习情境二　建设工程招标

【学习目标】

能力目标	知识目标	思政目标	权重
能对招投标知识初步了解	招投标主体、适用范围、招投标程序	依据《中华人民共和国招标投标法》，明确招投标行为的市场特点和法律特点。使学生初步了解相关行业法律，培养守法意识，恪守职业道德，规范职业行为。尝试班级分组协作完成模拟评标过程，用角色带入的方法，强化学生严谨、细致的学习态度和团队协作意识，增强实操能力，潜移默化提升学生的职业素养	10%
能编制招标公告、投标邀请书	招标公告、投标邀请书内容构成		20%
能编制资格预审文件	资格预审文件内容构成		20%
能编制招标文件	招标文件内容构成		30%
能协助业主准确、及时履行招标过程中的各种工作及相关手续	招标流程相关工作内容		20%
合　计			100%

【教学建议】

建议利用节假日以组为单位去招标代理公司体验招标工作，让学生对招标主要工作建立感性认识，为招投标综合能力训练和从事招标投标相关工作奠定基础。参观后完成参观调研报告。

【建议学时】

4 学时。

任务一　招投标概述

【案例引入】

某高校拟新建一栋教学楼，投资约 5600 万元，建筑面积约 30000 m²，现项目需开展工作。请你明确项目参与方与相关工作程序及工作内容。根据提供知识点，完成招投标工作准备。

【任务目标】

1. 了解建设工程招标投标的有关定义和基本知识。

2. 掌握招标方式及其适用范围。

3. 熟悉招投标全过程的主要工作和流程。

【知识链接】

1.1　工程招投标概述

1.1.1　工程招投标概念

建设工程招标投标是指建设单位或个人(即业主或项目法人)通过招标的方式,将工程建设项目的勘察、设计、施工、材料设备供应、监理等业务,一次或分部发包,由具有相应资质的承包单位通过投标竞争的方式承接。

整个招投标过程,须通过一系列特定交易环节来确定,即招标、投标、开标、评标、授标和中标以及签约和履约等环节。同时这种交易行为须在特定的有形建筑市场有序进行,即项目所在地的建设工程交易中心。建设单位或个人(即业主或项目法人)通过发布招标邀请的方式,将工程建设项目的勘察、设计、施工、材料设备供应、监理等业务,一次或分部发包,通过投标方的投标竞争,对投标人技术水平、管理能力、经营业绩与报价等方面进行综合考察,最终将工程发包给最有承包能力而报价最优的投标人承接。其最突出的优点是:将竞争机制引入工程建设领域,将工程项目的发包方、承包方和中介方统一纳入市场,实行交易公开,给市场主体的交易行为赋予了极大的透明度;鼓励竞争,防止和反对垄断,通过平等竞争,优胜劣汰;最大限度地实现投资效益的最优化。

1.1.2　工程招标投标的发展趋势

公开、公平、公正和诚实信用是工程招标投标市场的核心价值目标;开放、互联、透明、共享是互联网的优势特征。这两者之间的先天优势决定两者需要相互融合。只有这样才能建立一体化开放共享的市场信息体系。

电子招标投标是以先进的计算机网络技术为支撑,以"方便、节约、公开、有效防止腐败行为"为基本特征的一种先进招标投标方式,是传统招标投标方式与现代网络技术相融合的产物,也是招标投标的必然发展趋势。推行电子招标投标在工程建设中的应用,对于提高交易效率、调整招标投标行业的发展结构以及遏制招标投标中产生的腐败、推动行业诚信等具有重要的促进作用,并且推行电子招标投标对于实现招标投标市场信息公开、转变政府监督方式、健全社会监督机制、规范招标投标市场秩序将发挥更加重要的作用。

1.1.3　BIM 技术在招标投标中的应用

BIM 是以建筑工程项目的各项相关信息数据作为基础,建立起三维的建筑模型,通过数字信息仿真模拟建筑物所具有的真实信息。

搭建 BIM 协同平台,各种信息将始终整合于一个三维模型数据库中,设计团队、施工单位、设施运营部门和业主等各方人员可以基于同一 BIM 平台协同工作,可以有效提高工作效率、节省资源、降低成本,以实现可持续发展。此外,搭建 BIM 协同平台,还极大地促进了招标投标管理的精细化程度和管理水平。

1. 建立三维模型

在项目的招标阶段，可以通过 BIM 技术建立起相关的三维模型，对工程量进行合理的统计和分析，最终形成准确的项目清单。模型的建立可以通过自身的力量实现，也可以通过投标单位建立和提交，这样有利于检测出图纸中出现的问题，及时采取措施提前解决。

同时，通过模型的建立，也可以对工程量实现精确化的统计，这个过程需要注意的是建模的精度。例如，传统的手工计算量可能要使用 15 天左右的时间才能完成，CAD 导图的实现时间大约需要 3 天，而建立符合精度要求的 BIM 模型后只需要半小时就可以完成。

2. 快速计算工程量清单

在项目招标阶段，招标方可以在招标投标过程中根据 BIM 模型编制准确的工程量清单。导入 BIM 模型之后，可以将与工程量有关的数据信息导入模型之中，例如构件的编号、数量、材质、重量、规格等，利用自动化功能生成工程量，减少了大量重复性工作。而且 BIM 模型具有实时联动的特性，即便数据有变也会根据联动特点自动调整，始终保持与实际项目相符，提高了准确率及工作效率，可以达到清单完整、快速算量、精确算量的目的，有效地避免了漏项和错算等情况，最大限度地减少施工阶段因工程量问题而引起的纠纷。

投标方则可以在 BIM 模型中得到准确的工程量信息、材料信息、成本信息、进度信息等信息；根据 BIM 模型快速编制施工组织设计，优化施工方案，精准地确定投标报价，从而制定更好的投标策略。

3. 优化投标评审

引入 BIM 技术，用三维模型代替传统的纯电子文档评审方式，彻底改变了传统电子标的阅读难度大、投标方案不直观、方案对比难、周围环境无法呈现等诸多问题。同时，以 BIM 三维模型为基础，将成本、进度相结合，集成项目相关数据和大数据研究成果，使商务标、技术标深度融合与联动，进一步提升了招标投标的准确性和专业性，提升了评标的智能化与科学性。

4. 利于签证与变更

利用 BIM 技术，完善现场签证和工程变更等数据信息，极大地提高了工程项目的结算质量和速度，对于减少工作人员的工作量和实现高效率的工作有重要的作用。同时，利用 BIM 技术，还可以增加审核的透明度，对于减少双方之间的矛盾，节省双方的结算成本方面发挥着重要的作用。

5. 利于工期控制

目前，在招标投标和施工阶段，利用 BIM 技术，可以进行 4D 模拟（3D+时间）和 5D 模拟（4D+造价），从而实现成本控制。

工程招标投标是建设工程全生命周期中的一个重要环节，是建筑行业各从业主体协作的桥梁。通过在工程招标投标阶段应用 BIM 技术，可以有效地促进建筑行业各主体和从业人员对 BIM 技术的掌握和运用，推动建设工程设计、施工及运维阶段的有机衔接，使行业监督管理更加便捷，从而提高整个建筑行业精细化管理水平。

1.2　施工招标范围

《中华人民共和国招标投标法》和《必须招标的工程项目规定》(国家发改委第16号令)均对强制招标的范围做了非常明确的规定。

《中华人民共和国招标投标法》第三条规定,在中华人民共和国境内进行下列工程建设项目(包括项目的勘察、设计、施工、监理以及与工程建设有关的重要设备、材料等)的采购,必须进行招标。

1. 全部或者部分使用国有资金投资或国家融资的项目

2. 使用国际组织或者外国政府贷款、援助资金的项目

3. 大型基础设施、公用事业等关系社会公共利益、公众安全的项目

依据《必须招标的工程项目规定》(国家发改委第16号令)第二条至第四条的规定,各类项目的具体内容如下:

(1)全部或者部分使用国有资金投资或者国家融资的项目

全部或者部分使用国有资金投资或者国家融资的项目包括:①使用预算资金200万元人民币以上,并且该资金占投资额10%以上的项目;②使用国有企业事业单位资金,并且该资金占控股或者主导地位的项目。

(2)使用国际组织或者外国政府贷款、援助资金的项目

使用国际组织或者外国政府贷款、援助资金的项目包括:①使用世界银行、亚洲开发银行等国际组织贷款、援助资金的项目;②使用外国政府及其机构贷款、援助资金的项目。

(3)大型基础设施、公用事业等关系社会公共利益、公众安全的项目

不属于前两条规定情形的大型基础设施、公用事业等关系社会公共利益、公众安全的项目,必须招标的具体范围由国务院发展改革部门会同国务院有关部门按照确有必要、严格限定的原则制定,报国务院批准。

《必须招标的工程项目规定》(国家发改委第16号令)对必须招标项目的规模标准也做了明确的规定。其第五条规定,本规定第二条至第四条规定范围内的项目,其勘察、设计、施工、监理以及与工程建设有关的重要设备、材料等的采购,达到下列标准之一的,必须进行招标:

1)施工单项合同估算价在400万元人民币以上。

2)重要设备、材料等货物的采购,单项合同估算价在200万元人民币以上。

3)勘察、设计、监理等服务的采购,单项合同估算价在100万元人民币以上。

同一项目中可以合并进行的勘察、设计、施工、监理以及与工程建设有关的重要设备、材料等的采购,合同估算价合计达到前款规定标准的,必须招标。

4.邀请招标的项目范围

《工程建设项目施工招标投标办法》第十一条规定,依法必须进行公开招标的项目,有下列情形之一的,可以邀请招标:

(1)项目技术复杂或有特殊要求,或者受自然地域环境限制,只有少量潜在投标人可供选择。

(2)涉及国家安全、国家秘密或者抢险救灾,适宜招标但不宜公开招标。

(3)采用公开招标方式的费用占项目合同金额的比例过大。全部使用国有资金投资或者

国有资金投资占控股或者主导地位的并需要审批的工程建设项目采用邀请招标的，应当经项目审批部门批准，但项目审批部门只审批立项的，由有关行政监督部门审批。

5. 可以不招标的项目范围

在实际操作过程中，有些项目虽然属于强制招标的范围，但因存在时间、保密等限制，允许采用非招标的方式进行发包。《中华人民共和国招标投标法》第六十六条、《中华人民共和国招标投标法实施条例》第九条、《工程建设项目施工招标投标办法》第十二条均对可以不招标的项目范围做出了具体规定，具体内容如下：

（1）涉及国家安全、国家秘密、抢险救灾或者属于利用扶贫资金实行以工代赈、需要使用农民工等特殊情况，不适宜进行招标的项目，按照国家有关规定可以不进行招标。

（2）需要采用不可替代的专利或者专有技术的；

（3）采购人依法能够自行建设、生产或者提供的；

（4）已通过招标方式选定的特许经营项目投资人依法能够自行建设、生产或者提供的；

（5）需要向原中标人采购工程、货物或者服务，否则将影响施工或者功能配套要求的；

（6）国家规定的其他特殊情形。

1.3 建设工程招标方式

招标分为公开招标和邀请招标。

1.3.1 公开招标

公开招标又称为无限竞争招标，是由招标单位通过报刊、广播、电视等方式发布招标公告，有投标意向的承包商均可参加投标资格审查，审查合格的承包商可购买或领取招标文件，参加投标的招标方式。

公开招标方式的优点是：投标的承包商多、竞争范围大，业主有较大的选择余地，有利于降低工程造价，提高工程质量和缩短工期。其缺点是：由于投标的承包商多，招标工作量大，组织工作复杂，需投入较多的人力、物力，招标过程所需时间较长，因而此类招标方式主要适用于投资额度大、工艺、结构复杂的较大型工程建设项目。

1.3.2 邀请招标

是指招标人以投标邀请书的方式邀请特定的法人或者其他组织投标。招标人采用邀请招标方式的，应当向3个以上（不能少于3个，不能多于10个）具备承担招标项目的能力、资信良好的特定的法人或者其他组织发出投标邀请书，收到邀请书的单位有权利选择是否参加投标。邀请招标与公开招标一样都必须按规定的招标程序进行，要制定统一的招标文件，投标人都必须按招标文件的规定进行投标。

邀请招标方式的优点是：能够邀请到有经验和资信可靠的投标者投标，参加竞争的投标商数目可由招标单位控制，保证履行合同，目标集中，招标的组织工作较容易，工作量比较小。其缺点是：由于参加的投标单位相对较少，竞争性范围较小，使招标单位对投标单位的选择余地较少，如果招标单位在选择被邀请的承包商前所掌握信息资料不足，则会失去发现最适合承担该项目的承包商的机会。

邀请招标虽然限制了竞争范围，但可能会失去技术上和报价上有竞争力的投标者。

1.3.3 公开招标与邀请招标的区别

这两种招标方式的主要区别在于：

1. 发布信息的方式不同

公开招标采用招标公告的形式发布；邀请招标采用投标邀请书的形式发布。

2. 选择的范围不同

公开招标因使用招标公告的形式，针对的是一切潜在的对招标项目感兴趣的法人或其他组织，招标人事先不知道投标人的数量；邀请招标针对已经了解的法人或其他组织，而且事先已经知道投标者的数量。

3. 竞争的范围不同

由于公开招标使所有符合条件的法人或其他组织都有机会参加投标，竞争范围较广，竞争性体现得也比较充分，招标人拥有绝对的选择余地，容易获得最佳招标效果；邀请招标中投标人的数量有限，竞争的范围有限，招标人拥有绝对的选择余地相对较小，有可能提高中标的合同价，也有可能将某些在技术上或报价上更有竞争力的承包商漏掉。

4. 公开的程度不同

公开招标中，所有的活动都必须严格按照预先制定并为大家所知的程序和标准公开进行，大大减少了作弊的可能；相比而言，邀请招标的公开程度要逊色一些，产生不法行为的机会也就多一些。

5. 时间和费用不同

邀请招标不需要发公告，招标文件只送几家，缩短了整个招投标时间，其招标费用相对减少。公开招标的程序复杂，从发布公告、投标人做出反应、评标到签订合同，有许多时间上的要求，要准备许多文件，因而耗时较长，费用也比较高。

由此可见，两种招标方式各有特点，从不同的角度比较会得出不同的结论。在实际中，各国和国际组织的做法也不尽一致。有的未给出倾向性的意见，而是把自由裁量权交给了招标人，由招标人根据项目的特点，自主决定采用公开或邀请方式，只要不违反法律规定，最大限度地实现"公开、公平、公正"即可。例如，"欧盟采购指令"规定，如果采购金额达到法定招标限额，采购单位有权在公开和邀请招标中自由选择。实际上，邀请招标在欧盟各国运用得非常广。世界贸易组织"政府采购协议"也对这两种方式孰优孰劣采取了未置可否的态度。但是"世行采购指南"却把国际竞争性招标(公开招标)作为最能充分实现资金的经济和效率要求的方式，要求借款国以此作为最基本的采购方式。只有在国际竞争性招标不是最经济和有效的情况下，才可采用其他方式。

1.4 建设工程招投标主体

1.4.1 招标人

1. 概念

建设工程招标人是提出招标项目，并进行招标的法人或者其他组织。法人包括企业法人、机关、事业单位、社会团体法人。

案例引入中的招标人某高校，属于事业单位。

2. 建设工程招标人的招标资格

建设工程招标人的招标资格是指建设工程招标人能够自己组织招标活动所必须具备的条件和素质。建设工程招标人自行办理招标应当具备相应的条件。

根据 2013 年 3 月 11 日国家发展和改革委员会第 23 号《关于废止和修改部分招标投标规章和规范性文件决定》修订第四条规定：招标人自行办理招标事宜，应当具有编制招标文件和组织评标的能力，具体包括：

(1)具有项目法人资格(或者法人资格)；

(2)具有与招标项目规模和复杂程度相适应的工程技术、概预算、财务和工程管理等方面专业技术力量；

(3)有从事同类工程建设项目招标的经验；

(4)拥有 3 名以上取得招标职业资格的专职招标业务人员；

(5)熟悉和掌握招标投标法及有关法律法规。

拟自行组织招标的，招标人应当向招标投标管理机构报批备案。招标投标管理机构可以通过报建备案制度，审查招标人是否符合条件。招标人不符合条件的，不得自行组织招标，只能委托工程建设项目招标代理机构代理组织招标。

3. 建设工程招标人的权利

(1)自行组织招标或者委托招标的权利。招标人是工程建设项目的投资责任者和利益主体，也是项目的发包人。招标人发包工程项目，凡具备招标资格的，有权自己组织招标，自行办理招标事宜；不具备招标资格的，则应委托具备相应资质的招标代理人代理组织招标，代为办理招标事宜。招标人委托招标代理机构进行招标时，享有自由选择招标代理机构的权利，同时仍享有参与整个招标过程的权利，招标人代表有权参加评标组织。任何机关、社会团体、企业事业单位和个人不得以任何理由为招标人指定或变相指定招标代理机构，招标代理机构只能由招标人选定。招标人对招标代理机构办理的招标事务要承担法律后果，因此不能委托了事，还必须对招标代理机构的代理活动，特别是评标、定标代理活动进行必要的监督，这就要求招标人在委托招标时仍需保留参与招标全过程的权利，其代表可以进入评标组织，作为评标组织的组成人员之一。

(2)进行投标资格审查的权利。对于要求参加投标的潜在投标人，招标人有权要求其提供有关资质情况的资料，进行资格审查、筛选，拒绝不合格的潜在投标人参加投标。

(3)择优选定中标人的权利。招标的目的是通过公开、公平、公正的市场竞争，确定最优中标人。招标过程其实就是一个优选过程。择优选定中标人，就是要根据评标组织的评审意见和推荐建议，根据招标人要求的质量、工期、价格等方面综合考虑，确定招标人中最理想的中标人。这是招标人最重要的权利。

(4)享有依法约定的其他各项权利。招标人还有编制或委托招标代理机构编制招标文件的权利；有组织潜在投标人踏勘项目现场的权利；有对已发出的招标文件进行澄清或者修改的权力；有主持开标会议的权利；有依法组建评标委员会的权利；有向中标人发中标通知书的权利。建设工程招标人的权利应依法实施。法律、法规无规定时则依双方约定。

4. 建设工程招标人的义务

(1)遵守法律法规、规章和方针、政策的义务。建设工程招标人的招标活动必须依法进行，违法或违规、违章的行为不仅不受法律保护，而且还要承担相应的法律责任。遵纪守法是建设工程招标人的首要任务。

（2）接受招标投标管理机构管理和监督的义务：为了保证建设工程招标投标活动公开、公平、公正，建设工程招标投标活动必须在招标投标管理机构的行政监督管理下进行。

（3）不侵犯投标人合法权益的义务。招标人、投标人是招标投标活动的双方，他们在招标投标中的地位是完全平等的，因此招标人在行使自己权利的时候，不得侵犯投标人的合法权益，妨碍投标人公平竞争。

（4）委托代理招标时向代理人提供招标所需资料、支付委托费用等的义务。招标人委托招标代理机构进行招标时，应承担的义务主要有以下四点：

①招标人对于招标代理机构在委托授权的范围所办理的招标事务的后果直接接受并承担民事责任。

②招标人应向招标代理机构提供招标所需的有关资料。

③招标人应向招标代理机构支付委托费或报酬。

④招标人应向招标代理机构赔偿招标代理机构在执行受托任务中非因自己过错所造成的损失。

（5）保密的义务。建设工程招标投标活动应当遵循公开原则，但对可能影响公平竞争的信息，招标人必须保密。招标人设有标底的，标底必须保密。

（6）与中标人签订合同并履行合同的义务。招标投标的最终结果，是择优确定出中标人，与中标人签订并履行合同。

（7）承担依法约定的其他各项义务。在建设工程招标投标过程中，招标人与他人依法约定的义务，也应认真履行。

1.4.2　投标人

建设工程投标人是建设工程招标投标活动的另一主体，是指响应招标并购买招标文件参加投标竞争的法人或者其他组织。参加投标活动必须具备一定的条件，要求如下：

1. 投标人应具备的基本条件

（1）必须有与招标文件要求相适应的人力、物力、财力。

（2）必须有符合招标文件要求的资质证书和相应的工作经验与业绩证明。

（3）符合法律、法规、规章和政策规定的其他条件。

建设工程投标人主要是指勘察设计单位，施工企业，建筑装饰装修企业，工程材料供应（采购）单位，工程总承包单位及咨询、监理单位等。投标人必须依法取得相应资质证书，并在其资质等级许可的范围内从事相应的工程建设活动。在招标时，招标会对投标人进行资质审查，严禁无相关资质的企业进入工程建设市场。

2. 建设工程投标人的权利

（1）有权平等地获得和利用招标信息。招标信息是投标决策的基础和前提。投标人掌握的招标信息是否真实、准确、及时、完整，对投标工作具有非常重要的影响。投标人获得招标信息主要通过招标人发布的招标公告，也可以通过政府主管机构公布的工程报建登记。保证投标人平等地获取招标信息，是招标人和政府主管机构的义务。

（2）有权按照招标文件的要求自主投标或组成联合体投标。当招标人招标公告或投标邀请书中载明接受联合体投标时，投标人为了更好地把握投标竞争机会，提高中标率，可以根据招标文件的要求和自身的实力，自主决定是否与其他投标人组成一个联合体，以一个投标人的身份共同投标。招标人不得强制投标人必须组成联合体共同投标，不得限制投标人之间的竞争。投标人组成投标联合体是一种联营方式，与串通投标是两个性质完全不同的概念。组成联合体投标，联合体各方均应当具备承担招标项目的相应能力和相应资质条件，并按照共同投标协议的约定，就中标项目向招标人承担连带责任。

联合体投标是两个或两个以上的法人或者其他组织组成一个联合体，以一个投标人的身份共同投标。联合体各方均应当具备承担招标项目的相应能力；国家有关规定或者招标文件对投标人资格条件有规定的，联合体各方均应当具备规定的相应资格条件。由同一专业的单位组成的联合体，按照资质等级较低的单位确定资质等级。

联合体各方应当签订共同投标协议，明确约定各方拟承担的工作和责任，并将共同投标协议连同投标文件一并提交招标人。联合体中标的，联合体各方应当共同与招标人签订合同，就中标项目向招标人承担连带责任。

联合体各方在签订共同投标协议后，不得再以自己的名义单独投标，也不得组成新的联合体或参加其他联合体在同一项目中投标。

（3）有权要求招标人或招标代理人对招标文件中的有关问题进行答疑。投标人参加投标，必须编制投标文件。编制投标文件的基本依据就是招标文件。正确理解招标文件，才能正确把握招标意图。对招标文件中不清楚的问题，投标人有权要求予以澄清，以利投标。

（4）有权确定自己的投标报价。投标人参加投标，是一场重要的市场竞争。投标竞争是投标人自主经营、自负盈亏、自我发展的强大动力。因此，招标投标活动必须按照市场经济的规律办事。对投标人的投标报价，由投标人依法自主确定，任何单位和个人不得非法干预。投标人根据自身经营状况、利润和市场行情，科学合理地确定投标报价，是整个投标活动中非常关键的一个环节。

（5）有权参与投标竞争或放弃参与竞争。在市场经济条件下，投标人参加投标竞争的机会应当是均等的。参加投标是投标人的权利，放弃投标也是投标人的权利。对投标人来说，是否参加投标，完全是自愿的。任何单位或个人不能强制、胁迫投标人参加投标，更不能强迫或变相强迫投标人陪标，也不能阻止投标人中途放弃投标。

（6）有权要求优质优价。价格（包括取费、酬金等）问题，是招标投标中的一个核心问题。为了保证工程安全和质量，必须防止和克服只为争得项目中标而不切实际的盲目降级压价现象，实行优质优价，避免投标人之间的恶性竞争。

（7）有权控告、检举招标过程中的违法、违规行为。投标人和其他利害关系人认为招标投标活动不合法的，有权向招标人提出异议或者依法向有关行政监督部门投诉。

3.建设工程投标人的义务

（1）遵守法律、法规、规章和方针、政策。建设工程投标人的投标活动必须依法进行，违法或违规、违章的行为，不仅不受法律保护，而且还要承担相应的责任。遵纪守法是建设工程投标人的首要义务。

(2)接受招标投标管理机构的监督管理。为了保证建设工程招标投标活动公开、公平、公正,建设工程招标投标活动必须在招标投标管理机构的监督管理下进行。

(3)保证所提供的投标文件的真实性,提供投标保证金或其他形式的担保。投标人提供投标保证金或其他形式的的投标文件必须真实、可靠,并对此予以保证。使投标活动保持应有的严肃性,建立和维护招标投标活动的正常秩序。

(4)按招标人或招标代理人的要求对投标文件的有关问题进行答疑。投标文件是以招标文件为主要依据编制的,正确理解投标文件,是准确判断投标文件是否实质性响应招标文件的前提。

(5)中标后与招标人签订合同并履行合同,不得转包合同,非经招标人同意不得分包合同;中标以后与招标人签订合同,并履行约定的全部义务,是实行招标投标制度的意义所在。如需分包,应当在投标文件中载明,并经招标人认可后才能进行分包。

(6)履行依法约定的其他各项义务。

1.4.3　工程招标代理机构

建设工程招标代理是指建设工程招标人将建设工程招标事务委托给相应中介服务机构,由该中介服务机构在招标人委托授权的范围内,以委托的招标人的名义,同他人独立进行建设工程招标投标活动,由此产生的法律效果直接归属于委托人即招标人的一种制度。这里,代替他人进行建设工程招标活动的中介服务机构,称为代理人。委托他人代替自己进行建设工程招标活动的招标人,称为被代理人(本人)。与代理人进行建设工程招标活动的人,称为第三人(相对人)。建设工程招标代理机构应与招标人签订书面合同,在合同约定的范围内实施代理,并按照国家有关规定收取费用。

1.建设工程招标代理机构的介绍

招标代理机构是依法设立,从事招标代理业务并提供相关服务的社会中介组织。这里有三层含义:

(1)招标代理机构的性质既不是一级行政机关,也不是从事生产经营的企业,而是以自己的知识致力于为招标人提供服务的独立于任何行政机关的组织。招标代理机构可以以多种组织形式存在,可以是有限责任公司也可以是合伙人等。自然人一般不能从事招标代理业务。

(2)招标代理机构需依法登记设立,招标代理机构的设立不需有关行政机关的审批,但其从事有关招标代理业务的资格需要有关行政主管部门审查认定。

(3)招标代理机构的业务范围。从事招标代理业务,即接受招标人委托,组织招标活动。具体业务活动,帮助招标人或受其委托拟定招标文件,依据招标文件的规定,审查投标人的资质,组织评标、定标等;提供与招标代理业务相关的服务即指提供与招标活动有关的咨询、代书及其他服务性工作。

招标代理机构拥有专业的人才和丰富的经验,对于那些实效招标,招标项目不多或自身力量薄弱的项目单位来说,具有很大的吸引力。

建设工程招标代理行为具有以下几个特征:

(1)工程招标代理人必须以被代理人的名义办理招标事务。

(2)工程招标代理人,具有独立进行意思表示的职能。这样才能使工程招标活动得以顺利进行。

（3）工程招标代理行为，应在委托授权的范围内实施。这是因为工程招标代理在性质上是一种委托代理，即基于被代理人的委托授权而发生的代理。工程招标代理机构未经建设工程招标人的委托授权，就不能进行招标代理，否则就是无权代理。工程招标代理机构已经取得工程招标人委托授权的，不能超出委托授权的范围进行招标代理，否则也是无权代理。

（4）工程招标代理行为的法律效果归属于被代理人。

2.建设工程招标代理机构的权利

（1）组织和参与招标活动。招标人委托代理人的目的，是让其代替自己办理有关招标事务，组织和参与招标活动，既是代理人的权利，也是代理人的义务。

（2）依据招标文件要求，审查投标人资质。代理人受委托后有权按照招标文件的规定，审查投标人资质。

（3）按规定标准收取代理费用。建设工程招标代理人从事招标代理活动，是一种有偿的经济行为，代理人要收取代理费用。代理费用由被代理人与代理人按照有关规定在委托代理合同中协商确定。

（4）招标人授予的其他权利。

3.建设工程招标代理机构的义务

（1）遵守法律、法规、规章和方针、政策。工程招标代理机构的代理活动必须依法进行，违法或违规、违章的行为，不仅不受法律保护，而且还要承担相应的责任。

（2）维护委托的招标人的合法权益：代理人从事代理活动，必须以维护委托的招标人的合法权利和利益为根本的行为准则。因此，代理人承接代理业务、进行代理活动，必须充分考虑委托的招标人的利益保护问题，始终把维护委托的招标人的合法权益，放在代理工作的首位。

（3）组织编制、解释招标文件，对代理过程中提出的技术方案、计算数据、技术经济分析结论等的科学性、正确性负责。

（4）工程招标代理机构应当在其资格证书有效期内，妥善保存工程招标代理过程文件和成果文件。工程招标代理机构不得伪造、隐匿工程招标代理过程文件和成果。

（5）接受招标投标管理机构的监督管理和招标投标行业协会的指导。

（6）履行依法约定的其他义务。

1.5　建设工程招投标程序

招标是招标人选择中标人并与其签订合同的过程，而投标则是投标人力争获得实施合同的竞争过程，招标人和投标人均须遵循招投标法律和法规的规定进行招投标活动。因此整个建设工程招投标过程，可以从招标、投标两个角度进行梳理。

《中华人民共和国招标投标法》对招标工作的相关规定如下：

第十六条：招标人采用公开招标方式的，应当发布招标公告。依法必须进行招标的项目的招标公告，应当通过国家指定的报刊、信息网络或者其他媒介发布。

招标公告应当载明招标人的名称和地址，招标项目的性质、数量、实施地点和时间以及获取招标文件的办法等事项。

第十七条：招标人采用邀请招标方式的，应当向三个以上具备承担招标项目的能力、资信良好的特定的法人或者其他组织发出投标邀请书。

第二十三条：招标人对已发出的招标文件进行必要的澄清或者修改的，应当在招标文件要求提交投标文件截止时间至少 15 日前，以书面形式通知所有招标文件收受人。该澄清和修改的内容为招标文件的组成部分。

第二十四条：招标人应当确定投标人编制投标文件所需要的合理时间，但是，依法必须进行招标的项目，自招标文件开始发出之日起至投标人提交投标文件截止之日止，最短不得少于 20 日。

第四十三条：在确定中标人前，招标人不得与投标人就投标价格、投标方案等实质性内容进行谈判。

第四十五条：中标人确定后，招标人应当向中标人发出中标通知书，并同时将中标结果通知所有未中标的投标人。

第四十七条：依法必须进行招标的项目，招标人应当自确定中标人之日起 15 日内，向有关行政监督部门提交招标投标情况的书面报告。

1.5.1　招标工作流程

招标主要工作程序可概括为以下几个步骤，即招标资格与备案、确定招标方式、发布招标公告或投标邀请书、编制发放资格预审文件和递交资格预审申请书(要求资格预审的)。资格预审，确定合格的投标申请人、编制发布招标文件、踏勘现场、答疑、接受投标文件，收取投标保证金、开标、组建评标委员会、评标、确定中标人，发出中标通知书、签署合同。建设工程招标的一般程序如图 2-1、图 2-2 所示。

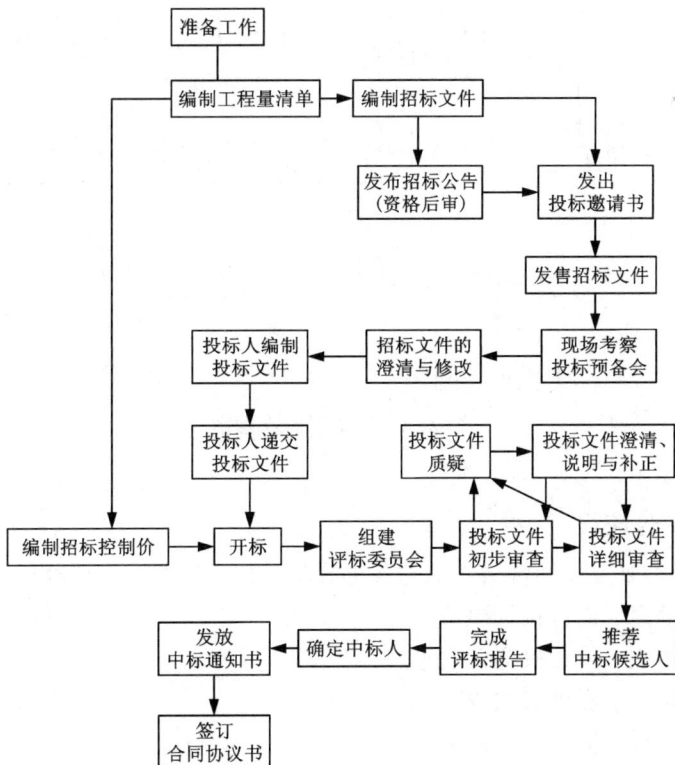

图 2-1　资格后审流程图

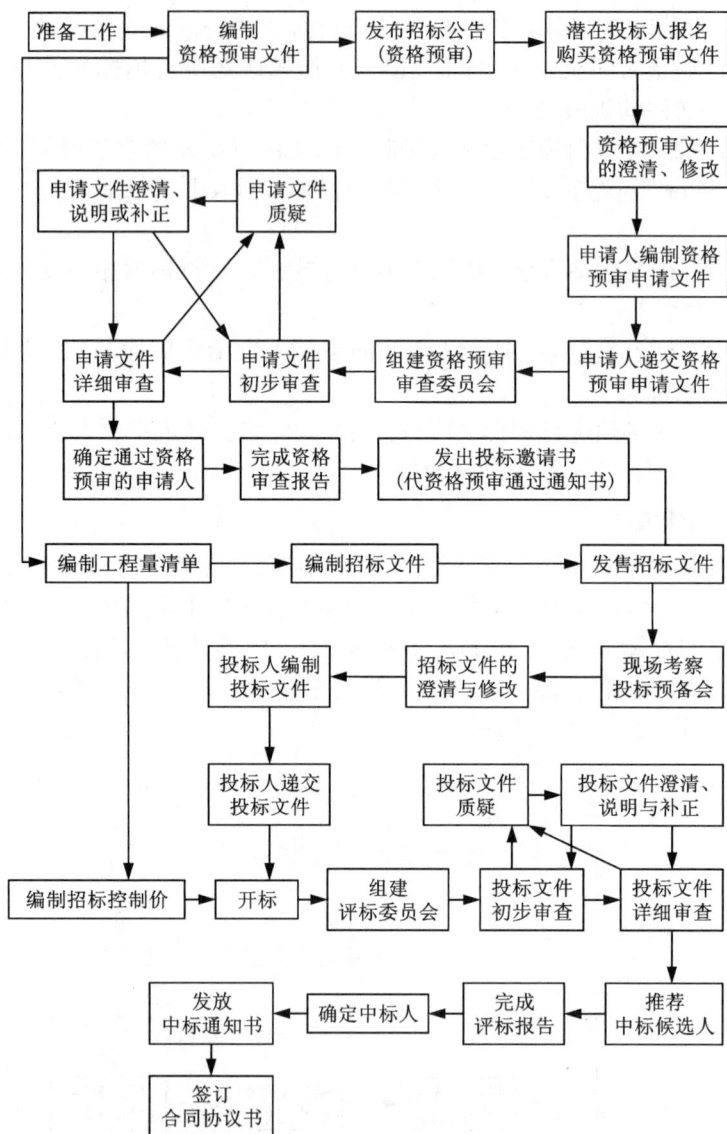

图 2-2 资格预审流程图

1.5.2 投标工作流程

建设工程投标人取得投标资格并愿意参加投标，其工作程序主要经过以下几个环节：

(1)获取招标信息，进行投标决策；

(2)筹建投标小组，委托投标代理人；

(3)申报资格预审，提供有关资料；

(4)购买招标文件，提供投标保证金；

(5)研读招标文件，搜集有关资料；

(6)参加踏勘现场和投标预备会；

(7)编制投标文件,封标;

(8)递交投标文件,参加开标会;

(9)接受中标通知书;

(10)提供履约担保,签订承包合同。

其投标工作流程如图2-3所示。

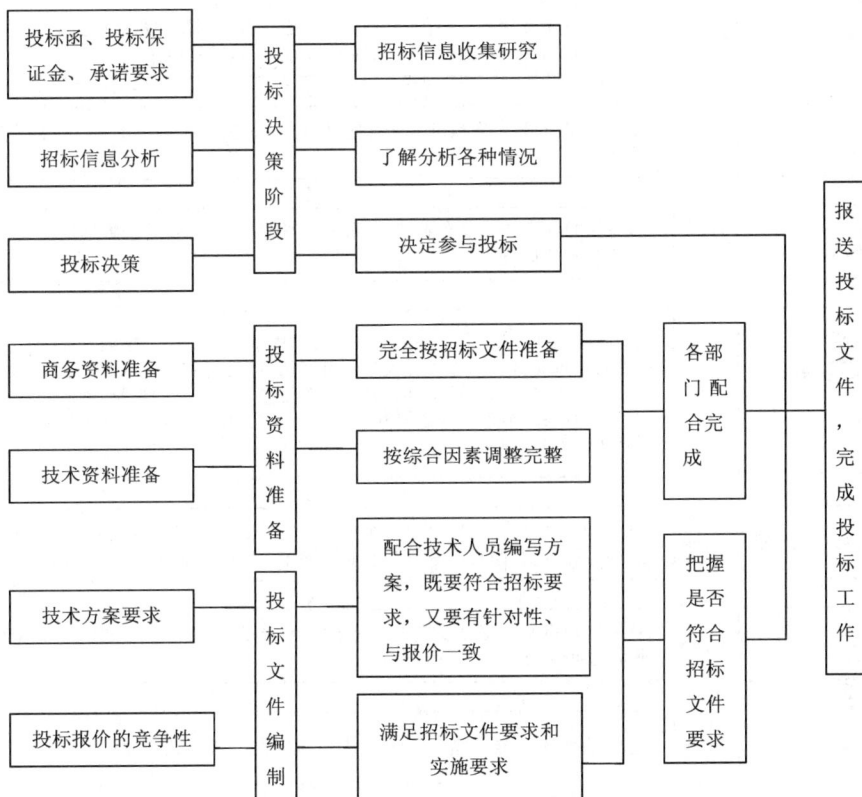

图 2-3 投标工作程序

1.6 招标计划的编制

在编制招标计划时要注意每项工作的时间要求:开始时间、截止时间、与其他工作的关联关系等。下面以资格预审为例编制招标计划,如图2-4所示。

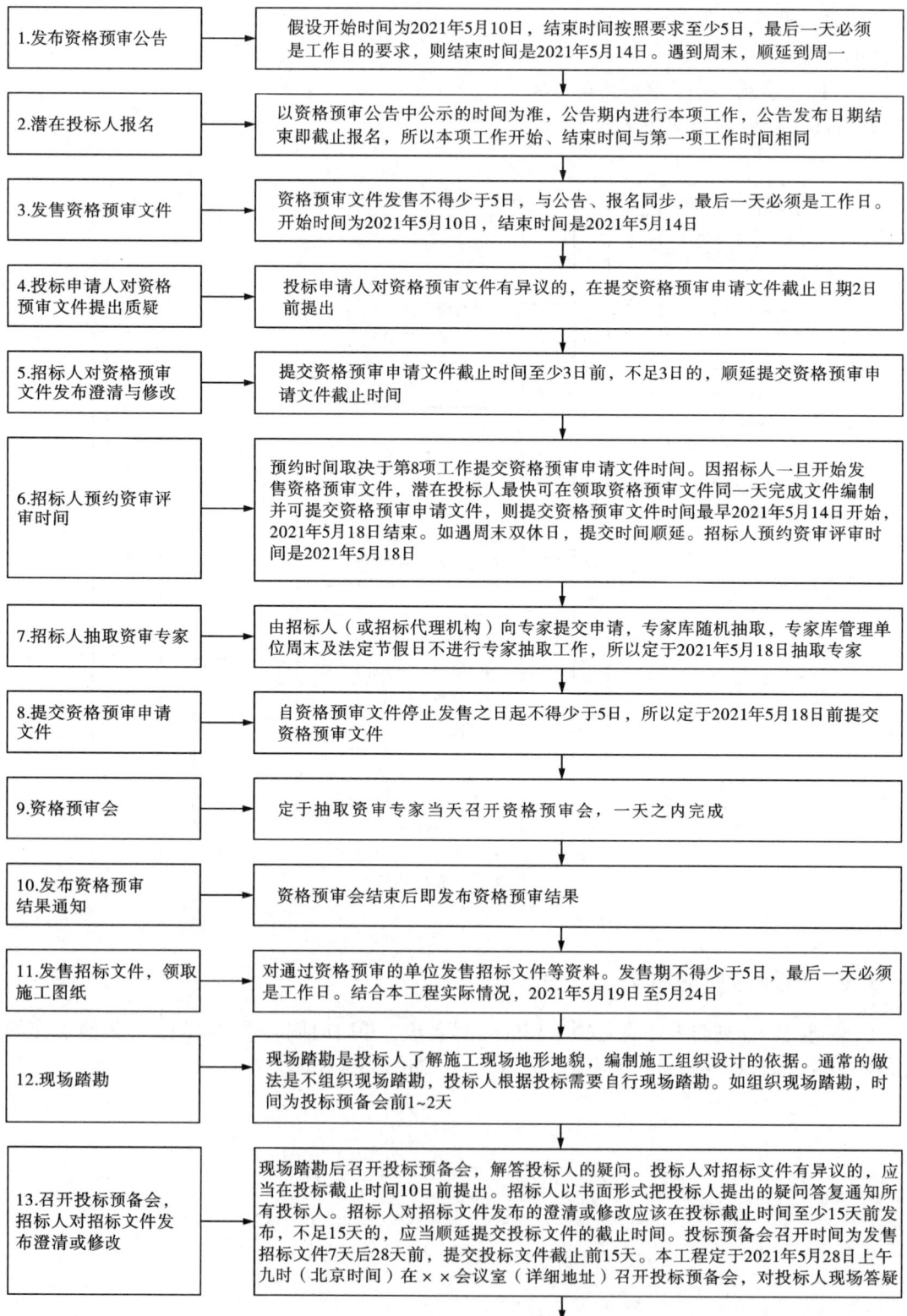

1.发布资格预审公告	假设开始时间为2021年5月10日，结束时间按照要求至少5日，最后一天必须是工作日的要求，则结束时间是2021年5月14日。遇到周末，顺延到周一
2.潜在投标人报名	以资格预审公告中公示的时间为准，公告期内进行本项工作，公告发布日期结束即截止报名，所以本项工作开始、结束时间与第一项工作时间相同
3.发售资格预审文件	资格预审文件发售不得少于5日，与公告、报名同步，最后一天必须是工作日。开始时间为2021年5月10日，结束时间是2021年5月14日
4.投标申请人对资格预审文件提出质疑	投标申请人对资格预审文件有异议的，在提交资格预审申请文件截止日期2日前提出
5.招标人对资格预审文件发布澄清与修改	提交资格预审申请文件截止时间至少3日前，不足3日的，顺延提交资格预审申请文件截止时间
6.招标人预约资审评审时间	预约时间取决于第8项工作提交资格预审申请文件时间。因招标人一旦开始发售资格预审文件，潜在投标人最快可在领取资格预审文件同一天完成文件编制并可提交资格预审申请文件，则提交资格预审文件时间最早2021年5月14日开始，2021年5月18日结束。如遇周末双休日，提交时间顺延。招标人预约资审评审时间是2021年5月18日
7.招标人抽取资审专家	由招标人（或招标代理机构）向专家提交申请，专家库随机抽取，专家库管理单位周末及法定节假日不进行专家抽取工作，所以定于2021年5月18日抽取专家
8.提交资格预审申请文件	自资格预审文件停止发售之日起不得少于5日，所以定于2021年5月18日前提交资格预审文件
9.资格预审会	定于抽取资审专家当天召开资格预审会，一天之内完成
10.发布资格预审结果通知	资格预审会结束后即发布资格预审结果
11.发售招标文件，领取施工图纸	对通过资格预审的单位发售招标文件等资料。发售期不得少于5日，最后一天必须是工作日。结合本工程实际情况，2021年5月19日至5月24日
12.现场踏勘	现场踏勘是投标人了解施工现场地形地貌，编制施工组织设计的依据。通常的做法是不组织现场踏勘，投标人根据投标需要自行现场踏勘。如组织现场踏勘，时间为投标预备会前1~2天
13.召开投标预备会，招标人对招标文件发布澄清或修改	现场踏勘后召开投标预备会，解答投标人的疑问。投标人对招标文件有异议的，应当在投标截止时间10日前提出。招标人以书面形式把投标人提出的疑问答复通知所有投标人。招标人对招标文件发布的澄清或修改应该在投标截止时间至少15天前发布，不足15天的，应当顺延提交投标文件的截止时间。投标预备会召开时间为发售招标文件7天后28天前，提交投标文件截止前15天。本工程定于2021年5月28日上午九时（北京时间）在××会议室（详细地址）召开投标预备会，对投标人现场答疑

14.招标人预约开标室	招标人预约开标室的时间和接收投标人递交投标文件的时间为同一时间，所以预约2021年6月15日使用开标室
15.抽取评标专家	招标人预约开标室的时间和接收投标人递交投标文件的时间为同一时间，所以预约2021年6月15日使用开标室
16.交易中心收取投标人提交的投标保证金	投标保证金不得超过招标项目估算价的2%，投标保证金有效期与投标有效期一致。假如项目金额1亿元人民币，则收取10000×2%=200万元投标保证金
17.招标人接收投标人提交的投标文件	按照招标文件约定的时间、地点接收投标文件，逾期不予受理。依法必须进行招标的项目，自招标文件开始发出之日起至投标人提交投标文件截止之日止，最短不少于20日。采用电子招标投标在线提交投标文件的，最短不得少于10日。所以预约2021年6月15日上午9时（北京时间）在约定的地点接收投标文件
18.开标	与提交投标文件截止的同一时间进行，所以于2021年6月15日上午9时（北京时间）开标
19.招标人组织评标	与开标同一天进行，评标完成后出具评标报告
20.招标人公示中标结果	自收到评标报告之日起3日内公示中标候选人，公示期不少于3日
21.招标人发出中标结果通知	假如项目公示期无争议公示结果3日后向中标人发出中标通知书，向未中标发出未中标通知书，假如公示期有争议，则进入争议处理环节
22.招标人与中标人签订施工合同	自中标通知书发出之日起30日内，甲乙双方签订施工合同
23.退还投标人投标保证金	招标人最迟应当在书面合同签订后5日内向中标人和未中标的投标人退还投标保证金及银行同期存款利息
24.招标结果备案	投标过程的资料整理存档，招标人应当自订立书面合同之日起15日内，向有关行政监督部门提交招标投标和合同订立情况的书面报告及合同副本

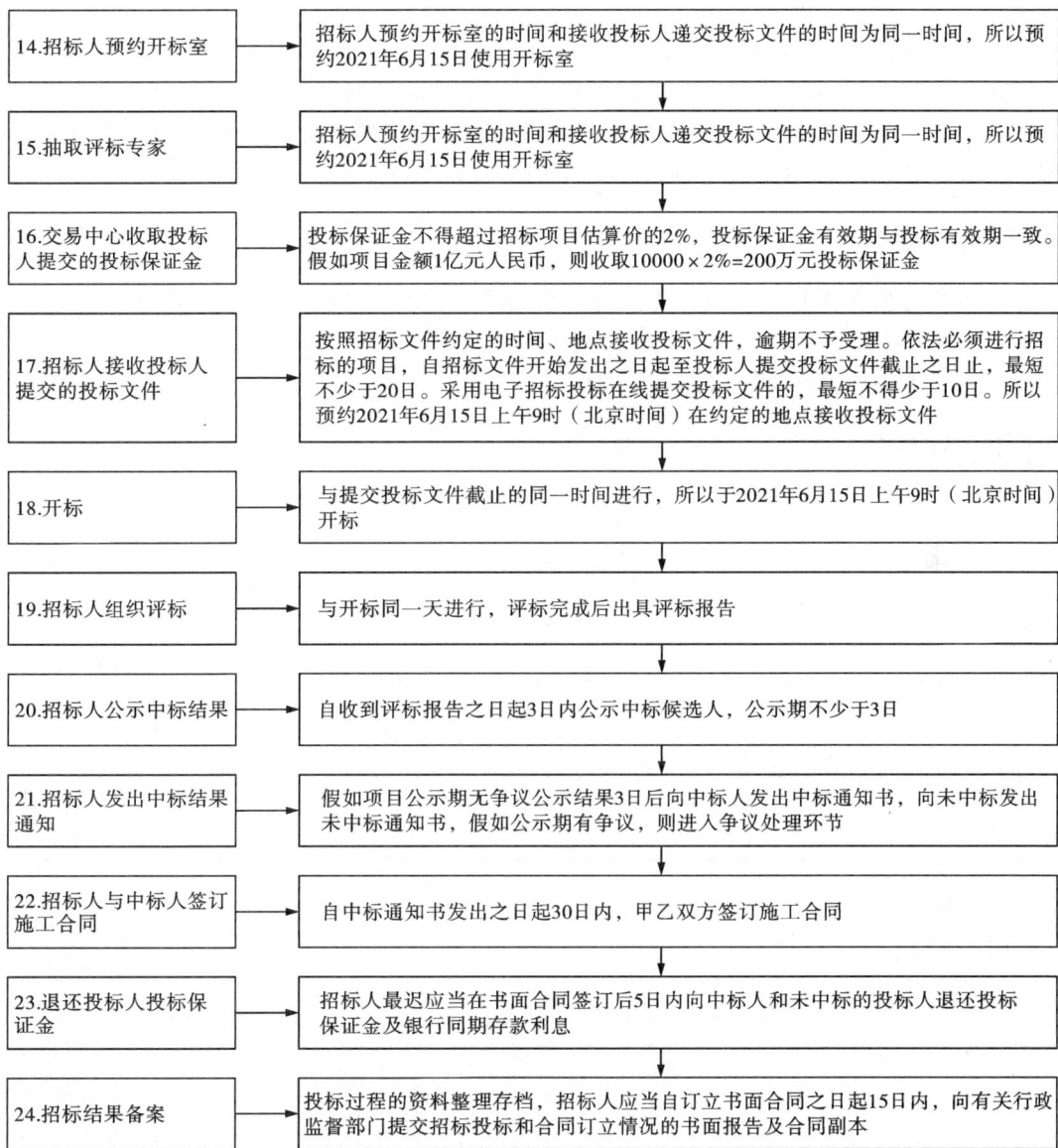

图 2-4　招标计划图

【应用案例】

例 2-1　背景：

招标工作主要内容确定为：①成立招标工作小组；②发布招标公告；③编制招标文件；④编制招标控制价；⑤发放招标文件；⑥组织现场踏勘和招标答疑；⑦投标单位资格审查；⑧接受投标文件；⑨开标；⑩确定中标单位；⑪评标；⑫签订承发包合同；⑬发出中标通知书。

问题：上述招标工作内容顺序作为招标工作先后顺序是否妥当？如果不妥，请确定合理的顺序。

答案：不妥。正确的顺序应当是：

①成立招标工作小组；②编制招标文件；③编制招标控制价；④发布招标公告；⑤招标单位资格审查；⑥发放招标文件；⑦组织现场踏勘和招标答疑；⑧接受投标文件；⑨开标；⑩评标；⑪确定中标单位；⑫发出中标通知书；⑬签订承发包合同。

【任务实施】

1.本项目是否需要招标？如需要招标，我们应该采用哪种招标方式？将涉及哪些当事人？他们应该做哪些方面的准备工作？请列出各方工作流程。

2.指出交易流程，并做好相关准备工作。

【任务评价】

任务一　评价表

能力目标	知识要点	权重	自测
掌握招投标基础知识	强制招标范围	20%	
	招标方式	20%	
	招标投标主体资质	30%	
	招投标基本程序	30%	
组长评价： 教师评价：			

【知识总结】

建设工程招标投标是指建设单位或个人(即业主或项目法人)通过招标的方式，将工程建设项目的勘察、设计、施工、材料设备供应、监理等业务，一次或分部发包，由具有相应资质的承包单位通过投标竞争的方式承接。其最突出的优点是：将竞争机制引入工程建设领域，将工程项目的发包方、承包方和中介方统一纳入市场，实行交易公开，给市场主体的交易行为赋予了极大的透明度；鼓励竞争，防止和反对垄断，通过平等竞争，优胜劣汰，最大限度地实现投资效益的最优化。

建设工程的招标投标主体包括建设工程招标人、建设工程投标人、建设工程招标代理机构、建设工程招标投标监管机构。

招标投标经过三个阶段和六大程序，即招标、投标和定标(决标)三个阶段，招标、投标、开标、评标、定标和订立合同等六大程序。

【练习与作业】

一、填空题

1. 依照《中华人民共和国招标投标法》规定，招标人是提出 _____、并进行 _____ 的 _____ 或者其他组织。

2. 投标人是指 _____、参加 _____ 的法人或者 _____。

3. 招标代理机构是 _____、从事 _____ 并提供 _____ 的社会 _____ 组织。

4. 建设工程招标投标主体是 _____、_____ 和 _____。

5. 任何机关 _____、社会团体、企业事业单位和个人不得以任何理由为指定或变相指定招标代理机构，招标代理机构只能由 _____ 选定。

作业答案

二、单选题

1. 下列施工项目不属于必须招标范围的是(   )。
A. 大型基础设施
B. 使用世界银行贷款建设项目
C. 政府投资的经济适用房建设项目
D. 施工主要技术采用特定专利的建设项目

2. 《招投标法》规定，招标人采用公开招标方式，应当发布招标公告，依法必须进行招标项目的招标公告，应当通过(   )的报刊、信息网络或者其他媒介公开发布。
A. 国家规定
B. 业主指定
C. 当地政府指定
D. 监理机构指定

3. 《工程建设项目招标范围和规模标准规定》中规定重要设备、材料等货物的采购，单项合同估算价(   )万人民币以上的，必须进行招标。
A. 50
B. 100
C. 150
D. 200

4. 根据《招标投标法》及有关规定，下列项目不属于必须招标的工程建设项目范围的是(   )。
A. 某城市的地铁工程
B. 国家博物馆的维修工程
C. 某省的体育馆建设项目
D. 张某给自己建的别墅

5 下列使用国有资金的项目中，必须通过招标方式选择施工单位的是(   )。
A. 某房建工程，其单项施工合同估算价600万元人民币
B. 利用资金实行以工代赈需要使用农民工
C. 某军事工程，其重要设备采购单项合同估算价100万元人民币
D. 某福利院工程，其单项施工合同估算价300万元人民币且施工主要采用某专有技术

6. (   )，是指招标人以招标公告的方式邀请不特定的法人或者其他组织投标。
A. 公开招标
B. 邀请招标
C. 议标

7. (   )，是指招标人以投标邀请书的方式邀请特定的法人或其他组织投标。
A. 公开招标
B. 邀请招标
C. 议标

8. 确定中标人后(   )内，招标人应当向有关行政监督部门提交招标情况的书面报告。
A. 15天
B. 21天
C. 30天
D. 35天

9. 发布资格预审公告(招标公告)的时间至少为(   )日。
A. 5
B. 10
C. 3
D. 7

10. 投标申请人对资审文件质疑在提交资格预审申请文件截止时间(   )日前提出。
A. 3
B. 2
C. 5
D. 7

11. 发售招标文件、施工图纸发售期不得少于(   )日，最后一天必须是工作日。
A. 3
B. 5
C. 7
D. 10

12. 招标人对招标文件澄清/修改在投标截止时间至少（　　　　）日前发布，日期不满足的，应当顺延提交投标文件的截止时间。

A. 5　　　　　　　　B. 10　　　　　　　　C. 15　　　　　　　　D. 20

13 依法必须进行招标的项目，自招标文件开始发出之日起至投标人提交投标文件截止之日止，最短不少于（　　　　）日，采用电子招标投标在线提交投标文件的，最短不少于（　　　　）日。

A. 5，10　　　　　　B. 15，20　　　　　　C. 20，10　　　　　　D. 10，20

14. 自中标通知书发出之日起（　　　　）日内，招标人与中标人双方签订施工合同。

A. 5　　　　　　　　B. 10　　　　　　　　C. 20　　　　　　　　D. 30

15 招标人最迟应当在书面合同签订后（　　　　）日内向中标人和未中标的投标人退还投标保证金及银行同期存款利息。

A. 3　　　　　　　　B. 5　　　　　　　　　C. 7　　　　　　　　　D. 10

三、实训题

1. 编制资格后审编制计划

2. 编制招标方案

四、案例题

某建设单位经相关主管部门批准，组织某建设项目全过程总承包的公开招标工作，确定招标程序如下，如有不妥，请改正。

（1）成立该工程招标领导机构；（2）委托招标代理机构代理招标，编制资格预审文件和招标文件；（3）发出投标邀请书；（4）对报名参加投标者进行资格预审，并将结果通知合格的申请投标人；（5）向所有获得投标资格的投标人发售招标文件；（6）召开投标预备会；（7）招标文件的澄清与修改；（8）抽取专家，建立评标组织，制定标底和评标定标办法；（9）召开开标会议，审查投标书；（10）组织评标；（11）与合格的投标者进行质疑澄清；（12）决定中标单位；（13）发出中标通知书；（14）建设单位与中标单位签订承发包合同。

五、专项实训——走访工程招标代理公司

参观当地工程招标代理公司，让学生对工程招标代理公司场所、功能、工作内容及程序等建立感性认识，从而了解建设工程招标程序和投标程序，提高学生社会实践能力。

1. 实践目的

学生通过参观、实践学习，了解工程招标代理方法、程序、要求及工作内容、法律责任。提高学生对工程招标代理工作的认知能力。

2. 实践方式

利用假期，学生以社会实践方式到工程招标咨询公司进行实训。

具体步骤：

（1）学生集体活动，由指导教师带队，参观、讲解方法：请建设工程交易中心工作人员介绍基本情况，使学生对中心有基本了解。

（2）学生分组活动：学生5~6人一组，自主到工程招标代理公司进行实践学习。由组长负责，老师指导。

调研、实践方法：学会以调查、请教、收集为主，了解工程招标代理方法、程序、要求及工作内容、法律责任；理解建设工程招标程序和投标程序；熟悉建设工程招投标原则及相关法律法规，为从事建设工程招标投标工作奠定理论基础。

3. 实践内容和要求

（1）认真完成参观日记。

（2）完成参观调研报告。

（3）实践总结。

任务二　招标准备

【案例引入】

某高校拟新建一栋教学楼，投资约 5600 万元，建筑面积约 30000 m^2，现准备招标。目前的任务是就土建施工完成招标准备与相关决策工作。

引导问题：建筑工程市场的三要素；我国的建设工程项目管理机构、管理体制及交易方式。

【任务目标】

1.按照正确的方法和途径，落实招标条件，收集相关信息。

2.依据信息分析结果选择招标方式及招标组织形式，划分招标标段。

3.按照招标工作时间限定，进行合同打包，选择合同计价方式。

4.根据招标决策结果，编写招标方案，完成项目报建和备案。

【知识链接】

编制依据：

《中华人民共和国招标投标法》明确规定了招标范围、招标组织形式、招标方式。

第十二条　招标人有权自行选择招标代理机构，委托其办理招标事宜。任何单位和个人不得以任何方式为招标人指定招标代理机构。招标人具有编制招标文件和组织评标能力的，可以自行办理招标事宜。任何单位和个人不得强制其委托招标代理机构办理招标事宜。依法必须进行招标的项目，招标人自行办理招标事宜的，应当向有关行政监督部门备案。

2.1　招标条件落实

（1）招标人已经依法成立。

（2）初步设计及概算应当履行审批手续的，已经批准。

（3）已经履行以下审批手续内容：

①立项批准文件和固定资产投资许可证。

②已经办理该建设工程用地批准手续。

③已经取得规划许可证。

（4）招标范围、招标方式和招标组织形式等应当履行核准手续的，已经核准。

（5）有相应资金或者资金来源已经落实。

（6）有满足施工招标需要的设计图纸及技术资料。

（7）法律法规和规章规定的其他资料。

（8）到建设行政主管部门完成工程报建手续。

2.2　招标机构组建

一般来说，招标工作机构由三类人员组成。

（1）决策人员：即主管部门的代表以及招标人的授权代表。

（2）专业技术人员：包括建筑、结构、资料、绘图、设备、工艺等工程师、造价师，以及精通法律及商务业务的人员等。

（3）事务人员：即负责日常事务处理的秘书等工作人员。

2.3 招标方式选择

我国规定国内工程施工招标应采用公开招标和邀请招标两种方式。其中又以公开招标为主要方式。根据公开招标和邀请招标条件选择相应招标方式。并填写招标方式登记表备案。招标方式登记表如下表 2-1 所示。

表 2-1　招标方式登记表

项目编号：　　　　　　　　　　　　　　　　　　　　　日期：　　年　　月　　日

概　　况	招 标 人				
	工程名称				
招标类别		□施工	□监理	□设备	
招标方式	经项目审批部门核准	审批部门			
		招标方式		□公开	□邀请
		核准文号			
	无需经项目审批或项目审批部门不核准	拟选招标方式		□公开	□邀请
经办人	签　　字		联系电话		
	经办人所属单位				

说明：1. 本表由招标人或招标代理机构填写，一式两份，招标办一份，招标人一份。

　　　2. 项目审批部门核准的招标方式文件或关于招标方式的审批材料附表后。

　　　3. 经办人需附法人委托函件。

2.4 确定招标组织形式

依法必须招标的项目经批准后，招标人根据项目实际情况需要和自身条件，可以自行招标，也可以自主选择招标代理机构进行委托招标。

1. 自行招标

自行招标是指招标人依靠自己的能力，依法自行办理和完成招标项目的招标任务。自行招标需要具备相应招标能力。自行招标条件需要建设行政主管部门的核准与管理，具体的管理方式包括事前监督和事后管理监督方式。并填写招标人自行招标条件备案表。招标人自行招标条件备案表如表 2-2 所示。

表 2-2　招标人自行招标条件备案表

项目编号：　　　　　　　　　　　　　　　　　　　　　　日期：　　年　　月　　日

招标工程概况	招标人			法人代表	
	单位地址			单位性质	
	工程名称			建设规模	m²
	建设地址			结构形式	
	层　数	地上	层	檐　高	m
		地下	层	跨(高)度	m
	道路里程	km	管线直径　　mm	桥梁座数	座
	工程项目的补充描述：				
投资立项文号			投资总额及来源		
规划许可证文号			设计出图情况		
招标范围					
招标类别	□施工　　　　□监理　　　　□设备				
自行招标	经项目审批部门核准	审批部门			
		是否核准自行招标	□是　　　□否		
		核准文号			
	无需经项目审批或项目审批部门不核准	招标人条件（□内打√或X）	1. 项目法人资格　□具备		
			2. 专业技术力量　□具备		
			3. 同类项目招标经验　□具备		
			4. 招标机构、业务人员　□具备		
			5. 熟悉和掌握招投标法规　□具备		
招标人经办人	签　字		联系电话		
法人单位盖章					

说明：1. 本表由招标人填写，一式两份，招标办一份，招标人一份。

2. 招标设备概况见"设备招标清单"。

3. 项目审批部门核准的自行招标文件或招标人具备的条件证明材料附表后。

4. 经办人需附法人委托函件。

（1）事前监督：事前监督主要有两项规定：一是招标人应向项目主管部门上报具有自行招标条件的书面材料；二是由主管部门对自行招标书面材料进行核准。

（2）事后监督管理：事后监督管理是对招标人自行招标的事后监管，主要体现在要求招标人提交招标投标情况的书面报告。

2. 委托招标

按照《中华人民共和国招标投标法》的规定：

（1）招标人有权自主选择招标代理机构，不受任何单位和个人的影响和干预。

（2）招标人和招标代理机构的关系是委托代理关系。招标代理机构应当与招标人签订书面委托合同，在委托范围内，以招标人的名义组织招标工作和完成招标任务。并在法定时间内到建设行政主管部门备案。并填写招标人委托招标登记表。招标人委托招标登记表如下表2-3所示。

招标代理协议格式如下：

招标代理协议

项目名称：

本合同双方：

委托单位(甲方)：(公章)

代理单位(乙方)：(公章)

_____(委托方)将_____项目的招标事宜委托乙方代理招标，依据《中华人民共和国招标投标法》及有关法律、法规的规定，合同双方经协商一致，签订本合同。

一、代理业务的内容

甲方委托乙方组织建设工程招标活动。

工程概况：

本次招标范围：

招标代理的内容：填写申请表格，编制招标文件(包括编制资格预审文件)；审查投标人资格；组织投标人踏勘现场和答疑；组织开标、评标、定标；提供招标前期咨询等业务。

二、工作条件和协作事项

1.建设工程规划临时许可证、建设项目资金来源证明等(详见办理建设工程招标投标需提交的资料清单)。

2.委托方提供能够满足施工、标价计算要求的施工图纸及技术资料；或者经符合资质条件的工程造价咨询机构编制的建设项目投资概预算。

3.乙方代理过程中，遵守国家、地方有关工程建设招标、投标法规，坚持公开、公平、公正和诚实信用的原则，按照有关程序规定进行，接受招标监督管理部门的监督。

4.委托代理人在签订本合同时，应出具委托证书。

三、委托期限

本合同自签订之日起执行，中标通知书签发后自行废止。

四、费用支付方式及日期

1.本工程造价为人民币_____(大写)，收取代理费合计人民币_____(大写)。付款方式为现金口转账口，代理费用应在开标前全部付清。代理费用不包含编制标底的费用、资格预审及评标专家费用的收费标准见国家发改委《招标代理服务收费管理暂行办法》(计价格[2002]1980号)和《关于招标代理服务收费有关问题的通知》(办价格[2003]857号)或地方文件的规定。

2.投标单位购买标书每份工本费计人民币_____元(大写)，所得归乙方。

五、违约责任

1.双方都必须严格遵守签订的代理合同条款、不得违约。

2.委托方应提供真实可靠的相关资料，及按第四款第一条约定支付代理费用，否则一切责任由委托方自负。

3.双方在合同执行过程中出现争议,可协商解决,也可由相关部门进行调解。

4.双方对代理合同条款变更时必须另签补充合同条款,补充合同条款作为本代理合同的组成部分与主合同具有同等法律效力。

5.本合同一式三份,甲方一份,乙方一份,报招标管理机构一份。

法人单位(公章)

法定代表人(签章)

委托日期　　年　月　日

表 2-3　招标人委托招标登记表

项目编号:　　　　　　　　　　　　　　　　　　　日期:　　　年　　月　　日

招标工程概况	招 标 人			法人代表	
	单位地址			单位性质	
	工程名称			建设规模	m²
	建设地址			结构形式	
	层　数	地上	层	檐　高	m
		地下	层	跨(高)度	m
	道路里程	km	管线直径　　mm	桥梁座数	座
	工程项目的补充描述:				
投资立项文号					
投资总额及来源					
规划许可证文号					
设计出图情况					
招标范围					
招标类别	□施工　　　□监理　　　□设备				
招标代理机构	名　　称				
	资格等级				
经办人	签　　字		联系电话		
	经办人所属单位				

说明:1.本表由招标人或招标代理机构填写,一式两份,招标办一份,招标人一份。

　　　2.招标设备概况见"设备招标清单"。

　　　3.项目审批部门核准的委托招标文件附表后。

　　　4.委托招标代理合同附表后。

　　　5.经办人需附法人委托函件。

2.5　确定招标范围

招标范围界定了中标人承担的工作量,招标人与中标人责任划分的界限。也向各潜在投标人说明参与招标项目投标时，所需要考虑的成本、技术和资格条件范围。例如，某大楼施工招标，其周围绿化、道路是否在招标范围内，与周边绿化和道路的分界线，这些因素直接决定投标人报价和建设的具体方案。

拟招标教学楼工程的施工招标范围可描述为本教学楼工程的土建工程、水、暖、电、卫、通风空调及外线工程(详见工程量清单及图纸)。

2.6 划分标段

标段划分是指招标人在充分考虑工程规模、工期安排、资金情况、潜在投标人状况等因素的基础上，将一个建设工程拆分为若干个工程标段进行招标并组织施工的行为。标段划分是招标规划的核心工作内容，既要满足招标项目技术经济和管理的客观需要，又要遵守相关法律法规的规定。

标段划分要遵循质量责任明确、成本责任明确、工期责任明确和经济高效、具有可操作性、符合实际的原则。根据建设工程的投资规模、建设周期、工程性质等具体情况，将建设工程分段分期实施，以达到缩短工期的目的。

《中华人民共和国招标投标法实施条例》第二十四条规定："招标人对招标项目划分标段的，应当遵守招标投标法的有关规定，不得利用划分标段限制或者排斥潜在投标人。依法必须进行招标的项目的招标人不得利用划分标段规避招标"。即招标人不得利用划分标段限制或者排斥潜在投标人或者规避招标。一是通过规模过大或过小的不合理划分标段，保护有意向的潜在投标人，限制或者排斥其他潜在投标人；二是通过划分标段，将项目化整为零，使标的合同金额低于必须招标的规模标准而规避招标；或者按照潜在投标人数量划分标段，使每一潜在投标人均有可能中标，导致招标失去意义。

《工程建设项目施工招标投标办法》第二十七条规定：施工招标项目需要划分标段、确定工期的，招标人应当合理划分标段、确定工期，并在招标文件中载明。对工程技术上紧密相连、不可分割的单位工程不得分割标段。招标人不能以不合理的标段或工期限制或者排斥潜在投标人或者投标人。依法必须进行施工招标的项目的招标人不得利用划分标段规避招标。

标段划分的具体方法要结合工程特点而定，建设工程一般可划分为单项工程、单位工程、分部工程和分项工程。例如，学校的教学楼工程属于单项工程，教学楼工程中的土建工程、水、暖、电、卫工程属于单位工程，土建工程中的基础工程、砌筑工程等属于分部工程，基础工程中的土方开挖、土方回填属于分项工程。对招标项目的标段划分，应与建设工程划分相一致，这样可以使招标标段在实施过程中与施工验收规范、质量验收标准、档案资料归档要求保持一致，从而清晰地划清招标人与承包人、承包人与承包人之间的责任界限，避免因责任不清引起争议和索赔。由于单位工程具有独立施工条件并能形成独立使用功能，因此对工程技术紧密相连、不可分割的单位工程不得划分标段，一般应以单位工程作为标段划分的最小单位。在施工现场允许的情况下，也可将专业技术复杂、工程量较大且需专业施工资质的分部工程作为单独的标段进行招标，或者将虽不属于同一单位工程但专业相同的分部工程作为单独的标段进行招标。由于分项工程一般不具备独立施工条件，所以应尽量避免以分项工程为标段，从而减少各标段之间的干扰。

在招标过程中，若整个建设项目包括若干个单项工程，可以将几个单项工程划分为一个标段，也可以将几个单项工程中的单位工程划分为一个标段，同时也可以将几个单项工程中可单独发包的分部工程划分为一个标段。

例如,越江隧道工程可按照隧道长度划分标段。而学校建设项目可按照教学楼、办公楼、实训楼、食堂、宿舍等单项工程划分不同标段。

2.7　合同计价方式选择

建设工程施工合同根据合同计价方式的不同,一般情况下分为三大类型,即总价合同、单价合同和成本加酬金合同。总价合同又包括固定总价合同和可调值总价合同;单价合同包括估算工程量单价合同和纯单价合同;而成本加酬金合同包括成本加固定百分比酬金合同、成本加固定金额酬金合同、成本加奖罚合同、最高限额成本加固定最大酬金合同。因此,《建设工程施工合同(示范文本)》(GF—2017—0201)第三部分专用条款中第六款"合同价款与支付"中对于合同价款的三种方式:固定价格合同、可调价格合同、成本加酬金合同的提法有所不妥。而且,这本施工合同示范文本是适用于工程量清单招标的工程,而通过直接发包、施工图招标选择 施工单位的工程,这本施工合同示范文本中许多条款不太适用。有的同志以为《建设工程施工合同(示范文本)》(GF—2017—0201)可以管好所有的工程,以至于只要把它拿来填上就行了,这显然是对合同的误解,合同计价形式是多种多样的,不是一个"示范文本"可以管住的。合同管理是从政府、合格的中介机构到订约各方面所必须付出比目前大得多的精力从事的一件大事,因此,对建筑市场建设各方来说,弄清各种类型的计价方法、优缺点和使用时机是非常必要的。接下来,简单介绍一下各种计价方式。

1. 总价合同

(1)所谓总价合同是指支付承包方的款项在合同中是一个"规定的金额",即总价。总价合同的主要特征:一 是价格根据确定的由承包方实施的全部任务,按承包方在投标报价中提出的总价确定;二是实施的工程性质和工程量应在事先明确商定。总价合同又分为固定总价合同和可调值总价合同两种形式。固定总价合同的价格计算是以图纸及规定、规范为基础,承发包双方就施工项目协商一个固定的总价,由承包方一笔包死,不能变化。采用这种合同,合同总价只有在设计和工程范围有所变更的情况下才能随之做相应的变更,除此之外,合同总价是不能变动的。因此,作为合同价格计算依据的图纸及规定、规范应对工程做出详尽的描述,一般在施工图设计阶段,施工详图已完成的情况下采用固定总价合同,承包方要承担实物工程量、工程单价、地质条件、气候和其他一切客观因素造成亏损的风险。在合同执行过程中,承发包双方均不能因为工程量、设备、材料价格、工资等变动和地质条件恶劣、气候恶劣等理由,提出对合同总价调值的要求,因此承包方要在投标时对一切费用的上升因素做出估计并包含在投标报价之中。因此,这种形式的合同适用于工期较短(一般不超过一年),对最终产品的要求又非常明确的工程项目,这就要求项目的内涵清楚,项目设计图纸完整齐全,项目工作范围及工程量计算依据确切。

(2)可调值总价合同的总价一般也是以图纸及规定、规范为计算基础,但它是按"时价"进行计算的,这是一种相对固定的价格。在合同执行过程中,由于通货膨胀而使所用的工料成本增加,因而对合同总价进行相应的调值,即合同总价依然不变,只是增加调值条款。因此可调值总价合同均明确列出有关调值的特定条款,往往是在合同特别说明书中列明。调值工作必须按照这些特定的调值条款进行。这种合同与固定总价合同不同在于,它对合同实施中出现的风险做了分摊,发包方承担了通货膨胀这一不可预测费用因素的风险,而承包方只承担了实施中实物工程量成本和工期等因素的风险。可调值总价合同适用于工程内容和技术经济指标规定很明确的项目，由于合同中列明调值条款，所以在工期一年以上的项目较适于采用这种合同形式。

2. 单价合同

在施工图不完整或当准备发包的工程项目内容、技术经济指标一时还不能明确、具体地予以规定时，往往要采用单价合同形式。这样在不能比较精确地计算工程量的情况下，可以避免凭运气而使发包方或承包方任何一方承担过大的风险。工程单价合同可细分为估算工程量单价合同和纯单价合同两种不同形式。

（1）估算工程量单价合同是以工程量清单和工程单价表为基础和依据来计算合同价格的。通常是由发包方委托招标代理单位或造价工程师提出总工程量估算表，即"暂估工程量清单"，列出分部分项工程量，由承包方以此为基础填报单价。最后工程的总价应按照实际完成工程量计算，由合同中分部分项工程单价乘以实际工程量，得出工程结算的总价。采用估算工程量单价合同可以使承包方对其投标的工程范围有一个明确的概念。这种合同一般适用于工程性质比较清楚，但任务及其要求标准不能完全确定的情况。采用这种合同时，工程量是统一计算出来的，承包方只要填上适当的单价就可以了，承担风险比较小。因此，估算工程量单价合同在实际中运用较多，目前国内推行的工程量清单招标所形成的合同就是估算工程量单价合同。实施这种合同的标的工程施工时要求施工过程中及时计量并建立月份明细账目，以便确定实际工程量。

（2）纯单价合同是发包方只向承包方给出发包工程的有关分部分项工程以及工程范围，不需对工程量做任何规定。承包方在投标时只需要对这种给定范围的分部分项工程做出报价即可，而工程量则按实际完成的数量结算。这种合同形式主要适用于没有施工图、工程量不明，却急需开工的紧迫工程。

3. 成本加酬金合同

这种合同形式主要适用于工程内容及其技术经济指标尚未全面确定，投标报价的依据尚不充分的情况下，发包方因工期要求紧迫，必须发包的工程；或者发包方与承包方之间具有高度的信任，承包方在某些方面具有独特的技术、特长和经验的工程。以这种形式签订的建设施工合同，有两个明显缺点：一是发包方对工程总价不能实施实际的控制；二是承包方对降低成本也不大感兴趣。因此，这种合同形式在建设工程中很少采用。

《建设工程施工合同》（GF—2017—0201）是国家工商行政管理总局和建设部联合发布的"示范文本"，但这只是一种建筑安装工程的施工合同文件，它往往适用于单价合同。而且从整个示范文本的结构来看，工程量清单始终贯穿于整个示范文本，参照这个示范文本签订合同的工程应该是通过工程量清单招标的工程，而不是所有的工程。更何况，"示范文本"中的三种合同计价方式，比如固定价格合同、可调价格合同，此"价格"是总价还是单价，概念不严格，容易引起误解，有可能引起合同经济纠纷。

不同的招标方式决定了不同的合同方式、合同计价方式。通过工程量清单招标的工程所形成的合同形式应该是估算工程量单价合同或者纯单价合同，可以采用《建设工程施工合同》（GF—2017—0201）"示范文本"；而通过施工图招标的工程所形成的合同形式应该是总价合同，及通过直接发包的工程所形成的合同形式应该是总价合同或成本加酬金合同，都不宜采用《建设工程施工合同》（GF—2017—0201）"示范文本"。因此，从政府、中介机构到发包方和承包方，都应重视选择建设工程施工合同计价形式，弄清各种计价方式的优缺点、使用时机，从而减少因建设工程施工合同的不完善而引起的经济纠纷。

【特别提示】

合同的利与弊对比分析如表2-4所示。

表 2-4 合同的利与弊对比分析表

合同类型	风险		合同管理	
	优点	缺点	优点	缺点
总价合同	业主：没有任何风险，除非允许合同价格调整。	承包商：承担所有风险	业主：相对简单 承包商：有很大的积极性	业主：因承包商在合同价中考虑风险，合同价高，而且签订合同前的准备工作时间长，要求高。 承包商：管理任务重
单价合同	业主和承包商分担风险	合理分担风险是困难的事，合同实施中双方可能对某些风险由哪方承担产生分歧	业主获得合理的合同价格，双方都有积极性	双方的管理工作任务重，承包商可能对某些情况索赔工期和成本，处理索赔费时费力
成本加酬金合同	承包商：没有风险 业主：没有其他合同种类适用时的选择	业主：承担所有风险，很难控制工程成本	招标前的准备工作时间短	业主的管理工作非常繁重，承包商没有积极性来控制成本和工期

2.8 招标采购方案编写

在招标前期工作中，招标人对招标方式、分标、合同计价等方面进行决策后，应根据决策结果制定招标方案，并完成招标进度计划。因为招标进度计划是招标方案的重要组成部分。一份完整的项目招标方案一般包括以下内容。

招标方案

1. 工程建设项目背景概况；
2. 工程招标范围、标段划分和投标资格；
3. 工程招标顺序；
4. 工程质量、造价、进度需求目标；
5. 工程招标方式、方法；
6. 工程发包模式与合同类型；
7. 工程招标工作目标和计划；

8. 工程招标工作分解；

9. 工程招标方案实施的措施。

2.9 招标前期工作

2.9.1 建设项目报建

招标人在招标前首先应到市招标办办理项目报建手续，办理项目报建手续时应提供以下材料：

(1)年度有效计划(复印件)指本项目立项的批准文件，如，国家发展和改革委员会或××省发展和改革委员会或×××市发展和改革委员会等关于该项目的批复文件；

(2)扩初批复或会审纪要(复印件)；

(3)土地使用证或用地许可证(复印件)、建设工程规划许可证、建设用地规划许可证、定位图等；

(4)开户银行资金证明(原件)。

开户银行资金证明实例如下。

【应用案例】

例2-1：

证　明

×××招标管理办公室：

　　×××检察院属于一级预算单位，在×××国库集中支付中心实行报账制。×××国库集中支付中心在我行开立基本账户，到2021年2月6日止，×××检察院建设款账面余额为4658600.95元。

特此证明。

×××商业银行(公章)
2021年2月6日

(5)工程建设项目报建表(一式三份)。

工程建设项目报建表参见以下案例。

【应用案例】

例2-2：

工程建设项目报建表

报建2021年第60号

建设单位	××市检察院	单位性质	机关
工程名称	××市检察院办公楼工程	工程监理单位	
工程地址	××市建湘路88号	建设用地批准文件	
投资总额	1200万元	当年投资	1200万元
资金来源	政府投资70%；自筹30%；贷款%；外资%		

续上表

批准资料	立项文件名称	关于《××市检察院办公楼项目实施方案的批复》		
	文号	××市发改发[2020]168号		
	投资许可证文号			
工程规模		建筑面积：6850.60m²		
计划开工日期		2021年5月1日	计划竣工日期	2021年12月1日
发包方式		施工总承包		
银行资信证明		见原件		
工程筹建情况：		建设行政主管部门批准意见： 同意。 批复单位(公章) 2021年2月9日		

报建单位：(盖章)××市检察院

法定代表人：×××　　经办人：×××　　电话：×××××××　　邮编：000000

填报日期：2021年2月6日

说明：本表一式三份，批复后，审批单位、建设单位、工程所在地建设行政主管部门各一份。

(6)建设单位基建人员情况表(一份)。

建设行政主管部门根据招标人提供的建设单位基建人员情况表，确定招标人是否具有自行组织招标的能力。发现招标人不具备自行办理招标事宜的条件或者在备案材料中弄虚作假的，应当依法责令其改正，并且要求其委托具有相应资格的工程建设项目招标代理机构(以下简称招标代理机构)代理招标。委托代理招标事宜的应签订委托代理合同。

【特别提示】

报建程序如下：

1.建设单位到建设行政主管部门或其他授权机构领取《工程建设项目报建表》；

2.按报建表的内容及要求认真填写；

3.有上级主管部门的需经其批准同意后，一并报送建设行政主管部门，并按要求进行招标准备；

4.工程建设项目的投资和建设规模有变化时，建设单位应及时到建设行政主管部门或其授权机构进行补充登记。筹建负责人变更时，应重新登记。

凡未报建的工程建设项目，不得办理招投标手续和发放施工许可证，设计、施工单位不得承接该工程的设计和施工任务。

2.9.2 工程类别核定

招标办签署报建意见发布项目报建信息后，招标人应到市造价工程管理处办理工程类别核定手续，办理工程类别核定手续需提供以下材料：

(1)工程类别核定表实例。

【应用案例】

例2-3：

建筑工程类别核定表

工程名称	××市公安局	批准文号	××市发改委[2020]168号
法定代表人	×××	联系人及电话	××× ××××-×××××××
工程投资额	1200万元	工程总面积	6850.60 m²
工程概况：			

本工程建筑面积6850.60 m²，结构形式为框架架构，层数六层，檐高为20.6 m，要求质量标准为市优工程，投资类别为国有投资为主。

建设单位(盖章)　　　　　　　　　　　　　　　　　　　　2021年2月6日

其他需要说明的问题：

初审意见：

　　　　房屋建筑工程四类

　　　　　　经办人：×××　　审核人：×××　　　2021年2月9日

备注	
说　明	1. 工程类别指建筑、安装、市政、园林、装修、人防工程； 2. 工程概况指按费用定额类别特征，如：面积、层数、高度、跨度、地下室、投资类别性质等； 3. 本表一式三份，招标办、建设单位、办证窗口各一份

(2)有关部门基建计划批准文件(复印件)。

(3)财税部门固定资产投资方向调节税税单(复印件)。

(4)建筑施工图纸一套。

工程类别的核定在规定时间内可在建设工程交易中心固定窗口办理，其余时间到当地的建设工程造价管理处办理。

2.9.3　发包申请

招标人办理完项目报建和工程类别核定手续后，向交易中心和市招标办提出发包申请，办理招标申请时需提交以下材料：

(1)建设工程发包申请书一式六份(向交易中心申领)；

(2)年度有效计划和投资许可证、正反面复印件；

(3)土地使用证或用地许可证(装饰工程提交房屋产权证明书)；

(4)规划许可手续；

(5)建筑工程报建表(市招标办办理)；

(6)工程类别核定表(市造价管理处办理);

(7)招标项目提交招标文件送审稿。

发包人提交上述材料后,相关管理部门应在规定的时间内(一般为两个工作日)进行审批,审批通过后即可发布项目发包信息。

【特别提示】

招标人自行办理招标的,招标人在发布招标公告或投标邀请书5日前,应向建设行政主管部门办理招标备案,建设行政主管部门自收到备案资料之日起5个工作日内没有异议的,招标人可以发布招标公告或投标邀请书;不具备招标条件的,责令其停止办理招标事宜。

办理招标备案应提交的材料主要有下列几项:

1.《招标人自行招标条件备案表》;

2.专门的招标组织机构和专职招标业务人员证明材料;

3.专业技术人员名单,职称证书或职业资格证书及其工作经历的证明材料。

【任务实施】

1.根据项目具体情况,确定本项目的招标方式,并说明理由。

2.确定本项目的发包方式,并说明理由。

3.确定本项目的合同计价方式,并说明理由。

4.完成本项目的招标方案。

5.完成项目报建,并做好招标备案。

【任务评价】

任务二　评价表

能力目标	知识要点	权重	自测
能根据项目具体情况完成招标前期准备与决策工作	招标方式的确定条件	10%	
	发包方式的确定条件	10%	
	合同计价方式的确定条件	15%	
	项目招标方案内容及相关时间的规定	20%	
	项目报建的程序及报建表的填写内容	20%	
	招标备案相关内容	10%	
能与团队其他成员合作	活动参与积极性,团队工作过程安排是否合理规范,信息收集的准确性	15%	
组长评价:			
教师评价:			

【知识总结】

在招标准备与决策阶段,招标单位或者招标代理人应当完成项目审批手续,落实所需的资金，落实招标条件，组建招标机构，选择招标方式，进行标段划分和合同打包，选择合同计价方式，确定投标人资格，完成招标方案。最后在建设工程交易中心进行报建和招标备案。

招标人应根据招标人的条件和招标工程的特点，确定是公开招标还是邀请招标。与此同时，招标人还要确定是自行办理招标事宜还是委托招标代理。

标段划分和合同打包是指对项目的实施阶段(如勘察、设计、施工等)和范围内容进行科学分类。各分类子项单独或组合形成若干标段，再将每个标段分别打包进行招标，以标段(即合同包)为基本单位确定相应的承包商。这部分工作应充分考虑项目自身特点和施工内容的专业要求、各标段之间的协调难度、招标人的协调管理能力和市场因素对工程总投资的影响，以及建设资金是否筹措到位、施工图完成进度、工期要求，以及政治、经济、法律、自然因素等因素。

选择计价方式是指招标人在招标文件中明确规定合同的计价方式。计价方式主要有固定总价合同、单价合同和成本加酬金合同3种，同时规定合同价的调整范围和调整方法。

招标方案是指为招标决策而制定的招标工作计划和控制措施。

项目报建手续是招标人在招标前必须到市招标办办理的，项目报建完成后需完成工程类别核定和招标发包，并办好相关招标备案手续。

【练习与作业】

一、填空题

1. 标段划分要根据建设工程的_____、_____、_____等具体情况，将建设工程分段分期实施，以达到缩短工期的目的。

2. 依法必须招标的项目经批准后，招标人根据项目实际情况需要和自身条件，可以_____，也可以自主选择招标代理机构进行_____。

3. 建设工程施工合同根据合同计价方式的不同，一般可分为_____、_____、_____。

二、单选题

1. (　　　)一般适用于工程规模较小、技术比较简单、工程较短，且核定合同价格时已经具备完整、详细的工程设计文件和必需的施工技术管理条件的工程建设项目。

A. 固定总价合同   B. 固定单价合同

C. 可调价格合同   D. 成本加酬金合同

2. 工程承包人承担了工程单价风险，工程招标人承担了工程数量的风险的合同形式是(　　　)。

A. 固定总价合同   B. 固定单价合同

C. 可调价格合同   D. 成本加酬金合同

3. (　　　)一般适用于核定合同价格时，工程内容、范围、数量不清楚或难以界定的工程建设项目。

A. 固定总价合同   B. 固定单价合同

C. 可调价格合同   D. 成本加酬金合同

4. 下列各项中，(　　　)不属于工程建设施工招标应具备的前提条件。

A. 建设用地征用完毕，施工图纸完成

B. 概算已经批准，建设项目已正式列入计划

C. 招标文件已经编制好

D. 建设资金、建材、设备来源已经落实

5.委托任务并负责支付报酬的一方称(　　　)。

A. 承包人　　　　　B. 发包人　　　　　C. 出资人　　　　　D. 出工人

6 受招标人的委托,代为从事招标活动的中介组织是(　　　)。

A. 建设单位　　　　B. 施工单位　　　　C. 招标代理单位　　　D. 设计单位

三、实训题

根据老师提供的项目资料完成以下内容:

(1)填写招标方式登记表。

(2)填写招标人自行招标条件备案表。

(3)填写招标人委托招标登记表。

(4)编制招标方案。

四、案例分析

根据以下案例,解决相关问题

某高校拟扩大校区,在相邻地块征地 500 亩,预计投资 4 亿多元人民币并按已批准的规划设计进行建设。项目概况见表 2-5。项目审批核准部门核准各项目均为公开招标。

表 2-5　项目概况

序号	工程名称	结构形式	建筑规模/万 m²	合同估算额/万元	设备
1	教学区	教学楼 5 座	4 层砖混	1500	电梯 10 部,每部 8 万
2	办公区	现代教育中心	13 层砖混	4000	电梯 5 部,每部 15 万
3	生活区	综合服务楼	3 层钢结构	1500	滚梯 4 部,每部 40 万
4		学生宿舍 5 座	6 层砖混	2500	
5	实验区	金工实习车间	2 层钢结构	300	货梯 1 部,每部 20 万
6		实验中心	框架结构	200	
7	附属设施	校区道路		6000	
8		给水管网		3000	
9		排水管网		3000	
10		校内电网		2500	
11		校内网		10000	
12		校区绿化		6000	
13	实验区	校区中心广场	大理石铺装	1000	
14		运动场	塑胶场地	3000	

办公区与教学区、生活区、实验区、休闲区中间均由校园道路相区隔。该项目计划工期 18 个月,工期较紧,设备均采用国产设备,到货期为 2 个月。

问题:

依据项目概况和工程建设程序,试确定招标批、招标段、标包,并安排招标顺序。

任务三　招标相关文件编制与审核

【案例引入】

某高校拟新建一栋教学楼，投资约 5600 万元，建筑面积约 30000 m²，现已完成招标准备与决策工作。目前的任务是编制与审核招标相关文件。

引导问题：招标相关文件包含哪些内容；每一具体文件的编制要求、依据和内容。

【任务目标】

1. 按照正确的方法和途径，收集编制招标相关文件的相关资料。
2. 完成招标公告或投标邀请书的编制与发布。
3. 完成资格预审文件编制。
4. 招标文件编制。
5. 工程量清单编制。
6. 建设工程招标控制价的编制。
7. 评标办法的编制。

【知识链接】

3.1　招标公告或投标邀请书的编制

根据《中华人民共和国招标投标法》《中华人民共和国招标投标法实施条例》及《招标公告发布暂行办法》的规定，招标人采用公开招标方式的，应当发布招标公告。依法必须进行招标项目的招标公告，应当通过国家指定的报刊、信息网络或其他媒介发布。各地方人民政府依照审批权限审批的依法必须招标的民用建筑项目的招标公告，可在省、自治区、直辖市人民政府发展改革部门指定的媒介发布。招标人应当保证招标公告内容的真实、准确和完整。

通过发布招标公告，吸引不特定的潜在投标人前来投标。对于项目性质特殊或经相关部门批准后采用的邀请招标，则通过发出投标邀请书，邀请特定的投标人前来投标。

3.1.1　招标公告

1. 编写招标公告的要求和规定

施工招标申请和招标文件获得批准后，招标人就要发布招标公告。

招标公告应当载明招标人的名称和地址，招标项目的性质和数量、实施地点和时间、投标截止日期以及获取招标文件的办法等事项。招标公告内容必须真实、准确和完整。拟发布的招标公告文本应当由招标人或其委托的招标代理机构的主要负责人签名并加盖公章。招标公告文本字迹必须清晰，不能潦草、模糊或无法辨认。招标公告不能以不合理的条件限制或排斥潜在投标人。

2. 发布招标公告的要求和规定

依法必须招标项目的招标公告必须在指定媒介发布，招标公告的发布应当充分公开，任何单位和个人不得非法限制招标公告的发布地点和发布范围。招标人或其委托的招标代理机构发布招标公告,应当向指定媒介提供营业执照(或法人证书)、项目批准文件的复印件等证明文件。招标人或其委托的招标代理机构应至少在一家指定的媒介发布招标公告。在指定报纸发布招标公告的同时,应将招标公告如实抄送指定网络。在两个以上媒介发布的同一招标项目的招标公告的内容应当相同。各地方人民政府依照审批权限审批的依法必须招标的民用建筑项目的招标公告,可在省、自治区、直辖市人民政府发展改革部门指定的媒介发布。

3. 招标公告的基本内容

招标公告的内容包括:

(1)招标条件;

(2)项目概况与招标范围;

(3)投标人的资格要求;

(4)招标文件的获取;

(5)投标文件的递交;

(6)发布公告的媒介;

(7)联系方式等。

编制和发布招标公告是招标的首要工作,当招标人采用公开招标时需要发布招标公告。招标公告格式如下:

【应用案例】

例 3-1:

××市检察院办公楼工程施工招标公告

1. 招标条件

××市检察院办公楼工程(项目名称)已由×××发展和改革委员会以××市发改发〔2020〕168号批准建设,招标人为××市检察院,建设资金来自省拨、市财政、自筹,项目出资比例为省拨 500 万元、市财政 340 万元、其他自筹。项目已具备招标条件,现对该项目的施工进行公开招标。本次招标对投标报名人的资格审查,采用资格后审方法选择合格的投标申请人参加投标。

2. 项目概况与招标范围

建设地点:××市建湘路 88 号;建筑面积:6850.60 m^2;合同估算价:1200 万元;计划工期:2021 年 5 月 1 日开工,2021 年 12 月 1 日竣工;招标范围:土建、水暖、电气。

3. 投标人资格要求

3.1　项目负责人资格类别和等级:房屋建筑工程专业二级(或一级)注册建造师,具备有效的安全生产考核合格证书,且未担任其他在施建设工程项目的项目经理。

3.2　企业资质等级和范围:房屋建筑工程施工总承包二级及以上资质,具有两个及以上类似工程业绩。

3.3　本次招标不接受(接受或不接受)联合体投标。

4. 投标报名

4.1　报名时间:2021 年 2 月 13 日至 2021 年 2 月 19 日(法定公休日、法定节假日除外),每日上午 8 时至 12 时,下午 1 时 30 分至 5 时(北京时间,下同)。

4.2 报名方式：<u>现场报名、网上报名</u>。

4.3 现场报名地点：××市公共资源交易中心(××市××路168号206室)。

4.4 网上报名网站：请持密码锁登录×××招标投标监管网(www. hnxxx. org)进行报名。

5. 招标文件的获取

5.1 领取时间：<u>2021</u> 年 <u>2</u> 月 <u>13</u> 日至 <u>2021</u> 年 <u>2</u> 月 <u>19</u> 日(法定公休日、法定节假日除外)，每日上午 <u>8</u> 时至 <u>12</u> 时，下午 <u>1</u> 时 <u>30</u> 分至 <u>5</u> 时。

5.2 领取方式：在××市公共资源交易中心(××市××路168号206室)持单位介绍信购买招标文件，或网上下载。

5.3 招标文件价格：每套售价 <u>400</u> 元，售后不退。图纸押金 <u>2000</u> 元，在退还图纸时退还(不计利息)。

6. 投标文件的递交

6.1 投标文件递交的截止时间(投标截止时间，下同)为 <u>2021</u> 年 <u>3</u> 月 <u>19</u> 日 <u>9</u> 时 <u>30</u> 分，地点为××市公共资源交易中心(××市××路168号206室)。

6.2 逾期送达的或者未送达指定地点的投标文件，招标人不予受理。

7. 发布公告的媒介

本次招标公告同时在××省招标投标监管网及××市公共资源交易中心大屏幕上发布(发布公告的媒介名称)上发布。

8. 联系方式

招标人：××市检察院	招标代理机构：×××招标代理有限责任公司
地　址：××市建湘路××号	地　址：××市人民路××号
邮　编：413×××	邮　编：413×××
联系人：×××	联系人：×××
电　话：0731-84134×××	电　话：0731-84234××× 18684956×××
传　真：0731-84134×××	传　真：0731-84234×××
电子邮件：hjc×××@ 163. com	电子邮件：tf×××@ 163. com
网　址：www. hjc×××@ 163. com	网　址：tf×××. com
开户银行：××市工商银行	开户银行：××市工商银行
账　号：9558856822550161×××	账　号：9558800111000161×××

2021 年 2 月 8 日

3.1.2 投标邀请书(适用于邀请招标)

投标邀请书是招标人向3家及以上(不多于10家)预期的投标人发出要约邀请书，具体内容及格式如下：

1. 适于邀请招标投标邀请书实例

【应用案例】

例 3-2：

××市检察院办公楼工程施工投标邀请书

××省第六建筑工程公司：

1. 招标条件

××市检察院办公楼工程(项目名称)已由×××发展和改革委员会以××市发改发〔2020〕168号批准建设,招标人为××市检察院,建设资金来自省拨、市财政、自筹,项目出资比例为省拨 500 万元、市财政 340 万元、其他自筹。项目已具备招标条件,现邀请你单位参加××市检察院办公楼工程(项目名称)的投标。

2. 项目概况与招标范围

建设地点:××市建湘路 88 号;建筑面积:6850.60 ㎡;合同估算价:1200 万元;计划工期:2021 年 5 月 1 日开工,2021 年 12 月 1 日竣工;招标范围:土建、水暖、电气。

3. 投标人资格要求

3.1 本次招标要求投标人须具备房屋建筑工程施工总承包二级及以上资质,具有两个及以上类似工程(类似项目描述)业绩,并在人员、设备、资金等方面具有相应的施工能力。

3.2 本次招标不接受(接受或不接受)联合体投标。

3.3 本次招标要求投标人需指派具备房屋建筑工程专业二级以上项目经理(注册建造师资格),具备有效的安全生产考核合格证书,且未担任其他在施建设工程项目的项目经理。

4. 投标报名

4.1 请于 2021 年 2 月 13 日至 2021 年 2 月 19 日(法定公休日、法定节假日除外),每日上午 8 时至 12 时,下午 1 时 30 分至 5 时(北京时间,下同),在××市公共资源交易中心(××市××路 168 号 206 室)或持密码锁登录××省招标投标监管网(www.hn×××.org)(网站名称)购买招标文件。

4.2 招标文件每套售价 400 元,售后不退。图纸押金 2000 元,在退还图纸时退还(不计利息)。

5. 投标文件的递交

5.1 投标文件递交的截止时间(投标截止时间,下同)为 2021 年 3 月 19 日 9 时 30 分,地点为××市公共资源交易中心(××市××路 168 号 206 室)。

5.2 逾期送达的或者未送达指定地点的投标文件,招标人不予受理。

6. 确认

你单位收到本投标邀请书后,请于 2021 年 2 月 10 日 16 时 30 分之前,将回执以传真或电子邮件的传递方式告知招标人,予以确认。

7. 联系方式

招标人:××市检察院　　　　　　　　招标代理机构:×××招标代理有限责任公司
地　址:××市建湘路××号　　　　　　地　址:××市人民路××号
邮　编:413×××　　　　　　　　　　邮　编:413×××
联系人:×××　　　　　　　　　　　联系人:×××
电　话:0731-84134×××　　　　　　电　话:0731-84234××× 18684956×××
传　真:0731-84134×××　　　　　　传　真:0731-84234×××
电子邮件:hjc×××@163.com　　　　　电子邮件:tf×××@163.com
网　址:www.hjc×××@163.com　　　　网　址:tf×××.com
开户银行:××市工商银行　　　　　　开户银行:××市工商银行
账　号:9558856822550161×××　　　账　号:9558800111000161×××

2021 年 2 月 9 日

2. 邀请函回执单实例

【应用案例】

例 3-3：

至：××市检察院(发出投标邀请的单位名称)

我方已于 2021 年 2 月 9 日 10 时(具体时间)收到××市检察院办公楼工程项目标段的投标邀请书，共 2 页。我方同意(同意、不同意)参加本项目的投标以及出席招标会议。

招标人资料及联系方式：

单位名称	××省第六建筑工程公司		
联系人姓名	×××	职务	项目经理
手机	1868496××××	电话	0731-82637×××
传真	×××-×××××××	E-mail	zxc×××@163.com
地址	××市解放中路××号	邮编	412×××

投标人：××省第六建筑工程公司(签章)

日期：2021 年 2 月 9 日

3.2 资格预审文件编制与审查

资格审查是指招标人对资格预审申请人或投标人的经营资格、专业资质、财务状况、技术能力、管理能力、业绩、信誉等方面评估审查，以判定其是否具有参与项目投标和履行合同的资格及能力的活动。资格审查既是招标人的权利，也是招标工作的必要程序。

3.2.1 编制依据

1.《中华人民共和国招标投标法实施条例》

第十五条：公开招标的项目，应当依照招标投标法和本条例的规定发布招标公告、编制招标文件。项目招标人采用资格预审办法对潜在投标人进行资格审查，应当按规定时间发布资格预审公告、编制资格预审文件。依法必须进行招标项目的资格预审公告和招标公告，应当在国务院发展改革部门依法指定的媒介发布。在不同媒介发布的同一招标项目的资格预审公告或者招标公告的内容应当一致。指定媒介发布依法必须进行招标项目的境内资格预审公告、招标公告，不得收取费用。编制依法必须进行招标项目的资格预审文件和招标文件，应当使用国务院发展改革部门会同有关行政监督部门制定的标准文本。

2.《工程建设项目施工招标投标办法》

第十七条：资格审查分为资格预审和资格后审。资格预审是指在投标前对潜在投标人进行的资格审查。资格后审是指在开标后对投标人进行的资格审查。进行资格预审的，一般不再进行资格后审，但招标文件另有规定的除外。

第十八条：采取资格预审的，招标人可以发布资格预审公告。资格预审公告适用本办法第十三条、第十四条有关招标公告规定。采取资格预审的，招标人应当在资格预审文件中载明资格预审的条件、标准和方法；采取资格后审的，招标人应当在招标文件中载明资格后审的条件、标准和方法，在开标后由评标委员会按照招标文件规定的标准和方法对投标人的资格进行审查。

3.2.2　资格审查的原则

资格审查应遵循公开、公平、公正和诚实信用的原则，科学、合格、适用的原则。

【应用案例】

例3-4：

××市检察院办公楼工程施工招标
资格预审公告（代招标公告）

1. 招标条件

本招标项目××市检察院办公楼工程已由×××发展和改革委员会以××市发改发〔2020〕168号批准建设，项目业主为××市检察院，建设资金来自省拨、市财政、自筹，项目出资比例为省拨500万元、市财政340万元、其他自筹，招标人为××市检察院，招标代理机构为×××招标代理有限责任公司。项目已具备招标条件，现进行公开招标，特邀请有兴趣的潜在投标人（以下简称申请人）提出资格预审申请。

2. 项目概况与招标范围

建设地点：××市建湘路88号；建筑面积：6850.60 m²；合同估算价：1200万元；计划工期：2021年5月1日开工，2021年12月1日竣工；招标范围：土建、水暖、电气。

3. 申请人资格要求

3.1　本次资格预审要求申请人具备房屋建筑工程施工总承包二级及以上资质，具有两个及以上类似工程业绩，并在人员、设备、资金等方面具备相应的施工能力，其中，申请人拟派项目经理须具备房屋建筑工程专业二（或一级）级注册建造师执业资格和有效的安全生产考核合格证书，且未担任其他在施建设工程项目的项目经理。

3.2　本次资格预审不接受联合体资格预审申请。

4. 资格预审方法

本次资格预审采用合格制。

5. 申请报名

凡有意申请资格预审者，请于2021年2月13日至2021年2月16日（法定公休日、法定节假日除外），每日上午8时至12时，下午1时30分至5时（北京时间，下同），在××市公共资源交易中心（××市××路168号206室）报名。

6. 资格预审文件的获取

6.1　凡通过上述报名者，请于2021年2月13日至2021年2月16日（法定公休日、法定节假日除外），每日上午8时至12时，下午1时30分至5时，在××市公共资源交易中心（××市××路168号206室）持单位介绍信购买资格预审文件。

6.2　资格预审文件每套售价人民币300.00元，售后不退。

6.3　邮购资格预审文件的，需另加手续费（含邮费）人民币50.00元。招标人在收到单位介绍信和邮购款（含手续费）后2日内寄送。

7. 资格预审申请文件的递交

7.1　递交资格预审申请文件截止时间（申请截止时间，下同）为2021年2月20日15时

<u>30</u> 分，地点为××市公共资源交易中心(××路 168 号 206 室)。

7.2 逾期送达或者未送达指定地点的资格预审申请文件，招标人不予受理。

8. 发布公告的媒介

本次资格预审公告同时在××市有形建筑市场、××省工程建设信息网、××省招投标监管网上发布。

9. 联系方式

招标人：××市检察院	招标代理机构：×××招标代理有限责任公司
地 址：××市建湘路××号	地 址：××市人民路××号
邮 编：413×××	邮 编：413×××
联系人：×××	联系人：×××
电 话：0731-84134×××	电 话：0731-84234××× 18684956×××
传 真：0731-84134×××	传 真：0731-84234×××
电子邮件：hjc×××@163.com	电子邮件：tf×××@163.com
网 址：www.hjc×××@163.com	网 址：tf×××.com
开户银行：××市工商银行	开户银行：××市工商银行
账 号：9558856822550161×××	账 号：9558800111000161×××

2021 年 2 月 8 日

3.2.3 资格审查方法

资格审查按照审查时间不同分为资格预审和资格后审两种办法。

1. 资格预审

资格预审是招标人通过发布资格预审公告，向不特定的潜在投标人发出投标邀请，由招标人或者由其依法组建的资格审查委员会按照资格预审文件确定的审查方法、资格条件以及审查标准，对资格预审申请人的经营资格、专业资质、财务状况、类似项目业绩、履约信誉等条件进行评审，以确定通过资格预审的申请人。未通过资格预审的申请人，不具有投标的资格。资格预审的方法包括合格制和有限数量制。一般情况下采用合格制，潜在投标人过多的，可采用有限数量制。

2. 资格后审

资格后审是在开标后由评标委员会对投标人进行资格审查。采用资格后审时，招标人应当在开标后由评标委员会按照招标文件规定的标准和方法对投标人的资格进行审查。资格后审是评标工作的一个重要内容。对资格后审不合格的投标人，评标委员会应否决其投标。

3. 资格预审和资格后审的比较

资格预审和资格后审的比较见表2-6。

表 2-6 资格预审和资格后审的比较

对比项目 资格审查	资格预审	资格后审
审查时间	在发售招标文件前	在开标后的评审阶段
评审人	招标人或资格审查委员会	评标委员会

对比项目 资格审查	资格预审	资格后审
评审对象	申请人的资格预审申请文件	投标人的投标文件
审查方法	合格制或有限数量制	合格制
发布公告	需要发布资格预审公告	无须发布单独的审查公告
提交文件	资格预审申请文件	投标文件
审查时间	招标文件发售前	开标后
审查依据	资格预审文件中的标准和方法	招标文件中的标准和方法
审查组织	资格审查委员会或者招标人委派的人员	评标委员会
审查结果	通过审查取得投标资格	通过审查进入详细评审
	未通过审查不具备投标资格	未通过审查否决投标
通知文件	资格预审结果通知书	不发出单独的审查结果通知文件
是否发布招标 公告/投标邀请书	无须发出招标公告或者投标邀请书，向通过的资格预审申请人发出资格预审结果通知书，代替招标公告和投标邀请书	需要发出招标公告和投标邀请书
优点	避免不合格的申请人进入投标阶段，节约社会成本；提高投标人投标的针对性、积极性；减少评标阶段的工作量，缩短评标时间，提高评标效率。	减少资格预审环节，缩短招标时间；投标人数量相对较多，竞争性更强，提高围标、串标难度。
缺点	延长招标投标时间，增加招标人组织招标预审和申请人参加资格预审的费用，通过资格预审的相对较少，容易串标。	投标方案差异大，会增加评标工作难度；投标人相对较多，会增加评标费用和评标工作量，增加社会成本。
适用范围	适用于技术难度较大，投标文件编制费用较高，潜在投标人数量较多的项目。	适用于通用性、标准化，潜在投标人数量较少的项目。
审查内容	资格预审申请人和投标人的资格条件是否符合招标项目的要求	
适用范围	公开招标和邀请招标都适用	
审查人员需 遵守的规则	资格审查委员会和评标委员会及其成员都应当遵守《招标投标法》和本条例有关评标委员会及其成员的规定。	
审查澄清	审查人员均有权要求申请人和投标人对资格预审申请文件和投标文件进行澄清。	
所有申请人/ 投标人被否 决的处理	必须招标项目中，应当重新招标。重新招标的，可以资格预审也可以资格后审，由招标人自行决定。	
	非必须招标项目中，可以招标，也可以不招标。招标的可以资格预审也可以资格后审，由招标人自行决定。	

例 3-5:

表 2-7　申请人须知前附表

条款号	条款名称	编列内容
1.1.2	招标人	名称: 地址: 联系人; 电话: 电子邮件:
1.1.3	招标代理机构	名称: 地址: 联系人: 电话: 电子邮件:
1.1.4	项目名称	
1.1.5	建设地点	
1.2.1	资金来源	
1.2.2	出资比例	
1.2.3	资金落实情况	
1.3.1	招标范围	
1.3.2	计划工期	计划工期:　　　　日历天 计划开工日期:　　　年　　　月　　日 计划竣工日期:　　　年　　　月　　日
1.3.3	质量要求	质量标准:
1.4.1	申请人资质条件、能力和信誉	资质条件: 财务要求: 业绩要求:(与资格预审公告要求一致) 信誉要求: (1)诉讼及仲裁情况 (2)不良行为记录 (3)合同履约率 项目经理资格:　　　专业　级(含以上级)注册建造师执业资格和有效的安全生产考核合格证书,且未担任其他在施建设工程项目的项目经理 其他要求: (1)拟投入主要施工机械设备情况 (2)拟投入项目管理人员 (3)……

条款号	条款名称	编列内容
1.4.2	是否接受联合体资格预审申请	□不接受 □接受，应满足下列要求： 其中：联合体资质按照联合体协议约定的分工认定，其他审查标准按联合体协议中约定的各成员分工所占合同工作量的比例进行加权折算
2.2.1	申请人要求澄清资格预审文件的截止时间	
2.2.2	招标人澄清资格预审文件的截止时间	
2.2.3	申请人确认收到资格预审文件澄清的时间	
2.3.1	招标人修改资格预审文件的截止时间	
2.3.2	申请人确认收到资格预审文件修改的时间	
3.1.1	申请人需补充的其他材料	…… (9)其他企业信誉情况表 (10)拟投入主要施工机械设备情况 (11)拟投入项目管理人员情况 ……
3.2.4	近年财务状况的年份要求	年，指　　年　　月　　日起至　　年　　月　　日止
3.2.5	近年完成的类似项目的年份要求	年，指　　年　　月　　日起至　　年　　月　　日止
3.2.7	近年发生的诉讼及仲裁情况的年份要求	年，指　　年　　月　　日起至　　年　　月　　日止
3.3.1	签字和(或)盖章要求	
3.3.2	资格预审申请文件副本份数	份
3.3.3	资格预审申请文件的装订要求	□不分册装订 □分册装订，共分　册，分别为： 每册采用　方式装订，装订应牢固、不易拆散和换页，不得采用活页装订
4.1.2	封套上写明	招标人的地址： 招标人全称： (项目名称)　标段施工招标资格预审申请文件在　年　月　日　时　分前不得开启。

条款号	条款名称	编列内容
4.2.1	申请截止时间	年 月 日 时 分
4.2.2	递交资格预审申请文件的地点	
4.2.3	是否退还资格预审申请文件	□否　　□是，退还安排：
5.1.2	审查委员会人数	审查委员会构成： 人，其中招标人代表 人(限招标人在职人员，且应当具备评标专家的相应的或者类似的条件)，专家 人；审查专家确定方式：
5.2	资格审查方法	□合格制　　□有限数量制
6.1	资格预审结果的通知时间	
6.3	资格预审结果的确认时间	

9	需要补充的其他内容	
9.1	词语定义	
9.1.1	类似项目	
	类似项目是指：	
9.1.2	不良行为记录	
	不良行为记录是指：	
…	……	
9.2	资格预审申请文件编制的补充要求	
9.2.1	"其他企业信誉情况表"应说明企业不良行为记录、履约率等相关情况，并附相关证明材料，年份同第3.2.7项的年份要求	
9.2.2	"拟投入主要施工机械设备情况"应说明设备来源(包括租赁意向)、目前状况、停放地点等情况，并附相关证明材料	
9.2.3	"拟投入项目管理人员情况"应说明项目管理人员的学历、职称、注册执业资格、拟任岗位等基本情况，项目经理和主要项目管理人员应附简历，并附相关证明材料	
9.3	通过资格预审的申请人(适用于有限数量制)	
9.3.1	通过资格预审申请人分为"正选"和"候补"两类。资格审查委员会应当根据第三章"资格审查办法(有限数量制)"第3.4.2项的排序，对通过详细审查的情况人按得分由高到低顺序，将不超过第三章"资格审查办法(有限数量制)"第1条规定数量的申请人列为通过资格预审申请人(正选)，其余的申请人依次列为通过资格预审的申请人(候补)	
9.3.2	根据本章第6.1款的规定，招标人应当首先向通过资格预审申请人(正选)发出投标邀请书	
9.3.3	根据本章第6.3款、通过资格预审申请人项目经理不能到位或者利益冲突等原因导致潜在投标人数量少于第三章"资格审查办法(有限数量制)"第1条规定的数量的，招标人应当按照通过资格预审申请人(候补)的排名次序，由高到低依次递补	

条款号	条款名称	编列内容
9.4	监督	
	本项目资格预审活动及其相关当事人应当接受有管辖权的建设工程招标投标行政监督部门依法实施的监督	
9.5	解释权	
	本资格预审文件由招标人负责解释	
9.6	招标人补充的内容	
…	……	

申请人除满足申请人须知前附表中规定的各项要求外,根据《中华人民共和国标准施工资格预审文件》,申请人须知总则中对申请人资格还提出了下列要求:

1. 申请人须知前附表规定接受联合体申请资格预审的,联合体申请人除应符合申请人须知前附表的要求外,还应遵守以下规定:

(1)联合体各方必须按资格预审文件提供的格式签订联合体协议书,明确联合体牵头人和各方的权利义务;

(2)由同一专业的单位组成的联合体,按照资质等级较低的单位确定资质等级;

(3)通过资格预审的联合体,其各方组成结构或职责,以及财务能力、信誉情况等资格条件不得改变;

(4)联合体各方不得再以自己名义单独或加入其他联合体在同一标段中参加资格预审。

2. 申请人不得存在下列情形之一:

(1)为招标人不具有独立法人资格的附属机构(单位);

(2)为本标段前期准备提供设计或咨询服务的,但设计施工总承包的除外;

(3)为本标段的监理人;

(4)为本标段的代建人;

(5)为本标段提供招标代理服务的;

(6)与本标段的监理人或代建人或招标代理机构同为一个法定代表人的;

(7)与本标段的监理人或代建人或招标代理机构相互控股或参股的;

(8)与本标段的监理人或代建人或招标代理机构相互任职或工作的;

(9)被责令停业的;

(10)被暂停或取消投标资格的;

(11)财产被接管或冻结的;

(12)在最近3年内有骗取中标或严重违约或重大工程质量问题的。

3.2.4 资格审查工作流程

1. 组建资格审查委员会

国有资金占控股或者主导地位依法必须进行招标的项目,招标人应当组建资格审查委员会审查资格预审申请文件。资格审查委员会及其成员组成应当遵守《中华人民共和国招标投标法》和《中华人民共和国招标投标法实施条例》中有关评标委员会及其成员的规定,即由招标人的代表和有关技术、经济等方面的专家组成，成员人数为 5 人以上单数，其中技术、经济等方面的专家不得少于成员总数的 2/3。其他项目由招标人自行组织资格审查。

2. 初步审查

初步审查包括：投标资格、申请人名称、申请函签字盖章、申请文件格式、联合体申请人等内容。

3. 详细审查

详细审查是资格审查委员会对通过初步审查的申请人的资格预审申请文件进行进一步审查。常见的详细审查因素包括营业执照、企业资质等级、安全生产许可证、质量管理、职业健康安全管理和环境管理体系认证证书、财务状况、类似项目业绩、信誉、项目经理和技术负责人的资格、联合体申请人等。

4. 澄清

在审查过程中，审查委员会可以书面形式，要求申请人对所提交的资格预审申请文件中不明确的内容进行必要的澄清或说明。申请人的澄清或说明采用书面形式，并不得改变资格预审申请文件的实质性内容。审查委员会不得暗示或者诱导申请人做出澄清、说明。招标人和审查委员会不接受申请人主动提出的澄清或说明。

5. 评审

（1）合格制

按照资格预审文件的标准评审。满足详细审查标准的申请人，则通过资格审查，获得投标资格。

（2）有限数量制

按照资格预审文件的标准、方法和数量评审和排序。通过详细审查的申请人不少于 3 个且没有超过资格预审文件规定数量的均通过资格预审。不再进行评分；通过详细审查的申请人数量超过资格预审文件规定数量的，审查委员会可以按资格预审文件规定的评审因素和评分标准进行评审，并依据规定的评分标准进行评分，按得分由高到低的顺序进行排序，按照预审文件规定的数量确定合格投标人。

6. 审查报告

资格审查委员会完成评审后，通过资格预审合格申请人，向招标人提交资格评审报告。

7. 确定资格预审合格申请人

招标人审查资格评审报告，确定资格预审合格申请人。

3.2.5　编写资格预审文件

资格预审文件是告知申请人资格预审条件、标准和方法，资格预审申请文件编制和提交要求的载体，是对申请人的经营资格、履约能力进行评审，确定通过资格预审申请人的依据。依法必须进行招标的房屋建筑和市政工程施工招标项目，应使用中华人民共和国住房和城乡建设部发布的《中华人民共和国房屋建筑和市政工程标准施工招标资格预审文件》，结合招标项目的技术管理特点和需求编制资格预审文件。按照《中华人民共和国房屋建筑和市政工程标准施工招标资格预审文件》编写格式，资格预审文件的主要内容应包括资格预审公告、申请人须知、资格审查办法、资格预审申请文件格式和项目建设概况五部分。

3.2.6　资格审查办法

《中华人民共和国房屋建筑和市政工程标准施工招标资格预审文件》第三章"资格审查办

法"分别规定合格制和有限数量制两种资格审查方法,供招标人根据招标项目具体特点和实际需要选择使用。如无特殊情况,鼓励招标人采用合格制。

1. 合格制

1)资格审查办法前附表(见表2-8)

2)审查程序

(1)初步审查。审查委员会依据《中华人民共和国房屋建筑和市政工程标准施工招标资格预审文件》第三章第2.1款规定的标准,对资格预审申请文件进行初步审查。有一项因素不符合审查标准的,不能通过资格预审。

审查委员会可以要求申请人提交《中华人民共和国房屋建筑和市政工程标准施工招标资格预审文件》第二章"申请人须知"第3.2.3项至第3.2.7项规定的有关证明和证件的原件,以便核验。

(2)详细审查。审查委员会依据《中华人民共和国房屋建筑和市政工程标准施工招标资格预审文件》第三章第2.2款规定的标准,对通过初步审查的资格预审申请文件进行详细审查。有一项因素不符合审查标准的,不能通过资格预审。

通过资格预审的申请人除应满足《中华人民共和国房屋建筑和市政工程标准施工招标资格预审文件》第三章第2.1款、第2.2款规定的审查标准外,还不得存在下列任何一种情形:

① 不按审查委员会要求澄清或说明的;

② 有第二章"申请人须知"第1.4.3项规定的任何一种情形的;

③ 在资格预审过程中弄虚作假、行贿或有其他违法违规行为的。

表2-8 资格审查办法前附表

条款号		审查因素	审查标准
2.1	初步审查标准	申请人名称	与营业执照、资质证书、安全生产许可证一致
		申请函签字盖章	有法定代表人或其委托代理人签字并加盖单位章
		申请文件格式	符合第四章"资格预审申请文件格式"的要求
		联合体申请人(如有)	提交联合体协议书,并明确联合体牵头人
		……	……
2.2	详细审查标准	营业执照	具备有效的营业执照
		安全生产许可证	具备有效的安全生产许可证
		资质等级	符合第二章"申请人须知"第1.4.1项规定
		财务状况	符合第二章"申请人须知"第1.4.1项规定
		类似项目业绩	符合第二章"申请人须知"第1.4.1项规定
		信誉	符合第二章"申请人须知"第1.4.1项规定
		项目经理资格	符合第二章"申请人须知"第1.4.1项规定
		其他要求	符合第二章"申请人须知"第1.4.1项规定
		联合体申请人(如有)	符合第二章"申请人须知"第1.4.2项规定
		……	……

（3）资格预审。申请文件的澄清在审查过程中，审查委员会可以书面形式，要求申请人对所提交的资格预审申请文件中不明确的内容进行必要的澄清或说明。申请人的澄清或说明应采用书面形式，并不得改变资格预审申请文件的实质性内容。申请人的澄清和说明内容属于资格预审申请文件的组成部分。招标人和审查委员会不接受申请人主动提出的澄清或说明。

3）审查结果

（1）提交审查报告。审查委员会按照《中华人民共和国房屋建筑和市政工程标准施工招标资格预审文件》第三章第3条规定的程序对资格预审申请文件完成审查后，确定通过资格预审的申请人名单，并向招标人提交书面审查报告。

（2）重新进行资格预审或招标。通过资格预审申请人的数量不足3个的，招标人重新组织资格预审或不再组织资格预审而直接招标。

2. 有限数量制

有限数量制是审查委员会依据《中华人民共和国房屋建筑和市政工程标准施工招标资格预审文件》第三章（有限数量制）规定的审查标准和程序，对通过初步审查和详细审查的资格预审申请文件进行量化打分，按得分由高到低的顺序确定通过资格预审的申请人。通过资格预审的申请人不得超过资格审查办法前附表规定的数量。

对于依法必须公开招标的工程项目的施工招标实行资格预审，并且采用综合评估法评标的，当合格申请人数量过多时，一般采用随机抽签的方法，特殊情况也可以采用评分排名的方法选择规定数量的合格申请人参加投标。其中，工程投资额1000万元以上的工程项目，邀请的合格申请人应当不少于9个；工程投资额1000万元以下的工程项目，邀请的合格申请人应当不少于7个。

1）资格审查办法前附表

表 2-9　资格审查办法前附表

条款号		条款名称	编列内容
1		通过资格预审的人数	当通过详细审查的申请人多于_____家时，通过资格预审的申请人限定为_____家
2		审查因素	审查标准
2.1	初步审查标准	申请人名称	与营业执照、资质证书、安全生产许可证一致
		申请函签字盖章	有法定代表人或其委托代理人签字并加盖单位章
		申请文件格式	符合第四章"资格预审申请文件格式"的要求
		联合体申请人（如有）	提交联合体协议书，并明确联合体牵头人
		……	……

条款号		条款名称		编列内容
2.2	详细审查标准	营业执照		具备有效的营业执照 是否需要核验原件：□是□否
		安全生产许可证		具备有效的安全生产许可证 是否需要核验原件：□是□否
		资质等级		符合第二章"申请人须知"第1.4.1项规定 是否需要核验原件：□是□否
		财务状况		符合第二章"申请人须知"第1.4.1项规定 是否需要核验原件：□是□否
		类似项目业绩		符合第二章"申请人须知"第1.4.1项规定 是否需要核验原件：□是□否
		信誉		符合第二章"申请人须知"第1.4.1项规定 是否需要核验原件：□是□否
		项目经理资格		符合第二章"申请人须知"第1.4.1项规定 是否需要核验原件：□是□否
		其他要求	(1) 拟投入主要施工机械设备	符合第二章"申请人须知"第1.4.1项规定
			(2) 拟设入项目管理人员	
			……	
		联合体申请人（如有）		符合第二章"申请人须知"第1.4.2项规定
		……		……
2.3	评分标准	评分因素		评分标准
		财务状况		……
		项目经理		……
		类似项目业绩		……
		认证体系		……
		信誉		……
		生产资源		……
		……		……
3.1.2		核验原件的具体要求		
3		审查程序		详见具体章附件A：资格审查详细程序
		……		……

2）审查程序

（1）初步审查：审查方法同合格制。

（2）详细审查：审查方法同合格制。

（3）资格预审：申请文件的澄清审查方法同合格制。

（4）评分通过：详细审查的申请人不少于3个且没有超过资格预审公告规定数量的，均通过资格预审，不再进行评分。如果通过详细审查的申请人数量超过资格预审公告规定数量的，审查委员会依据《中华人民共和国房屋建筑和市政工程标准施工招标资格预审文件》第三章第2.3款评分标准进行评分，按得分由高到低的顺序进行排序。

3. 审查结果

（1）提交审查报告。审查委员会按照《中华人民共和国房屋建筑和市政工程标准施工招标资格预审文件》第三章第3条规定的程序对资格预审申请文件完成审查后，确定通过资格预审的申请人名单，并向招标人提交书面审查报告。

（2）重新进行资格预审或招标。通过资格预审申请人的数量不足3个的，招标人重新组织资格预审或不再组织资格预审而直接招标。

3.2.7 资格预审申请文件的格式

1. 封面

_____（项目名称）_____标段施工招标

资格预审申请文件

申请人：_____（盖单位章）

法定代表人或其委托代理人：（签字）

_____年___月___日

2. 资格预审申请函

_____（招标人名称）：

1. 按照资格预审文件的要求，我方（申请人）递交的资格预审申请文件及有关资料，用于你方（招标人）审查我方参加_____（项目名称）_____标段施工招标的投标资格。

2. 我方的资格预审申请文件包含第二章"申请人须知"第3.1.1项规定的全部内容。

3. 我方接受你方的授权代表进行调查，以审核我方提交的文件和资料，并通过我方的客户，澄清资格预审申请文件中有关财务和技术方面的情况。

4. 你方授权代表可通过_____（联系人及联系方式）得到进一步的资料。

5. 我方在此声明，所递交的资格预审申请文件及有关资料内容完整、真实和准确，且不存在第二章"申请人须知"第1.4.3项规定的任何一种情形。

申请人：_____（盖单位章）

法定代表人或其委托代理人：_____（签字）

电　　话：_____

传　　真：_____

申请人地址：_____

邮政编码：_____

_____年___月___日

资格审查报告

3. 法定代表人身份证明

法定代表人身份证明

申　请　人：_____

单位性质：_____

地　　址：_____

成立时间：_____

经营期限：_____

姓　　名：_____　性　　别：_____

年　　龄：_____　职　　务：_____

系_____（申请人名称）的法定代表人。

特此证明。

申请人：_____（盖单位章）

_____年_____月____日

4. 授权委托书

授权委托书

本人_____（姓名）系_____（申请人名称）的法定代表人，现委托_____（姓名）为我方代理人。代理人根据授权，以我方名义签署、澄清、说明、补正、递交、撤回、修改_____（项目名称）_____标段施工招标资格预审文件，其法律后果由我方承担。

委托期限：_____

代理人无转委托权。

附：法定代表人身份证明

申请人：_____（盖单位章）

法定代表人：_____（签字）

身份证号码：_____

委托代理人：_____（签字）

身份证号码：_____

_____年____月___日

5.联合体协议书

联合体协议书

牵头人名称：_____

法定代表人：_____

法定住所：_____

成员二名称：_____

法定代表人：_____

法定住所：_____

......

鉴于上述各成员单位经过友好协商，自愿组成____（联合体名称）联合体，共同参加（招标人名称）（以下简称招标人）____（项目名称）____标段（以下简称合同）。现就联合体投标事宜订立如下协议：

（1）____（某成员单位名称）为____（联合体名称）牵头人。

（2）在本工程投标阶段，联合体牵头人合法代表联合体各成员负责本工程资格预审申请文件和投标文件编制活动，代表联合体提交和接收相关的资料、信息及指示，并处理与资格预审、投标和中标有关的一切事务；联合体中标后，联合体牵头人负责合同订立和合同实施阶段的主办、组织和协调工作。

（3）联合体将严格按照资格预审文件和招标文件的各项要求，递交资格预审申请文件和投标文件，履行投标义务和中标后的合同，共同承担合同规定的一切义务和责任，联合体各成员单位按照内部职责的划分，承担各自所负的责任和风险，并向招标人承担连带责任。

（4）联合体各成员单位内部的职责分工如下：_____。

按照本条上述分工，联合体成员单位各自所承担的合同工作量比例如下：_____。

（5）资格预审和投标工作以及联合体在中标后工程实施过程中的有关费用按各自承担的工作量分摊。

（6）联合体中标后，本联合体协议是合同的附件，对联合体各成员单位有合同约束力。

（7）本协议书自签署之日起生效，联合体未通过资格预审、未中标或者中标时合同履行完毕后自动失效。

（8）本协议书一式____份，联合体成员和招标人各执一份。

牵头人名称：_____（盖单位章）

法定代表人或其委托代理人：____（签字）

成员二名称：_____（盖单位章）

法定代表人或其委托代理人：____（签字）

......

_____年____月____日

备注：本协议书由委托代理人签字的，应附法定代表人签字的授权委托书。

6. 申请人基本情况表

表 2-10　申请人基本情况表

申请人名称						
注册地址				邮政编码		
联系方式	联系人			电　话		
	传真			网　址		
组织结构						
法定代表人	姓名		技术职称		电话	
技术负责人	姓名		技术职称		电话	
成立时间			员工总人数			
企业资质等级		其中	项目经理			
营业执照号			高级职称人员			
注册资本金			中级职称人员			
开户银行			初级职称人员			
账号			技工			
经营范围						
体系认证情况	说明：通过的认证体系、认证时间及运行状况					
备　注						

7. 近年财务状况表实例

表 2-11　近年财务状况表

近年财务状况表指经过会计师事务所或者审计机构审计的财务会计报表，以下各类报表中反映的财务状况数据应当一致，如果有不一致之处，以不利于申请人的数据为准。

（一）近年资产负债表

（二）近年损益表

（三）近年利润表

（四）近年现金流量表

（五）财务状况说明书

备注：除财务状况总体说明外，本表应特别说明企业净资产，招标人也可根据招标项目具体情况要求说明是否拥有有效期内的银行 AAA 资信证明、本年度银行授信总额度、本年度可使用的银行授信余额等。

8. 近年完成的类似项目情况表

表 2-12　近年完成的类似项目情况表

类似项目业绩须附合同协议书和竣工验收备案登记表复印件。

项目名称	
项目所在地	
发包人名称	
发包人地址	
发包人电话	
合同价格	
开工日期	
竣工日期	
承包范围	
工程质量	
项目经理	
技术负责人	
总监理工程师及电话	
项目描述	
备注	

9. 正在施工的和新承接的项目情况表

表 2-13　正在施工的和新承接的项目情况表

正在施工和新承接项目须附合同协议书或者中标通知书复印件。

项目名称	
项目所在地	
发包人名称	
发包人地址	
发包人电话	
签约合同价	
开工日期	
计划竣工日期	
承包范围	
工程质量	

项目名称	
项目经理	
技术负责人	
总监理工程师及电话	
项目描述	
备注	

10. 近年发生的诉讼和仲裁情况

表 2-14　近年发生的诉讼和仲裁情况

类别	序号	发生时间	情况简介	证明材料索引
诉讼情况				
仲裁情况				

备注：近年发生的诉讼和仲裁情况仅限于申请人败诉的，且与履行施工承包合同有关的案件，不包括调解结案以及未裁决的仲裁或未终审判决的诉讼。

11. 其他企业信誉情况表（年份同诉讼及仲裁情况年份要求）

(1) 近年不良行为记录情况

表 2-15

序号	发生时间	简要情况说明	证明材料索引

（2）在施工程以及往年已竣工工程合同履行情况

表 2-16

序号	工程名称	履约情况说明	证明材料索引

（3）其他

……

12. 拟投入主要施工机构设备情况

表 2-17

机械设备名称	型号规格	数量	目前状况	来源	现停放地点	备 注

备注："目前状况"应说明已使用年限、是否完好以及目前是否正在使用，"来源"分为"自有"和"市场租赁"两种情况，正在使用中的设备应在"备注"中注明何时能够投入本项目，并提供相关证明材料。

13. 拟投入项目管理人员情况表

表 2-18

姓名	性别	年龄	职称	专业	资格证书编号	拟在本项目中担任的工作或岗位

附1　项目经理简历表

项目经理应附建造师执业资格证书、注册证书、安全生产考核合格证书、身份证、职称证、学历证、养老保险复印件以及未担任其他在施建设工程项目项目经理的承诺，管理过的项目业绩须附合同协议书和竣工验收备案登记表复印件。类似项目限于以项目经理身份参与的项目。

表 2-19

姓名	年龄			学历	
职称	职务			拟在本工程任职	项目经理
注册建造师资格等级		级	建造师专业		
安全生产考核合格证书					
毕业学校		年毕业于	学校	专业	
主要工作经历					
时间	参加过的类似项目名称	工程概况说明		发包人及联系电话	

附2　主要项目管理人员简历表

主要项目管理人员指项目副经理、技术负责人、合同商务负责人、专职安全生产管理人员等岗位人员。应附注册资格证书、身份证、职称证、学历证、养老保险复印件，专职安全生产管理人员应附有效的安全生产考核合格证书，主要业绩须附合同协议书。

表 2-20

岗位名称			
姓　名		年　龄	
性　别		毕业学校	
学历和专业		毕业时间	
拥有的执业资格		专业职称	
执业资格证书编号		工作年限	
主要工作业绩及担任的主要工作			

附3　承诺书

承诺书

＿＿＿＿＿＿＿（招标人名称）：

我方在此声明，我方拟派往＿＿＿＿＿（项目名称）＿＿＿＿＿＿＿标段（以下简称"本工程"）的项目经理＿＿＿＿＿＿（项目经理姓名）现阶段没有担任任何在施建设工程项目的项目经理。

我方保证上述信息的真实和准确，并愿意承担因我方就此弄虚作假所引起的一切法律后果。

特此承诺

申请人：＿＿＿＿＿＿＿＿＿＿（盖单位章）

法定代表人或其委托代理人：＿＿＿（签字）

＿＿＿＿年＿＿月＿＿日

3.2.8 编写资格审查报告

招标人或资格审查委员会按照上述规定的程序对资格预审申请文件完成审查后，确定通过资格预审的申请人名单，并向招标人提交书面审查报告。通过详细审查申请人的数量不足 3 个的，招标人应分析具体原因，采取相应措施后，重新组织资格预审或不再组织资格预审而采用资格后审方式直接招标。

资格审查报告一般包括以下内容：①基本情况和数据表；②资格审查委员会名单；③澄清、说明、补正事项纪要等；④审查程序和时间、未通过资格审查的情况说明、通过评审的申请人名单；⑤评分比较一览表和排序；⑥其他需要说明的问题。资格后审一般在评标过程中的初步评审阶段进行。采用资格后审的，对投标人资格审查内容、评审方法和标准与资格预审基本相同，评审工作由招标人依法组建的评标委员会负责。

3.3 招标文件的编制

建设工程招标文件是建设工程招标人单方面阐述自己的招标条件和具体要求的意思表示，是招标人确定、修改和解释有关招标事项的各种书面表达形式的统称。

从合同订立过程分析，建设工程招标文件在性质上属于要约邀请，其目的在于唤起投标人的注意，希望投标人能按照招标人的要求向招标人发出要约。凡不满足招标文件要求的投标书，将被招标人拒绝。

3.3.1 编制依据

《中华人民共和国房屋建筑和市政工程标准施工招标文件》由国家发改委、建设部等部委联合编制，2007 年 11 月 1 日由国家发改委第 56 号令发布，于 2008 年 5 月 1 日起在全国试行，作为编制招标文件的标准文本。

2010 年住建部发布了配套的《中华人民共和国房屋建筑和市政工程标准施工招标文件》，广泛适用于一定规模以上的房屋建筑和市政工程的施工招标。

2012 年发布的《中华人民共和国简明标准施工招标文件》适用于工期不超过 12 个月、技术相对简单且设计和施工不是由同一承包人承担的小型项目施工招标。

3.3.2 招标文件的组成

建设工程招标文件是由一系列有关招标方面的说明性文件资料组成的，包括各种旨在阐释招标人意志的书面文字、图表等信息。招标文件的一般构成按照有关招标投标法律法规与规章的规定，由以下八项基本内容构成：

(1)招标公告或投标邀请书；

(2)投标人须知(对投标人的各项投标规定和要求)；

(3)评标标准和评标方法；

(4)技术条款(含技术标准、规格、使用要求及图纸等)；

(5)投标文件格式;

(6)拟签订合同主要条款和合同格式;

(7)招标控制价及工程量清单;

(8)图纸等附件和其他要求投标人提供的材料。

3.3.3 投标人须知

投标须知正文的内容,主要包括:

(1)投标须知前附表;

(2)招标活动日程安排;

(3)总则;

(4)投标人资格;

(5)招标文件;

(6)投标报价;

(7)投标文件;

(8)投标文件的编制及递交要求;

(9)开标;

(10)评标;

(11)其他;

(12)授予合同;

(13)工程结算。

3.3.4 投标文件的内容

投标文件主要包括商务标和技术标两部分内容。

1. 商务标投标文件

商务标投标文件内容包括:

(1)投标函及投标函附录;

(2)法定代表人资格证明书或法定代表人授权委托书;

(3)联合体协议书(联合体投标时提供);

(4)投标保证金(或保函);

(5)已标价工程量清单。

2. 技术标投标文件

技术标投标文件内容包括:

(1)施工组织设计;

(2)项目管理机构;

(3)项目拟分包情况等;

(4)资格审查资料;

(5)其他材料。

3.3.5 拟签订合同主要条款和合同格式

招标文件中的合同条件和合同协议条款是招标人单方面提出的关于招标人、投标人、监理工程师等各方权利义务关系的设想和意愿,是对合同签订、履行过程中遇到的工程进度、质量、检验、支付、索赔、争议、仲裁等问题的示范性、定式性用释。我国目前在工程建设领域普遍推行国家建设部和国家工商行政管理局制定的《建设工程施工合同(示范文本)》(GF—2017—0201),该文本由合同协议书、通用合同条款和专用合同条款三部分组成。

3.3.6 工程招标控制价及招标工程量清单

工程招标控制价是工程的最高限价。投标人投标报价高于工程招标控制价的,评标委员会将否决其投标。工程招标控制价须到建设行政主管部门所属造价管理机构备案后生效。招标控制价应当执行以下规定:

(1)国有资金投资的建设工程招标,招标人必须编制招标控制价。

(2)招标控制价超过设计概算时,招标人应将其报原概算审批部门审核。

(3)投标报价高于招标控制价,投标应予以拒绝。

(4)招标控制价应由具有编制能力的招标人或者受委托具有相应资质的工程造价咨询人编制和复核。

(5)招标控制价应在招标文件中予以公布,不应上调或下浮,招标人应将招标控制价及有关资料报送工程所在地工程造价管理机构备案。

3.3.7 应用案例

1. 投标人须知前附表

投标人须知前附表用于进一步明确正文中的未尽事宜,由招标人根据招标项目具体特点和实际需要编制和填写,但务必与招标文件中其他章节相衔接,并不得与正文内容相抵触,否则抵触内容无效。在列举前附表有关内容时,已经考虑了与本招标文件其他章节和本章正文的衔接。见表2-21。

公开招标+经评审的最低投标价法招标文件实例

邀请招标+综合评估法招标文件实例

表 2-21 投标人须知前附表

条款号	条款名称	编列内容
1.1.1	招标人	名称:××市检察院 地址:××市建湘路88号 联系人:××× 电话:0731-84134××× 电子邮件:hjc×××@163.com
1.1.2	招标代理机构	名称:×××招标代理有限责任公司 地址:××市人民路98号 联系人:××× 电话:0731-84234××× 18684956××× 电子邮件:tf×××@163.com
1.1.3	项目名称	××市检察院办公楼工程
1.1.4	建设地点	××市建湘路88号
1.1.5	资金来源	省财政、市财政、自筹
1.1.6	出资比例	省拨500万元、市财政340万元、其他自筹

条款号	条款名称	编列内容
1.1.7	资金落实情况	资金已到位
1.1.8	招标范围	××市检察院办公楼土建、装饰、水暖、电气等施工图纸内的全部内容，关于招标范围的详细说明见第七章"技术标准和要求"
1.1.9	计划工期	定额工期：250日历天 计划工期：215日历天 计划开工日期：2021年5月1日 计划竣工日期：2021年12月1日 有关工期的详细要求见第七章"技术标准和要求"
1.1.10	质量要求	质量标准：合格 关于质量要求的详细说明见第七章"技术标准和要求"
1.1.11	投标人资质条件、能力和信誉	资质条件：房屋建筑工程施工总承包二级及以上资质 财务要求：提供近两年会计师事务所出具的财务审计报告 业绩要求：具有两个及以上类似工程业绩 信誉要求： 项目经理资格：房屋建筑工程专业二级(含以上级)注册建造师执业资格，具备有效的安全生产考核合格证书，且不得担任其他在施建设工程项目的项目经理 其他要求：无
1.1.12	是否接受联合体投标	不接受
1.1.13	投标截止时间	2021年3月19日9时30分
1.1.14	踏勘现场	不组织
1.1.15	投标预备会	不召开
1.2		构成招标文件的其他材料
1.2.1	投标人要求澄清招标文件的截止时间	投标人应仔细阅读和检查招标文件的全部内容。如有疑问，应在2021年3月4日15时30分前，通过招标文件电子版下载页面提交
1.3		构成投标文件的相关情况
1.3.1	投标有效期	90天
1.3.2	投标保证金	投标保证金的形式：银行保函[应当从本省区域内或者外埠企业注册所在地(设区市区域内)的全国性商业银行、城市商业银行或政策性银行出具] 投标保证金的金额：20万元 投标保证金的有效期：2021年3月18日至2021年6月15日
1.3.3	投标文件副本份数	叁份

条款号	条款名称	编列内容
1.3.4	装订要求	按照投标人须知第3.1.1项规定的投标文件组成内容，投标文件应按以下要求装订：装订应牢固、不宜拆散和换页采用胶装，禁止使用活页装订 不分册装订
1.3.5	封套上写明	招标人地址：××市建湘路88号 招标人名称：××市检察院 ××市检察院办公楼工程投标文件在2021年3月19日9时30分前不得开启
1.4		开标的相关情况
1.4.1	递交投标文件地点	××市公共资源交易中心(××市××路168号206室)
1.4.2	开标时间和地点	开标时间：同投标截止时间 开标地点：××市公共资源交易中心(××市××路168号2号厅)
1.4.3	评标委员会的组成	评标委员会构成：7人，其中招标人代表2人(限招标人在职人员，且应当具备评标专家相应的或者类似的条件)，专家5人； 评标专家确定方式：从省专家库抽取
1.4.4	是否授权委员会确定中标人	否，推荐的中标候选人数：3家
		需要补充的其他内容
2.1		词语定义
2.1.1	类似项目	类似项目是指：建筑面积5000 m² 以上的公共建筑
2.1.2	不良行为记录	不良行为记录是指：违纪、违法、违规。
...	......	
2.2		投标最高限价
2.2.1	投标最高限价(拦标价)	本工程的投标最高限价(拦标价)是人民币捌佰玖拾捌万零陆佰捌拾柒元玖角伍分(8980687.95)元
2.3		"暗标"评审
2.3.1	施工组织设计是否采用"暗标"评审方式	不采用
2.4		投标文件电子版

条款号	条款名称	编列内容
	是否要求投标人在递交投标文件时,同时递交投标文件电子版	投标文件电子版内容:要求投标报价转成 Excel 2007 格式 技术标电子版:资质证书,荣誉证书,个人职称、资格证书等原件扫描电子文档 投标文件电子版份数:2 份 投标文件电子版形式:光盘 投标文件电子版密封方式:单独放入一个密封袋中,加贴封条,并在封套封口处加盖投标人单位章,在封套上标记"投标文件电子版"字样
2.5	计算机辅助评标	
	是否实行计算机辅助评标	□否
		□是,投标人需递交纸质投标文件一份,同时按本须知附表八"电子投标文件编制及报送要求"编制及报进电子投标文件。计算机辅助评标方法见第三章"评标办法"
2.6	投标人代表出席开标会	
	按照本须知第5.1款的规定,招标人邀请所有投标人的法定代表人或其委托代理人参加开标会。投标人的法定代表人或其委托代理人应当按时参加开标会,并在招标人按开标程序进行点名时,向招标人提交法定代表人身份证明文件或法定代表人授权委托书,出示本人身份证,以证明其出席,否则,其投标文件按废标处理	
2.7	中标公示	
	招标人应自收到评标报告之日起3日内,将中标候选人的情况在本招标项目招标公告发布的同一媒介和有形建筑市场(交易中心)予以公示,公示期不少于3日	
2.8	知识产权	
	构成本招标文件各个组成部分的文件,未经招标人书面同意,投标人不得擅自复印和用于非本招标项目所需的其他目的。招标人全部或者部分使用未中标人投标文件中的技术成果或技术方案时,需征得其书面同意,并不得擅自复印或提供给第三人	
2.9	重新招标的其他情形	
	除投标人须知正文第八条规定的情形外,除非已经产生中标候选人,在投标有效期内同意延长投标有效期的投标人少于3个的,招标人应当依法重新招标	
2.10	同义词语	
	构成招标文件组成部分的"通用合同条款""专用合同条款""技术标准和要求"和"工程量清单"等章节中出现的措辞"发包人"和"承包人",在招标投标阶段应当分别按"招标人"和"投标人"进行理解	
2.11	监　督	

条款号	条款名称	编列内容
		本项目的招标投标活动及其相关当事人应当接受有管辖权的建设工程招标投标行政监督部门依法实施的监督
2.12	解释权	
		构成本招标文件的各个组成文件应互为解释,互为说明;如有不明确或不一致,构成合同文件组成内容的,以合同文件约定内容为准,且以专用合同条款约定的合同文件优先顺序解释;除招标文件中有特别规定外,仅适用于招标投标阶段的规定,按招标公告(投标邀请书)、投标人须知、评标办法、投标文件格式的先后顺序解释;同一组成文件中就同一事项的规定或约定不一致的,以编排顺序在后者为准;同一组成文件不同版本之间有不一致的,以形成时间在后者为准。按本款前述规定仍不能形成结论的,由招标人负责解释
2.13	招标人补充的其他内容	
	······	

【投标人须知前附表填写及注意事项】

(1)质量标准:满足国家强制性的质量标准为"合格"。

(2)招标范围:本工程项目招标范围,要填写清楚,可详见工程量清单。

(3)工期:工期是按照国家工期定额确定的日历天数,如果招标项目的工期因特殊原因要求小于定额工期时,则应在招标文件中明确告知投标人报价时考虑必要的赶工措施费。

(4)资金来源:填写投资主体和构成,是国有投资还是民营投资,是全额国有投资还是国有投资只占其中部分比例,比例是多少。

(5)投标人资质等级要求:包括行业类别、资质类别、资质等级等三部分。

(6)资格审查方式:分资格预审和资格后审。如为资格后审,则在评标办法中要写清资格审查办法,评标程序中也要增加资格评审环节,资格评审应在技术标和商务标评审之前进行。

(7)工程计价方式:分综合单价法和工料单价法。结合工程实际需要确定采用哪种计价方法。

(8)投标有效期:招标文件规定的投标有效期是保证招标人有足够的时间完成评标和与中标人签订合同的时间,一般是60~120天。投标有效期从提交投标文件截止日起计算。

开标之前,投标不是生效的要约,所以可以撤回、修改和补正,不用承担法律责任。但开标之后,签合同以前(投标截止日)投标作为生效的要约,受到法律约束,不能撤销,否则会丧失投标保证金。

2. 投标人须知正文及填写注意事项

投标人须知正文包括总则、招标文件、投标文件、投标、开标、评标、合同授予、重新招标或不再招标、纪律和监督、需补充的其他内容共10项内容。

1)总则

总则包括项目概况,资金来源和落实情况,招标范围、计划工期和质量要求,投标人的资格要求,费用承担,保密,语言文字,计量单位,踏勘现场,投标预备会,分包,偏离等共

12 项内容。

（1）项目概况。项目概况包括本招标项目已具备的条件，招标人、招标代理机构的信息，招标项目名称、地点等内容。这部分信息均已在招标公告（或投标邀请书）和投标人须知前附表中明确，填写时要注意以下事项：

①填写招标人、招标代理机构的名称、地址、联系人和联系电话。应与招标公告或投标邀请书联系方式中写明的相一致。联系电话最好填写两个以上，包括手机号码，以保持联系畅通。

②标准招标文件是按照一个标段对应一份招标文件的原则编写的。投标人须知中的招标代理机构应为具体标段的招标代理机构。

③项目名称指项目审批、核准机关出具的有关文件中载明的或备案机关出具的备案文件中确认的项目名称。

④建设地点应填写项目的具体地理位置。

（2）资金来源和落实情况。本条目内容也已在投标人须知前附表中体现，填写时应注意以下事项：

①资金来源包括国拨资金、国债资金、银行贷款、自筹资金等，由招标人据实填写。

②项目的出资比例。例如，财政拨款 50%，银行贷款 30%，企业自筹 20%；如全部为财政拨款，则直接填写 100%财政拨款。

③资金落实情况根据《招标投标法》第九条第二款规定，招标人应当有进行招标项目的相应资金或者资金来源已经落实，并应当在招标文件中如实载明。例如，财政拨款部分已经列入年度计划、银行贷款部分已签订贷款协议、企业自筹部分已经存入项目专用账户。

（3）招标范围、计划工期和质量要求。本条目内容也已在投标人须知前附表中体现，填写时应注意以下事项：

①招标范围应准确明了，采用工程专业术语填写。如某建筑工程项目×××工程中的地基与基础、主体结构、建筑装饰装修、建筑屋面、给水、排水及采暖、通风与空调、建筑电气、智能建筑、电梯工程等设计图纸显示的全部工程。但需要指出的是，招标人应根据项目具体特点和实际需要合理划分标段，并据此确定招标范围，避免过细分割工程或肢解工程。

②计划工期由招标人根据项目具体特点和实际需要填写。有适用工期定额的，应参照工期定额合理确定。《建设工程质量管理条例》第十条规定，建设工程发包单位不得任意压缩合理工期。投标人须知前附表中填写的计划工期、计划开工日期、计划竣工日期应该是一致的。根据《合同法》第二百七十五条规定，施工合同中约定有中间交工工期的，应当在本项对应的前附表中明确。

③质量要求应根据国家、行业颁布的建设工程施工质量验收标准填写。不能将各种质量奖项、奖杯等作为质量要求。

（4）投标人的资格要求。

①进行资格预审的投标人应是收到招标人发出投标邀请书的单位。

②未进行资格预审的投标人应具备承担本标段施工的资质条件、能力和信誉。资质条件、财务要求、业绩要求、信誉要求、项目经理资格及其他要求等应符合投标人须知前附表所列的条件。需要注意的是，本项内容实际构成评标办法中资格评审标准的内容。其中：

a.资质指建设部《建筑业企业资质管理规定》（建设部 159 号令）划定的资质类别及等级，

包括总承包资质和专业承包资质。如某建筑工程资格审查确定的资质条件为房屋建筑工程施工总承包二级及以上资质。

b.财务要求指企业的注册资本金、净资产、资产负债率、平均货币资金余额和主营业务收入的比值、银行授信额度等一项或多项指标情况。

c.招标人根据项目具体特点和实际需要,明确提出投标人应具有的业绩要求,以证明投标人具有完成本标段工程施工的能力。本款提出的业绩要求须与招标公告一致。

d.企业信誉是指企业在市场中所获得的社会上公认的信用和名誉,它反映出一个企业的履约信用。有关行政管理部门对企业信用考核有规定的,按照有关规定执行。一般来讲,考察企业的信誉,主要针对企业以往履约情况、不良记录等提出具体要求。

e.项目经理资格指建设行政主管部门颁发的建造师执业资格。在规定项目经理资格时,其专业和级别应与建设行政主管部门的要求一致。如招标项目为 120000 m^2 办公楼,可以填写:房屋建筑专业一级建造师。

f.其他要求指招标人依据行业特点及本次招标项目的特点、需要,针对投标企业提出的一些要求。例如,对企业提出质量、环境保护和职业健康、安全等管理体系认证方面的要求。

(5)费用承担。投标人准备和参加投标活动发生的费用自理。

(6)保密。参与招标投标活动的各方应对招标文件和投标文件中的商业和技术等秘密保密,违者应对由此造成的后果承担法律责任。

(7)语言文字。除专用术语外,与招标投标有关的语言均使用中文。必要时专用术语应附有中文注释。

(8)计量单位。所有计量均采用中华人民共和国法定计量单位。

(9)踏勘现场。投标人须知前附表规定组织踏勘现场的,招标人按投标人须知前附表规定的时间、地点组织投标人踏勘项目现场。投标人踏勘现场发生的费用自理。除招标人的原因外,投标人自行负责在踏勘现场中所发生的人员伤亡和财产损失。

招标人在踏勘现场中介绍的工程场地和相关的周边环境情况,供投标人在编制投标文件时参考,招标人不对投标人据此做出的判断和决策负责。

(10)投标预备会。投标人须知前附表规定召开投标预备会的,招标人按投标人须知前附表规定的时间和地点召开投标预备会,澄清投标人提出的问题。投标人应在投标人须知前附表规定的时间前,以书面形式将提出的问题送达招标人,以便招标人在会议期间澄清。

投标预备会后,招标人在投标人须知前附表规定的时间内,将对投标人所提问题的澄清,以书面方式通知所有购买招标文件的投标人。该澄清内容为招标文件的组成部分。

(11)分包。投标人拟在中标后将中标项目的部分非主体、非关键性工作进行分包的,应符合投标人须知前附表规定的分包内容、分包金额和接受分包的第三人资质要求等限制性条件。

《合同法》第二百七十二条规定:经发包人同意,承包人可以将自己承包的主体结构工程以外的部分工作交由第三人完成,同时第三人就其完成的工作成果与承包人向发包人承担连带责任。《招标投标法》第三十条规定,投标人根据招标文件载明的项目实际情况,拟在中标后将中标项目的部分非主体、非关键性工作进行分包的,应当在投标文件中载明。据此,本款规定招标人可以依据项目情况,选择不允许或允许分包。如果选择后者,则应进一步明确分包内容的名称或要求,以及分包项目金额和资质条件等方面的限制。实际操作中需要注意的是：

①投标人拟分包的工作内容和工程量，须符合投标人须知前附表规定的分包内容、分包数量和金额等限制性条件，否则作废标处理；

②分包人的资格能力应与投标文件中载明的分包工作的标准和规模相适应，具备相应的专业承包资质，否则也作废标处理。

（12）偏离。偏离即《评标委员会和评标方法暂行规定》（七部委12号令）中的偏差。偏离分为重大偏离和细微偏离。招标人应当在招标文件中规定实质性要求和条件，并用醒目的方式标明，以便评标委员会有效地判定投标文件是否实质性响应了招标文件。实质性要求和条件不允许偏离，否则即作废标处理。招标人可以依据项目情况，在招标文件中对非实质性要求和条件，载明允许偏离的范围和幅度。

投标人须知前附表允许投标文件偏离招标文件某些要求的，偏离应当符合招标文件规定的偏离范围和幅度。

2）招标文件

（1）招标文件的组成。招标文件包括招标公告（或投标邀请书）、投标人须知、评标办法、合同条款及格式、工程量清单、图纸、技术标准和要求、投标文件格式、投标人须知前附表规定的其他材料（例如工程地质勘察报告）。

根据投标须知对招标文件所做的澄清、修改，构成招标文件的组成部分。

（2）招标文件的澄清

①投标人应仔细阅读和检查招标文件的全部内容。如发现缺页或附件不全，应及时向招标人提出，以便补齐。如有疑问，应在投标人须知前附表规定的时间前以书面形式（包括信函、电报、传真等可以有形地表现所载内容的形式，下同），要求招标人对招标文件予以澄清。

②招标文件的澄清将在投标人须知前附表规定的投标截止时间15天前以书面形式发给所有购买招标文件的投标人，但不指明澄清问题的来源。如果澄清发出的时间距投标截止时间不足15天，相应延长投标截止时间。

③投标人在收到澄清后，应在投标人须知前附表规定的时间内以书面形式通知招标人，确认已收到该澄清。

依据《招标投标法》第二十三条规定，招标人对已发出的招标文件进行必要的澄清，应当在招标文件要求提交投标文件的截止时间至少15日前，以书面形式通知所有招标文件收受人。这里15日是个界限，本项规定如果澄清发出的时间距投标截止时间不足15天，则投标截止时间相应延长。投标人收到澄清后的确认时间，可以采用一个相对的时间，如招标文件澄清发出后12小时以内；也可以采用一个绝对的时间，如2021年6月15日中午12：00以前。

（3）招标文件的修改

①在投标截止时间15天前，招标人可以书面形式修改招标文件，并通知所有已购买招标文件的投标人。如果修改招标文件的时间距投标截止时间不足15天，相应延长投标截止时间。

②投标人收到修改内容后，应在投标人须知前附表规定的时间内以书面形式通知招标人，确认已收到该修改。

3）投标文件

（1）投标文件的组成

①投标文件应包括下列内容：

a. 投标函及投标函附录；

b. 法定代表人身份证明或附有法定代表人身份证明的授权委托书；

c. 联合体协议书；

d. 投标保证金；

e. 已标价工程量清单；

f. 施工组织设计；

g. 项目管理机构；

h. 拟分包项目情况表；

i. 资格审查资料；

j. 投标人须知前附表规定的其他材料。

②投标人须知前附表规定不接受联合体投标的，或投标人没有组成联合体的，投标文件不包括联合体协议书。

（2）投标报价

①投标人应按招标文件"工程量清单"的要求填写相应表格。

②投标人在投标截止时间前修改投标函中的投标总报价，应同时修改招标文件所附"工程量清单"中的相应报价。此修改须符合投标须知中投标文件的修改与撤回的有关要求。

（3）投标有效期

①在投标人须知前附表规定的投标有效期内，投标人不得要求撤销或修改其投标文件。

②出现特殊情况需要延长投标有效期的，招标人以书面形式通知所有投标人延长投标有效期。投标人同意延长的，应相应延长其投标保证金的有效期，但不得要求或被允许修改或撤销其投标文件；投标人拒绝延长的，其投标失效，但投标人有权收回其投标保证金。

（4）投标保证金

①投标人在递交投标文件的同时，应按投标人须知前附表规定的金额、担保形式和《中华人民共和国房屋建筑和市政工程标准施工招标文件》第八章"投标文件格式"规定的投标保证金格式递交投标保证金，并作为其投标文件的组成部分。联合体投标的，其投标保证金由牵头人递交，并应符合投标人须知前附表的规定。

②投标人不按投标须知规定要求提交投标保证金的，其投标文件作废标处理。

③招标人与中标人签订合同后 5 日内，向未中标的投标人和中标人退还投标保证金。

④有下列情形之一的，投标保证金将不予退还：

a. 投标人在规定的投标有效期内撤销或修改其投标文件；

b. 中标人在收到中标通知书后，无正当理由拒签合同协议书或未按招标文件规定提交履约担保。

（5）资格审查资料（适用于已进行资格预审的）。投标人在编制投标文件时，应按新情况更新或补充其在申请资格预审时提供的资料，以证实其各项资格条件仍能继续满足资格预审文件的要求，具备承担本标段施工的资质条件、能力和信誉。

（6）资格审查资料（适用于未进行资格预审的）。

①"投标人基本情况表"应附投标人营业执照副本及其年检合格的证明材料、资质证书副本和安全生产许可证等材料的复印件。

②"近年财务状况表"应附经会计师事务所或审计机构审计的财务会计报表，包括资产负债表、现金流量表、利润表和财务情况说明书的复印件，具体年份要求见投标人须知前附表。

③"近年完成的类似项目情况表"应附中标通知书和(或)合同协议书、工程接收证书(工程竣工验收证书)的复印件，具体年份要求见投标人须知前附表。每张表格只填写一个项目，并标明序号。

④"正在施工和新承接的项目情况表"应附中标通知书和(或)合同协议书复印件。每张表格只填写一个项目，并标明序号。

⑤"近年发生的诉讼及仲裁情况"应说明相关情况，并附法院或仲裁机构做出的判决、裁决等有关法律文书复印件，具体年份要求见投标人须知前附表。

(7)备选投标方案。除投标人须知前附表另有规定外，投标人不得递交备选投标方案。允许投标人递交备选投标方案的，只有中标人所递交的备选投标方案方可予以考虑。评标委员会认为中标人的备选投标方案优于其按照招标文件要求编制的投标方案的，招标人可以接受该备选投标方案。

(8)投标文件的编制。

①投标文件应按《中华人民共和房屋建筑和市政工程标准施工招标文件》第八章"投标文件格式"进行编写，如有必要，可以增加附页，作为投标文件的组成部分。其中，投标函附录在满足招标文件实质性要求的基础上，可以提出比招标文件要求更有利于招标人的承诺。

②投标文件应当对招标文件有关工期、投标有效期、质量要求、技术标准和要求、招标范围等实质性内容做出响应。

③投标文件应用不褪色的材料书写或打印，并由投标人的法定代表人或其委托代理人签字或盖单位章。委托代理人签字的，投标文件应附法定代表人签署的授权委托书。投标文件应尽量避免涂改、行间插字或删除。如果出现上述情况，改动之处应加盖单位章或由投标人的法定代表人或其授权的代理人签字确认。签字或盖章的具体要求见投标人须知前附表。

④投标文件正本一份，副本份数见投标人须知前附表。正本和副本的封面上应清楚地标记"正本"或"副本"的字样。当副本和正本不一致时，以正本为准。

⑤投标文件的正本与副本应分别装订成册，并编制目录，具体装订要求见投标人须知前附表规定。

4)投标

(1)投标文件的密封和标记。

①投标文件的正本与副本应分开包装，加贴封条，并在封套的封口处加盖投标人单位章。

②投标文件的封套上应清楚地标记"正本"或"副本"字样，封套上应写明的其他内容见投标人须知前附表。

③未按要求密封和加写标记的投标文件，招标人不予受理。

(2)投标文件的递交。

①投标人应在投标须知中规定的投标截止时间前递交投标文件。

②投标人递交投标文件的地点见投标人须知前附表。

③除投标人须知前附表另有规定外，投标人所递交的投标文件不予退还。

④招标人收到投标文件后，向投标人出具签收凭证。

⑤逾期送达的或者未送达指定地点的投标文件，招标人不予受理。

（3）投标文件的修改与撤回。

①在投标须知中规定的投标截止时间前，投标人可以修改或撤回已递交的投标文件，但应以书面形式通知招标人。

②投标人修改或撤回已递交投标文件的书面通知，应按照投标须知正文投标文件编制的要求签字或盖章。招标人收到书面通知后，向投标人出具签收凭证。

③修改的内容为投标文件的组成部分。修改的投标文件应按照投标须知第三、四条规定进行编制、密封、标记和递交，并标明"修改"字样。

5）开标

（1）开标时间和地点。招标人在投标人须知规定的投标截止时间（开标时间）和投标人须知前附表规定的地点公开开标，并邀请所有投标人的法定代表人或其委托代理人准时参加。

（2）开标程序。主持人按下列程序进行开标：

①宣布开标纪律；

②公布在投标截止时间前递交投标文件的投标人名称，并点名确认投标人是否派人到场；

③宣布开标人、唱标人、记录人、监标人等有关人员姓名；

④按照投标人须知前附表规定检查投标文件的密封情况；

⑤按照投标人须知前附表的规定确定并宣布投标文件开标顺序；

⑥设有标底的，公布标底；

⑦按照宣布的开标顺序当众开标，公布投标人名称、标段名称、投标保证金的递交情况、投标报价、质量目标、工期及其他内容，并记录在案；

⑧投标人代表、招标人代表、监标人、记录人等有关人员在开标记录上签字确认；

⑨开标结束。

6）评标

（1）评标委员会。

①评标由招标人依法组建的评标委员会负责。评标委员会由招标人或其委托的招标代理机构熟悉相关业务的代表，以及有关技术、经济等方面的专家组成。评标委员会成员人数以及技术、经济等方面专家的确定方式见投标人须知前附表。

②评标委员会成员有下列情形之一的，应当回避：

a.招标人或投标人的主要负责人的近亲属；

b.项目主管部门或者行政监督部门的人员；

c.与投标人有经济利益关系，可能影响对投标公正评审的人员；

d.曾因在招标、评标以及其他与招标投标有关活动中从事违法行为而受过行政处罚或刑事处罚的人员。

（2）评标原则。评标活动遵循公平、公正、科学和择优的原则。

（3）评标。评标委员会按照《中华人民共和国房屋建筑和市政工程标准施工招标文件》第三章"评标办法"规定的方法、评审因素、标准和程序对投标文件进行评审。《中华人民共和国房屋建筑和市政工程标准施工招标文件》第三章"评标办法"没有规定的方法、评审因素和标准，不作为评标依据。

7) 合同授予

(1) 定标方式。除投标人须知前附表规定评标委员会直接确定中标人外，招标人依据评标委员会推荐的中标候选人确定中标人，评标委员会推荐中标候选人的人数见投标人须知前附表。

(2) 中标通知。在投标人须知规定的投标有效期内，招标人以书面形式向中标人发出中标通知书，同时将中标结果通知未中标的投标人。

(3) 履约担保。

①在签订合同前，中标人应按投标人须知前附表规定的金额、担保形式和招标文件"合同条款及格式"规定的履约担保格式向招标人提交履约担保。联合体中标的，其履约担保由牵头人递交，并应符合投标人须知前附表规定的金额、担保形式和招标文件第四章"合同条款及格式"规定的履约担保格式要求。

②中标人不能按投标人须知要求提交履约担保的，视为放弃中标，其投标保证金不予退还，给招标人造成的损失超过投标保证金数额的，中标人还应当对超过部分予以赔偿。

(4) 签订合同。

①招标人和中标人应当自中标通知书发出之日起 30 天内，根据招标文件和中标人的投标文件订立书面合同。中标人无正当理由拒签合同的，招标人取消其中标资格，其投标保证金不予退还；给招标人造成的损失超过投标保证金数额的，中标人还应当对超过部分予以赔偿。

②发出中标通知书后，招标人无正当理由拒签合同的，招标人向中标人退还投标保证金；给中标人造成损失的，还应当赔偿损失。

8) 重新招标或不再招标

(1) 重新招标。有下列情形之一的，招标人将重新招标：

①投标截止时间止，投标人少于 3 个的；

②经评标委员会评审后否决所有投标的。

(2) 不再招标。重新招标后投标人仍少于 3 个或者所有投标被否决的，属于必须审批或核准的工程建设项目，经原审批或核准部门批准后不再进行招标。

9) 纪律和监督

(1) 对招标人的纪律要求。招标人不得泄露招标投标活动中应当保密的情况和资料，不得与投标人串通损害国家利益、社会公共利益或者他人合法权益。

(2) 对投标人的纪律要求。投标人不得相互串通投标或者与招标人串通投标，不得向招标人或者评标委员会成员行贿谋取中标，不得以他人名义投标或者以其他方式弄虚作假骗取中标；投标人不得以任何方式干扰、影响评标工作。

(3) 对评标委员会成员的纪律要求。评标委员会成员不得收受他人的财物或者其他好处，不得向他人透露对投标文件的评审和比较、中标候选人的推荐情况以及评标有关的其他情况。在评标活动中，评标委员会成员不得擅离职守，影响评标程序正常进行，不得使用《中华人民共和国房屋建筑和市政工程标准施工招标文件》第三章"评标办法"没有规定的评审因素和标准进行评标。

(4) 对与评标活动有关的工作人员的纪律要求。与评标活动有关的工作人员不得收受他人的财物或者其他好处，不得向他人透露对投标文件的评审和比较、中标候选人的推荐情况以及评标有关的其他情况。在评标活动中,与评标活动有关的工作人员不得擅离职守,影响评标程序正常进行。

(5)投诉。投标人和其他利害关系人认为本次招标活动违反法律、法规和规章规定的,有权向有关行政监督部门投诉。

10)需补充的其他内容

投标须知正文没有列明,招标人又需要补充的其他内容,需要在投标人须知前附表中予以明确和细化,但不得与投标须知正文内容相抵触,否则抵触内容无效。

3. 合同主要条款

招标文件中应明确招标人和投标人之间签订的主要合同条款及采用的合同格式。合同条款及格式引用住房和城乡建设部《中华人民共和国房屋建筑和市政工程标准施工招标文件》和九部委《中华人民共和国房屋建筑和市政工程标准施工招标文件》内容及格式规定,其内容由通用合同条款、专用合同条款、合同附件格式三部分组成。

1)通用合同条款

通用合同条款直接引用中国建筑工业出版社出版的《建设工程施工合同(示范文本)》(GF—2017—0201)第二部分"通用合同条款"。

2)专用合同条款

专用合同条款应采用中国建筑工业出版社出版的《建设工程施工合同(示范文本)》(GF—2017—0201)第三部分"专用合同条款"。

3)合同附件格式

合同附件格式应采用住建部《建设工程施工合同(示范文本)》(GF—2017—0201)中的合同附件格式,共由11个附件组成,具体内容有承包人承揽工程项目一览表、发包人供应材料设备一览表、工程质量保修书、主要建设工程文件目录、承包人用于本工程施工的机械设备表、承包人主要施工管理人员表、履约担保格式、预付款担保格式、支付担保格式、暂估价一览表。

4. 投标文件格式

《中华人民共和国房屋建筑和市政工程标准施工招标文件》第四卷第八章规定了投标文件的格式,主要内容包括投标函和投标函附录、法定代表人身份证明、授权委托书、联合体协议书、投标保函、工程量清单、施工组织设计、项目管理机构、拟分包计划表、资格审查资料、其他材料等内容。投标人必须按招标文件规定的格式编制投标文件。

5. 提供工程量清单

采用工程量清单招标的,工程量清单是招标文件的重要组成部分。招标人或招标人委托的招标代理机构在招标文件中应按《中华人民共和国房屋建筑和市政工程标准施工招标文件》(第一卷第五章)、《建设工程工程量清单计价规范》及地方标准、规范和规程的要求,结合招标项目的具体特点和实际情况,按照工程量清单计价规范要求进行编制,工程量清单应与"投标人须知""通用合同条款""专用合同条款""技术标准和要求""图纸"所述内容相一致,进行有效衔接。

6. 技术标准和要求

《中华人民共和国房屋建筑和市政工程标准施工招标文件》第三卷第七章规定了招标文件的技术标准和要求,包括一般要求,特殊技术标准和要求,适用的国家、行业以及地方规范、标准和规程,施工现场现状平面图4部分。

1）一般要求

一般要求包括工程说明，承包范围，工期要求，质量要求，适用规范和标准，安全文明施工，治安保卫，地上、地下设施和周边建筑物的临时保护，样品和材料代换，进口材料和工程设备，进度报告和进度例会，试验和检验，计日工，计量与支付，竣工验收和工程移交，其他要求等内容。

2）特殊技术标准和要求

特殊技术标准和要求包括材料和工程设备技术要求，特殊技术要求，新技术、新工艺和新材料，其他特殊技术标准和要求共4部分内容。

3）适用的国家、行业以及地方规范、标准和规程

招标人应根据国家、行业和地方现行规范、标准和规程，以及项目具体情况在招标文件中写明已选定的适用于本工程的规范、标准、规程等的名称、编号等内容。

7. 设计图纸

招标人应详细列出全部图纸的张数和编号，供投标人全面了解招标工程情况，以便编制投标文件。招标人应对其提供的图纸的正确性负责。

8. 评标标准和方法

《中华人民共和国房屋建筑和市政工程标准施工招标文件》第三章"评标办法"分别规定了经评审的最低投标价法和综合评估法两种评标方式，招标人或招标人委托的招标代理机构可根据招标项目具体特点和实际需要选择使用，并根据工程项目的实际情况自主确定评标办法，所确定的评标方法必须在招标文件中明示各评审因素的评审标准、分值和权重等。投标报价中的规费、预留金、暂定金为不可竞争的固定费用(应单列)，但须进入投标总报价之中。

招标人在选择评标办法时，可结合招标工程的特点，参考《中华人民共和国房屋建筑和市政工程标准施工招标文件》第三章"评标办法(综合评分法)"附表9中的标价计算方法确定计分方法，可任选其一，也可多选，同时也可将所列评标办法相互结合使用，但无论使用哪一种评标办法，都必须在招标文件中载明。

9. 投标辅助材料

招标人应当在招标文件中规定实质性要求和条件，并用醒目的方式标明。

3.3.8　工程量清单的编制

工程量清单应依据中华人民共和国国家标准《建设工程工程量清单计价规范》(GB50500—2013)(以下简称《计价规范》)以及招标文件中包括的图纸等编制。

1. 工程量清单的概念和作用

1）工程量清单的概念

工程量清单是表现本工程分部分项工程项目、措施项目、其他项目、规费项目和税金项目的名称和相应数量等的明细清单。

2）工程量清单的作用

工程量清单仅是投标报价的共同基础，竣工结算的工程量按合同约定确定。合同价格的确定以及价款支付应遵循合同条款(包括通用合同条款和专用合同条款)、技术标准和要求以及《计价规范》的有关约定。

2013《计价规范》只强调工程量清单在招投标阶段的使用。2013《计价规范》中把工程量清单作为编制招标控制价、投标报价、计算工程量、支付工程款、调整合同价款、办理竣工结

算以及工程索赔等的依据之一。2013《计价规范》的内容涵盖了工程施工阶段从招投标开始到施工竣工结算办理的全过程，并增加了条文说明。这样使工程施工过程中每个计价阶段都有规可依、有章可循，对全面规范工程造价计价行为具有重要的意义。

2013《计价规范》第3.1.2条规定：采用工程量清单方式招标，工程量清单必须作为招标文件的组成部分，其准确性和完善性由招标人负责。本条上升为强制性条文，并且是"必须"，规定更为严格。工程施工招标发包可采用多种方式，但采用工程量清单招标的项目，工程量清单必须作为招标文件的组成部分，招标人应将工程量清单连同招标文件的其他内容一并发(或发售)给投标人。

2.编制人

《计价规范》规定：工程量清单应由具有编制能力的招标人或受其委托，具有相应资质的工程造价咨询人编制。

根据《工程造价咨询企业管理办法》(建设部第149号令)，受委托编制工程量清单的工程造价咨询人必须具有工程造价咨询资质，并在其资质许可的范围内从事工程造价咨询活动。

招标人对编制的工程量清单的准确性(数量)和完整性(不缺项、漏项)负责，如委托工程造价咨询人编制，其责任仍由招标人承担。投标人依据工程量清单进行投标报价，对工程量清单不负有核实义务，更不具有修改和调整的权利。

3.编制依据

编制工程量清单应依据以下材料：

(1)建设工程工程量清单计价规范；

(2)国家或省级、行业建设主管部门颁发的计价依据和办法；

(3)建设工程设计文件；

(4)与建设工程项目有关的标准、规范、技术资料；

(5)招标文件及其补充通知、答疑纪要；

(6)施工现场情况、工程特点及常规施工方案；

(7)其他相关资料。

4.工程量清单编制的注意事项

1)项目编码

分部分项工程量清单的项目编码，应采用12位阿拉伯数字表示。1~9位应按规范附录的规定设置，10~12位应根据拟建工程的工程量清单项目名称设置，同一招标工程的项目不得有重码。

编制工程量清单出现附录中未包括的项目，编制人可作补充，并应报省级或行业工程造价管理机构备案，省级或行业工程造价管理机构应汇总报建设部标准定额研究所。补充项目的编码由附录的顺序码(01,02,03,04,05,06等)与B和3位阿拉伯数字组成，并应从×B001起顺序编制，不得重号。工程量清单中需附有补充项目的名称、项目特征、计量单位、工程量计算规则、工作内容。

科学技术的发展日新月异，工程建设中新材料、新技术、新工艺不断涌现，清单计价规范附录所列的工程量清单项目不可能包罗万象，更不可能包含随科技发展而出现的新项目。在实际编制工程量清单时，当出现清单计价规范附录中未包含的清单项目时，编制人应作补充。编制人在编制补充项目时应注意以下 3 个方面：

①补充项目的编码必须按清单计价规范的规定进行；

②在工程量清单中应附补充项目的项目名称、项目特征、计量单位、工程量计算规则和工作内容；

③将编制的补充项目报省级或行业工程造价管理机构备案。

2）项目名称

分部分项工程量清单的项目名称应按附录的项目名称结合拟建工程的项目实际确定。

3）工程量计算规则

分部分项工程量清单中所列工程量应按附录中所规定的工程量计算规则计算。

4）计量单位

分部分项工程量清单的计量单位应按附录中规定的计量单位确定。附录中该项目有两个或两个以上计量单位的，应选择最适宜计量的方式确定其中一个填写。工程量应按附录规定的工程量计算规则计算填写。

5）项目特征

分部分项工程量清单项目特征应按附录中规定的项目特征，结合拟建工程项目的实际予以描述。

工程量清单的项目特征是确定一个清单项目综合单价不可缺少的重要依据，在编制的工程量清单中必须对其项目特征进行准确和全面的描述。但在实际的工程量清单项目特征描述中有些项目特征用文字往往又难以准确和全面地予以描述，因此为达到规范、统一、简捷、准确、全面描述项目特征的要求，在描述工程量清单项目特征时应按以下原则进行：

（1）项目特征描述的内容按本规范附录规定的内容，项目特征的表述按拟建工程的实际要求，能满足确定综合单价的需要。

（2）若采用标准图集或施工图纸能够全部或部分满足项目特征描述的要求，项目特征描述可直接采用"详见××图集或××图号"的方式。对不能满足项目特征描述要求的部分，仍应用文字描述。

由于"13 规范"对项目特征描述的要求不明，往往使招标人提供的工程量清单对项目特征描述不具体，特征不清、界限不明，使投标人无法准确理解工程量清单项目的构成要素，导致评标时难以合理地评定中标价；结算时，发、承包双方引起争议，影响工程量清单计价的推进。因此，在工程量清单中准确地描述工程量清单项目特征是有效推进工程量清单计价的重要一环。

由此可见，清单项目特征的描述，应根据计价规范附录中有关项目特征的要求，结合技术规范、标准图集、施工图纸，按照工程结构、使用材质及规格或安装位置等，予以详细而准确的表述和说明。可以说离开了清单项目特征的准确描述，清单项目将没有生命力。比如要购买某一商品，如汽车，首先要了解汽车的品牌、型号、结构、动力、内配等诸方面，因为这些决定了汽车的价格。当然，从购买汽车这一商品来讲，商品的特征在购买时已形成，买卖双方对此均已了解。但建筑产品比较特殊，因此在合同的分类中，工程发包、承包施工合同属于加工承揽合同中的一个特例，实行工程量清单计价，就需要对分部分项工程量清单项目的实质内容、项目特征进行准确描述，就好比购买某一商品要了解品牌、性能等一样。因此，准确地描述清单项目的特征对于准确地确定清单项目的综合单价具有决定性的作用。当然，由于种种原因，对同一个清单项目，由不同的人进行编制，会有不同的描述。尽管如此，体现项目本质区别的特征和对报价有实质影响的内容都必须描述，这一点是无可置疑的。

"项目特征"栏应按附录规定根据拟建工程实际予以描述。在进行项目特征描述时，可掌握以下要点：

（1）必须描述的内容

①涉及正确计量的内容必须描述。如门窗洞口尺寸或框外围尺寸，由于"13规范"将门窗以"樘"计量，一樘门或窗有多大，直接关系到门窗的价格，对门窗洞口或框外围尺寸进行描述就十分必要。"13规范"虽然增加了按"m²"计量，如采用"樘"计量，上述描述仍是必需的。

②涉及结构要求的内容必须描述。如混凝土构件的混凝土强度等级，是使用C20还是C30或C40等，因混凝土强度等级不同，其价格也不同，必须描述。

③涉及材质要求的内容必须描述。如油漆的品种是调和漆还是硝基清漆，管材的材质是碳钢管还是塑钢管、不锈钢管等，还需对管材的规格、型号进行描述。

④涉及安装方式的内容必须描述。如管道工程中的钢管的联结方式是螺纹联结还是焊接；塑料管是粘接联结还是热熔联结等就必须描述。

（2）可不描述的内容

①对计量计价没有实质影响的内容可以不描述。如对现浇混凝土柱的高度、断面大小等的特征规定可以不描述，因为混凝土构件是按"m³"计量，对此的描述实质意义不大。

②应由投标人根据施工方案确定的可以不描述。如对石方的预裂爆破的单孔深度及装药量的特征规定，如清单编制人来描述是困难的，由投标人根据施工要求，在施工方案中确定，自主报价比较恰当。

③应由投标人根据当地材料和施工要求确定的可以不描述。如对混凝土构件中的混凝土拌合料使用的石子种类及粒径、砂的种类及特征规定可以不描述。因为混凝土拌合料使用砾石还是碎石，使用粗砂还是中砂、细砂或特细砂，除构件本身特殊要求需要指定外，主要取决于工程所在地砂、石子材料的供应情况。至于石子的粒径大小主要取决于钢筋配筋的密度。

④应由施工措施解决的可以不描述。如对现浇混凝土板、梁的标高的特征规定可以不描述。因为同样的板或梁，都可以将其归并在一个清单项目中，但由于标高的不同，将会导致因楼层的变化对同一项目提出多个清单项目。虽然不同的楼层工效不一样，但这样的差异可以由投标人在报价中考虑，或在施工措施中解决。

（3）可不详细描述的内容

①无法准确描述的可不详细描述。如土壤类别。由于我国幅员辽阔，南北东西差异较大，特别是对于南方来说，在同一地点，由于表层土与表层土以下的土壤，其类别是不相同的，要求清单编制人准确判定某类土壤的所占比例是困难的。在这种情况下，可考虑将土壤类别描述为综合，注明由投标人根据地勘资料自行确定土壤类别，决定报价。

②施工图纸、标准图集标注明确，可不再详细描述。对这些项目可描述为"见××图集××页号及节点大样"等。由于施工图纸、标准图集是发、承包双方都应遵守的技术文件，这样描述，可以有效减少在施工过程中对项目理解的不一致。同时，对不少工程项目，真要将项目特征一一描述清楚，也是一件费力的事情，如果能采用这一方法描述，就可以收到事半功倍的效果。因此，建议这一方法在项目特征描述中能采用的尽可能采用。

③还有一些项目可不详细描述，但清单编制人在项目特征描述中应注明由投标人自定。

如土石方工程中的"取土运距""弃土运距"等。首先要清单编制人决定在多远取土或取、弃土运往多远是困难的；其次，由投标人根据在建工程施工情况统筹安排，自主决定取、弃土方的运距可以充分体现竞争的要求。

(4)计价规范规定多个计量单位的描述

①计价规范对混凝土桩的预制钢筋混凝土桩计量单位有"m"和"根"两个计量单位，但是没有具体的选用规定，在编制该项目清单时，清单编制人可以根据具体情况选择其中之一作为计量单位。但在项目特征描述时，当以"根"为计量单位时，单桩长度应描述为确定值，只描述单桩长度即可；当以"m"为计量单位时，单桩长度可以按范围值描述，并注明根数。

②计价规范对"砖砌体"中的"零星砌砖"的计量单位为"m³""m²""m""个"4个计量单位，但是规定了砖砌锅台与炉灶可按外形尺寸以"个"计算，砖砌台阶可按水平投影面积以"m²"计算，小便槽、地垄墙可按长度以"m"计算，其他工程量按"m³"计算。所以在编制该项目的清单时，应将零星砌砖的项目具体化，并根据计价规范的规定选用计量单位，并按照选定的计量单位进行恰当的特征描述。

(5)规范没有要求，但又必须描述的内容。对规范中没有项目特征要求的个别项目，但又必须描述的应予描述。由于计价规范在我国初次实施，难免在个别地方存在考虑不周的地方，需要在实际工作中来完善。例如厂库房大门、特种门计价规范以"樘"作为计量单位，但又没有规定门大小的特征描述，那么，"框外围尺寸"就是影响报价的重要因素，因此，就必须描述，以便投标人准确报价。

6)计日工

计日工是为了解决现场发生的对零星工作的计价而设立的。国际上常见的标准合同条款中，大多数都设立了计日工计价机制。计日工对完成零星工作所消耗的人工工时、材料数量、机械台班进行计量，并按照计日工表中填报的适用项目的单价进行计价支付。计日工适用的所谓零星工作一般是指合同约定之外的或因变更而产生的、工程量清单中没有相应项目的额外工作，尤其是那些时间不允许事先商定价格的额外工作。

计日工为额外工作和变更的设计提供了一个方便快捷的途径。但是，在以往的实践中，计日工经常被忽略。其中一个主要原因是计日工项目的单价水平一般要高于工程量清单单价的水平。其原因在于计日工往往是用于一些突发性的额外工作，缺少计划性，承包人在调动施工生产资源方面难免会影响已经计划好的工作，生产资源的使用效率也有一定的降低，客观上造成超出常规的额外投入。另一方面，计日工清单往往忽略给出一个暂定的工程量，无法纳入有效的竞争，也是造成其单价水平偏高的原因之一，因此计日工表中一定要给出暂定数量，并且需要根据经验，尽可能估算一个比较贴近实际的数量。当然，尽可能把项目列全，防患于未然，也是值得充分重视的工作。

3.3.9　建设工程招标控制价的编制

2013《计价规范》对编制"招标控制价"做了更加具有可操作性的完善和更加明确具体的规定。

1.招标控制价编制的内容

1)编制分部分项工程量清单：分部分项工程费应根据招标文件中的分部分项工程量清单项目的特征描述及有关要求，按规定确定综合单价进行计算。综合单价包括人工费、材料费、机械费、管理费、利润和适当的风险费用。招标文件提供了暂估单价的材料，按暂估的单价计入综合单价。

2）编制措施项目清单：按招标文件中提供的措施项目清单，需采用分部分项工程综合单价形式进行计价的工程量，应按措施项目清单中的工程量，并按规定确定综合单价；以"项"为单位的方式计价的，按规定确定除规费、税金以外的全部费用。措施项目费中的安全文明施工费应当按照国家或省级、行业建设主管部门的规定标准计价。

3）编制其他项目清单：其他项目费包括暂列金额、暂估价、计日工、总承包服务费。暂列金额由招标人根据工程特点按有关规定进行估算确定。为保证施工建设的顺利实施，在编制招标控制价时应对施工过程中可能出现的各种不确定因素对工程造价的影响进行估算，列出一笔暂列金额。暂列金额可根据工程的复杂程度、设计深度、工程环境条件（包括地质、水文、气候条件等）进行估算。一般可按分部分项工程费的 10%～15% 作为参考。

暂估价包括材料暂估价和专业工程暂估价。暂估价中的材料单价应按照工程造价管理机构发布的工程造价信息或参考市场价格确定；暂估价中的专业工程暂估价应分不同专业，按有关计价规定估算。

计日工包括计日工的人工、材料和施工机械。在编制招标控制价时，对计日工中的人工单价和施工机械台班单价应按省级、行业建设主管部门或其授权的工程造价管理机构公布的单价计算；材料应按工程造价管理机构发布的工程造价信息中的材料单价计算。工程造价信息未发布材料单价的材料，其价格应按市场调查确定的单价计算。

总承包服务费规定招标人应根据招标文件中列出的内容和向总承包人提出的要求，参照下列标准计算：招标人要求对分包的专业工程进行总承包管理和协调时，按分包的专业工程估算造价的 1.5% 计算；招标人要求对分包的专业工程进行总承包管理和协调，并同时要求提供配合服务时，根据招标文件中列出的配合服务内容和提出的要求计算；招标人自行供应材料的，按招标人供应材料价值的 1% 计算。

招标控制价的规费和税金必须按国家或省级、行业建设主管部门的规定计算，不得竞争。

2. 招标控制价编制注意事项

招标控制价是投标人投标报价的上限，不同于标底，无须保密。为体现招标的公平、公正，防止招标人有意抬高或压低工程造价，招标人应在招标文件中如实公布招标控制价，不得对所编制的招标控制价进行上浮或下调。招标人在招标文件中公布招标控制价时，应公布招标控制价各组成部分的详细内容，不得只公布招标控制价总价。同时，招标人应将招标控制价报工程所在地的工程造价管理机构备查。

投标人经复核认为招标人公布的招标控制价未按照《建设工程工程量清单计价规范》（GB—50500—2013）的规定进行编制的，应在开标前 5 天向招标投标监督机构或（和）工程造价管理机构投诉。招标投标监督机构应会同工程造价管理机构对投诉进行处理，发现确有错误的，应责成招标人修改。

3.3.10 评标办法的编制

工程建设项目招标评标活动，是工程招标全过程十分重要的环节，直接关系到工程招投标活动能否顺利进行，能否依法择优评出合格的中标人，使工程招标获得成功。而要确保评标活动的质量，必须有一个科学合理的评标办法。这是因为，一个好的评标办法不仅能使评标做到公平、公正，提高评标工作的质量与效率，而且对于保证工程质量安全、缩短工程建设工期、促进技术进步、提高投资效益等方面都将起到重要作用。

1. 评标办法的概念和作用

1) 评标办法的概念

评标就是指评标委员会根据招标文件规定的评标标准和方法，对投标人递交的投标文件进行审查、比较、分析和评判，以确定中标候选人或直接确定中标人的过程。评标的目的就是保证招标人与中标人之间通过要约和承诺机制，形成并签订一份具有较强执行力的合同。使合同双方对合同的理解高度一致，在合同执行过程中尽可能少甚至几乎不会出现争议。招标投标活动本身固有的竞争性决定，投标人总是试图通过对招标文件要求的合理偏差来争取在竞争中赢得些许优势，当偏差构成实质性不响应招标文件要求时，投标文件会被认定为废标，当偏差属于细微偏差时，也存在招标人能否接受的问题，那些不能为招标人所接受的细微偏差，就需要在评标过程中被发现，并要求投标人在评标结束前进行必要的澄清、说明和补正。在通过招标投标活动形成和订立合同的机制下，要使招标人和投标人对招标文件和投标文件的理解达成一致。

2) 评标办法的作用主要体现在以下几个方面

(1) 评标办法是招标人阐明招标目的、体现其在如何选择中标人方面意志的重要文件。特别是《招标投标法》明确规定，依法必须进行招标的施工项目的评标，"由招标人依法组建的评标委员会负责"。因此，招标人如何选择中标人方面的意志和权力，主要是通过在评标办法中设立合法、科学、合理、切合招标项目特点的评标标准和条件来实现。

(2) 评标办法是评标委员会开展评标工作的最主要依据，是指导评标委员会如何评标的纲领性文件。评标委员会只能按照招标文件中的评标标准和方法进行评标。一份合法、科学、合理、具备可操作性的评标办法，既是评标委员会成员按照统一的标准和方法进行评标的依据；同时，也是对评标委员会成员自由裁量空间的合理约束，有利于确保评标结果的公平、公正。

(3) 评标办法是引导投标人确定投标策略，科学合理地准备投标文件的重要依据。评标办法使所有投标人在准备和递交投标文件之前，能够清晰地了解投标文件的评审细则和定标规则，使所有投标人能够在统一的标准引导下，挖掘竞争潜力，有针对性地编制出高质量的投标文件，从而保障投标成果的科学合理。

2. 评标办法应遵循的原则

评标办法应当体现《招标投标法》规定的公开、公平和公正原则，以及《评标委员会和评标方法暂行规定》中规定的评标活动应当遵循的公平、公正、科学、择优原则。

1) 公开性原则

公开性原则是"三公"原则中最基础、最重要的原则，没有公开性原则，公平和公正即是无本之木。评标办法的公开性原则主要体现在以下几个方面：

(1) 评标委员会构成、来源、产生方式和权责的公开。

(2) 评标方法的公开，即在招标文件中应明确是采用综合评估法，还是经评审的最低投标价法。

(3) 对投标文件的要求、投标文件有效性判定标准和废标条件的公开。

(4) 评审内容的公开。不管采用何种评标方法，均应明确评标活动需要完成的评审工作内容。

（5）评标程序的公开。例如，当要求相关技术部分投标文件以"暗标"形式递交时，如何规定符合性及完整性评审、技术部分评审和商务部分评审的评审程序。

（6）评审标准和条件的公开。采用综合评估法的，技术部分和商务部分各自所占分值的比重，以及技术部分与商务部分的评审内容及其具体评分值均应在评标办法中明确；采用经评审的最低投标价法时，投标人证明其投标价格合理性的证明材料、评标委员会对投标价格各个组成要素进行分析评判的标准、对投标价格是否低于个别成本的评判方法和标准等，均应在评标办法中明确；允许备选方案的，对备选方案进行评审和采纳的标准和条件必须公开；并且，所有评标标准和条件都必须清晰、准确，使招标人、投标人、评标委员会成员和招标投标监管人员能够形成一致的认识和理解，不能存在含义不清、模棱两可的条款，以避免投标人对评标结论产生争议。

（7）评标委员会确定中标候选人或中标人的原则公开。采用综合评估法的招标项目，综合评分值最高的前多少位（一般为 1~3 位）投标人，为评标委员会推荐给招标人的中标候选人，或是否由评标委员会直接确定排名第一的投标人为中标人，如果评分结果出现并列的情形，体现择优原则以便排序的附加条件也属于应当在评标办法中事先明确的内容。

（8）招标人从中标候选人中选择中标人的规则公开。除非出现符合现行有关法律法规规定的情形，依法应当招标的施工项目均应选择排名第一的中标候选人作为中标人。

（9）行政监督部门负责受理投诉的机构及其电话、传真、电子信箱和通信地址公开。投标人对评标活动存有异义或者争议，并取得有关证据或有效线索的，可以向有关行政监督部门投诉。

2）公平性原则

（1）评标委员会组成对招标人和投标人双方均是公平的。例如，在招标人委派代表参与评标时，其数量应当符合法律法规的规定，且应具备相应的业务能力。

（2）所规定的评标原则对所有投标人都是公平的。例如，所有投标人都必须严格按照招标文件的规定，特别是合同条款的具体规定投标；不响应招标文件实质性要求的投标文件均按废标处理等。

（3）所规定的评标标准和方法对投标人都是公平的，评标标准和条件应当客观，不得倾向或者排斥特定的潜在投标人。

（4）评标委员会必须按照招标文件规定的标准和方法进行评标，评标委员会在开标后，不得修改已经在招标文件中公开的评标标准和条件。

（5）所规定的评标程序对投标人是公平的。例如，所有评标委员会成员须首先进行投标文件的符合性和完整性评审，以判定是否合格，再对技术部分进行评审以判定是否符合招标文件要求，然后进行商务部分评审以判定投标报价是否合理，最后给出评审结论。

（6）对投标文件的质疑与投标人的澄清、说明和补正机制的设立和遵循，有利于招标人和投标人对招标文件和投标文件的理解达成一致，公平地保证招标、投标活动当事人的合法权益。

3）公正性原则

（1）依法进行招标的施工项目，必须接受建设行政主管部门的监督。

（2）评标标准和条件的设立，应当符合现行有关法律、法规的规定，切合招标项目的特点，贯彻科学合理和择优选择的原则，同时也应包括废标条件。

(3)评标应当严格按照评标办法规定的方法、标准、条件进行,应当体现科学决策原则。例如,按符合性和完整性评审条件而做出的废标判定,必须依据客观存在的事实而不能主观判断;关于投标报价低于成本价的判定,必须经评标委员会全体成员共同做出,并需经过评标委员会和投标人之间互动的质疑及澄清、说明和补正的必要程序,从而获得充分依据,再由评标委员会写出书面意见。

(4)评标标准和条件应当尽可能地限制评标委员会成员主观上的自由裁量权。例如,以综合评估法评标的,不应当以范围性分值规定方式或额外加分的方式设定任何评审项目的评分值,以合理约束不同评委对评标的主观随意性。

4)科学性原则

(1)首先要求评标方法、标准和条件的设立或选择,应当符合现行有关法律、法规的规定。例如,将投标人获得的各类评比奖项作为评审的标准和条件很容易涉嫌搞地方保护。

(2)评标方法、标准和条件的设立或选择,还应当不违背招投标竞争机制的主旨。例如,为防止投标人之间的恶意串通,抬高标价,在新的评标办法中将过去的标底改成了"招标控制价"。

(3)评标方法的选择以及标准和条件的设立,要切合招标项目的实际要求,切忌不加思考地照搬套用一般适用的评标办法,从而影响到招投标成果的质量。例如,对技术质量有特别要求的工程,就不适合采用经评审的最低投标价法;再如,对一般的住宅工程,则不宜过分强调对施工方案的评审。

(4)所有标准和条件必须是具体和可操作的。例如,对施工方案的评审中,如果仅按"不合格""一般""较好""好"等作为量化评审的标准,而不对不同的标准进行必要的和明确的定义,很容易使评标委员会成员产生对评审标准理解上的差异,也无法合理地限制评标委员会成员的自由裁量空间,最终很可能会影响到分值评定的客观性和中标候选人确定的科学合理性。

(5)评标标准和条件应当充分鼓励竞争,但又能够有效防止恶性竞争。例如,在投标人的投标价格明显低于其他投标价格时,应当启动质疑与澄清、说明和补正程序,评判是否低于本企业的成本。

(6)评标程序应当符合正常的逻辑顺序,有助于提高评标效率,保证公正、公平。例如,先初步评审、再详细评审,允许备选投标方案的投标,应当在中标候选人排序后只对排名第一的中标候选人的备选投标方案进行评审。

(7)评标程序应当充分地突出"评审"。评标绝对不是简单地按照评分表格对号打分,必须经过科学的评审过程,才能获得科学合理的招标成果,提高合同的可执行力。例如,对投标价格的评审,首先要分析价格组成的合理性,澄清理解上的偏差,解决计算上的遗漏或错误。

5)择优选择的原则

(1)评标标准和条件的设立要体现"褒优贬劣"的原则。例如,以评分方式进行评审的,最符合评标办法规定的标准和条件的,应当获得该项目的最高分。

(2)评标委员会推荐中标候选人要根据最终评审结论的排名次序。中标候选人的产生原则应当遵照相关法规的规定,严格按评标结果排序。

(3)确定中标人要依照评标委员会推荐的中标候选人排序,排序靠前者优先。

3. 评标办法的分类与特征

房屋建筑及市政基础设施工程施工招标评标方法分为综合评估法和经评审的最低投标价法两大类。两类评标办法都必须遵守"但是投标价格低于成本的除外"的规定。两类评标办法的特征如下：

1) 综合评估法的主要特征

以投标文件能否最大限度地满足招标文件规定的各项综合评价标准为前提，在全面评审投标报价的合理性、技术标(指施工组织设计，包括施工方案、施工工艺、质量措施、安全措施、进度计划、人员安排、机械设备的投入等)、企业业绩、项目经理等主要技术管理人员的施工经验等投标文件内容的基础上，评判投标人对于具体招标项目的技术、施工、管理难点把握的准确程度、技术组织措施采用的恰当和适用程度、资源投入的合理及充分程度等，从而根据招标文件中载明的标准和条件，将投标报价、技术因素、企业业绩、综合实力等因素的评审结果综合在一起，形成对不同投标文件质量的优劣比较，确定中标候选人排序。一般采用量化评分的办法，并按照评标办法设定的权重，综合投标报价、施工方案、进度安排、机械设备投入、财务状况、企业业绩、项目经理类似工程施工经验等各项因素的评分，按最终得分的高低确定中标候选人排序，原则上综合得分最高的投标人为中标人。

2) 经评审的最低投标价法的主要特征

评审的内容基本上与综合评估法一致，是以投标文件能否完全满足招标文件的实质性要求和投标报价是否低于企业个别成本为前提，以经评审的不低于企业个别成本的最低投标价为标准，由低向高排序而确定中标候选人。技术部分一般采用合格制的评审方法，在技术部分满足招标文件要求的基础上，最终以投标价格高低作为决定中标人的唯一因素。

鉴于所谓不低于成本是指投标人的个别成本，对施工企业而言，其成本相对稳定但也随着企业规模、经营状况、对具体工程的资源投入等因素而波动，尤其是投标阶段的所谓成本是预算成本，因此，对投标价格是否低于个别成本的判断一定要结合投标企业的具体情况具体分析，不存在"一刀切"的成本界限。以社会平均成本下浮一定幅度作为成本判定界限的做法并不科学，既违背相关法规规定的不得妨碍或限制投标人竞争的规定，也不能解释如果投标人投标价格不低于成本但低于所设界限，或者不低于所设界限但实际已经低于成本而构成法定废标的矛盾问题。基于上述评标中遇到的实际情况，经评审最低投标价法的评标办法应当着力于对构成投标价格的每一个价格要素是否合理进行评审，通过设立严谨的评审程序，以及质疑和澄清、说明、补正的机制，来判定是否存在不合理的价格，以及如果存在不合理价格，计算与合理价格的差值，汇总出总差值，在总差值显示投标价格偏低时，以投标价格中的利润和可能隐含的利润能否消化总差值这一标准来判断是否低于成本。按这种思路编制评标办法实际上是一种程序性的评标办法，需要评标委员会进行大量的、仔细的分析评判工作，可能需要几个循环的质疑和澄清、说明、补正，以及提供相关证明材料的工作，需要评标委员会成员具有较高的专业水平和职业道德做保障。实际上，不管采用何种评标办法，这种评标的思路才是真正的评审，也是所有评标都应当遵循的正确思路。

4. 两类评标办法的适用范围

1) 综合评估法的适用范围

综合评估法强调的是最大限度地满足招标文件的各项要求，将技术和经济因素综合在一起决定投标文件质量优劣，不仅强调价格因素，也强调技术因素和综合实力因素。综合评估法适用于建设规模较大，工期较长，技术复杂，质量、工期和成本受不同施工方案影响较大，工程管理要求较高的施工招标的评标。

2）经评审的最低投标价法的适用范围

经评审的最低投标价法强调的是优惠而合理的价格。经评审的最低投标价法一般适用于具有通用技术、性能标准或者招标人对其技术、性能没有特殊要求、工期较短、质量、工期、成本受不同施工方案影响较小，工程管理要求一般的施工招标的评标。在所有投标人均能通过投标资格审查、施工方案能够满足招标文件要求前提下，投标报价的竞争力决定中标的机会大小，但投标报价不得低于企业的个别成本。

5. 两类评标办法的选择和应用

在当前招标投标实践中，对评标办法的选择和应用上存在很多误区。一种误区是无论项目技术复杂与否，不加区别地一律采用经评审的最低投标价法，但又不能科学合理地评判投标报价是否低于企业个别成本，在实际应用中，就不可避免地演变为最低价中标。施工企业为了生存，被迫采用低价策略。在合同履行过程中，就难免出现这样或那样的问题，严重影响了工程项目的质量和安全，也影响了建筑业的健康发展。另一种是干脆回避是否低于企业个别成本评判问题，无论项目规模大小、工期长短、技术复杂与否，均采用综合评估法，将一些真正有竞争实力的企业拒之门外。

在我国目前的计价体系条件下，短期内还难以解决合理设立投标报价的评价标准问题。投标人为了在竞争中取得优势，往往不是科学地根据自己的施工组织设计和企业实际情况报价，而是围绕如何使投标报价得到最高分而确定自己的投标报价，既没有成本测算，也没有企业的长远经营发展策略，使投标报价完全失去了其本身应有的科学性。

因此，评标办法的选择直接关系到投标和评标的工作质量，以及最后评标结论的合理性，实践中应当给予高度的重视。评标办法的选择和应用应当合理考虑以下因素。

1）工程规模和技术复杂程度

一是由项目本身的特点决定，不能片面追求价格的高低而采用经评审的最低投标价法，需要考虑投标人资质等级和是否具有类似工程施工经验等因素，应以确保工程质量、顺利完成工程建设项目为目的；二是从评标的可操作性考虑，在当前仍缺乏科学合理解决投标价格是否低于成本问题评判的情况下，评标委员会成员很难在有限时间内完成规模大、技术要求复杂项目的施工成本评判，如果采用经评审的最低投标价法，不可避免地会演变为最低价中标。

2）工期和合同形式

我国目前仍处于计划经济体制向市场经济体制的过渡期，在今后相当长的一段时期内，生产要素价格的涨落及幅度都很难准确预测，要求投标人能够合理准确地预测生产要素价格的走势是很难做到的。对技术较复杂、施工工期较长的项目应优先选用单价合同。如果选择采用固定价合同时，又采用经评审的最低投标价法，投标人一方面难以预测自己将要面临的价格风险，另一方面即使能够预测，又担心因投标价格过高而失去中标机会，不敢在投标价格中充分考虑价格风险，这样形成和订立的合同就不可能是公平的和有可执行力的。

3）计价体系

理论上讲，实行市场竞争形成价格的计价体系的工程，最适用的评标办法就是经评审的最低投标价法。但是要想让经评审的最低投标价法落到实处，关键是解决如何判定企业的投标报价是否低于个别成本。然而，投标人的情况千差万别，施工组织方法、施工方案、技术水平、资源状况也不尽相同，成本必然会有差距，甚至会有相对较大的差距，人为地设定一个投标价格是否低于成本的界限，无疑会引导投标人去迎合该标准以便获得更大的中标机会，从而使招标投标活动失去了本应具有的竞争性和科学性。

4) 潜在投标人的竞争水平

采取经评审的最低投标价法时，让企业规模和技术与管理水平差异较大的投标人共同竞标，竞争的基础就是倾斜的，长此以往必然不利于行业的健康发展；实践中采用综合评估法时，应注意避免出现只评分不评审的情况，即对投标报价不进行价格合理性分析，即使是个别投标价格明显低于其他投标价格，也不启动质疑以及澄清、说明和补正程序，仅按评标办法设定的评分标准计算相应的分值；技术部分评审又受到评标时间和评标委员会成员水平的限制，评标工作仅注重表面化和程序化的符合性及完整性评审，以技术部分文件编排和装订的质量代替对投标文件实质内容的解读和评审，使投标人越来越趋向于将精力注重于技术部分文件的编排和装订上，而不是根据项目特点有针对性地提出自己的解决方案和组织措施，既无谓地增加了投标成本，又影响了招投标机制的质量。

还有一种应当避免的情况是，虽然从形式上采用的是综合评估法，但技术部分和商务部分之间的评分权重以及评分标准设置不合理、不科学，不同投标人技术部分的得分差，在理论上都不存在弥补投标报价得分差的可能，从而形成实质上投标价格决定中标结果的局面；或者投标价格得分差过小，受人为因素影响较大的技术部分得分成为决定中标结果的关键，两种情况均不能达到采用综合评估法的预期目的，在实施过程中应尽可能避免类似情况的发生。

6. 评标办法的编制要点

根据 56 号令，招标人编制施工招标文件时，应不加修改地引用《中华人民共和国房屋建筑和市政工程标准施工招标文件》第三章评标办法正文内容。评标办法内容包括评标办法前附表、评标办法、评审标准、评审程序、评审结果。

1) 评标办法前附表

评标办法前附表由招标人根据招标项目具体特点和实际需要编制，用于进一步明确正文中的未尽事宜，但务必与招标文件中其他章节相衔接，并不得与《中华人民共和国房屋建筑和市政工程标准施工招标文件》第三章评标办法正文内容相抵触，否则抵触内容无效。在列举前附表有关内容时，已经考虑了与本招标文件其他章节和本章正文的衔接。

2) 评标办法

评标办法规定了此次招标采用的评标方法和评标的基本步骤，即首先按照评标办法前附表初步评审标准对投标文件进行初步评审，然后依据评标办法前附表的详细评审标准对通过初步审查的投标文件进行价格折算，确定其评标价，再按照评标价由低到高的顺序推荐 1~3 名中标候选人或根据招标人的授权直接确定中标人。

3) 评标标准

评标标准包括初步评审标准和详细评审标准两大部分，初步评审标准又包括形式评审标准、资格评审标准、响应性评审标准、施工组织设计和项目管理机构评审标准 4 部分。

(1) 初步评审标准的编制

①形式评审标准编制。《中华人民共和国房屋建筑和市政工程标准施工招标文件》第三

章评标办法前附表中规定的评审因素和评审标准是列举性的，并没有包括所有评审因素和标准，招标人应根据项目具体特点和实际需要，进一步删减、补充或细化。这一原则同样适用于评标标准的其他项规定。初步评审的因素一般包括：

　　a. 投标人的名称；

　　b. 投标函的签字盖章；

　　c. 投标文件的格式；

　　d. 联合体投标人；

　　e. 投标报价的唯一性；

　　f. 其他评审因素等。

评审标准应当具体明了，具有可操作性。

　　②资格评审标准的编制。未进行资格预审的，须与招标文件第二章投标人须知前附表中对投标人资质、财务、业绩、信誉、项目经理的要求以及其他要求一致，招标人要特别注意在招标文件第二章投标人须知前附表中补充和细化的要求，应在评标办法前附表中体现出来；已进行资格预审的，须与资格预审文件中资格审查办法详细审查标准保持一致。在递交资格预审申请文件后、投标截止时间前发生可能影响其资格条件或履约能力的新情况，应按照招标文件第二章"投标人须知"第3.5款规定提交更新或补充资料。

　　③响应性评审标准的编制。响应性评审标准对应的前附表所列评审因素已经考虑到了与招标文件"投标人须知"等章节的衔接。招标人依据招标项目的特点补充一些响应性评审因素和标准，如投标人有分包计划的，其分包工作类别及工作量须符合招标文件要求。招标人允许偏离的最大范围和最高项数，应在响应性评审标准中体现出来，作为判定投标是否有效的依据。

　　④施工组织设计和项目管理机构评审标准的编制。针对不同项目特点，招标人可以对施工组织设计和项目管理机构的评审因素及其标准进行补充、修改和细化，如施工组织设计中可以增加对施工总平面图、施工总承包的管理协调能力等评审指标，项目管理机构中可以增加对项目经理的管理能力，如创优能力、创文明工地能力以及其他一些评审指标等。

　　（2）详细评审标准的编制

本项对应前附表中规定的量化因素和量化标准是列举性的，并没有包括所有量化因素和标准，招标人应根据项目具体特点和实际需要，进一步删减、补充或细化。

　　4）评审程序的编制

招标人应按《中华人民共和国房屋建筑和市政工程标准施工招标文件》第六章评标办法中规定的程序确定招标工程的评标程序。需要投标人提交原件以备核验的，招标人应在评标办法前附表中明确需要核验的具体证明和证件。

【任务实施】

1. 根据项目具体情况，按相关规定完成该项目的投标须知前附表的填写。

2. 根据项目具体情况，完成招标公告的编制。

3. 根据项目具体情况及提供的相关造价资料，说出清单构成内容及招标控制价构成，并说明理由。

4. 根据项目具体情况，完成评标报告的编写。

5. 参照 2013 示范文本(老师提供范本)，结合招标文件的组成部分和本项目情况，编制该项目的招标文件并装订。

【任务评价】

任务三　评价表

能力目标	知识要点	权重	自测
团队合作精神及活动参与积极性	是否主动参与，提供信息资料是否准确。	10%	
能编制招标公告及投标邀请书	招标公告及投标邀请书内容构成	20%	
能编制资格预审文件	资格预审文件内容构成	20%	
能编制招标文件	招标文件内容构成	30%	
能了解招标控制价构成	招标控制价内容构成	10%	
陈述理由是否完整、准确，思路是否清晰	正确掌握招投标程序及相关知识	10%	
组长评价：			
教师评价：			

【知识总结】

本次编制工作包括招标公告和投标邀请书的编制、资格预审文件的编制、招标文件的编制以及招标控制价的编制。

其中资格预审程序可以帮助招标人较全面地了解申请投标人各方面的情况，提前将不合格、竞争能力较差的投标人淘汰，节约评标时间，减少招标和投标成本。

招标文件是工程招投标工作的一个指导性文件，是招投标各个具体工作环节执行情况的说明，在招标文件的编制与审定阶段，招标单位或招标代理人应当根据招标决策，按照招标文件的编制依据和内容进行编写。其内容主要涉及商务、技术、经济、合同等方面。施工招标文件一般包含下列内容：投标邀请书、投标须知、合同通用条款、合同专用条款、合同格式、技术规范、投标书及其附录与投标保证格式、工程量清单与报价表、辅助资料表、资格审查表、图纸等。招标文件的审定原则是遵守法律、法规、规章和有关方针、政策的规定，符合有关贷款组织的合法要求，兼顾招标人和投标人的双方利益，以保证文件真实可靠、完整统一、具体明确。

建筑工程招标控制价是对一系列反映招标人对招标工程交易预期控制要求的文字说明、数据、指标、图标的统称，是有关招标控制价的定性要求和定量要求的各种书面表达形式。它是招标人对招标工程所需费用的预测和控制，是招标工程的期望价格。

【练习与作业】

作定答案

一、填空题

1. 施工招标申请和招标文件获得批准后，招标人就要发布_____。

2. 招标公告应当载明招标人的_____，招标项目的_____、_____、投标截止日期以及获取招标文件的办法等事项。

3. 资格审查按照审查时间的不同分为_____和_____两种办法。

4. 按照《中华人民共和国房屋建筑和市政工程标准施工招标资格预审文件》编写格式，资格预审文件的主要内容应包括资格预审公告、_____、_____、_____和项目建设概况五部分。

5. 在资格预审文件要求提交预审申请文件的截止时间后送达的预审申请文件，招标人应当_____。

6. 招标人拟限制资格预审后投标人数量的，一般应当采用_____评审法。

7. 招标文件发售期不得少于____日，最后一日必须是工作____日。

8. 提交投标文件的期限，自招标文件发出之日起不得少于____日。

9. 澄清或修改招标文件的时间：澄清或修改招标文件影响投标文件编制的，应在投标截止时间____日前做出。

10. 招标文件异议提出和答复时间期限：投标截止时间____日前提出。

二、选择题

1. 关于发布招标公告，下列说法中正确的是(　　　　)。

A. 发布招标公告是招标必经程序

B. 采用公开招标方式的，可以用资格预审公告代替招标公告

C. 依法必须招标项目的招标公告可以自由选择发布媒体

D. 发布招标公告的目的是吸引潜在投标人参与投标竞争

2. 根据《中华人民共和国招标投标法》的规定，自招标文件开始发出之日至投标人提交投标文件截止之日的期限不得少于(　　　　)日。

A. 10　　　　　　B. 20　　　　　　C. 30　　　　　　D. 50

3. 招标公告的内容不包括(　　　　)。

A. 招标条件　　　　　　　　B. 项目概况与招标范围

C. 发布公告的媒介　　　　　D. 资格预审文件的获取

4. 依法必须进行施工招标的工程，资审委员会由招标人代表和有关技术、经济等方面的专家组成，成员人数为 5 人以上单数，其中专家不得少于成员总数的(　　　　)。

A. 1/2　　　　　　B. 2/3　　　　　　C. 3/4　　　　　　D. 1/3

5. 下列(　　　　)人员，不得担任相关项目的资审委员会成员。

A. 业主代表

B. 项目主管部门或者行政监督部门的人

C. 当地市级评标专家

D. 当地省级评标专家

6. 下列(　　　　)不是招标文件的基本内容。

A. 招标公告或投标邀请书　　B. 技术条款(含技术标准、规格、使用要求以及图纸)

C. 资格预审要求　　　　　　D. 评标标准和评标方法

7. 招标文件的澄清和修改应该属于招标文件中（   ）的构成内容。

A. 投标人须知

B. 招标公告或投标邀请书

C. 技术条款（含技术标准、规格、使用要求以及图纸）

D. 评标标准和评标方法

8. 按《中华人民共和国招标投标法》的规定：招标人在 2021 年 6 月 22 日提交投标文件截止，若招标人对已发出的招标文件进行必要的澄清或者修改，应当在（   ）前以书面形式通知所有招标文件收受人。

A. 2021 年 6 月 22 日　　　　　B. 2021 年 6 月 12 日

C. 2021 年 6 月 17 日　　　　　D. 2021 年 6 月 7 日

9. 工程量清单是招标单位按国家颁布的统一工程项目划分、统一计量单位和统一工程量计算规则，根据施工图纸计算工程量，提供给投标单位作为投标报价的基础。结算拨付工程款时以（   ）为依据。

A. 工程量清单　　　　　　　B. 实际工程量

C. 承包方报送的工程量　　　D. 合同中的工程量

10. 标底和招标控制价的主要区别是（   ）

A. 标底应当保密，而招标控制价应当在开标时公布

B. 招标控制价应当保密，而标底应当在开标时公布

C. 标底应当保密，而招标控制价应当在招标文件中公布

D. 招标控制价应当保密，而标底应当在招标文件中公布

三、简答题

1. 招标公告包括哪些方面内容？

2. 招标公告的发布有哪些规定？

3. 简述资格预审和资格后审的区别。

4. 简述资格审查工作的流程。

5. 资格审查报告一般包括哪些内容？

6. 招标文件包括哪些内容？

7. 阐述招标文件的重要性。

8. 招标控制价包括哪些内容？

四、实训题

根据老师给定的案例，完成以下四个内容。

1. 编制招标公告。

2. 编制投标邀请书。

3. 编制招标人的资格预审文件。

4. 编制投标人须知前附表和评标办法。

任务四　招标日常事务处理

【案例引入】

某高校拟新建一栋教学楼，投资约 5600 万元，建筑面积约 30000 m^2，现已完成招标文件编制与审核工作。目前的任务是按照招标文件规定完成招标日常事务和处理相关纠纷。

引导问题：招标日常事务有哪些？

【任务目标】

1. 按照招标文件规定,制定招标工作程序。
2. 完成资格预审和招标文件的发售工作。
3. 按招标时限要求,完成招标文件答疑、澄清与修改、开标、评标工作。
4. 按招标时限要求,完成定标工作,处理相关纠纷,完成招标资料归档。

【知识链接】

招标与投标是一个整体活动,涉及业主和承包商两个方面。招标工作主要是从业主的角度揭示其工作内容,但同时又要注意招标与投标活动的关联性,不能将二者分开。建设工程施工招标程序主要是指招标工作在时间和空间上应遵循的先后顺序,在此以资格预审方式为例进行介绍,资格后审与预审的主要区别在于资格审查的时间不同。

招标程序(资格预审)主要流程如图 2-5 所示。

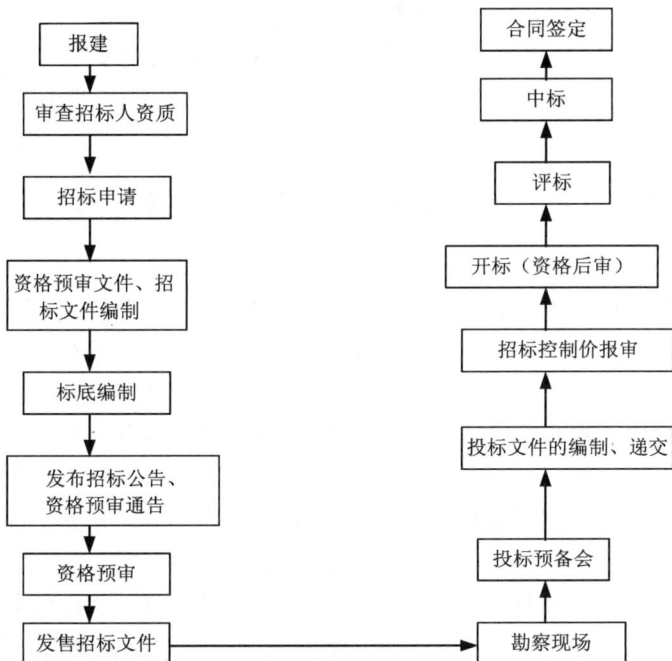

图 2-5 建设工程施工招标的主要工作程序

下面对招标工程中的重点工作内容逐一介绍。

4.1 发布招标公告或投标邀请书、资格预审公告

招标项目采用公开招标方式的,在招标之初首先应发布招标公告;招标人采用资格预审办法对潜在投标人进行资格预审的,应当发布资格预审公告代替招标公告。《招标公告和公示信息发布管理办法》(国家发改委第 10 号令)第八条规定,依法必须招标项目的招标公告和公示信息应当在"中国招标投标公共服务平台"或者项目所在地省级电子招标投标公共服务

平台发布。

招标项目采用邀请招标方式的，招标人要向 3 个及以上具备承担生产能力的、资信良好的、特定的承包人发出投标邀请书，邀请他们申请投标资格审查，参加投标。

4.2 资格预审

1. 资格审查种类有资格预审与资格后审。

2. 资格审查的主要内容。

资格审查应按资格审查文件要求，主要审查潜在投标人或者投标人是否符合下列条件。

（1）具有独立订立和履行合同的能力，主要从专业、技术资格和能力，资金、设备和其他物质设施状况，管理能力、经验、信誉和相应的从业人员方面进行考察。

（2）营业状况良好，无被责令停业，投标资格被取消，财产被接管、冻结，破产状态等不良状况。

（3）信誉良好，最近 3 年内无骗取中标、严重违约及重大工程质量问题发生。

（4）法律、行政法规规定及本项目所需的其他资格条件。

对于需要有专门技术、设备或经验的投标人才能完成的大型复杂项目，应针对工程所需的特别措施或工艺专长、专业工程施工经历和资质及安全文明施工要求等内容进行更加严格的资格审查。

4.3 招标文件的发售、招标文件澄清与修改、收取投标保证金

招标人应当按照招标公告或者投标邀请书、资格预审公告规定的时间、地点发售资格预审文件或者招标文件。招标人发售资格预审文件、招标文件收取的费用应当限于补偿印刷、邮寄的成本支出，不得以营利为目的。招标文件一旦售出，不予退还。招标文件或者资格预审文件的发售期不得少于 5 日。招标文件从开始发出之日起至投标人提交投标文件截止之日止不得少于 20 日，采用电子招标投标在线提交投标文件的，最短不得少于 10 日。投标人收到招标文件、图纸和有关技术资料后应认真核对，核对无误后应以书面形式向招标人予以确认。

招标人可以对已发出的招标文件进行必要的澄清或者修改。澄清或者修改的内容可能影响投标文件编制的，招标人应当在提交投标截止时间至少 15 日前，以书面形式通知所有获取招标文件的潜在投标人；不足 15 日的，招标人应当顺延提交投标文件的截止时间。另外，招标人在招标文件中可以要求投标人提交一定的投标保证金，投标保证金不得超过招标项目估算价的 2%，且最高不得超过 80 万元。

4.4 现场踏勘、投标预备会和招标文件答疑

4.4.1 现场踏勘

招标人根据招标项目的具体情况，提供投标人踏勘现场的相关信息，向其介绍工程场地和相关环境的有关情况。投标人依据招标人介绍的情况做出的判断和决策，由投标人自行负责。招标人不得组织单个或部分潜在投标人踏勘项目现场。

4.4.2 投标预备会和招标文件答疑

投标人应在招标文件规定的时间前，以书面形式将提出的问题送达招标人，由招标人以

投标预备会或以书面答疑的方式澄清。

招标文件中规定召开投标预备会的，招标人按规定时间和地点召开投标预备会，澄清投标人提出的问题。预备会后，招标人需要在招标文件中规定的时间之前，将对投标人所提问题的澄清以书面形式通知所有购买招标文件的投标人。投标人对招标文件有异议的，应当在投标截止时间 10 日前提出。组织投标预备会的时间一般应在投标截止时间 15 日以前进行。

1. 投标预备会的目的

投标预备会的目的在于澄清招标文件中的疑问，解答投标人对招标文件和勘察现场中所提出的疑问。

2. 投标预备会的内容

(1)介绍招标文件和现场情况，对招标文件进行介绍或解释；

(2)在投标预备会上还应对图纸进行交底和解释；

(3)解答投标人以书面或口头形式对招标文件和在踏勘现场中所提出的各种问题或疑问。

3. 投标预备会的程序

投标预备会应在招标管理机构监督下，由招标单位组织并主持召开，一般包括以下程序：

(1)所有参加投标预备会的投标人应签到登记，以证明出席投标预备会；

(2)主持人宣布投标预备会开始；

(3)介绍出席会议人员；

(4)介绍解答人，宣布记录人员；

(5)解答投标人的各种问题和对招标文件交底；

(6)整理解答内容，形成会议纪要，并由招标人、投标人签字确认后宣布散会。

投标预备会后，招标人在投标人须知前附表规定的时间内，将对投标人所提问题的澄清，以书面方式通知所有购买招标文件的投标人，该澄清内容为招标文件的组成部分。

4. 招标文件澄清、修改时间流程图

招标文件澄清、修改时间流程图，如图 2-6 所示。

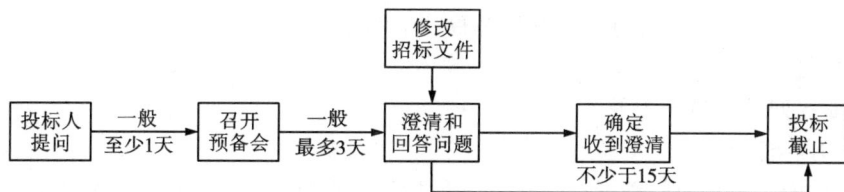

图 2-6　招标文件澄清、修改时间流程图

4.5　投标文件提交

投标人根据招标文件的要求，编制投标文件，并进行密封和标记，在投标截止时间前按规定的地点提交至招标人。招标人应当如实记载投标文件的送达时间和密封情况，并存档备查。

4.6 建设工程开标、评标与定标

4.6.1 工程开标

开标是指投标截止后招标人按招标文件所规定的时间和地点，开启投标人提交的投标文件，公开宣布投标人的名称、投标价格及投标文件中的其他主要内容的活动。要素是开标的时间与地点及开标的相关规定(参加人、标书密封的现场认定、当众宣读、记录备查)。

1.开标时间、地点

开标时间和提交投标文件截止时间应为同一时间，应具体确定到某年某月某日的几时几分，并在招标文件中明示。招标人和招标代理机构必须按照招标文件中的规定，按时开标，不得擅自提前或拖后开标，杜绝招标人和投标人非法串通。

开标地点(一般应在当地公共资源交易中心举行)应在招标文件中具体明示，应具体确定到要进行开标活动的房间，以便投标人和相关人参加开标。

2.开标前的准备工作

(1)提前联系当地公共资源交易中心确定开标室。

(2)开标大会开始前，项目负责人准备好投标人签到及投标文件签收表、监督人员签到表、开标大会议程、开标记录、监督员开标会议致辞等资料，清理开标厅，校准时间，做好开标准备工作。

(3)按规定抽取评标专家，并通知评标专家到评标现场。

3.开标参加人

(1)开标主持人：开标由招标人主持，也可以由委托的招标代理机构主持。

(2)投标人：招标人应邀请所有投标人参加。《工程建设项目货物招标投标办法》第四十条规定："投标人或其授权代表有权出席开标会，也可以自主决定不参加开标会。在实际开标中，投标人或其授权代表是否参加开标会要视招标文件的规定做出决策"。

(3)其他依法可以参加开标的人员：根据项目的不同情况，招标人可以邀请除投标人以外的其他方面相关人员参加开标。在实际的招标投标活动中，招标人经常邀请行政监督部门、纪检监察部门人员参加开标，对开标程序进行监督。

4.开标程序

主持人按下列程序进行开标：

(1)宣布开标纪律；

(2)公布在投标截止时间前递交投标文件的投标人名称，并点名确认投标人是否派人到场；

(3)宣布开标人、唱标人、记录人、监标人等有关人员姓名；

(4)按照投标人须知前附表规定检查投标文件的密封情况；

(5)按照投标人须知前附表的规定确定并宣布投标文件开标顺序；

(6)设有标底的，公布标底；

(7)按照宣布的开标顺序当众开标，公布投标人名称、标段名称、投标保证金的递交情况、投标报价、质量目标、工期及其他内容，并记录在案；

(8)投标人代表、招标人代表、监标人、记录人等有关人员在开标记录上签字确认；

(9)开标结束。

招标人应在投标人须知前附表中规定开标程序中有开标程序第(4)、(5)条的具体做法。开标时，由投标人或者其推选的代表检查投标文件的密封情况，也可以由招标人委托的公证机构检查并公证等；可以按照投标文件递交的先后顺序开标，也可以采用其他方式确定开标顺序。

开标过程中，投标人可以对唱标作必要的解释，但所作的解释不得超过投标文件记载的范围或改变投标文件的实质性内容。

无效投标文件

投标文件有下列情形之一的，招标人不予受理：

(1)逾期送达的或者未送达指定地点的；

(2)未按招标文件要求密封的。

5.开标内容

(1)密封情况检查：由投标人或者其推选的代表当众检查投标文件的密封情况。如果招标人委托了公证机构对开标情况进行公证，也可以由公证机构检查并公证。如果投标文件未密封，或者存在拆开过的痕迹，则不能进入后续的程序。

(2)拆封：当众拆封所有的投标文件。招标人或者其委托的招标代理机构的工作人员，应当对所有在投标文件截止时间之前收到的合格的投标文件，在开标现场当众拆封。

(3)唱标：招标人或者其委托的招标代理机构的工作人员应当根据法律规定和招标文件的要求进行唱标，即宣读投标人名称、投标价格和投标文件的其他主要内容。

(4)记录并存档：招标人或者其委托的招标代理机构应当场制作开标记录，记载开标的时间、地点、参与人、唱标内容等情况，并由参加开标的投标人代表签字确认，开标记录作为评标报告的组成部分存档备查。

(5)主持人宣布开标会结束。

6.开标记录实例

×××检察院办公楼工程开标记录表

开标时间：2021年3月19日9时30分

开标地点：××市公共资源交易中心　××市××路168号206室

(1)唱标记录

序号	投标人	密封情况	投标保证金(元)	投标报价(元)	质量目标	工期(日历天)	项目经理	法定授权人	备注	签名
1	×××省第六建筑公司	完好	100000.00	8390457.56	市优	240	×××	×××		
2	×××红星建筑集团公司	完好	100000.00	8416433.87	市优	240	×××	×××		
3	×××建工集团公司	完好	100000.00	8413070.49	市优	240	×××	×××		
4	×××砂坪建筑集团公司	完好	100000.00	8415433.39	市优	240	×××	×××		
5	×××东方建筑集团公司	完好	100000.00	8396070.66	市优	240	×××	×××		
招标控制价(元)				8420351.73						
招标人编制的标底(如果有)										

（2）开标过程中的其他事项记录：无

（3）出席开标会的单位和人员（附签到表）（略）

招标人代表：×××

记录人：×××

监标人：×××

2021 年 3 月 19 日

4.6.2 工程评标

招标人依法组建的评标委员会根据法律规定和招标文件确定的评标方法和具体评标标准，对开标中所有拆封并唱标的投标文件进行评审，根据评审过程出具评标报告，并向招标人推荐中标候选人，或者根据招标人授权直接确定中标人的过程。

1. 评标原则

评标原则是招标投标活动中应遵循的基本原则，根据有关法律规定，评标原则可以概括为以下 4 个方面：

（1）公平、公正、科学、择优。

（2）严格保密。

（3）独立评审。

（4）严格遵守评标方法。

2. 评标内容

在建设工程施工招标过程中，评标定标是一个非常核心的环节，从某个角度来说，评价招标投标成功与否，只需考察评标定标即可。因为招标的目的是确定一个优秀的承包人，投标的目的是为了中标，而决定这两个目标能否实现的关键都是评标定标。在评标定标过程中一般应确定以下几个方面的内容。

1）组建评标委员会

依法招标的工程，需要组建评标委员会。评标委员会依法组建，负责评标活动，向招标人推荐中标候选人或者根据招标人的授权直接确定中标人。评标委员会成员名单于开标前确定，在中标结果确定前应当保密。评标委员会由招标人的代表和有关技术、经济等方面的专家组成，成员人数为 5 人以上单数，其中招标人、招标代理机构以外的技术、经济等方面专家不得少于成员总数的 2/3。评标委员会的专家成员，应当由招标人（或招标代理机构）从依法组建的评标专家库内相关的专家名单中以随机抽取方式确定，抽取工作应当在项目所在地公共资源交易中心进行。对技术复杂、专业性强或者国家有特殊要求，采取随机抽取方式确定的专家难以保证胜任评标工作的项目，可以由招标人从评标专家库内或库外直接选聘确定评标专家，库外选聘的专家也需具备评标专家的相应条件。

①从事相关专业领域工作满八年并具有高级职称或同等专业水平。

②熟悉有关招标投标的法律法规，并具有与招标项目相关的实践经验。

③能够认真、公正、诚实、廉洁地履行职责。

④身体健康、能够承担评标工作。

2）不得担任评标委员会成员的情况

为了保证评标能够公平、公正地进行，有下列情形之一的，不得担任评标委员会成员。

①投标人或者投标人主要负责人的近亲属。

②项目主管部门或者行政监督部门的人员。

③与投标人有经济利益关系，可能影响对投标公正评审的。

④曾因在招标、评标及其他与招标投标有关活动中从事违法行为而受过行政或刑事处罚的。

如果评标委员会有以上情形之一的，应当主动提出回避。任何单位或个人不得对评标委员会成员施加压力，影响评标工作的正常进行。评标委员会的成员在评标定标过程中不得与投标人或者与招标结果有利害关系的人进行私下接触，不得收受投标人、中介人及其他利害关系人的财物或其他好处，以保证评标定标公正、公平。

3. 制定评标办法

工程评标方法有多种，我国目前常用的评标方法有经评审的最低投标价法、综合评估法或者法律、行政法规允许的其他评标方法。

1) 经评审的最低投标价法

经评审的最低投标价法一般适用于具有通用技术、性能标准或者招标人对其技术、性能没有特殊要求的招标项目，是一种只对投标人的投标报价进行评议，从而确定中标人的评标办法。根据经评审的最低投标价法，能够满足招标文件的实质性要求，并且经评审的最低投标价法的投标，应当推荐为中标候选人。

(1) 适用范围

具有通用技术、性能标准或者招标人对其技术、性能没有特殊要求的工程。符合下列情形之一的，应当采用经评审的最低投标价法：施工总承包工程单项最高投标限价在 2000 万元以下的；专业承包工程单项最高投标限价在 800 万元以下的。符合下列情形之一的，可以采用经评审的最低投标价法：施工总承包工程单项最高投标限价超过 2000 万元至 5000 万元以下的；专业承包工程单项最高投标限价超过 800 万元至 1500 万元以下的。

(2) 评审程序与方法

技术部分评审：技术部分评审为通过式评审，被评标委员会认定为不合格的投标文件不再进入商务标评审。

商务部分评审：

第一步：对所有投标人经校核的投标报价进行汇总比较，并由低到高进行排序。

第二步：确定评标控制线。分部分项综合单价和措施项目报价分别以其平均值（有效投标超过 7 家时，去掉一个最高价和一个最低价，再平均）的 96%~98%（由招标人自行确定）作为评标控制线。

第三步：投标人分部分项报价中，报价超过评标控制线 200% 且经评标委员会评审确定不平衡报价的分部分项价格之和达到自己投标总报价的 3%~6%（由招标人自行确定），应当否决其投标。

第四步：评标委员会根据排序审核投标人总报价，否决投标总报价被认定为低于成本的投标文件。

(2) 推荐中标候选人或确定中标人：评标委员会应当确定通过商务部分评审，且信用标综合评价达标、投标总报价最低的投标人为中标候选人。

2) 综合评估法（抽取系数为评分基准价）

综合评估法俗称"打分法"，把涉及的投标人各种资格资质、技术、商务以及服务的条款都折算成一定的分数值，总分为100分。是对价格、施工组织设计(或施工方案)、项目经理的资历和业绩、质量、工期、信誉和业绩等因素进行综合评价，采用量化评分的办法，从而确定最大限度地满足招标文件中规定的各项综合评价标准的投标为中标人的评标定标方法。它是适用最广泛的评标定标方法。

综合评估法需要综合考虑投标书的各项内容是否同招标文件所要求的各项文件、资料和技术要求相一致。不仅要对价格因素进行评议，还要对其他因素进行评议。在全面评审商务标、技术标、综合标等内容的基础上，评判投标人关于具体招标项目的技术施工、管理难点把握的准确程度，技术措施采用的恰当和适用程度、管理资源投入的合理及充分程度等。

评标时，对投标人的每项指标进行符合性审查，核对并给出分数，互相不商讨，最后汇总比较，取分数最高者为中标人。

综合评估法强调的是最大限度地满足招标文件的各项要求，将技术和经济因素综合在一起，决定投标文件的质量优劣，不仅强调价格因素，也强调技术因素和综合实力因素。

综合评估法一般适用于招标人对招标项目的技术、性能有特殊要求的项目，同时也适用于工程建设规模较大、履约工期较长、技术复杂、工程施工技术管理方案选择性较大，且工程质量、工期、技术、成本受施工技术管理方案影响较大，工程管理要求较高的工程招标项目。

(1)分值构成：总分值按 $P=K_1P_1+K_2P_2+K_3P_3$ 计算。其中：P 为总分值，P_1 为技术部分得分(满分100分)，P_2 为商务部分得分(满分100分)，P_3 为信用综合评价部分得分(投标截止日从当地建设工程信息网中查询得分/1.2)，K_1、K_2、K_3 为对应的权重，$K_1+K_2+K_3=100\%$，$0\%<K_1\leq20\%$，$K_2\geq70\%$，$K_3=10\%$。

(2)评分计算要求。

①在投标文件拆封前由招标人通过系统随机抽取商务部分评分基准价的系数 C，从95%~99%中抽取任一整数值。

②评分计算保留2位小数(百分比也取2位小数)，第三位小数四舍五入。

③评分计算出现中间值，按插入法计算得分。

④有下列情况之一的为无效分，该单项评分视为弃权：计分高出规定最高分或低于最低分的；计分明显不合理的；一个计分内容有2个或2个以上计分的；其他违反本方法未按规定要求计分的。

(3)技术部分评审。

①技术部分的得分权重占总得分的权重为_____(0%~20%，由招标人定)。

②评标委员会根据招标文件中的要求及投标人递交的投标文件对技术部分进行评审。技术部分评审分为基本内容评审和附加内容评审。先进行基本内容评审，对通过得标准分的投标人再进行附加内容评审。

③通过阅审，根据具体的评审内容对各子项进行评审，评委通过对各子项的评审综合考虑作出最终技术部分基本内容是否通过的结论，基本内容不通过须写明评审理由。

④评分内容及评分标准。评审内容分基本内容(表2-22)与附加内容(表2-23)，两项合计100分。招标人可自行选择是否有附加内容。基本内容的评审，不设打分区间，评审结论为通过，此时得标准分，不通过则不再进入后续评审。未按本规则评审，则评审无效。招标人可根据项目需要调整评审内容。

表 2-22　技术部分评审基本内容

序号	评审内容	评审标准	评审理由
1	施工部署及现场平面布置	满足要求	
		不满足要求	
2	施工方法及主要技术措施	满足要求	
		不满足要求	
3	工程质量保证措施	满足要求	
		不满足要求	
4	安全生产及文明施工措施	满足要求	
		不满足要求	
5	施工进度计划及保证措施	满足要求	
		不满足要求	
6	项目班子组成、资历情况	满足要求	
		不满足要求	
7	主要施工机具、劳动力使用计划	满足要求	
		不满足要求	
基本内容评审结论		通过(得标准分95~100分)	
		不通过	

表 2-23　技术部分评审附加内容

序号	评审内容	标准分(0~5)/5	评分
1	投标人具有一项类似项目	本项目为 2.5	
2	拟投入本项目经理具有一项类似项目	本项目为 2.5	

(4)商务部分评审。

①商务部分的得分权重占总得分的权重为_____(不低于 70%,由招标人定)。

第一步:确定评标控制线。分部分项工程综合单价和措施项目报价分别以其平均值(有效标超过 7 家去掉一个最高和一个最低价、再平均)的_____(96% ~98%,由招标人自行确定)作为评标控制线。

第二步:投标人分部分项报价中,报价超过评标控制线 200%且经评标委员会评审确定为不平衡报价的分部分项价格之和达到自己投标总报价的_____(3% ~6%,由招标人自行确定)的、应否决其投标。

第三步:确定分部分项、措施项目及总报价的评分基准价。

第四步:计算各投标人商务部分得分。

②评分内容,商务部分评分包括分部分项报价、措施项目报价、总报价三部分。分部分项清单报价分值权重占商务标分值的_____(不得低于 50%),措施项目清单报价分值

权重占商务标分值的_____（不得高于40%）。分部分项清单报价、措施项目清单报价和总报价分别按百分制进行评分。

商务标得分=分部分项清单报价得分×权重+措施项目清单报价得分×权重+总报价得分×权重

③评分程序和评分标准。

分部分项清单报价评分（标准分100分）

分部分项价格按照该分部分项合价的平均值（进入商务部分评审的投标个数为N，$0<N≤7$时报价全部计算；$7<N≤13$时去掉1个最高报价和1个最低报价计算；$13<N≤20$时去掉2个最高报价和2个最低报价计算平均值；$N>20$时去掉3个最高报价和3个最低报价计算平均值）占全部分部分项合价平均值之和的比重进行分配，分值为该项标准分。综合单价填报0，未填报的分部分项报价得0分。

评分基准价为上述各对应的算术平均值乘以C。例如，进入商务部分评审的投标人数为N，$0<N≤7$时分部分项单价的算术平均值乘以C为评分基准价；$7<N≤13$时分部分项单价去掉1个最高报价和1个最低报价后的算术平均值再乘以C为评分基准价；$13<N≤20$时分部分项单价去掉2个最高报价和2个最低报价后的算术平均值再乘以C为评分基准价；$N>20$时分部分项单价去掉3个最高报价和3个最低报价后的算术平均值再乘以C为评分基准价；当分部分项价格等于评分基准价时得该分部分项标准分。投标人填报的分项综合单价每高出评分基准价1%，减该项标准分_____（2%~4%，由招标人自行确定）的分值，减完为止。每低于评分基准价1%，减该项标准分_____（1%~3%，由招标人自行确定）的分值，减完为止。

措施项目清单报价评分（标准分100分）。

评分基准价的确定方法同分部分项清单报价评分的评分基准价的确定方法。

当措施项目报价等于评分基准价时得标准分。投标人填报的措施项目报价每高出评分基准价1%，减该项标准分_____（2%~4%，由招标人自行确定）的分值，减完为止。每低于评分基准价1%，减该项标准分_____（3%~5%，由招标人自行确定）的分值，减完为止。

投标总报价评分（标准分100分）。

评分基准价的确定方法同上述分部分项清单报价、措施项目清单报价评分的评分基准价的确定方法。

当总报价等于评分基准价时得标准分。投标人填报的投标总报价每高出评分基准价1%，减该项标准分_____分（2%~4%，由招标人自行确定），减完为止。每低于评分基准价1%，减该项标准分_____分（1%~3%，由招标人自行确定），减完为止。

（5）投标人信用综合评价得分：信用综合评价得分占总得分的权重为10%。

（6）汇总评分结果并排序：评标委员会按照总得分从高到低顺序对投标人进行排序。

（7）确定中标候选人，评标委员会应遵照以下原则推荐中标候选人：

①评标委员会按技术部分、商务部分和信用综合评价部分综合加权得分由高至低的次序，推荐排名次序位于前三名的投标人作为中标候选人。如果在排序中出现评审得分相同的情况，则投标价格较低的投标人排序优先；如果投标价格相同，则技术部分得分较高者排序优先；如果技术部分得分相同，则信用综合评价得分较高者排序优先。

②如果评标委员会根据本办法的规定，否决不合格投标后，有效投标不足三个，评标委员会能够阐明原因说明投标形成了有效竞争而不否决全部投标的，则评标委员会可以将所有

有效投标按综合加权得分由高至低的次序作为中标候选人向招标人推荐。

③所有投标被否决的，招标人应当依法重新招标。

（8）确定中标人：按照评标委员会推荐的中标候选人顺序，招标人或招标人授权评标委员会按照相关规定确定中标人。

3）评审内容

评标组织对投标文件评审的主要内容包括：

（1）评标委员会对所有通过资格审查的投标文件进行初步评审。

初步评审一般包括形式评审、资格评审、响应性评审、施工组织设计和项目管理机构评审标准4部分内容。

首先评标委员会审定每份投标文件是否响应招标文件的实质性要求和条件。投标文件出现下列情形之一的，由评标委员会初审后，应否决其投标，且不得再参与后续评审。

①投标文件有关内容未按要求加盖投标人印章、未经法定代表人或其委托代理人签字或盖章的。由委托代理人签字或盖章，但未随投标文件一起提交有效的"授权委托书"原件的。

②投标文件的内容不完整或者关键内容字迹模糊、无法辨认的。

③投标人未按照招标文件的要求提交投标保证金的。

④联合体投标没有提交共同投标协议的。

⑤联合体共同投标协议未按照招标文件要求的格式签署的。

⑥投标人不符合国家或招标文件规定的资格条件的。

⑦同一投标人提交2个以上不同的投标文件或投标报价的，但招标文件要求提交备选投标文件的除外。

⑧投标文件载明的工期超过招标文件规定工期的。

⑨投标文件附有招标人不能接受的条件的。

⑩投标报价低于成本或者高于招标文件设定的最高投标限价的。

- 投标文件没有对招标文件的实质性要求和条件作出响应的。
- 投标文件有关内容违反国家法律法规、强制性标准的。
- 投标人有串通投标、弄虚作假、行贿等违法行为的。

然后使用计算机辅助评标系统对电子版投标文件甄别是否存在围标、串标行为。通过对投标文件特征码识别、商务标雷同性检查、错误雷同性检查3项内容进行甄别。评标委员会依据甄别结果评审并认定是否存在围标、串标行为。

（2）对投标文件进行符合性鉴定：包括商务符合性和技术符合性鉴定。投标文件应实质上响应招标文件的要求，具体是指投标文件应该与招标文件的所有条款、条件和规定相符，无显著差异或保留。如果投标文件实质上不响应招标文件的要求，招标人应予以拒绝，不允许投标人通过修正或撤销其不符合要求的差异或保留，使之成为具有响应性的投标文件。如果没有进行资格预审的工程，还需要资格后审，审查投标人是否符合招标文件要求、具备投标条件。

（3）对投标文件进行技术性评估：主要包括对投标人所报的方案或施工组织设计、关键工序、进度计划，人员和机械设备的配备，技术能力，质量控制措施，临时设施的布置和临时用地情况，施工现场周围环境污染的预防保护措施等进行评估。

（4）对投标文件进行商务性评估：指对确定为实质上响应招标文件要求的投标文件进行投标报价评估，包括对投标报价进行校核，审查全部报价数据是否有计算上或累计上的算术错误，分析报价构成的合理性。发现报价数据上有算术错误时，修改的原则是：如果用数字表示的数额与用文字表示的数额不一致，以文字数额为准；当单价与工程量的乘积与合价之间不一致时，通常以单价为准，除非评标组织认为有明显的小数点错位，此时应以标书的合价为准，并修改单价。按上述原则调整投标书中的投标报价，经投标人确认同意后，对投标人起约束作用。如果投标人不接受修正后的投标报价，则投标将被拒绝。

（5）对投标文件进行综合评价与比较：评标应当按照招标文件确定的评标标准和方法，遵循评标原则，对投标人的报价、工期、质量、主要材料用量、施工组织设计方案、业绩、社会信誉、优惠条件等方面进行综合评价、公正合理地推荐中标候选人。

4. 评标程序

1）评标准备

（1）评标委员会成员签到

评标委员会成员到达评标现场时应在签到表上签到以证明其出席，评标委员会签到表见表 2-24。

表 2-24 评标委员会签到表

工程名称：＿＿＿＿＿＿＿＿（项目名称）标段＿＿＿＿＿＿＿＿ 评标时间   年   月   日

序号	姓名	职位	工作单位	专家证号码	签到时间
1					
2					
3					
4					
5					

（2）评标委员会的分工

评标委员会首先推选 1 名评标委员会主任。招标人也可以直接指定评标委员会主任。评标委员会主任负责评标活动的组织领导工作。评标委员会主任在与其他评标委员会成员商议的基础上可以将评标委员会划分为技术组和商务组。

（3）熟悉文件资料

评标委员会主任应组织评标委员会成员认真研究招标文件，了解和熟悉招标目的、招标范围、主要合同条件、技术标准和要求、质量标准和工期要求，掌握评标标准和方法，熟悉本章及附件中包括的评标表格的使用。如果本章及附件所附的表格不能满足评标所需时，评标委员会应补充编制评标所需的表格，尤其是用于详细分析计算的表格。未在招标文件中规定的标准和方法不得作为评标的依据。

招标人或招标代理机构应向评标委员会提供评标所需的信息和数据，包括招标文件，未在开标会上当场拒绝的各投标文件，开标会记录，资格预审文件及各投标人在资格预审阶段递交的资格预审申请文件（适用于已进行资格预审的），标底（如有），工程所在地工程造价管理部门颁布的工程造价信息，定额（如作为计价依据时），有关的法律、法规、规章、国家标准以及招标人或评标委员会认为必要的其他信息和数据。

2）初步评审

初步评审标准包括形式评审标准、资格评审标准、响应性评审标准、施工组织设计和项目管理机构评审标准 4 部分,具体评审因素和评审标准见表 2-25。

表 2-25　初步评审标准

序号	条款号	评审因素	评审标准
1	形式评审标准	投标人名称	与营业执照、资质证书、安全生产许可证一致
		投标签字函盖章	有法定代表人或其委托代理人签字并加盖单位章
		投标文件格式	符合招标文件中"投标文件格式"的要求
		联合体投标人(如有)	提交联合体协议书,并明确联合体牵头人
		报价唯一	只能有一个有效报价
		……	……
2	资格评审标准	营业执照	具备有效的营业执照
		安全生产许可证	具备有效的安全生产许可证
		资质等级	符合招标文件"投标人须知"相关规定
		财务状况	符合招标文件"投标人须知"相关规定
		类似项目业绩	符合招标文件"投标人须知"相关规定
		信誉	符合招标文件"投标人须知"相关规定
		项目经理	符合招标文件"投标人须知"相关规定
		其他要求	符合招标文件"投标人须知"相关规定
		联合体投标人(如有)	符合招标文件"投标人须知"相关规定
		……	……
3	响应性评审标准	投标内容	符合招标文件"投标人须知"相关规定
		工期	符合招标文件"投标人须知"相关规定
		工程质量	符合招标文件"投标人须知"相关规定
		投标有效期	符合招标文件"投标人须知"相关规定
		投标保证金	符合招标文件"投标人须知"相关规定
		权利义务	符合招标文件"投标人须知"相关规定
		已标价工程量清单	符合招标文件"工程量清单"给出的子目编码、子目名称、子目特征、计量单位和工程量
			符合招标文件"技术标准和要求"规定
		技术标准和要求	□低于(含等于)栏标价,栏标价=标底价×(1+%)
		投标价格	□低于(含等于)投标文件"投标人须知"前附表载明的投标控制价
		分包计划	符合招标文件"投标人须知"相关规定
		……	……

序号	条款号	评审因素	评审标准
4	施工组织设计和项目管理机构评审标准	施工方案与技术措施	……
		质量管理体系与措施	……
		安全管理体系与措施	……
		环境保护管理体系与措施	……
		工程进度计划与措施	……
		资源配备计划	……
		技术负责人	……
		其他主要人员	……
		施工设备	……
		试验、检测仪器设备	……
		……	……

投标人投标价格不得超出(不含等于)投标人须知前附表载明的招标控制价,凡投标人的投标价格超出招标控制价的,该投标人的投标文件不能通过响应性评审(适用于设立招标控制价的情形)。

(1)形式评审

评标委员会根据评标办法前附表中规定的评审因素和评审标准,对投标人的投标文件进行形式评审,并使用表2-26记录评审结果。

表 2-26　形式评审记录表

工程名称:　　　　　　　　　　(项目名称)　　　　　　　标段

序号	评审因素	投标人名称及评审意见						
1	投标人名称							
2	投标函签字盖章							
3	投标文件格式							
4	联合体投标人							
5	报价唯一							
6	……							

评标委员会全体成员签名:　　　　　　　　　　　　　日期:　　年　月　日

（2）资格评审

①评标委员会根据评标办法前附表中规定的评审因素和评审标准，对投标人的投标文件进行资格评审，并使用表2-27记录评审结果（适用于未进行资格预审的）。

表2-27 资格评审记录表

工程名称： （项目名称） 标段

序号	评审因素	投标人名称及评审意见				
1	营业执照					
2	安全生产许可证					
3	资质等级					
4	财务状况					
5	类似项目业绩					
6	信誉					
7	项目经理					
8	其他要求					
9	联合体投标人					
10	……					

评标委员会全体成员签名： 日期： 年 月 日

②当投标人资格预审申请文件的内容发生重大变化时，评标委员会依据资格预审文件中规定的标准和方法，对照招标人在资格预审阶段递交的资格预审文件中的资料以及在投标文件中更新的资料，对其更新的资料进行评审（适用于已进行资格预审的）。其中：

a.资格预审采用"合格制"的，投标文件中更新的资料应当符合资格预审文件中规定的审查标准，否则其投标作废处理；

b.资格预审采用"有限数量制"的，投标文件中更新的资料应当符合资格预审文件中规定的审查标准。以评分方式进行审查的，其更新的资料按照资格预审文件中规定的评分标准评分后，其得分应当保证，即便在资格审核阶段仍然能够获得投标资格，且没有对未通过资格预审的其他资格预审申请人构成不公平，否则其投标作废标处理。

（3）响应性评审

①评标委员会根据评标办法前附表中规定的评审因素和评审标准，对投标人的投标文件进行响应性评审，并使用表2-28记录评审结果。

表 2-28　响应性评审记录表

工程名称：　　　　　　　　　　　　（项目名称）　　　　　　标段

序号	评审因素	投标人名称及评审意见				
1	投标内容					
2	工期					
3	工程质量					
4	投标有效期					
5	投标保证金					
6	权利义务					
7	已标价工程量清单					
8	技术标准和要求					
9	投标价格					
10	……					

评标委员会全体成员签名：　　　　　　　　　　　　日期：　年　月　日

②投标人投标价格不得超出（不含等于）按照评标办法前附表的规定计算的"拦标价"，凡投标人的投标价格超出"拦标价"的，该投标人的投标文件不能通过响应性评审（适用于设立拦标价的情形）。

（4）施工组织设计和项目管理机构评审

评标委员会根据评标办法前附表中规定的评审因素和评审标准，对投标人的施工组织设计和项目管理机构进行评审，并使用表 2-29 记录评审结果。

表 2-29　施工组织设计评审记录表

工程名称：　　　　　　　　　　　　（项目名称）　　　　　　标段

序号	评审因素	标准分	投标人名称代码			
1	内容完整性和编制水平					
2	施工方案与技术措施					
3	质量管理体系与措施					
4	安全管理体系与措施					
5	环境保护管理体系与措施					
6	工程进度计划与措施					
7	资源配备计划					
8	……					
	施工组织设计得分合计					

评标委员会全体成员签名：　　　　　　　　　　　　日期：　年　月　日

（5）判断投标是否为废标

评标委员会按招标文件评标办法中规定的初步评审标准对投标文件进行初步评审，有一项不符合评审标准的,作废标处理(废标条件在上面内容已讲述)。

(6)算数错误修正

投标报价有算数错误的,评标委员会按以下原则对投标报价进行修正,并根据算数错误修正结果计算评标价。修正的价格经投标人书面确认后具有约束力。投标人不接受修正价格的,其投标作废标处理。

①投标文件中的大写金额与小写金额不一致的,以大写金额为准;

②总价金额与依据单价计算出的结果不一致的,以单价金额为准修正总价,但单价金额小数点有明显错误的除外。

3)详细评审

只有通过了初步评审、被判定为合格的投标方才可进入详细评审。

①经评审的最低投标价格法详细评标标准,见表2-30。

表2-30　经评审的最低投标价格法详细评标标准

序号	条款号	评审因素	评审方法	
1	详细评审标准	单价遗漏	……	
		不平衡报价	……	
		……	……	

②综合评估法分值构成与评分标准,见表2-31。

表2-31　综合评估法分值构成与评分标准

序号	条款内容	编列内容
1	分值构成 (总分100分)	施工组织设计:　　分 项目管理机构:　　分 投标报价:　分 其他评分因素:　分
2	评标基准价计算方法	
3	投标报价的偏差率 计算公式	偏差率=100%×(投标人报价-评标基准价) /评标基准价
条款号	评分因素	评分标准
4.1	施工组织设计 评分标准	内容完整性和编制水平　…… 施工方案与技术措施　…… 质量管理体系与措施　…… 安全管理体系与措施　…… 环保管理体系与措施　…… 工程进度计划与措施　…… 资源配备计划　…… ……　……

序号		条款内容	编列内容
4.2	项目管理机构评分标准	项目经理资格与业绩	……
		技术负责人资格与业绩	……
		其他主要人员	……
		……	……
4.3	投标报价评分标准	偏差率	……
		……	……
4.4	其他因素评分标准	……	……

评标专家严格按照已制定的评标规则进行评审。技术标、商务标和企业信用综合评价结果评分标准按百分制。技术标和商务标评审后,按下式计算总分:

$$P = K_1 P_1 + K_2 P_2 + K_3 P_3$$

详细评审工作全部结束后,汇总各个评标委员会成员的详细评审评分结果,并按照详细评审最终得分由高至低的次序对投标人进行排序。

4)澄清、说明或补正

在初步评审和详细评审过程中,评标委员会应当就投标文件中不明确的内容要求投标人进行澄清、说明或者补正。在实际评标过程中视具体情况而定。

5)推荐中标候选人或者直接确定中标人及提交评标报告

(1)汇总评标结果

投标报价报审工作全部结束后,评标委员会应该照表2-32的格式填写评标结果汇总表。

表2-32 评标结果汇总表

工程名称: (项目名称) 标段

序号	投标人名称	初步评审		详细评审				备注
		合格	不合格	投标报价	是否低于成本	评标价	排序(评标价由低到高)	
1								
2								
3								
4								
5								
最终推荐的中标候选人及其排序		第一名:						
		第二名:						
		第三名:						

评标委员会成员签名: 日期: 年 月 日

140

（2）推荐中标候选人

除招标文件"投标人须知"前附表授权直接确定中标人外，评标委员会在推荐中标候选人时，应遵照以下原则：

①评标委员会对有效的投标按照评标价由低至高的次序排列，根据"投标人须知"前附表的规定推荐中标候选人。

②如果评标委员会根据规定将个别投标书作废处理后，有效标书不足3个，且少于招标文件"投标人须知"前附表规定的中标候选人数量的，则评标委员会可以将所有有效投标按评标价由低至高的次序作为中标候选人向招标人推荐。如果因有效投标不足3个使得投标明显缺乏竞争的，评标委员会可以建议招标人重新招标。

③直接确定中标人。招标文件"投标人须知"前附表授权评标委员会直接确定中标人的，评标委员会对有效的投标按照评标价由低至高的次序排列，并确定排名第一的投标人为中标人。

④编制并提交评标报告。评标委员会根据规定提交评标报告。评标报告应当由全体评标委员会成员签字，并于评标结束时抄送有关行政监督部门。评标报告应当包括以下内容：

①基本情况和数据表；

②评标委员会成员名单；

③开标记录；

④符合要求的投标一览表；

⑤废标情况说明；

⑥评标标准、评标方法或者评标因数一览表；

⑦经评审的价格一览表（包括评标委员会在评标过程中所形成的所有记载评标结果、结论的表格、说明、记录等文件）；

⑧经评审的投标人排序；

⑨推荐的中标候选人名单（如果招标文件"投标人须知"前附表授权评标委员会直接确定中标人，则为"确定的中标人"）与签订合同前要处理的事宜；

⑩澄清、说明或补正事项纪要。

5.特殊情况的处置程序

1）关于评标活动暂停

评标委员会应当执行连续评标的原则，按评标办法中规定的程序、内容、方法、标准完成全部评标工作。只有发生不可抗力导致评标工作无法继续时，评标活动方可暂停。

发生评标暂停情况时，评标委员会应当封存全部投标文件和评标记录，待不可抗力的影响结束且具备继续评标的条件时，由原评标委员会继续评标。

2）关于评标中途更换评标委员会成员

除非发生下列情况之一，评标委员会成员不得在评标中途更换：

①因不可抗力的客观原因，不能到场或需要在评标中途退出评标活动；

②根据法律法规标准规定，某个或某几个评标委员会成员需要回避。

退出评标的委员会成员，其已完成的评标行为无效。由招标人根据本招标文件规定的评标委员会成员产生方式另行确定替代者进行评标。

3)记名投票

在任何评标环节中，需评标委员会就某项决定性的评审结论做出表决的，由评标委员会全体成员按照少数服从多数的原则，以记名投票方式表决。

4.6.3 工程定标

1. 工程定标

1) 确定中标人

定标亦称决标，是指招标人最终确定中标的单位。除特殊情况外，评标和定标应在投标有效期结束日 30 个工作日前完成。招标文件应当载明投标有效期。投标有效期从提交投标文件截止日起计算。

招标人根据评标委员会提出的书面评标报告和推荐的中标候选人确定中标人，可以授权评标委员会直接确定中标人，在确定中标人之前，招标人不得与投标人就中标价格、投标方案等实质性内容进行谈判。

2) 中标结果公示

招标人在收到评标委员会书面评标报告后 3 个工作日内，在交易中心公示中标结果，公示时间不得少于 3 日，中标公示样式如下所示：

施工招标中标结果公示

建 设 单 位：××检察院

招标代理单位：××招标代理公司

工程报建编号：×××

招标公告编号：××施工【2021】0208

招标备案编号：123120210×××(标段号：1)

发布公告日期：2021 年 2 月 8 日至 2021 年 2 月 14 日

建设单位 ××× 的×××施工项目 ，通过公开招标，在××建设管理中心 的监督下，于 2021 年 3 月 19 日 进行开标，共 16 家投标人参加投标，其招标控制价为 8980687.95元，经评标委员会评审中标结果如下：

中标单位：×××第六建筑工程公司

中标规模：6850.60 m²

中标价：8980687.95 元

中标工期：2021 年 5 月 1 日至 2021 年 12 月 1 日

现将该项目的评标结果予以公示。如有异议请按照相关法律、法规的规定，向招标人提出质疑，向××建设管理中心实名投诉。如未收到异议通知，建设单位将发放中标通知书。

公示发布日期：2021 年 3 月 21 日至 2021 年 3 月 23 日

公示发布人：××检察院

联系人：×××

电话：×××

招标代理单位：××招标代理公司

联系人：×××

电话：×××

评标委员会提交评标报告给招标人 15 天内确定中标人，招标人确认正式中标人后 15

日，必须向有关建设行政主管部门提交招标投标的书面报告。有关招标情况的书面报告应包括：①招标投标的基本情况包括招标范围、招标方式、资格审查、开标过程和确定中标人的方式及理由等；②相关的文件资料包括招标公告或者投标邀请书、投标报名表、资格预审文件、招标文件、评标委员会的评标报告、中标人的投标文件、委托招标代理的，还应当附工程施工招标代理委托合同。

3）违约责任

招标人在评标委员会依法推荐的中标候选人以外确定中标人的，依法必须进行招标项目在所有投标被评标委员会否决后自行确定中标人的，中标无效。责令改正，可以处中标项目金额千分之五以上、千分之十以下的罚款；对单位直接负责的主管人员和其他直接责任人员依法给予处分。

2. 发出《中标通知书》

中标人确定后，招标人应当向中标人发出《中标通知书》，同时通知未中标人，并与中标人在30日之内签订合同。《中标通知书》对招标人和中标人具有法律约束力。

招标人迟迟不确定中标人或者无正当理由不与中标人签订合同的，给予警告，根据情节可处1万元以下的罚款；造成中标人损失的，应当赔偿损失。

3. 签订合同

1）合同签订

招标人和中标人应当在《中标通知书》发出30日内，按照招标文件和中标人的投标文件订立书面合同。招标人与中标人不得再另行订立背离合同实质性内容的其他协议。

2）投标保证金和履约保证

①投标保证金的退还。投标人与招标人签订合同后5日内招标人应当向中标人和未中标的投标人退还投标保证金。

②提交履约保证。招标文件要求中标人提交履约保证金的，中标人应当提交。若中标人不能按时提供履约保证，可以视为中标人违约，没收其投标保证金，招标人再与下一位候选中标人商签合同。当招标文件要求中标人提供履约保证时，招标人也应当向中标人提供工程款支付担保。

4. 中标通知书实例

中标通知书

<u>×××第六建筑工程公司</u>(中标人名称)：

你方于<u>2021年3月18日</u>(投标日期)所递交的<u>×××检察院办公楼工程施工</u>投标文件已被我方接受，被确定为中标人。

中标价：<u>8980687.95</u>元

工　　期：<u>200</u>日历天

工程质量：<u>符合市优标准</u>

项目经理：<u>×××</u>(姓名)

请你方在接到本通知书的30日内到<u>×××检察院</u>(指定地点)与我方签订施工承包合同，在此之前按招标文件第二章"投标人须知"第7.3款规定向我方提交履约担保。

特此通知。

招标人：×××检察院(盖单位章)
法定代表人：×××(签字)
2021 年 3 月 26 日

5.未中标结果通知书实例

未中标结果通知书

×××红星建筑集团有限公司(未中标名称)：

我方已接受×××第六建筑工程公司(中标人名称)于 2021 年 3 月 18 日(投标日期)所递交的×××检察院办公楼工程施工投标文件，确定×××第六建筑工程公司(中标人的名称)为中标人。

感谢你单位对我方工作的大力支持！

招标人：×××检察院(盖单位章)
法定代表人：×××(签字)
2021 年 3 月 26 日

4.6.4　招标纠纷处理

投标人和其他利害关系人认为招投标活动不符合法律、法规和规章规定的，有权依法向发展改革、建设、水利、交通、铁道、民航、信息产业(通信、电子)等招投标活动行政监督部门投诉。对国家重大建设项目(含工业项目)招投标活动的投诉，由国家发改委受理并依法做出处理决定。对国家重大建设项目招投标活动的投诉，有关行业行政监督部门已经受理的，应当通报国家发改委，国家发改委不再受理。

1.工程招投标活动的违规行为

1)中标无效

有下列情形之一的，中标无效，给他人造成损失的，依法承担赔偿责任。其中依法必须进行施工招标的项目，应当依照招投标法规定的中标条件，从其余投标人中重新确定中标人或者依照招投标法的规定重新招标：

(1)招标代理机构违反招标投标法规定，泄漏应当保密的与招标投标活动有关的情况和资料的，或者与招标人、投标人串通损害国家利益、社会公共利益或者他人合法权益的。以上行为影响中标结果，并且中标人为以上行为的受益人的；

(2)依法必须进行招标的项目的招标人向他人透露已获取招标文件的潜在投标人的名称、数量或者可能影响公平竞争的有关招标投标的其他情况的，或者泄露标的，其行为影响中标结果，并且中标人为以上行为的受益人的；

(3)投标人相互串通投标或者与招标人串通投标的，投标人以向招标人或者评标委员会成员行贿手段谋取中标；

(4)投标人以他人名义投标或者以其他方式弄虚作假，骗取中标的；

(5)依法必须进行招标的项目，招标人违反招标投标法规定，与投标人就投标价格、投标方案等实质性内容进行谈判的，以上行为影响中标结果的；

(6)招标人在评标委员会依法推荐的中标候选人以外确定中标人的，依法必须进行招标的项目在所有投标被评标委员会否决后自行确定中标人的。

2)串通投标

(1)投标人与投标人之间串通投标

①投标人之间相互约定抬高或压低投标报价；

②投标人之间相互约定，在招标项目中分别以高、中、低价报价；

③投标人之间先进行内部竞价，内定中标人，然后再参加投标。

（2）招标人与投标人串通投标

①招标人在开标前开启投标文件，并将投标情况告知其他投标人或者协助投标人撤换投标文件，更改报价；

②招标人向投标人泄露标底；

③招标人与投标人商定，投标时压低或抬高标价，中标后再给投标人或招标人额外补偿；

④招标人预先内定中标人；

⑤其他串通投标行为。

⑥投标人以他人名义投标，投标人挂靠其他施工单位，或从其他单位通过转让或租借的方式获取资格或资质证书，或者由其他单位及法定代表人在自己编制的投标文件上加盖印章和签字行为。

3）有关评标的违法违规行为及其处理规则

评标过程有下列情况之一的，评标无效，应当依法重新进行评标或者重新进行招标：

（1）使用的招标文件没有确定的评标标准和方法的；

（2）评标标准和方法含有倾向或排斥投标人的内容，妨碍或限制投标人之间竞争，且影响评标结果的；

（3）应当回避担任评标委员会成员的人参与评标的；

（4）评标委员会的组建及人员组成不符合法定要求的；

（5）评标委员会及其成员在评标过程中有违法行为，且影响评标结果的。

4）有关中标的违法违规行为及其处理规则

（1）拒绝提交履约保证金。中标人拒绝提交招标文件要求中标人提交的履约保证金或者其他形式履约保证金的，视为放弃中标项目；

（2）不履行订立合同义务。招标人不履行与中标人订立的合同的，应当双倍返还中标人的履约保证金，给中标人造成的损失超过返还履约保证金的，还应当对超过部分予以赔偿；没有提交工程款支付担保的，应当对中标人的损失承担赔偿责任。

中标人不履行与招标人订立的合同的，履约保证金不予退还，给招标造成的损失超过履约保证金数额的，还应当对超过部分予以赔偿；没有提交履约保证金的，应当对招标人的损失承担赔偿责任。

（3）改变或放弃中标。招标人不按规定期确定中标人的，或者中标通知书发出后，改变中标结果，无正当理由不与中标人签订合同的，或者在签订中标合同时向中标人提出附加条件或者更改合同实质性内容，并造成中标人损失的，应当赔偿损失。

中标通知书发出后，中标人放弃中标项目的，无正当理由不与招标人签订合同的，在签订合同时向招标人提出附加条件或者更改合同实质性内容的，或者拒不提交所要求的履约保证金的，招标人可取消其中标资格，并没收其投标保证金，给招标人的损失超过投标保证金数额的，中标人应当对超过部分予以赔偿。

2. 投诉主体

投标人和其他利害关系人认为招标活动不符合法律、法规和规章规定的，有权依法向有关行政监督部门投诉。其他利害关系人是指投标人以外的，与招标项目或者招标活动有直接和间接利益关系的法人、其他组织和个人。

投诉人应该在知道或者应当知道其权益受到侵害之日起 10 日内提出书面投诉。投诉人可以直接投诉，也可以委托代理人办理投诉事务。代理人办理投诉事务时，应将授权委托书连同投诉书一并提交给行政监督部门。授权委托书应当明确有关委托代理权限和事项。

3. 投诉书的编写内容

(1) 投诉人的名称、地址及有效联系方式；

(2) 被投诉人的名称、地址及有效联系方式；

(3) 投诉事项基本事实；

(4) 相关请求及主张；

(5) 有效线索和相关证明材料。

投诉人是法人的，投诉书必须由其法定代表人或者授权代表签字并盖章；其他组织或者个人投诉的，投诉书必须由其主要负责人或者投诉人本人签字，并附有效身份证复印件。

投诉书有关材料是外文的，投诉人应当同时提供其中文译本。

4. 投诉受理

(1) 行政监督部门收到投诉书后，应当在 5 日内进行审查，视情况分别做出以下处理决定：

①不符合投诉处理条件的，决定不予受理，并将不予受理的理由书面告知投诉人；

②对符合投诉处理条件，但不属于本部门受理的投诉，书面告知投诉人向其他行政监督部门提出投诉；

③对于符合投诉处理条件并决定受理，收到投诉之日即为正式受理。

(2) 有下列情形之一的投诉，不予受理：

①投诉人不是所投诉招标投标活动的参与者，或者与投诉项目无任何利害关系的；

②投诉事项不具体，且未提供有效线索，难以查证的；

③投诉书未有投诉人真实姓名、签字和有效联系方式的，以法人名义投诉的，投诉书未经法定代表人签字并加盖公章的；

④超过投诉时效的；

⑤已经做出处理决定，并且投诉人没有提出新的证据的；

⑥投诉事项已进入行政复议或者行政诉讼程序的。

(3) 行政监督部门负责投诉处理的工作人员，有下列情形之一的，应当主动回避：

①近亲属是投诉人或者是被投诉人、被投诉人的主要负责人；

②在近 3 年内本人曾经在被投诉人单位担任高级管理职务的；

③与被投诉人、投诉人有其他利害关系，可能影响对投诉事项公正处理的。

行政监督部门受理投诉后，应当调取、查阅有关文件，调查、核实有关情况。对情况复杂、涉及面广的重大投诉事项，有权受理投诉的行政监督部门可以会同其他有关的行政监督部门进行联合调查，共同研究后由受理部门做出处理决定。

行政监督部门调查取证时，应当由两名以上行政执法人员进行，并做笔录，交被调查人签字确认。在投诉处理过程中，行政监督部门应当听取被投诉人的陈述和申辩，必要时可通知投诉人和被投诉人进行质证。

5. 投诉书的撤回

投诉处理决定做出前，投诉人要求撤回投诉的，应当以书面形式提出并说明理由，由行政监督部门视以下情况，决定是否准予撤回：

（1）已经查实有明显违法行为的，应当不准撤回，并继续调查直至做出处理决定；

（2）撤回投诉不损害国家利益、社会公共利益或者其他当事人合法权益的，应当准予撤回投诉，处理过程终止。投诉人不得以同一事实和理由再提出投诉。

6. 投诉处理

（1）行政监督部门应当根据调查和取证情况，对投诉事项进行审查，按照下列规定做出决定：

①投诉缺乏事实根据或者法律依据的，驳回投诉；

②投诉情况属实，招标投标活动确定存在违法行为的，依据《中华人民共和国招标投标法》及其他有关法规、规章做出处罚。

负责受理投诉的行政监督部门应当自受理投诉之日起 30 日内，对投诉事项做出处理决定，并以书面形式通知投诉人、被投诉人和其他与投诉处理结果有关的当事人。情况复杂，不能在规定期限内做出处理决定的，经本部门负责人批准，可以适当延长，并告知投诉人和被投诉人。

（2）投诉处理决定应当包括下列主要内容：

①投诉人和被投诉人的名称、住址；

②投诉人的投诉事项及主张；

③被投诉人的答辩及请求；

④调查认定的基本事实；

⑤行政监督部门的处理意见及依据。

行政监督部门应当建立投诉处理档案，并做好保存和管理工作，接受有关方面的监督检查。

7. 责任追究

行政监督部门在处理投诉过程中，发现被投诉人单位直接负责的主管人员和其他直接责任人员有违法、违规或者违纪行为的，应当建议其行政主管机关、纪检监察部门给予处分；情节严重构成犯罪的，移送司法机关处理。

（1）招标代理机构有违法行为，且情节严重的，依法暂停直至取消招标代理资格。

（2）当事人对行政监督部门的投诉处理决定不服或者行政监督部门逾期未作处理的，可以依法申请行政复议或者向人民法院提起行政诉讼。

（3）投诉人故意捏造事实、伪造证明材料的，属于虚假恶意投诉，由行政监督部门驳回投诉，并给予警告；情节严重的，可以并处 1 万元以下罚款。

（4）行政监督部门工作人员在处理投诉过程中徇私舞弊、滥用职权或者玩忽职守，对投诉人打击报复的，依法给予行政处分；构成犯罪的，依法追究刑事责任。

（5）行政监督部门在处理投诉过程中，不得向投诉人和被投诉人收取任何费用。

对于性质恶劣、情节严重的投诉事项，行政监督部门可以将投诉处理结果在有关媒体上公布，接受舆论和公众监督。

4.6.5 招投标资料归档

招标结束后，招标办将备案资料与其他招投标过程资料一并整理成册，作为招投标资料归档。

中标项目归档应提交的资料包括以下内容。

(1)报建表(含项目批准文件)。

(2)发包方案(含招标条件的相关证明文件)。

(3)自行办理招标事宜备案表(含相关证明材料)。

(4)委托招标代理合同书。

(5)招标公告(公开招标项目)。

(6)资格预审报告书(含投标报名申请书或邀请投标函、资格预审文件、招标投标资格预审合格通知书、招标投标预审结果通知书)。

(7)招标文件(公开招标项目包括工程量清单等其他资料)，答疑纪要，招标控制价，工程标底(如果有)。

(8)评标报告。

(9)中标结果公示书。

(10)书面报告。

(11)中标通知书。

(12)施工合同。

4.7 工程施工项目经评审的最低投标价法案例

背景：某工程施工项目已经进行过资格预审，采用经评审的最低投标价法进行评标。共有3个投标人投标，且3个投标人均通过了初步评审，评标委员会对开标确认的投标报价进行了详细评审。

招标文件规定工期为30个月，工期每提前一个月给招标人带来的预期效益为50万元，招标人提供临时用地500亩，临时用地每亩用地费为0.6万元，评标价的折算考虑以下两个因素：

(1)投标人所报的租用临时用地的数量；

(2)提前竣工的效益。

投标人A：投标报价为6000万元，提出需要临时用地400亩。承诺的工期为28个月。投标人B：投标报价为5500万元，提出需要临时用地500亩。承诺的工期为29个月。投标人C：投标报价为5000万元，提出需要临时用地550亩。承诺的工期为30个月。

临时用地因素的评标价格调整：

投标人A：(400-500)×0.6万元=-60万元

投标人B：(500-500)×0.6万元=0万元

投标人C：(550-500)×0.6万元=30万元

提前竣工因素的评标价格调整：

投标人A：(28-30)×50万元=-100万元

投标人B：(29-30)×50万元=-50万元

投标人C：(30-30)×50万元=0万元

评标价格比较表见表2-33：

表 2-33　评标价格比较表

项目	投标人 A	投标人 B	投标人 C
投标报价/万元	6000	5500	5000
临时用地因素导致评标价格调整/万元	−60	0	+30
提前竣工因素导致评标价格调整/万元	−100	−50	0
最终评标价/万元	5840	5450	5030
排序	3	2	1

投标人 C 是经评审的投标价最低，评标委员会推荐其为中标候选人。

运用综合评估法评标

背景：某建设工程项目采用公开招标方式，有 A、B、C、D、E、F 共 6 家承包商参加投标，经资格预审 6 家承包商均满足业主要求。该工程采用两个阶段评标法评标，评标委员会由 7 名委员组成，评标的具体规定如下。

1. 第一阶段评技术标

技术标共计 40 分，其中施工方案 15 分，总工期 8 分，工程质量 6 分，项目班子 6 分，企业信誉 5 分。技术标各项内容的得分为各评委的评分去掉一个最高分和一个最低分的算术平均值。技术标合计得分不满 28 分者，不再评其商务标。评标情况见表 2-34，表 2-35。

表 2-34　各评委对 6 家承包商施工方案评分的汇总表

评标\投标单位	一	二	三	四	五	六	七
A	13.0	11.5	12.0	11.0	11.0	12.5	12.5
B	14.5	13.5	14.5	13.0	13.5	14.5	14.5
C	12.0	10.0	11.5	11.0	10.5	11.5	11.5
D	14.0	13.5	13.5	13.0	13.5	14.0	14.5
E	12.5	11.5	12.0	11.0	11.5	12.5	12.5
F	10.5	10.5	10.5	10.0	9.5	11.0	10.5

表 2-35　各承包商总工期、工程质量、项目班子、企业信誉得分汇总表

投标单位	总工期	工程质量	项目班子	企业信誉
A	6.5	5.5	4.5	4.5
B	6.0	5.0	5.0	4.5
C	5.0	4.5	3.5	3.0
D	7.0	5.5	5.0	4.5
E	7.5	5.5	4.0	4.0
F	8.0	4.5	4.0	3.5

2. 第二阶段评商务标

商务标共计60分。以招标控制价的50%与承包商报价算术平均数的50%之和为基准价，但最高（最低）报价高于（低于）次高（次低）报价的15%者，在计算承包商报价算术平均数时不予考虑，且商务标得分为15分。

以基准价为满分（60分），报价比基准价每下降1%，扣1分，最多扣10分；报价比基准价每增加1%，扣2分，扣分不保底。商务标评标汇总表见表2-36。

表2-36　招标控制价和各承包商的报价汇总表　（单位：万元）

投标单位	A	B	C	D	E	F	招标控制价
报价	13656	11108	14303	13098	13241	14125	13790

3. 评分的最小单位

评分的最小单位为0.5，计算结果保留两位小数。

问题：

（1）请按综合得分最高者中标的原则确定中标单位。

（2）若工程未编制招标控制价，以各个承包商报价算术平均数作为基准价，其余评标规定不变，试按原定标原则确定中标单位。

（3）该工程评标委员会人数是否合法？其中2名委员由招标办专业干部组成，是否可行，为什么？

案例评析：

问题（1）

答：1）各承包商施工方案评分和技术标评分分别见表2-37和表2-38。

表2-37　各承包商施工方案的评分

评标 投标单位	一	二	三	四	五	六	七	平均得分
A	13.0	11.5	12.0	11.0	11.0	12.5	12.5	11.9
B	14.5	13.5	14.5	13.0	13.5	14.5	14.5	14.1
C	12.0	10.0	11.5	11.0	10.5	11.5	11.5	11.2
D	14.0	13.5	13.5	13.0	13.5	14.0	14.5	13.7
E	12.5	11.5	12.0	11.0	11.5	12.5	12.5	12.0
F	10.5	10.5	10.5	10.0	9.5	11.0	10.5	10.4

表 2-38　各承包商技术标评分

投标单位	总工期	工程质量	项目班子	企业信誉	施工方案	合计
A	6.5	5.5	4.5	4.5	11.9	32.9
B	6.0	5.0	5.0	4.5	14.1	34.6
C	5.0	4.5	3.5	3.0	11.2	27.2
D	7.0	5.5	5.0	4.5	13.7	35.7
E	7.5	5.5	4.0	4.0	12.0	32.5
F	8.0	4.5	4.0	3.5	10.4	30.4

由于承包商 C 的技术标仅得分 27.2 分，小于 28 分的最低限，按规定不再评其商务标，实际上已经作为废标处理。

2）计算各承包商的商务标得分。

对于承包商 B：因为（13098−11108）/13098 = 15.19% > 15%，所以承包商 B 的报价（11108 万元）在计算基准价时不予考虑。

那么：基准价 = ［13790×50%+（13656+13098+13241+14125）/4×50%］万元 = 13660 万元。

各承包商的商务标得分见表 2-39。

表 2-39　各承包商的商务标得分表

投标单位	报价（万元）	报价与基准价的比例（%）	扣分	得分
A	13656	（13656/13660）×100 = 99.97	（100−99.7）×1 = 0.03	59.97
B	11108			15.00
D	13098	（13098/13660）×100 = 95.89	（100−95.89）×1 = 4.11	55.89
E	13241	（13241/13660）×100 = 96.93	（100−96.93）×1 = 3.07	56.93
F	14125	（14125/13660）×100 = 103.40	（103.40−100）×2 = 6.80	53.20

计算各承包商的综合得分见表 2-40。

表 2-40　各承包商的综合得分

投标单位	技术标得分	商务标得分	综合得分
A	32.9	59.97	92.47
B	34.6	15.00	49.60
D	35.7	55.89	91.59
E	32.5	56.93	89.43
F	30.4	53.20	83.60

因为承包商 A 的综合得分最高，故应选择承包商 A 为中标单位。

问题（2）：

答：

基准价＝（13656+13098+13241+14125）/4＝13530（万元）。

计算各承包商的商务标得分，见表2-41。

表 2-41　各承包商的商务标得分表

投标单位	报价(万元)	报价与基准价的比例(%)	扣分	得分
A	13656	（13656/13530）×100＝100.93	（100.93-100）×2＝1.86	58.14
B	11108			15.00
D	13098	（13098/13530）×100＝96.81	（100-96.81）×1＝3.19	56.81
E	13241	（13241/13530）×100＝97.86	（100-97.86）×1＝2.14	57.86
F	14125	（14125/13530）×100＝104.40	（104.40-100）×2＝8.88	51.12

计算各承包商的综合得分，见表2-42。

表 2-42　各承包商的综合得分

投标单位	技术标得分	商务标得分	综合得分
A	32.9	58.14	91.04
B	34.6	15.00	49.60
D	35.7	56.81	92.51
E	32.5	57.86	90.36
F	30.4	51.12	81.52

因为承包商 D 的综合得分最高，故应选择承包商 D 为中标单位。

问题(3)：

答：合法。不可行。由评标委员会成员条件知，项目主管部门或该行政监督部门的领导应该回避。

4.8　建设工程电子评标及电子招标投标的应用概述

4.8.1　电子评标系统含义及电子招标投标在我国的发展

1.电子评标系统的含义

电子评标字面上意思是评标工作的电子化，是以计算机技术为核心，将招标投标文件电子化，然后运用计算机收集信息和分析数据能力，为评委在评标中提供知识支持和数据支持的一种高效、准确的评标方式。

在电子评标实施中，首先由招标方使用电子标书制作软件，根据工程的特点及相关的规范、标准编制电子招标文件并发给投标人。电子招标文件具有严格的数据保护功能，可保护招标文件内容，防止投标方擅自修改招标文件。其次，投标方购买电子招标文件后，使用电子投标文件制作软件进行报价并形成电子投标书。电子投标书保证了投标人能按照招标人规定的格式进行报价，规范了投标人的操作，保证了投标质量和投标效率，降低因投标人不规范操作而产生废标的可能性。最后，评标委员会通过电子评标软件，对电子投标书进行评审，准确、高效地产生中标人。这种评标方式规范了评标委员会的评标行为，可避免人为因素，充分体现公平、公开、公正的原则。

2. 电子招标投标在我国的发展

2000年1月1日起实施的《招标投标法》第十六条中已明确规定，依法必须进行招标的项目的招标公告，应当通过国家指定的报刊、信息网络或者其他媒介发布。在我国电子招标投标应用初期主要是运用互联网建立网站的方式发布招标公告、资格审查公告、中标公示等静态工程项目招投标信息。这是我国电子招标投标发展的第一阶段。

2003年7月1日，建设部正式颁布《建设工程工程量清单计价规范》，彻底改革工程计价方法，推行工程量清单计价。在该模式下，评标工作更加细化，要考虑的因素越来越多，
评委在全手工操作的情况下，在短暂的评标时间内已很难做出科学、合理的评判。因此，引入计算机辅助评标技术，是清单计价模式下的迫切要求，而计算机辅助评标技术的基础就是解决电子标书的创建及管理这一核心问题。标书电子化与计算机辅助评标相结合标志着在工程项目领域开展政府电子招标投标应用进入了第二阶段。

一个全面的电子化招标投标应实现招标投标流程的电子化和网络化，包括招标项目立项、发布招标公告、投标报名、在线购买招标文件、在线答疑咨询、提交投标文件、计算机辅助评标、评标结果公示、中标公示、招标备案、合同备案等全过程电子化和协同化。从标书纸质化到标书网络化，从人工评标到计算机辅助评标，从各信息化模块独立运行到整体协同工作，以实现从基于纸质标书的传统人工招标投标到基于电子标书的电子化招标投标的最终平稳过渡。电子招标投标全网运行平台是电子招标投标应用的第三阶段。全过程电子化、网络化和规范化是我国电子招标投标应用第三阶段的重要特征。

当前全国各地都在积极探索和实践如何有效推进电子招标投标，一时间呈现出了百花齐放、百家争鸣的局面。而在我国发展比较早、具有代表性的三个政府电子招标投标全网运行平台有：南京"e路阳光"网上招标投标平台、深圳市电子招标投标系统、苏州市建设工程网上招投标平台。

4.8.2 电子招标投标特点及作用

电子招标投标作为一种科技创新手段，在招标投标行业得到了普遍认可，这不仅是得益于信息化的迅速发展，其自身的特点和作用也是非常重要的原因。

1. 电子招标投标的特点

招标投标信息充分公开的本质要求和电子网络信息传播无边界的特点共同决定了，与传统人工招标投标相比，电子招标投标具有一个突出的特点，即它既满足了传统招标投标模式中"公平、公正、公开"，又解决了"择优""质量"与"效率"的矛盾。它具有如下特点：

（1）公开性。招标投标市场中所有的公告、公示类信息都通过招标投标网络平台发布，改变了市场信息不透明、不对称的现状，很大程度上避免了以往招标投标活动中虚假信息、伪造证明、捏造诬告等现象。

（2）竞争性招标就是一种具有竞争的采购程序，是竞争的一种具体方式。招标之竞争性充分体现了现代竞争的平等、信誉、正当和合法等基本原则。招标作为一种规范的、有约束的竞争，有一套严格的程序和实施方法。政府有关部门通过招标程序，可以最大程序地吸引和扩大投标人的竞争，从而使招标方有可能以更低的价格采购到所需的物资或服务，更充分

地获得市场利益，有利于政府、企业经济效益目标的实现。

（3）公平性招标信息通过网络平台发布，所有潜在投标人都可以进行报名参与投标，改变了以往招标投标双方必须见面从而带来的人为因素的影响。通过建立一种招标投标主体的自我约束机制，电子招标投标面前，所有投标人地位一律平等。

2. 电子招标投标的作用

电子招标投标对于实现招标投标信息的充分公开，健全社会监督机制，转变政府监督方式，规范招标投标秩序所产生的作用更为关键、有效。

（1）降低业务成本，适应了减轻企业负担的需要。与传统的招标投标方式相比，电子招标投标的整个流程可大幅度削减招标人和投标人的人力成本且招标、评标效率较传统招标、评标提高50%以上。电子招标投标可实现无纸化招标投标，从而节约大量纸张和装订费用，降低采购人和投标人的成本，真正做到绿色低碳环保。招标机构和评标委员会减少大量非业务工作（打印表单及填写、汇总评审得分表等），不但能专心于本职规范，专业工作也更加规范和准确，另外，整个系统平台内的过程表单均可实现导出和打印，减少了招标机构的日常工作量，加快了评标现场的工作效率，基本实现评标结束即评标资料生成结束。

同时，随着工程技术的不断发展，超高层、大体量、结构新颖、技术难度高的项目屡见不鲜。由于本地评委库专家构成等限制，招标人有时须申请聘请异地专家任评委。而异地评委的接送安顿等，不仅给招标投标机构的监管带来了难度，也直接增加了建设单位的支出。电子招标投标则在这些方面实现了突破，通过标书电子化和异地专家上网评标，既减轻了企业负担，又落实了行政监管。

（2）增加交易透明度，适应了治理商业贿赂工作的需要。整个招标投标活动从发布招标公告、下载标书、投标、开标都在网上进行，投标人具有一定不确定性和保密性，减少了投标人之间相互串通的机会，遏制了招标人、招标代理机构与各投标人之间的幕后交易。评标结果网上公开发布，投标人及相关人可以查看招标结果及相关公示信息，使招标投标过程处于公众的监督之下，减少各种腐败问题的发生。

由于招标投标活动涉及的所有环节均在网上进行，不仅全程有效强化招标投标管理，而且招标文件网上答疑提供了招标人与投标人平等沟通的平台，避免了因信息不对等造成的暗箱操作。电子招标投标在标书电子化基础上，整合共享各地评委资源，扩大了抽取专家评委的随机性。专家评委在所在地有形建筑市场评标室内独立评标，大大降低了人为因素对评标人、评标过程的影响，较好地保证了专家客观、公正地评标。标书电子化和实现远程评标，还为专家评委综合、全面、客观地评审技术标、经济标提供了技术上的方便，为规范评标行为，提高评标质量，公开评标信息奠定了基础。

（3）提高招标投标效率，适应了提高监管效率的需要。运用电子招标投标，一是实现全过程计算机网络化管理，节省了大量人工业务环节，同时也使专家评委在评标时提高了阅读标书和查找、比对的速度，节约了时间，提高了评标效率。二是通过标书电子化，既有效防止招标人量体裁衣或者在招标文件中"留一手""打埋伏"逃避监管等问题，又能在电子化过程中自动记录用户硬件特征码、工具软件和计价软件身份码，用以识别围标、串标不良行为；自动比对标书内容雷同性，提供围标、串标线索。三是开标前对潜在投标人的信息保密，有效防止投标人之间的相互联系与默契。电子招标投标的推行，充分利用了各地计算机管理成果，是提升管理手段的新举措，使建设行政主管部门能够更有效地应对日益繁重的监管任务和复杂的监管形势。

4.8.3 电子招标投标及评标应用模式及系统

按照不同的招标主体，电子招标投标可分为政府电子招标投标和企业电子招标投标两类。政府电子招标投标，相比企业而言其代表社会民众的利益，不仅强调经济效益，更注重社会效益。政府在降低招标投标的成本为企业争取更大利润空间的同时，更重要的是依托电子招标投标模式规范招标投标行为，打通中间不透明的环节，促进建筑市场的公开、公平、公正。

1.电子招标投标应用模式

电子招标投标为政府构建了一个全新的招标投标管理体系，招标投标各方主体参与其中，完成包括初步发包方案、招标公告、投标报名、资格审查、招标文件备案、答疑咨询、招标控制价、开标、评标、定标、中标公示、发布中标通知书、签订合同、招标备案与合同备案在内的完整法定流程。由于当前工程建设领域仍以基于传统的纸质标书进行招标投标的居多，电子化程度还普遍偏低，下面介绍两种常见的电子招标投标应用模式。

(1)电子光盘招标投标离线 C/S 模式，该模式不采用 CA 安全认证体系，仅以经过简单加解密的专用电子光盘作为标书电子化的介质。招标人和投标人均通过单机版标书制作工具离线制作招标文件和投标文件；招标人将带有招标文件的电子光盘出售给投标人；开标时，投标人将带有投标文件的专用电子光盘导入开标系统；评标时，评委在线评审电子标书，并进行汇总和计算。

(2)全过程在线 B/S 模式，即指招标投标全过程网上运行，实现标书电子化、监管网络化和评标智能化，主要包括招标人(代理机构)网上办理备案事项，招标投标监管部门网上受理备案，招标人网上发售招标文件，投标人网上提交投标文件，招标投标双方网上互动答疑，评标专家网上远程评标以及建设工程合同网签等。招标投标信息资料最后以电子档案形式统一归集。

(3)两种模式对比分析，全过程在线 B/S 模式与电子光盘离线 C/S 模式不同之处，一是其采用第三方认证的数字证书(CA)进行标书制作和在线开标；二是招标人和投标人在线通过标书制作工具制作标书，并生成专用格式的电子标书直接上传至标书服务器，招标投标的各个环节都实现全网运行，减少了中间过程的人为干预，充分体现了整个招标投标的公平、公正、安全的特性。

电子光盘离线 C/S 模式是全过程在线 B/S 模式的基础和前提，是电子招标投标应用模式的一个发展阶段。全过程在线 B/S 模式是要求最高、实施效果最好的一种电子招标应用模式，也将成为日后电子招标投标应用的主流模式。

2.电子招标投标系统概况

目前实施效果较好的电子招标投标系统均引入第三方认证证书(CA)和电子签章，采用PDF 文件格式和数字时间戳等多项技术，为参与招标投标活动的各方主体和各类监管人员提供建设工程交易全过程网络化运作，构建起招标投标的全网运行平台，实现全流程无纸化网上招标、投标、评标，全过程电子化网上留痕、可溯、可查，全方位规范化网上备案、监管、监察。系统功能设计按逻辑上划分为网上招标、网上投标、网上开标、网上评标和网上监管五部分，详见图 2-7。

(1)网上招标。其主要服务于招标人或招标代理，实现建设工程承发包初步方案、招标

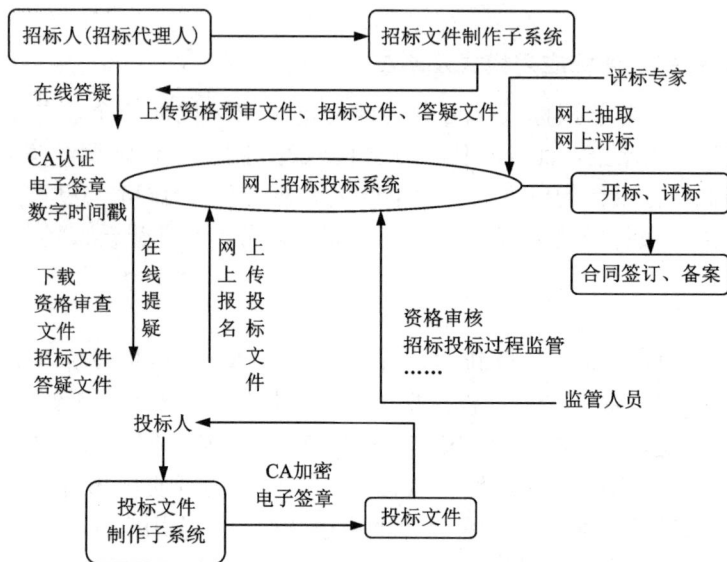

图 2-7　电子招标投标系统功能结构图

公告、招标文件备案和答疑、开标等交易活动全过程的网络化操作。招标人或招标代理机构通过互联网申报招标信息，行政主管部门网上备案后，招标人或招标代理机构可通过 CA 认证使用招标文件制作工具来制作带有特殊数据格式的电子版招标文件，随后网上上传招标文件，供监管人员备案和投标人下载。

（2）网上投标。其主要服务于投标人，实现投标人网上业绩申报，网上获取招标文件、网上报名、网上答疑、网上投标、网上开标、网上投标保证金缴纳等交易活动的全过程网络化操作。投标人通过 CA 证书下载招标文件、答疑文件和图纸等相关文件，与招标人进行在线提问和答疑互动，随后使用投标文件制作工具制作相应的资格审查和投标文件，并利用数字证书对电子标书进行加密和数字签名，完成加密投标文件的上传。

（3）网上开标。其主要服务于参与招标投标各方主体，实现网上开标、唱标过程的网络化操作。开标前，系统通过时间戳服务与格林尼治标准时间保持了同步；开标时，系统公布所有投标人名单；唱标前，系统提供解密投标文件环节，监管人、投标人、招标人三方的 CA 证书依次解密才能成功解密投标人标书；解密后，系统自动导入各投标人的投标总价、工期、项目经理等信息进行唱标。

（4）网上评标。其主要服务于专家评委，协助完成评标阶段的清标、评标和生成评标报告，实现评标的全过程无纸化、电子化和智能化。评标前，系统随机抽取，语音通知专家评委。资格审查时，系统从企业人员数据库中调取各投标人信息供评委审查。商务标评委可借助系统完成包括清单符合性检查、措施项目符合性检查、取费检查、清单价格分析和措施项目分析五部分的商务标评审工作。技术标评委通过查阅招标文件、CAD 图纸、施工进度表和投标文件等文件；比对各家投标人的技术标标书；评判各家投标人的标书，进行打分并输入相关评审意见来完成技术标评审工作。系统最后自动汇总各投标人的商务标和技术标得分并排出名次以供评标委员会推荐中标候选人，评标专家在评标报告上电子签名完成网上评标。

（5）网上监管。其主要服务于招标投标监管部门，将建设工程从进场登记、承发包交易活动全过程监管工作程序全部纳入电子招标投标系统，监管程序环环紧扣，前事不办、后事不能，大大减少了人为因素的影响。招标人和中标人在招标文件中提供的合同范本基础上签订合同，双方通过电子签章网上在线备案，防止出现阴阳合同。

工程建设项目招标过程中的开标、评标、定标，是招标全过程中十分重要的环节，直接关系到招标投标活动能否顺利进行，能否依法择优评出合格的中标人，使项目招标获得成功。要确保评标活动的质量，必须要有一个科学合理的初步评审和详细评审过程。本任务讲述了建设工程开标、评标、定标的基本概念及开标、评标、定标的工作程序及主要工作，重点分析了评标过程的初步评审和详细评审内容、评标的基本方法、电子招标投标及评标方法，并进行了典型工程的案例分析，以此来增加学生的感性认识。

【任务实施】

1. 根据项目具体情况，提交资格预审报告。
2. 根据项目具体情况，按相关规定，完成该项目的投标答疑。
3. 根据项目具体情况，完成评标报告的编写。
4. 根据项目具体情况，提出招标纠纷预防措施。
5. 根据项目招标具体情况，进行招投标资料归档。

【任务评价】

任务四　评价表

能力目标	知识要点	权重	自测
团队合作精神及活动参与积极性	是否主动参与，提供信息资料是否准确	10%	
能提交资格预审报告	资格预审报告内容	10%	
能办理招标文件发售及招标文件澄清与修改工作	招标文件发售及招标文件澄清与修改工作内容	10%	
能组织现场踏勘、招标答疑工作	现场踏勘、招标答疑工作内容	10%	
能组织开标、评标、定标及签订合同工作，并能编写评标报告	开标、评标、定标及签订合同相关工作内容，评标报告内容	30%	
能提出招标纠纷预防措施及处理招标纠纷	招投标活动投诉内容及对策	10%	
能进行招投标资料归档	招投标归档资料内容	10%	
陈述理由是否完整、准确，思路是否清晰	正确掌握招投标程序及相关知识	10%	

组长评价：

教师评价：

【知识总结】

招标日常工作主要包括审查投标人资格、发标、投标答疑、开标、评标、定标等工作，同时还应处理招标过程中的相关纠纷，最后完成相关招标资料归档工作。

通过完成任务，应掌握开标、评标、定标等工作流程，熟悉评标过程的初步评审和详细评审内容，掌握综合评标法和最低投标价法，完成典型工程的案例分析。

【练习与作业】

一、填空题

作业答案

1. 评标委员会由招标人的代表和有关技术、经济等方面的专家组成，成员人数为_____人以上单数、其中技术、经济等方面专家不得少于成员总数的_____。

2. 我国目前常用的评标方法有_____、_____或者法律、行政法规允许的其他评标方法。

3. 招标人应当自收到评标报告之日起_____日内公示中标候选人，公示期不得少于_____日。

4. 开标由_____主持，也可以委托_____主持。

5. 中标人确定且公示结束后，招标人应当向中标人发出_____，告知中标人中标结果，并向所有未中标人发出_____。

二、选择题

1. 招标人和中标人应当自（　　　）内，按照招标文件和投标文件中标人订书面合同。

A. 评标结束后 15 日内　　　　B. 中标通知书发出之日起 15 日

C. 评标结束后 30 日内　　　　D. 中标通知书发出之日起 30 日

2. 招标人对已发出的招标文件要进行必要的澄清或修改的，应当在招标文件所要求的投标文件截止时间至少（　　　）日前，以书面形式通知所有招标文件接收人。

A. 7　　　　　　B. 15　　　　　　C. 14　　　　　　D. 30

3. 招标信息公开是相对的，对于一些需要保密的事项是不可以公开的。例如，（　　　）在确定中标结果之前就不可以公开。

A. 评标委员会成员名单　　　　B. 投标邀请书

C. 资格预审公告　　　　　　　D. 招标活动的信息

4. 按照《招标投标法》和相关法的规定，开标后允许（　　　）

A. 投标人更改投标书的内容和报价

B. 投标人再增加优惠条件

C. 评标委员会对投标书的错误加以修正

D. 招标人更改评标、标准和办法

5. 评标委员会推荐的中标候选人应当限定在（　　　），并标明排列顺序。

A. 1~2 人　　　　B. 1~3 人　　　　C. 1~4 人　　　　D. 1~5 人

6. 根据《招标投标法》的有关规定，下列说法符合开标程序的是（　　　）。

A. 开标应当在招标文件确定的提交投标文件截止时间的 2 小时后公开进行

B. 开标地点由招标人在开标后通知

C. 开标由建设行政主管部门主持，邀请中标人参加

D. 开标由招标人主持,邀请所有投标人参加

7.关于评标委员会成员的义务,下列说法错误的是(　　　)。

A. 评标委员会成员应当客观、公正地履行职务

B. 评标委员会成员可以私下接触投标人,但不得收受投标人的财物或者其他好处

C. 评标委员会成员不得透露对招标文件的评审和比较情况

D. 评标委员会成员不得透露对中标候选人的推荐情况

8.投标单位在投标报价中,对工程量清单中的每一单项均需计算填写单价和合价。在开标后,发现投标单位没有填写单价和合价的项目,则(　　　)。

A. 允许投标单位补充填写

B. 视为废标

C. 退回投标书

D. 认为此项费用已包括在工程量清单的其他单价和合价中

9.采用综合评估法对各投标单位的标书进行评分,(　　　)的投标单位为中标单位。

A. 总得分最低　　　　　　　B.总得分最高

C. 投标价最低　　　　　　　D.投标价最高

10.投标文件和总价金额与单价金额不一致的,应(　　　)。

A. 以单价金额为准　　　　　B.以总价金额为准

C. 由招标人确认　　　　　　D.由投标人确认

三、简答题

1.简述什么是开标。

2.评标的基本程序是什么?

3.简述经评审的最低投标价法的适用范围。

4.简述综合评估法的适用范围。

五、实训题

根据老师给定的资料,试编制项目的中标通知书、未中标通知书、中标结果公示。

六、案例分析

某工程招标,有 A、B、C、D 四家施工企业投标,招标单位决定评标采用"无标底招标,有标底评标"评标法。现计算出工程参考工程造价为 6000 万元,并现场抽得报价算术平均值的权数为 0.67,加权平均工程造价的下浮率为 2.2%,请根据下表所列条件及标准,以最高分选定中标单位。

注:当最高报价高于平均报价 2% 时舍去,最低报价低于平均报价 6% 时舍去。

报价为标底时得满分(60 分),在此基础上,报价比标底每下降 1%,扣 1 分;每上升 1%,扣 2 分(计分取两位小数)。

评分事项及标准	A	B	C	D
报价 60 分	5200	5800	6300	7600
总工期(月)15 分;超期无分,按期 9 分;每提前一个月加 2 分	按期	提前 1 个月	提前 2 个月	提前 3 个月
工程质量 15 分;自报优良 15 分,及格 10 分	及格	优良	及格	优良
企业以往信誉 10 分、良好 10 分、一般 5 分	一般	一般	良好	良好

学习情境三　建设工程投标

【学习目标】

能力目标	知识目标	思政目标	权重
能够依据招标文件提炼出建设工程招标文件的核心问题	招投标方式	按照招标文件的要求，让学生进行分工合作、团结协作编制出完整的投标文件，以此培养团队协作意识，体现团队精神，增强集体荣誉感，激发学生奋勇争先的品质。通过投标技巧和策略的运用，培养学生原则性与灵活性相结合的工作方法	10%
能够拟定投标领导小组主要角色及制定角色职责	投标全过程的主要工作和流程		20%
能够根据工程招标文件确定投标策略	投标决策方法		20%
能编制投标文件	投标文件内容构成		30%
能及时履行投标过程中的各种工作及相关手续	投标流程相关工作内容		20%
合　计			100%

【教学建议】

建议教师提供一份真实项目的招标文件，首先培养学生识读招标文件，让学生具备识读建筑工程招标文件能力，具备通过网站查询有关招标信息能力，接着让学生参考《中华人民共和国房屋建筑和市政工程标准施工招标文件》，在教师的指导下独立完成实际建设工程施工投标文件的编制，使学生具有独立编写建设工程施工投标文件的能力。

【建议学时】

22 学时。

任务一　投标决策

【案例引入】

某高校拟新建一栋教学楼，投资约 5600 万元，建筑面积约 30000 m²，你所在的企业已获知招标信息。目前的任务是收集和分析相关信息，进行投标前期决策。

【任务目标】

1. 按照正确的方法和途径，收集和分析投标决策所需信息。

2. 按照投标工作时间限定，准备投标决策资料，进行投标决策。

3. 依据决策结果，制定投标准备工作流程，并提出后续工作建议。

4. 通过完成该任务，提出后续工作建议，完成自我评价，并提出改进意见。

【知识链接】

1.1　投标决策

投标决策是指承包商通过对工程承包市场进行详尽的调查研究，广泛收集招标项目信息，并认真进行选择，确定适合本公司投标项目的过程。项目建设的复杂性，项目环境的诸多不确定性以及其实施持续时间长、资金规模大等特点决定了建筑企业的承包经营存在很大风险。因而，建设工程单位在争取项目的承包权投标时要慎重决策，尽可能使预期效益最大化，分析评定各方面的影响因素，否则不容易中标。即使中标也将难盈利，以致造成大量资金和机会的浪费，最终影响自身的生存及发展。所以决策人在投标决策时须遵循以下原则。

1.1.1　决策原则

1. 可靠性原则

在投标之前要对招标项目是否通过正式批准，资金来源是否可靠，主要材料和设备供应是否有保证，设计文件完成的阶段情况、设计深度是否满足要求等情况进行了解。除此之外，还要了解业主的资信条件及合同条款的宽严程度，有无重大风险性。应当尽早回避那些利润小而风险大的招标项目以及本企业没有条件承担的项目。

2. 可行性原则

在投标决策时，首先要考虑的是施工企业本身的经济实力、资源设备、技术生产以及施工经验情况。要量力而行，选择适合发挥自己优势的项目进行投标，避免选择本身不擅长并且缺乏经验的项目，而且应估计竞争对手的实力情况，不宜陪标，进而影响本企业未来的发展。

3. 营利性原则

利润是承包商追求的目标之一。拟投标项目是否有利可图是投标人前期决策的重要因素。继续决策时应分析竞争形势，掌握当时当地的一般利润水平，并综合考虑本企业近期及长远目标，注意近期利润和远期利润的关系。

4. 审慎性原则

参与每次投标，都要花费不少人力、物力，付出一定的代价。如能夺标，才有利润可言。特别在基建任务不足的情况下，竞争非常激烈，承包商为了生存都在拼命压价，盈利甚微。承包商要审慎选择投标对象，除非在迫不得已的情况下，决不能承揽亏本的施工任务。

1.1.2　影响投标决策的各种因素

1. 企业自身因素

影响投标决策的企业自身因素主要包括以下方面：

(1)技术实力

①拥有一支由估算师、建筑师、工程师、会计师和管理专家组成的经验丰富、业务精湛的专家队伍。

②具有工程项目设计、施工专业特长，有解决各类工程施工中的技术难题的能力。

③具有类似工程施工经验。

④具有一定技术实力的合作伙伴，如实力强的分包商、合营伙伴和代理人。

（2）经济实力

①垫资能力。有的招标人要求承包商"带资承包工程""实物支付工程"，根本没有预付款。所谓"带资承包工程"是指工程由承包商筹资兴建，从建设中期或建成后某一时期开始，招标人分批偿还承包商的投资及利息，但有时这种利率低于银行贷款利息。承包这种工程时，承包商需投入大部分工程项目建设投资，而不只是一般承包所需的少量流动资金。所谓"实物支付工程"是指有的招标人用滞销的农产品、矿产品折价支付工程款，而承包商推销上述物资而谋求利润将存在一定难度。因此，投标人必须事先判断可获预付款的数额，取得预付款的条件，根据自己的垫资能力做出投标决策。

②固定资产和机具设备提供及投入所需的资金能力。大型施工机械的投入不可能一次摊销，新增施工机械将会占用一定资金。另外，为完成项目必须要有一批周转材料，如模板、脚手架等，这也是占用资金的组成部分。因此投标人必须根据招标项目对以上能力做出判断。

③支付施工用款的资金周转能力。一般在建筑工程中对已完成的工程量需要监理工程师确认后并经过一定手续，才能将工程款拨入承包人账户。因此投标人必须具备一定的支付施工用款的资金周转能力。

④支付各种担保的能力。担保内容主要包括投标保函（或担保）、履约保函（或担保）、预付款保函（或担保）、缺陷责任期保函（或担保）等。

⑤支付各种纳税和保险的能力。

⑥承担风险的能力。

（3）资信状况

承包商良好的信誉是对施工安全、工期和质量等方面的有力保证，是投标中标的一条重要标准。

（4）经营管理实力

具有高素质的项目管理人员，特别是懂技术、会经营、善管理的项目经理人选，能够根据合同的要求，高效率地完成项目管理的各项目标，通过项目管理活动为企业创造较好的经济效益和社会效益。

2. 企业外部因素

影响投标决策的企业外部因素主要包括以下方面：

（1）招标人和监理工程师的情况

①招标人资信。主要包括招标人的合法地位、支付能力、公平性、公正性，履约信誉、招标人在招标项目的倾向性及招标人倾向对象基本情况等因素。

②监理工程师的情况。监理工程师处理问题的公正性、合理性等因素也会影响企业投标决策。

（2）竞争对手和竞争形势

①竞争对手。企业是否投标，应注意竞争对手的实力、优势及投标环境的优劣情况。另外，竞争对手的在建工程情况也十分重要。如果对手的在建工程即将完工，可能急于获得新承包项目心切，投标报价不会很高；如果对手在建工程规模大、时间长，如仍参加投标，则标价可能很高。

②竞争形势。从总的竞争形势来看，大型工程的承包公司技术水平高，善于管理大型复杂工程，其适应性强，承包大型工程的可能性大。中小型公司因为在当地有熟悉的材料、劳

力供应渠道、惯用的特殊施工方法、管理人员相对较少等优势，承包中小型工程的可能性大。

3.风险问题

工程承包风险可分为政治风险、经济风险、技术风险、市场风险、商务及公关关系风险和管理方面的风险等。投标决策应对拟投标项目的各种风险进行深入研究，进行风险因素辨识，以便有效规避各种风险，避免或减少经济损失。

信息缺失风险是前期决策阶段的主要风险，主要包括两方面：一是由于投标信息不准确而导致投标失误；二是工程项目的资料掌握不全，由于信息缺失而出现经济损失。

4.法律、法规的情况

对于国内工程承包，我国法规具有统一或基本统一的特点，但各地也有一些特别规定。

1.2　决策工作

如图 3-1 所示，投标前期决策工作主要分为 3 个阶段，即信息收集、分析和决策。

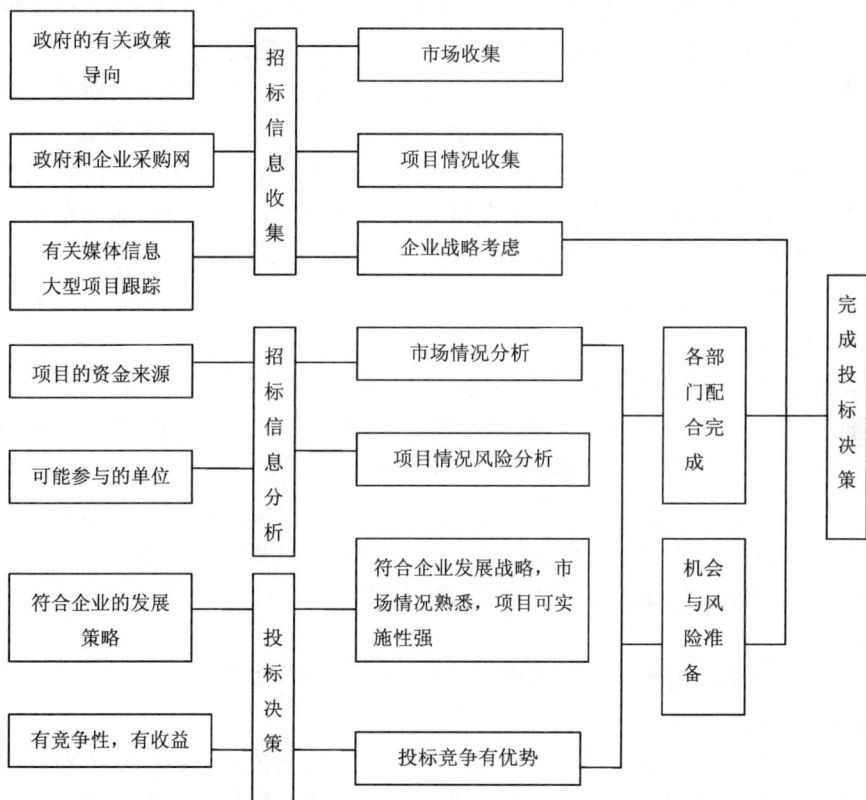

图 3-1　投标决策工作内容框图

收集招标相关信息是投标决策的基础，也是投标成败的关键。及时获取真实、准确的投标信息是建设工程施工投标工作良好的开端和保障。

1.招标信息收集

多数公开招标项目属于政府投资或国家融资的工程，会在报刊等媒体刊登招标公告或资格预审通告。但对于一些大型或复杂的项目，获悉招标公告后再做投标准备工作，往往会因时间仓促而陷入被动，同时保证信息的真实可靠也至关重要。因此，投标人必须提前跟踪招标项目，注意信息、资料的积累整理，并做好查证信息工作。通常获取投标项目信息有如下途径：

（1）根据我国国民经济建设的建设规划和投资方向，从近期国家的财政、金融政策所确定的中央和地方重点建设项目、企业技术改造项目计划中收集项目信息。

（2）从投资主管部门获取建设银行、金融机构的具体投资规划信息，跟踪发展改革委员会立项的项目。

（3）跟踪大型企业的新建、扩建和改建项目计划，获取招标信息。

（4）收集同行业其他投标单位对工程建设项目的意向，把握招标动向。

（5）注意有关项目的新闻报道。

在该阶段投标人应做好两方面的工作。

第一，前期信息收集工作。单位应该指定有关人员具体负责招标信息收集工作，其主要任务是每天阅读《××市招标投标监管网》上的招标公告，浏览招标信息网页和其他相关招标媒体公告，将符合单位资质要求的招标信息及时记录下来，报请主管领导批示。

第二，外围协调工作。投标外围协调工作任务十分艰巨，责任重大，面对当前激烈的市场竞争机制，结合单位的实际情况，外围协调人员必须审时度势，权衡利弊，将协调工作从平常做起，从细处做起，主要做好与往来单位之间的协调沟通，树立单位良好的对外形象和构建和谐的合作诚意，根据前期信息采集人员获取的相关资料，提前跟业主单位技术管理人员进行沟通，获取更有价值的工程信息，为投标工作奠定较好的人脉基础。

2. 招标信息分析

（1）分析招标公告

①根据招标投标法、政府采购法以及国家各个主管部委的政令来分析公告的合法性。首先要搞清招标项目属于什么类别的项目，是"政府采购"，还是"法定的必须招标项目"。不同的类别，可能分别属于不同的主管部门，施行不同的具体办法。

②招标人资信情况。项目的审批和资金是否落实，支付能力和信誉如何。

③公告的真实性。是否在"法定指定媒体"上，发布同样的招标公告。

（2）根据各种影响决策的因素对投标与否做出论证

3. 投标决策

在对信息充分分析的基础上，选择投标对象，做出投标决策。

（1）确定投标项目

一般应选择与企业的装备条件和管理水平相适应，技术先进，招标人的资信条件及合作条件较好，施工所需的材料、劳动力、水电供应等有保障，盈利可能性大的工程项目去参加竞标。通常以下项目应放弃投标：

①本施工企业主营和兼营能力之外的项目

②工程规模、技术要求超过本施工企业技术等级的项目

③本施工企业生产任务饱满，而招标工程的盈利水平较低或风险较大的项目

④本施工企业技术等级、信誉、施工水平明显不如竞争对手的项目

（2）决策注意事项

在选择投标对象时应注意避免以下两种情况。

①工程项目不多时，为争夺工程任务而压低标价，结果即使中标却盈利的可能性很小，甚至要亏损。

②工程项目较多时，企业总想多中标而到处投标，结果造成投标工作量大大增加而导致考虑不周，承包了一些盈利可能性甚微或本企业并不擅长的工程，而失去可能盈利较多的工程。

1.3　投标工作流程

1. 投标主要工作内容

如图 3-2 所示，投标工作内容主要包括投标决策阶段、投标资料准备和投标文件编制 3 项工作。

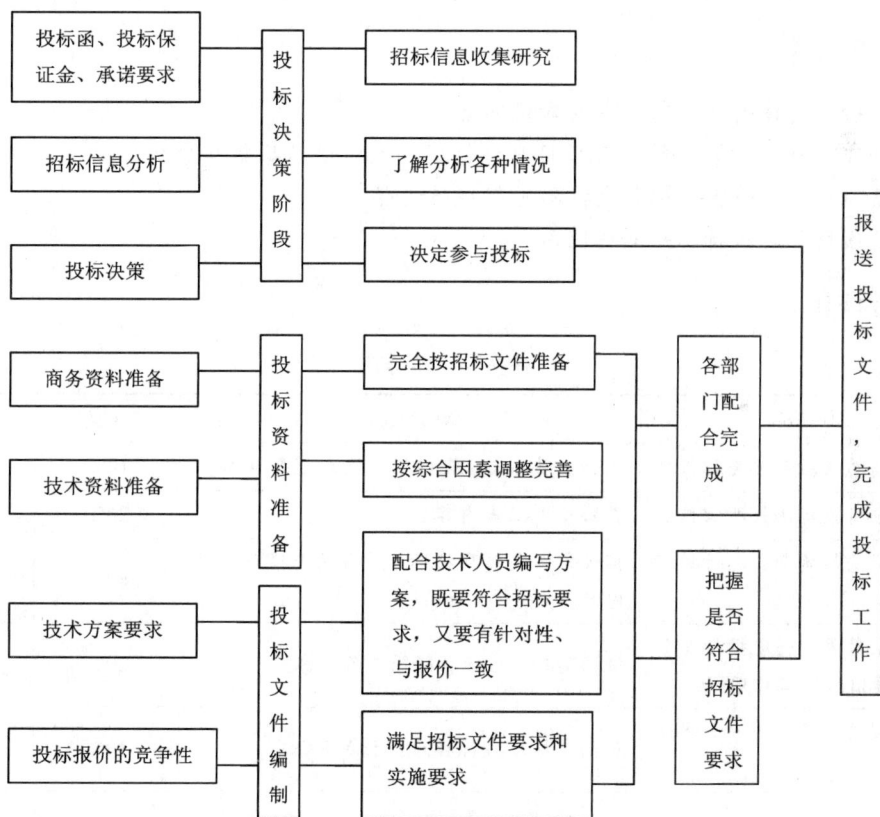

图 3-2　建筑施工投标工作流程

2. 投标主要步骤

投标步骤主要从以下 8 个阶段展开：

(1)建筑企业根据招标公告或投标邀请书，向招标人提交有关资格预审资料。

(2)接受招标人的资格审查。

(3)购买招标文件及有关技术资料。

(4)参加现场踏勘，并对有关疑问提出书面询问。

（5）参加投标答疑会。

（6）编制投标书及报价。投标书是投标人的投标文件，是对招标文件提出的要求和条件做出实质性响应的文本。

（7）参加开标会议。

（8）如果中标，接受中标通知书，与招标人签订合同。

【特别提示】

（1）影响投标决策的主要因素：①技术方面的实力；②经济方面的实力；③管理方面的实力；④信誉方面的实力。

（2）决定投标或弃标的客观因素：①业主或监理工程师的情况；②竞争对手和竞争形式的分析；③法律、法规的情况。

【任务实施】

1. 根据项目具体情况，完成决策资料准备。
2. 根据准备好的决策资料结合项目具体情况，完成信息收集与分析。
3. 根据项目具体情况，对本次投标进行风险评估。
4. 决定项目是否投标，并说明理由。

【任务评价】

任务一　评价表

能力目标	知识要点	权重	自测
团队合作精神及活动参与积极性	是否主动参与，提供信息资料是否准确	10%	
能收集和分析投标决策所需信息	资格预审报告内容	20%	
能准备投标决策资料，进行投标决策	招标文件发售及招标文件澄清与修改工作内容	40%	
能依据决策结果，制定投标工作流程，并提出后续工作建议	现场踏勘、招标答疑等工作内容	20%	
陈述理由是否完整、准确，思路是否清晰	正确掌握招投标程序及相关知识	10%	
组长评价： 教师评价：			

【知识总结】

投标前期决策是指承包商通过对工程承包市场进行详尽的调查研究，广泛收集招标项目信息，并认真进行选择，确定适合本公司的投标项目的过程。通过本任务的完成，我们应熟悉决策原则、影响决策的因素和决策工作过程，确定相应投标工作流程。重点应掌握如何进行信息收集、分析和风险分析。学会资料归档和填写。

【练习与作业】

一、不定项选择题

习题答案

1. 以下哪些是招标信息的收集途径？（　　　　　　）

A. 注意有关项目的新闻报道

B. 收集同行业其他投标单位对工程建设项目的意向，把握招标动向

C. 跟踪大型企业的新建、扩建和改建项目计划，获取招标信息

D. 从投资主管部门获取建设银行、金融机构的具体投资规划信息，跟踪发展改革委员会立项的项目

E. 根据我国国民经济建设的建设规划和投资的方向，从近期国家的财政、金融政策所确定的中央和地方重点建设项目、企业技术改造项目计划中收集项目信息

2. 投标决策的原则有哪些？（　　　　　　）

A. 可靠性原则　　　　B. 有序性原则　　　　C. 可行性原则　　　　D. 营利性原则

E. 审慎性原则

3. 施工招标中，投标人的必要合格条件包括(　　　　　　)。

A. 营业执照　　　　B. 固定资产　　　　C. 资质等级　　　　D. 履约情况

E. 分包计划

4. 某省地税局办公楼扩建工程项目招标，十多家单位参与竞标，根据招标投标法关于联合体投标的规定，以下说法正确的有(　　　　　　)。

A. 甲单位资质不够，可以与别的单位联合参与竞标

B. 乙、丙两单位组成联合体投标，它们应当签订共同投标协议

C. 丁、戊两单位构成联合体，它们签订的共同投标协议应当提交招标人

D. 寅、庚两单位构成联合体，它们各自对招标人承担责任

二、简答题

1. 什么是投标前期决策？

2. 投标前期决策包括几个工程阶段？每个阶段的工程重点是什么？

3. 投标决策应考虑哪些因素？

4. 哪些情形下应放弃投标？

三、案例分析

案例 1

"合肥新桥国际机场临时工作通道工程施工项目"招标公告

一、项目概况：

1. 招标编号：2021GCFZ0994

2. 项目名称：合肥新桥国际机场临时工作通道工程施工

3. 工程地点：肥西县

4. 建设单位：安徽省合肥新桥国际机场建设工作协调推进领导小组办公室

5. 工程概况：路基、排水等，详见图纸

6. 项目概算：1000 万元

7. 招标类型：市政施工

8. 标段划分：共分为一个标段

二、投标人资质要求：

1. 投标人资质：须具备市政公用工程或公路工程施工总承包三级及以上资质，企业近三年内具备类似道路工程业绩，且须获得建设先进施工企业。

2. 项目经理资质：建造师须为市政或公路工程专业二级建造师以上，中级职称及以上。近三年内具备类似工程业绩，不能有在建工程。建造师应为三级建造师及以上，其他存在歧视条件。

3. 资格审查方式：资格后审

三、报名或领取招标文件和资格审查文件/时间及地点：

1. 报名时间：2021 年 12 月 31 日—2022 年 01 月 07 日（上午 8:00—12:00，下午 14:30—17:30）

2. 报名地点：兴泰大厦二楼 2003 室

3. 报名资料：身份证

四、联系方式：

单位：合肥招标投标中心

地址：合肥市九狮桥街 45 号兴泰大厦二楼（长江剧院）对面

本项目联系人：

电话：

传真：

邮箱：

邮编：

五、其他事项说明：

1. 招标文件（含光盘）收取人民币 500 元，图纸及其他资料收取成本费 100 元，以上文件售后不退。

2. 外地建安企业在合肥招标投标中心投标并中标后必须在合肥注册子公司，并以子公司名义与业主单位签订合同。

问题：该招标公告存在哪些问题？如投标，存在哪些风险？

案例 2

C 投标商于 2021 年 3 月底中标 F 市某水库扩建工程，并于当年 4 月中旬开工。该水库扩建工程是 F 市城市供水工程，工程施工进度计划安排很紧，施工质量要求也很高，业主由地方的水利主管部门构成。

C 投标商能顺利中标，与其在当地有较广泛的社会关系，以及地方领导对 C 投标商的了解和支持有内在联系。C 投标商单位的领导通过招标项目所在地的人脉关系，向他们积极宣传、介绍本企业的投标优势，希望他们为本企业的投资助一臂之力。事实上在后来的投标中，人脉关系为投标商收集招商工程的基本信息创造了有利条件。以社会关系为主体的地方信息网络的建立使 C 投标商准确掌握了该地区若干年水利工程建设计划的详细情况。

2020 年底，C 投标商获取了该市水库扩建工程招标信息，投标商单位的领导立即前去联系，工程信息十分可靠。把有关工程概括掌握清楚后，投标商组织了投标专门班子，做好投标工作。由于掌握的情况详细、具体，C 投标商标书中的施工进度计划、施工方案和质量保证措施针对性极强。在工程报价中，C 投标商根据社会信息网络提供的市场商务信息，及时对已做的方案进行调整，最后顺利通过了开标、评审，直至中标，签订施工承包合同，使 C 投标商第一次进入该地区水利工程施工项目招投标市场。

C 投标商之所以在该项目采用最低价投资，是因为社会信息网络准确介绍项目业主的资信状况，使 C 投标商了解到只要承包商工程质量好，施工进度上去了，业主对承包商的价款结算是比较优惠的。在实际施工中很多事实都证明了这一信息是确切的，虽然该投标商是低价中标，但在合同实施中业主对承包商还是给予了应有的补偿。

为了进入该区域市场，而且要站稳脚跟，C 投标商项目部决定把项目作为一个示范工程来抓，在保证施工进度完成的同时，狠抓工程质量，交付满意工程。在合同实施期间，承包商已完成的坝基开挖、清理、基础混凝土浇筑、混凝土砌石等项目共 97 个单元工程，其中 95 个单元工程质量评定为优良，仅 2 个单元工程评为合格。业主和监理对此十分满意。该市正、副市长 3 次来工地检查工作，称赞 C 投标商不愧为施工企业的优秀代表，工程干得好，并表示市民不会忘记建设有功之臣，要求业主保证工程施工所需的款项，还特别叮嘱业主单位，尽快制定一个工程进度和工程质量的奖励办法，拿出专款来奖励有功施工单位。

在 F 市水库扩建工程中，C 投标商从投资、中标到施工的顺利实施，与社会信息网络提供的准确资讯是密不可分的，因为准确的资讯使其投资有了明确的针对性和可操作性，同时与当地政府的大力支持和业主的充分信任也息息相关。C 投标商中标后承诺在工程质量、施工进度方面一定对业主负责，他们是这样说的，也是这样做的。社会信息网络为投标商进入市场搭建了一座"便桥"。投标商通过一定的社会信息网络关系与地方政府及业主建立融洽的合作关系，通过抓住机会使双方的合作关系上升到信赖关系，投标商与招标人建立良性的承包互动关系，这是提升投标资讯力的必要条件。

问题：总结投标商前期决策应从哪些方面开展工作。

任务二　投标工作准备及投标文件编制

【案例引入】

某高校拟新建一栋教学楼，投资约 5600 万元，建筑面积约 30000 m^2，你所在企业已决定投标，目前的任务是进行投标资料准备和编制投标文件。

【任务目标】

1. 分析招标文件的要求和内容，制定施工投标所需资料的清单。

2. 按照招标文件的要求和投标工作时间限定，准备投标资料。

3. 按照建设工程施工投标文件编制规定和招标文件要求，制订施工投标文件编制工作的计划。

4. 正确使用投标所需资料，协助其他人员，按照招标文件要求和投标时间限定，确定投标策略和技巧，完成投标文件编制。

5. 按照单位管理流程，完成对投标文件的审核和按要求完善已有投标文件。

6. 通过完成该任务，提出后续工作建议，完成自我评价，并提出改进意见。

【知识链接】

2.1　建设工程投标文件的组成

建设工程投标文件是招标单位判断投标单位是否愿意参加投标的依据，也是评标委员会进行评审和比较的对象，中标的投标文件还和招标文件一起成为招标单位和中标人订立合同的法定根据，因此，投标单位必须高度重视建设工程投标文件的编制工作。

建设工程投标文件，是建设工程投标单位单方面阐述自己响应招标文件要求，旨在向招标单位提出愿意订立合同的意思表示，是投标单位确定、修改和解释有关投标事项的各种书面表达形式的统称，属于一种要约，必须符合以下条件才能发生约束力。

(1) 必须明确向招标单位表示愿意以招标文件的内容订立合同的意思。

(2) 必须对招标文件提出的实质性要求和条件做出响应，不得以低于成本的报价竞标。

建设工程投标文件是由一系列有关投标方面的书面资料组成的。一般来说，投标人按照招标文件规定的内容和格式编制并提交投标文件。

投标文件的组成一定要符合招标文件的要求。一般来说，投标文件由商务标、技术标、资信标三部分组成，内容如下：

第一卷　商务标部分

1. 投标函及附录

2. 法定代表人证明文件及授权委托书

3. 联合体协议(如采取联合体投标)

4. 投标保证金

5. 已标价的工程量清单

(1)工程量清单说明

(2)投标报价编制说明

(3)投标报价汇总表

(4)分组工程量清单

6. 投标辅助资料(商务部分)

(1)单价汇总表

(2)材料费汇总表

(3)机械使用费汇总表

(4)单价分析表

(5)资金流量估算表

第二卷　技术标部分

施工组织设计和技术标准及要求中要求提供的其他内容等资料。

1. 施工组织设计：施工组织设计是招标人了解投标人的施工技术、管理水平、机械装备、人员配备、施工进度计划、施工现场布置等的途径。投标人应根据招标文件和对现场勘察情况，采用文字结合图表形式，参考以下要点编制建筑工程的施工组织设计。

1)编制说明

2)总体施工组织布置及规划

3)施工方案及技术措施

4)质量保证措施和创优计划

5)施工总进度计划及保证措施，包括横道图或标明关键线路的施工进度网络图、保障进度计划需要的主要施工机械设备、劳动力需求计划及保证措施、材料设备进场计划及其他保证措施等。

6)施工安全措施计划

7)文明施工措施计划

8)施工场地治安保卫管理计划

9)施工环保措施计划

10)冬期和雨期施工方案

11)施工现场总平面布置，投标人应递交一份施工总平面图，绘出现场临时设施附表并附文字说明，说明临时设施、加工车间、现场办公、设备及仓储、供电、供水、卫生、生活、道路、消防等设施的情况和布置。

12)项目组织管理机构。若施工组织设计采用暗标方式评审,则在任何情况下,项目管理机构不得涉及人员姓名、简历、公司名称等暴露投标人身份的内容。

13)承包人自行施工范围内拟分包的非主体和非关键性工作(按招标文件"投标人须知"的规定)、材料计划和劳动力计划。

14)成品保护和工程保修工作的管理措施和承诺。

15)根据工程实际及工程周围环境及地下管线资料,周围环境复杂,在该项目基坑(槽)的土方开挖、支护、道路及管沟施工过程中必须做好防水、排水措施,严防跑水、冒水、滴水、漏水等现象发生。否则,可能发生坑壁坍塌等危险性工程事故,承包人应做出相关情况的预防、处理措施,并制定专项施工方案。

16)对总包管理的认识以及对专业分包工程的配合、协调、管理、服务方案,以及与发包人、监理及设计人的配合。

17)招标文件规定的其他内容。

若投标人须知规定施工组织设计采用技术暗标方式评审,则施工组织设计的编制和装订应按"施工组织设计(技术暗标部分)编制及装订要求"编制和装订。

2.其他内容施工组织设计除采用文字表述外,同时附下列表加以说明:

1)拟投入本工程的主要施工设备表。

2)拟配备本工程的试验和检测仪器设备表。

3)劳动力计划表。

4)计划开、竣工日期和施工进度网络图。投标人应递交施工进度网络图或施工进度表,说明按招标文件要求的计划工期进行施工的各个关键日期;施工进度表可采用网络图和(或)横道图表示。

5)施工总平面图。投标人应递交一份施工总平面图,绘出现场临时设施布置图表并附文字说明,说明临时设施、加工车间、现场办公、设备及仓储、供电、供水、卫生、生活、道路、消防等设施的情况和布置。

6)临时用地表。

7)施工组织设计(技术暗标部分)编制及装订要求等图表。若采用技术暗标评审,则上述表格应按照章节内容,严格按给定的格式附在相应的章节中。

第三卷　资信标资料

(1)投标人基本情况表(必须提供增值税一般纳税人证明)

(2)项目管理机构主要管理人员证明资料(安装单位适用)

(3)营业执照、资质证书复印件

(4)近3年内完成的类似工程汇总表和类似工程情况表

(5)近3年内完成的其他工程汇总表和其他工程情况表

(6)正在施工的和准备承接的类似工程汇总表和类似工程情况表

(7)近3年内省部级以上奖励情况汇总表及证明资料

(8)银行资信等级、重合同守信用企业等信誉证明证书复印件

(9)近3年内诉讼情况汇总表

(10)财务状况

第四卷　替代方案(如果有的话)

投标人必须使用招标文件提供的投标文件表格格式，但表格可以按同样格式扩展。行业标准施工招标文件中所列的投标文件格式主要有投标函及投标函附录、法定代表人身份证明、授权委托书、联合体协议书、投标保证金、已标价的工程量清单、项目管理机构、拟分包的项目情况表、资格审查资料及按招标文件规定提交的其他资料等。

投标文件的递交

投标人应在招标文件前附表规定的时间内将投标文件递交给招标人。当招标人按招标文件中的投标须知规定，延长递交投标文件的截止日期时，投标人要注意新的截止时间，避免标书的逾期送达而导致废标。

投标人可以在递交投标文件以后，在规定的投标截止时间之前，递交补充、修改或撤回其投标文件时，要书面通知招标人。投标文件的补充、修改或撤回，应按招标文件中投标人须知的规定编制、密封、签章、标识和递交，并在包封上标明"补充""修改"或"撤回"字样。补充、修改的内容为投标文件的组成部分。在投标截止期后，不能更改、撤回投标文件，否则其投标保证金将不予退还。《中华人民共和国招标投标法实施条例》第三十五条规定："投标人撤回已提交的投标文件，应当在投标截止时间前书面通知招标人。招标人已收取投标保证金的，应当自收到投标人书面撤回通知之日起5日内退还。投标截止后投标人撤销投标文件的，招标人可以不退回投标保证金。"

需要注意的是投标人递交投标文件不宜太早，一般在投标截止期前密封、送达到招标文件中指定的地点。送达的方式有两种：一种是直接送达；另外一种是邮寄，邮寄方式送达以招标人实际收到时间为准，而不是以邮戳日期为准。

投标文件编制与递交注意事项

(1)投标人编制投标文件时，必须使用招标文件提供的投标文件的格式。填写表格时，凡要求填写的空格都必须填写，否则被视为放弃该项要求。重要的项目或数字(如工期、质量等级、价格等)未填写的，将被作为无效或作废的投标文件处理。

(2)编制的投标文件正、副本必须按招标文件要求的份数提供，同时必须明确标明"投标文件正本"和"投标文件副本"字样。

(3)投标文件均应使用不褪色的墨水笔书写或打印。投标文件的书写要字迹清楚、整洁、美观。

(4)所有投标文件均由投标人的法定代表人签署、加盖印鉴，并加盖法人单位公章。

(5)填报的投标文件应反复校核，保证分项和汇总计算均无错误。全套投标文件均无涂改和行间插字，如果这些删改是根据招标人的要求进行的，或者是投标人造成的必须修改的错误，修改处应由投标文件签字人签字证明并加盖印鉴。

(6)如招标文件规定投标保证金为合同总价的百分比时，开具投标保函不宜太早，以免泄漏报价。若投标人故意提前开出以麻痹竞争对手的情况除外。

(7)投标文件的包封应严格按照招标文件的要求进行，否则会由于包封不合格造成废标。

(8)认真对待招标文件中关于废标的条件，以免投标文件被判为无效标而前功尽弃。

2.2 建设工程投标文件编制工作内容

如图3-3所示，投标文件编制工作内容包括商务文件、报价文件和技术文件的编制3部分，商务文件与报价文件组成以报价为核心的商务标，技术文件构成技术标，是投标报价的基础。

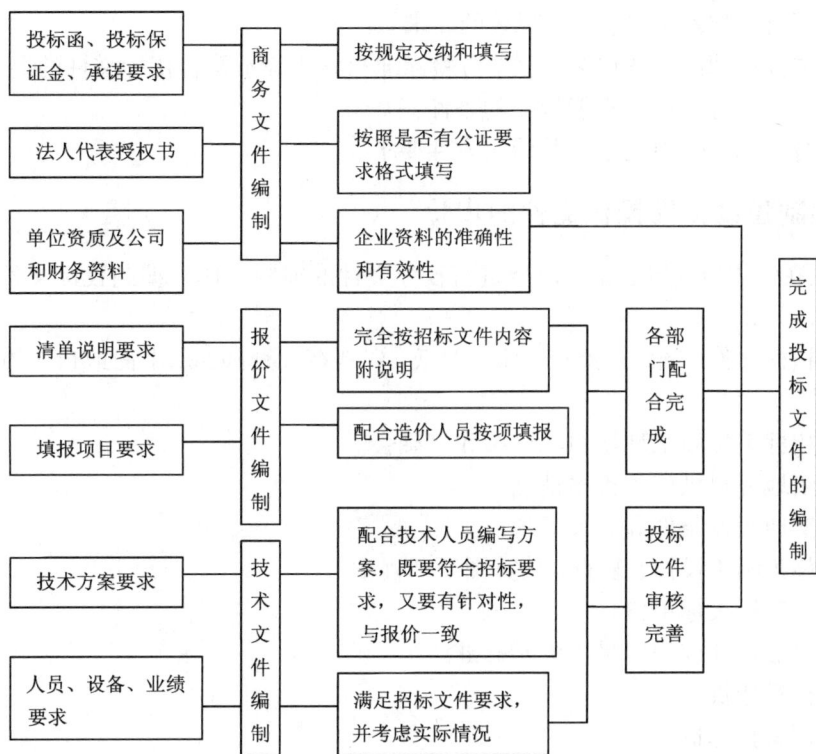

图 3-3 投标文件编制工作框图

2.3 投标文件的编制要求

投标人应按招标文件的要求编制投标文件。投标文件作为要约,必须符合以下的条件:

(1)投标文件应按招标文件、标准施工招标文件和行业标准施工招标文件"投标文件格式"进行编写。

(2)投标文件应当对招标文件有关工期、投标有效期、质量要求、技术标准和要求、招标范围等实质性内容做出响应。

(3)投标文件应用不褪色的材料书写或打印,并由投标人的法定代表人或其委托代理人签字或盖单位章。

(4)投标文件正本一份,副本份数见投标人须知前附表。正本和副本的封面上应清楚地标记"正本"或"副本"的字样。当副本和正本不一致时,以正本为准。

(5)投标文件的正本与副本应分别装订成册,并编制目录,具体装订要求见投标人须知前附表规定。

在招标实践中,投标文件有下述情形之一的,属于重大偏差,为未能对招标文件做出实质性响应,会被作为废标处理:

(1)没有按照招标文件要求提供投标担保或者所提供的投标担保存在瑕疵;

(2)投标文件没有投标人授权代表签字和加盖公章;

（3）投标文件载明的招标项目完成期限超过招标文件规定的期限；

（4）明显不符合技术规格、技术标准的要求；

（5）投标文件载明的货物包装方式、检验标准和方法等不符合招标文件的要求；

（6）投标文件附有招标人不能接受的条件；

（7）不符合招标文件中规定的其他实质性要求。

2.4 编制建设工程投标文件的步骤

投标单位在完成资料准备后，就要进行投标文件的编制工作。编制投标文件的一般步骤如下。

（1）熟悉招标文件、图纸、资料，如对图纸、资料存在疑问，用书面或口头方式向招标人询问、澄清。

（2）参加招标单位施工现场情况介绍和答疑会。

（3）调查当地材料供应和价格情况。

（4）了解交通运输条件和有关事项。

（5）编制施工组织设计，复查、计算图纸工程量。

（6）编制或套用投标单价。

（7）计算取费标准或确定采用取费标准。

（8）计算投标造价。

（9）核对调整投标造价。

（10）确定投标报价。

2.5 投标文件资料准备

如图 3-4 所示，投标资料应从 3 个方面进行准备。

1. 商务资料准备

商务资料主要包括投标函及附录、法定代表人证明文件及授权委托书、联合体协议、投标保证金以及证明投标人施工和管理能力的单位资质、财务状况、物资装备和公司业绩等资料。

2. 清单资料准备

清单资料主要包括清单说明要求和填报项目要求。具体涉及投标报价汇总表、分组工程量清单、单价汇总表、材料费汇总表、机械使用费汇总表、单价分析表、资金流量估算表等资料。

3. 技术资料准备

技术资料主要包括根据招标文件对技术方案、人员、设备、业绩等方面提出的要求而准备的资料。具体涉及施工程序与方案、施工方法、施工进度计划、施工机械、材料的选定、设备、临时生产生活设施的安排、劳动力计划、施工现场平面和空间的布置等内容。

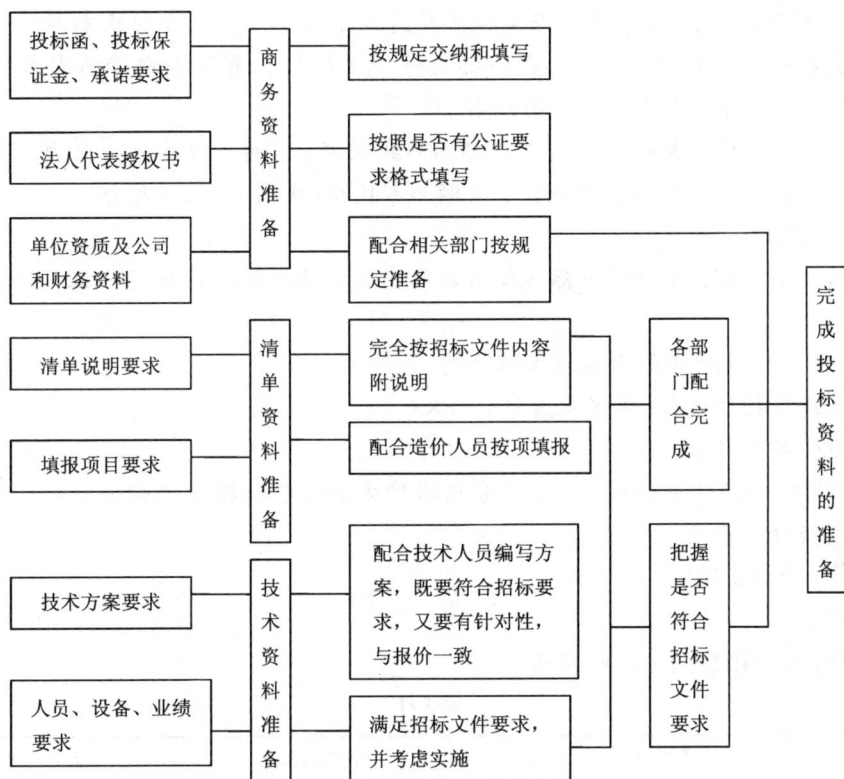

图 3-4　投标资料分类及工作框图

2.6　投标文件商务标的编制

2.6.1　商务文件编制

投标函及投标函附录

(1)投标函实例

投标函

致：×××检察院

在考察现场并充分研究×××检察院办公楼工程(以下简称"本工程")施工招标文件的全部内容后,我方兹以：

　　人民币(大写)：捌佰叁拾玖万零肆佰伍拾柒元伍角陆分

　　RMB：8390457.56 元

的投标价格和按合同约定有权得到的其他金额,并严格按照合同约定,施工、竣工和交付本工程并维修其中的任何缺陷。

　　在我方的上述投标报价中,包括：

　　安全文明施工费 RMB：155168.20 元

　　暂列金额(不包括计日工部分)RMB：300000.00 元

　　专业工程暂估价 RMB：0.00 元

如果我方中标，我方保证在 2021 年 12 月 1 日或按照合同约定的开工日期开始本工程的施工，240 天(日历日)内竣工，并确保工程质量达到市优标准。我方同意本投标函在招标文件规定的提交投标文件截止时间后，在招标文件规定的投标有效期期满前对我方具有约束力，且随时准备接受你方发出的中标通知书。

随本投标函提交的投标函附录是本投标函的组成部分，对我方构成约束力。

随同本投标函递交投标保证金一份，金额为人民币(大写)：拾万元整

(￥：100000.00 元)。

在签署协议书之前，你方的中标通知书连同本投标函，包括投标函附录，对双方具有约束力。

投标人(盖章)：×××省第六建筑工程公司

法人代表或委托代理人(签字或盖章)：×××

日期：2021 年 3 月 18 日

备注：采用综合评估法评标，且采用分项报价方法对投标报价进行评分的，应当在投标函中增加分项报价的填报。

(2)投标函附录实例

投标函附录

工程名称：×××检察院办公楼工程

表 3-1

序号	条款内容	合同条款号	约定内容	备注
1	项目经理	1.1.2.4	姓名：×××	
2	工期	1.1.4.3	240 日历天	
3	缺陷责任期	1.1.4.5		
4	承包人履约担保金额	4.2		
5	分包	4.3.4	见分包项目情况表	
6	逾期竣工违约金	11.5	1000.00 元/天	
7	逾期竣工违约金最高限额	11.5		
8	质量标准	13.1	市优	
9	价格调整的差额计算	16.1.1	见价格指数权重表	
10	预付款额度	17.2.1		
11	预付款式保函金额	17.2.2		
12	质量保证金扣留百分比	17.4.1	3%	
	质量保证金额度	17.4.1		
……	……			

备注：投标人在响应招标文件中规定的实质性要求和条件的基础上，可做出其他有利于招标人的承诺。此类承诺可在本表中予以补充填写

投标人(盖章)：×××省第六建筑工程公司

法人代表或委托代理人(签字或盖章):×××

日期:2021年3月18日

(3)法定代表人身份证明实例

法定代表人身份证明

投标人:×××省第六建筑工程公司

单位性质:股份合作制

地址:××市人民路158号

成立时间:1955年3月5日

经营期限:2021年1月15日至2024年1月14日

姓名:×××   性别:男

年龄:45岁   职务:经理

×××是第六建筑工程公司(投标人名称)的法定代表人。

特此证明。

投标人:×××省第六建筑工程公司(盖单位章)

2021年3月18日

(4)授权委托书实例

授权委托书

本人×××(姓名)系×××省第六建筑工程公司(投标人名称)的法定代表人,现委托×××为我方代理人。代理人根据授权,以我方名义签署、澄清、说明、补正、递交、撤回、修改×××检察院办公楼工程施工投标文件、签订合同和处理有关事宜,其法律后果由我方承担。

委托期限:2021年2月1日至2021年12月30日

代理人无转委托权。

附:法定代表人身份证明

投标人:×××省第六建筑工程公司(盖单位章)

法定代表人:×××(签字)

身份证号码:×××××××××××××××××

委托代理人:×××(签字)

身份证号码:×××××××××××××××××

2021年3月18日

(5)投标保证金实例

投标保证金

保函编号:150

×××公安局(招标人名称):

鉴于×××第二建筑工程公司(投标人名称)(以下简称"投标人")参加你方×××公安局办公楼工程(项目名称)的施工投标,×××商业银行(担保人名称)(以下简称"我方")受该投标人委托,在此无条件地、不可撤销地保证:一旦收到你方提出的下述任何一种事实的书面通知,在7日内无条件地向你方支付总额不超过拾万元(投标保函额度)的任何你方要求的金额:

1.投标人在规定的投标有效期内撤销或者修改其投标文件。

2.投标人在收到中标通知书后无正当理由而未在规定期限内与贵方签署合同。

3.投标人在收到中标通知书后未能在招标文件规定期限内向贵方提交招标文件所要求的履约担保。

本保函在投标有效期内保持有效，除非你方提前终止或解除本保函。要求我方承担保证责任的通知应在投标有效期内送达我方。保函失效后请将本保函交投标人退回我方注销。

本保函项下所有权利和义务均受中华人民共和国法律管辖和制约。

担保人名称：×××商业银行(盖单位章)

法定代表人或其委托代理人：×××(签字)

地　　址：×××站前街16号

邮政编码：111000

电　　话：×××—×××××××

传　　真：×××—×××××××

2021年4月12日

备注：经过招标人事先书面同意，投标人可采用招标人认可的投标保函格式，但相关内容不得背离招标文件约定的实质性内容。

2.6.2　报价文件编制

投标报价是投标的关键性工作，也是投标书的核心组成部分，招标人往往将投标人的报价作为主要标准来选择中标人，同时也是招标人与中标人就工程标价进行谈判的基础。

1.投标价的概念

投标价是投标人投标时报出的工程造价。它是在工程采用招标发包的过程中，由投标人按照招标文件的要求，根据工程特点，并结合自身的施工技术、装备和管理水平，依据有关计价规定自主确定的工程造价，是投标人希望达成工程承包交易的期望价格，它不能高于招标人设定的招标控制价。投标报价编制和确定的最基本特征是投标人自主报价，它是市场竞争形成价格的体现。

投标报价应由投标人或受其委托具有相应资质的工程造价咨询人编制。

2.投标报价的原则

投标报价编制和确定的最基本特征是投标人自主报价，它是市场竞争形成价格的体现。投标人自主决定投标报价应遵循以下原则：

(1)遵守有关规范、标准和建设工程设计文件的要求；

(2)遵守国家或省级、行业建设主管部门及其工程造价管理机构制定的有关工程造价政策要求；

(3)遵守招标文件中的有关投标报价的要求；

(4)遵守投标报价不得低于成本的要求。

3.投标报价的依据

投标报价应根据招标文件中的计价要求，按照下列依据自主报价：

(1)工程量清单计价规范；

(2)国家或省级、行业建设主管部门颁发的计价办法；

(3)企业定额，国家或省级、行业建设主管部门颁发的计价定额；

(4)招标文件、工程量清单及其补充通知、答疑纪要；

(5)建设工程设计文件及相关资料；

（6）施工现场情况、工程特点及拟定的投标施工组织设计或施工方案；

（7）与建设项目相关的标准、规范等技术资料；

（8）市场价格信息或工程造价管理机构发布的工程造价信息；

（9）其他的相关资料。

4. 投标报价的步骤

（1）熟悉招标文件，对工程项目进行调查与现场考察；

（2）制定投标策略；

（3）核算招标项目实际工程量；

（4）编制施工组织设计；

（5）考虑工程承包市场的行情，确定各分部分项工程单价；

（6）分摊项目费用，编制单价分析表；

（7）计算投标基础价；

（8）进行获胜分析、盈亏分析；

（9）提出备选投标报价方案；

（10）编制出合理的报价，以争取中标。

5. 投标报价的编制方法

根据建设部第 107 号令《建筑工程施工发包与承包计价管理办法》的规定，发包与承包价的计算方法分为工料单价法和综合单价法。

（1）工料单价法

工料单价法是指计算出分部分项工程量后乘以工料单价，合计得到直接工程费，直接工程费汇总后再加上措施费、间接费、利润和税金生成工程承发包价格。工料单价法是我国长期以来一直采用的一种报价方式。但随着工程量清单招标方式在全国的广泛实施，这种计价模式逐步被综合单价法所替代。

下面以人工费和机械费合计为计算基数为例说明工料单价法的计价程序，见表 3-2。

表 3-2　工料单价法的计价程序表

序号	费用项目	计算方法	备　注
1	直接工程费	按预算表	
2	其中，人工费和机械费	按预算表	
3	措施费	按规定标准计算	
4	其中，人工费和机械费	按规定标准计算	
5	小计	1+3	
6	人工费和机械费小计	2+4	
7	间接费	6×相应费率	
8	利润	6×相应利润率	
9	合计	5+7+8	
10	含税造价	9×（1+相应税率）	

（2）综合单价法

综合单价法分为全费用综合单价和部分费用综合单价，全费用综合单价内容包括直接工程费、措施费、间接费、利润和税金。由于大多数情况下措施费由投标人单独报价，而规费和税金属于不可竞争费用，不包括在综合单价中，此时综合单价仅包括人工费、材料费、机械费、企业管理费、利润和一定范围内的风险费用。

国际通行的做法一般采用全费用单价，则综合单价乘以各分项工程量汇总后，就生成工程承发包价格。我国2013《计价规范》规定的综合单价为部分费用综合单价，不包括措施费、规费和税金，则综合单价乘以各分部分项工程量汇总后，还须加上措施费、规费、税金才得到工程的承发包价格。

我国2013《计价规范》规定：全部使用国有资金投资或国有资金投资为主的工程建设项目，必须采用工程量清单计价，即采用部分费用综合单价法计价。

下面以人工费和机械费为计算基数为例说明综合单价法的计价程序，见表3-3。

表3-3 以人工费和机械费合计为计算基数的综合单价法的计价程序表

序号	费用项目	计算方法	
1	分项直接工程费	人工费+材料费+机械费	
2	其中，人工费和机械费	人工费+机械费	
3	企业管理费	2×相应费率	
4	利润	2×相应利润率	
5	风险	按规定	
6	综合单价	1+3+4+5	
7	规费	按当地规定	
8	不含税造价	6+7	
9	含税造价	8×（1+相应税率）	

6. 工程量清单报价的编制

采用工程量清单计价，建设工程造价由分部分项工程费、措施项目费、其他项目费、规费和税金组成。因此，投标人投标报价的编制，是编制计算投标人完成由招标人提供的工程量清单所列项目的全部费用，包括分部分项工程费、措施项目费、其他项目费、规费和税金。

根据2013《计价规范》，按工程量清单计价编制投标价的方法如下。

（1）投标总价的计算

利用综合单价法计价分别计算分部分项工程费、措施项目费、其他项目费、规费、税金，汇总得到投标总价。其中各项费用的计算方法如下：

分部分项工程费＝∑分部分项工程量×分部分项工程综合单价

措施项目费＝∑措施项目工程量×措施项目综合单价

单位工程投标报价＝分部分项工程费+措施项目费+其他项目费+规费+税金单项工程投标报价＝∑单位工程报价

投标总价＝∑单项工程报价

实行工程量清单招标，投标人的投标总价应当与组成工程量清单的分部分项工程费、措施项目费、其他项目费和规费、税金的合计金额相一致，即在进行工程量清单招标的投标报价时，不能进行投标总价优惠(或降价、让利)，投标人对招标人的任何优惠(或降价、让利)均应反映在相应清单项目的综合单价中。

(2)分部分项工程费计算

分部分项工程费应依据《计价规范》规定的综合单价的组成内容，按招标文件中分部分项工程量清单项目的特征描述并结合项目的具体情况，分别确定各分部分项工程的综合单价。

①计算施工方案工程量按照《计价规范》进行投标报价的编制，招标人提供的分部分项工程量是依据国家清单计价规范的计算规则(或按当地的规定，有的地区把本地区的计价定额作为清单附录使用)，按施工图图示尺寸计算得到的工程量净量。在计算直接工程费时，必须考虑施工方案等各种影响因素，根据各分部分项工程项目所包含的工程内容和项目特征，按投标报价所依据的企业定额或参考本地区统一定额的计算规则重新计算施工工程量，以施工工程量为基础完成各分部分项工程项目的报价。施工方案的不同，施工工程量的计算方法和计算结果也不尽相同。例如，在基础土方工程中，计价规范规定挖基础土方项目的工程量，按照基础施工图设计图示尺寸以基础垫层底面积乘以挖土深度计算。而施工单位在投标报价时，首先要确定基础土方的开挖方式，是人工挖土还是机械挖土，是挖沟槽、基坑，还是大开挖；在确定土方开挖方式的基础上，还要考虑工作面是否需要放坡或采取必要的支护措施后，才能按投标报价所依据的企业定额或参考本地区统一定额的计算规则计算施工的工程量。因此，同一工程因各投标人采取的施工方案不同、依据的定额不同，所报出的工程造价也不尽相同。投标人可根据工程条件选择能发挥自身技术优势的施工方案，力求缩短工期、降低工程造价，确立在投标中的竞争优势。同时，必须注意工程量清单计算规则是针对清单项目的主要工作内容的计算方法及计量单位进行确定，对主项以外的工程内容的计算方法及计量单位不做规定，由投标人根据施工图及投标人的经验自行确定，最后综合处理形成分部分项工程量清单综合单价。

②人、料、机数量测算，投标人应依据反映企业自身水平的企业定额，或者参照国家或省级、行业建设主管部门颁发的计价定额确定人工、材料、机械台班等的耗用量。为提高企业的竞争能力，施工企业应加强这方面资料的收集和整理，参考本地区统一定额逐步建立反映本企业真实消耗水平的企业定额，提高报价的真实性和准确性。

③市场调查和询价根据工程项目的具体情况和市场价格信息，考虑市场资源的供求状况，到项目实地进行调查和询价，以市场价格作为主要依据，参考工程造价管理机构发布的工程造价信息，并考虑一定的调价系数，确定人工单价、材料单价、施工机械台班租赁价格及专业工程的分包价格等。

④计算清单项目分部分项工程的直接工程费单价按确定的分项工程人工、材料和机械的消耗量、企业定额(或参考地区统一计价定额)及询价获得的人工单价、材料预算价格和施工机械台班单价，计算出对应分部分项工程单位数量的人工费、材料费和施工机械使用费。

⑤计算综合单价，综合单价是指完成一个规定计量单位的分部分项工程量清单项目或措施清单项目所需的人工费、材料费、施工机械使用费和企业管理费与利润，以及一定范围内

的风险费用，即

综合单价＝人工费＋材料费＋机械使用费＋管理费＋利润

所以，《计价规范》中采用的综合单价为不完全费用综合单价。

企业管理费和利润的计算一般有两种方法。一是参考行业主管部门公布的指导性费率来计算企业管理费和利润。目前一般采用人工费与机械费之和为计算基数，乘以相应的费率即得企业管理费和利润。对于企业管理费和利润的费率的确定，投标人可在本地区行业主管部门公布的费率基础上，根据市场的竞争情况进行适当的调整。利润率甚至可以定为零，但是企业管理费费率必须符合本企业的管理费的实际支出情况和本地区的有关规定。二是采用分摊法计算分项工程中的管理费和利润，即先计算出工程的全部管理费和利润，然后再分摊到工程量清单中的每个分项工程上。分摊计算时，投标人可以根据以往的经验确定一个适当的分摊系数来计算每个分项工程应分摊的管理费和利润。

此外，综合单价中还应考虑招标文件中要求投标人承担的风险内容及其范围(幅度)，以及相应的风险费用。根据我国工程建设特点，投标人应完全承担的风险是技术风险和管理风险，如管理费和利润；应有限度承担的是市场风险，如材料价格、施工机械使用费等的风险；应完全不承担的是法律、法规、规章和政策变化的风险。所以综合单价中不包含规费和税金。材料价格的风险宜控制在5%以内，施工机械使用费的风险可控制在10%以内，超过者予以调整。在施工过程中，当出现的风险内容及其范围(幅度)在招标文件规定的范围内时，综合单价不得变更，工程价款不做调整。

特别需要注意的是：其他项目清单中的材料暂估价也应纳入综合单价中，为方便合同管理，需要纳入分部分项工程量清单项目综合单价中的暂估价应只是材料费，以方便投标人组价。

⑥计算分部分项工程费，按分部分项工程量清单和相应的综合单价进行计算，计算公式为

分部分项工程费＝∑分部分项工程量×分部分项工程综合单价

(3)措施项目费计算

措施项目一般均为非实体项目，有些措施项目费用的发生和金额的大小与使用时间、施工方法或两个以上的工序有关，与实际完成的实体工程量的多少关系不大。典型的是大型机械进出场及安拆费、文明施工和安全防护费、临时设施费。但有些非实体项目，是可以计算工程量的项目，如混凝土模板及支架费、脚手架、挡土板支护等。

由于各投标人拥有的施工装备、技术水平和采用的施工方法有所差异，招标人提出的措施项目清单是根据一般情况确定的，没有考虑不同投标人的个性，投标人投标时可根据自身编制的投标施工组织设计(或施工方案)确定措施项目，并可对招标人提供的措施项目清单进行增补。

措施项目清单费应根据招标文件中的措施项目清单及投标时拟定的施工组织设计或施工方案，按计价规范的规定自主确定。其中安全文明施工费应按照国家或省级、行业建设主管部门的规定计价，不得作为竞争性费用。

进行措施项目的报价，对于可以计算工程量措施项目，应按分部分项工程量清单报价的方式采用综合单价计价，如混凝土、钢筋混凝土、模板及支架和脚手架项目；其余措施项目可以"项"为单位的方式计价，应包括除规费、税金外的全部费用。

对于不能计算工程量的措施清单项目，是以"项"为计量单位列出的，在报价时，应根据拟建工程的施工方案和施工组织设计，详细分析其所包括的全部内容，然后确定其金额，计算方法可以采用参数法和分包法等。参数法计价是指按一定的基数乘以系数的方法或自定义公式进行计算。这种方法简单明了，但关键是确定相应费率和确保公式的科学性、准确性。费率的高低直接反映投标人的施工水平，这种方法主要适用于施工过程中必须发生，但在投标时很难具体分项预测，又无法单独列出项目内容的措施项目，如冬雨季施工费、安全文明施工、夜间施工费、二次搬运费等。分包法计价是在分包价格的基础上增加投标人的管理费和风险费进行计算的方法，这种方法适用于可以独立分包的项目，如大型机械进出场及安拆费的报价。

（4）其他项目费计算

2013《计价规范》提供了暂列金额、暂估价（含材料暂估价和专业工程暂估价）、计日工、总承包服务费等4项内容作为参考，投标人可以根据工程的具体情况，对不足部分进行补充。

①暂列金额。暂列金额是招标人暂定并包括在合同中的一笔款项，主要是考虑到可能发生的工程量变化和费用增加而预留的金额。暂列金额的计算应根据设计文件的深度、设计质量的高低、拟建工程的成熟程度及工程风险的性质来确定其额度。设计深度深、设计质量高、已经成熟的工程设计，一般预留工程总造价的3%～5%；在初步设计阶段，工程设计不成熟的，一般预留工程总造价的10%作为暂列金额。投标人在投标报价时，应严格按招标人在其他项目清单中列出的金额或计算方法来报价，不得变动。

②暂估价。暂估价是指招标阶段直至签订合同协议时，招标人在招标文件中提供的用于支付必然要发生，但暂时不能确定价格的材料以及专业工程的金额，包括材料暂估价和专业工程暂估价两部分。为方便合同管理，需要纳入分部分项工程量清单项目综合单价中的暂估价应只是材料费，以方便投标人组价。投标报价计算时，材料暂估价按招标人在其他项目清单中列出的单价计入综合单价。专业工程的暂估价一般应是综合暂估价，应当包括除规费和税金以外的企业管理费、利润等全部费用。投标报价时，专业工程暂估价按招标人在其他项目清单中列出的金额填写，不得变动和更改。

③计日工。计日工按招标人在其他项目清单中列出的项目和数量，由投标人自主确定综合单价并计算计日工费用。

④总承包服务费。总承包服务费由投标人依据招标人在招标文件中列出的分包专业工程内容和供应材料、设备情况，按照招标人提出协调、配合与服务要求和施工现场管理需要自主确定总承包服务费，但不包括投标人自行分包的费用。

（5）规费和税金项目费计算

规费和税金应按国家或省级、行业建设主管部门的规定计算，不得作为竞争性费用。

规费和税金的计取标准是依据有关法律、法规和政策规定制定的，具有强制性。投标人是法律、法规和政策的执行者，他不能改变标准，只能按照法律、法规、政策的有关规定执行。

7. 投标报价注意事项

（1）分部分项工程量清单综合单价的组成内容应符合本规范术语的规定，对招标人给定了暂估单价的材料，应按暂估的单价计入综合单价中。

（2）分部分项工程费报价的最重要依据之一是该项目的特征描述，投标人应依据招标文件中分部分项工程量清单项目的特征描述确定清单项目的综合单价,当出现招标文件中分部分项工程量清单项目的特征描述与设计图纸不符时,应以工程量清单项目的特征描述为准;当施工中施工图纸或设计变更与工程量清单项目的特征描述不一致时,发承包双方应按实际施工的项目特征,依据合同约定重新确定综合单价。

(3)投标人在自主决定投标报价时,还应考虑招标文件中要求投标人承担的风险内容及其范围(幅度)以及相应的风险费用。在施工过程中,当出现的风险内容及其范围(幅度)在招标文件规定的范围内时,综合单价不得变更,工程价款不做调整。

(4)规费和税金必须按国家或省级、行业建设主管部门的有关规定计算。规费和税金的计取标准是依据有关法律、法规和政策规定指定的,具有强制性,投标人不得任意修改。

(5)在进行工程量清单招标的投标报价时,不能进行投标总价优惠(或降价、让利),投标人对招标人的任何优惠(或降价、让利)均应反映在相应清单项目的综合单价中。

【特别提示】

工程量清单计价规范(2013)措施项目组价方式的变化

1. 可以计算工程量的项目。典型的是混凝土浇筑的模板工程,适宜计算工程量分部分项工程量清单方式的措施项目应采用综合单价计价。

2. 不宜计算工程量的项目。其费用的发生和金额的大小与使用时间、施工方法或者两个以上工序相关,与实际完成的实体工程量的多少关系不大,典型的是大中型施工机械、临时设施等,以"项"为单位的方式计价,应包括除规费、税金外的全部费用。

3. 安全文明施工费。应按照国家或省级、行业建设主管部门的规定计价,不得作为竞争性费用。

8. 投标报价策略

建筑工程投标报价策略和技巧,是指工程承包商在投标报价中的指导思想和在投标过程中所运用的操作技能和诀窍。它是保证投标人在满足招标文件各项要求的条件下,赢得投标、获得预期效益的关键,常见的投标报价策略主要有如下几种。

(1)结合自身的优势、劣势和项目特点决定报价策略

下列情况一般投标报价可高一些:

①施工场地狭窄、地处闹市等施工条件差的工程;

②专业要求高的技术密集型工程,而本公司这方面有专长,竞争力较强的工程;

③总价低的小工程,以及自己不愿做而被邀请投标时,不便于不投标的工程;

④特殊的工程,如港口码头工程、地下开挖工程等;

⑤业主对工期要求急的工程;

⑥投标对手少的工程;

⑦业主资金不到位,需要垫付工程款的工程。

下述情况投标报价应低一些:

①施工条件好、工作简单、工程量大而一般公司都可以做的工程,如住宅楼工程、大型土方工程等;

②即将面临没有工程的情况，或根据公司发展需要急于打入新的市场、新的地区时；

③附近有工程而本项目可以利用该项工程的设备、劳务或有条件短期内突击完成的；

④投标对手多，竞争较激烈时；

⑤非急需工程；

⑥支付条件好，如现汇支付。

（2）不平衡报价法

不平衡报价法，是指在总报价基本确定的前提下，调整内部各个子项的报价，以期既不影响总报价，又在中标后满足资金周转和获得超额利润的需要，取得较理想的经济效益。

通常采用的不平衡报价有下列几种情况：

①对能早日结账收回工程款的土方、基础等前期工程项目，单价可适当报高些；对机电设备安装、装饰等后期工程项目，单价可适当报低些。

②对预计今后工程量可能会增加的项目，单价可适当报高些；而对工程量可能减少的项目，单价可适当报低些。

③对设计图纸内容不明确或有错误，估计修改后工程量要增加的项目，单价可适当报高些；而对工程内容不明确的项目，单价可适当报低些。

④对没有工程量只填报单价的项目，或招标人要求采用包干报价的项目，单价宜报高些；对其余的项目，单价可适当报低些。

⑤对暂定项目中实施的可能性大的项目，单价可报高些；预计不一定实施的项目，单价可适当报低些。

不平衡报价法的优点是有助于对工程量表进行仔细校核和统筹分析，总价相对稳定，不会过高；缺点是单价报高报低的合理幅度难以掌握，单价报得过低会因执行中工程量增多而造成承包商损失，报得过高会因招标人要求压价而使承包商得不偿失。因此，在运用不平衡报价法时，要特别注意工程量有无错误，具体问题具体分析，避免报价盲目报高或报低。

（3）多方案报价法

多方案报价法是利用工程说明书或合同条款不够明确之处，以争取达到修改工程说明书和合同为目的的一种报价方法。当工程说明书或合同条款有不够明确之处时，往往使投标人承担较大风险。为了减少风险就必须扩大工程单价。增加"不可预见费"，但这样做又会因报价过高而增加被淘汰的可能性。多方案报价法就是为对付这种两难局面而出现的。其具体做法是在标书上报两价目单价，一是按原工程说明书合同条款报一个价，二是加以注解，"如工程说明书或合同条款可做某些改变时"，则可降低多少的费用，使报价成为最低，以吸引业主修改说明书和合同条款。

多方案报价法主要适用以下两种情况：

①如果发现招标文件中的工程范围不很明确，合同条款内容不清楚或很不公正，或对技术规范的要求过于苛刻，可先按招标文件的要求报一个单价，然后再说明假如招标人对合同要求做某些修改，报价可降低多少。

②如发现设计图纸中存在某些不合理并可以改进的地方，或者可以利用某项新技术、新工艺、新材料替代的地方，或者发现自己的技术和设备满足不了招标文件中设计图纸的要求，可以先按设计图纸的要求报一个单价，然后再附上一个修改设计的建议方案，并根据修

改的建议方案再报出一个新的单价。

但是，如有规定，政府工程合同的方案是不容许改动的，该方法不能使用。

（4）增加建议方案

有时招标文件中规定，可以提一个建议方案，即可以修改原设计方案，提出投标者的方案。这时投标者应抓住机会，组织一批有经验的设计和施工工程师，对原招标文件的设计和施工方案仔细研究，提出更为合理的方案以吸引业主，促成自己的方案中标。这种新的建议方案可以降低总造价或提前竣工或使工程运用更合理，但要注意的是对原招标方案一定也要报价，以供业主比较。

增加建议方案时，不要将方案写得太具体，保留方案的技术关键，防止业主将此方案交给其他承包商，同时要强调的是，建议方案一定要比较成熟，或过去有实践经验，因为投标时间不长，如果仅为中标而匆忙提出一些没有把握的方案，可能引起后患。

（5）突然降价法

突然降价法是指为迷惑竞争对手而采用的一种竞争方法。通常做法为，在准备投标报价的过程中预先考虑好降价的幅度，然后有意散布一些假情报。如打算弃标、按一般情况报价或准备报高价等，等临近投标截止日期前，突然前往投标，并降低报价，以期战胜竞争对手。

（6）无利润算标

缺乏竞争优势的承包商，在不得已的情况下，只好在算标中根本不考虑利润去夺标。这种办法一般是处于以下条件时采用：

①有的承包商为了打入某一地区或某一领域，依靠自身实力，采取只求中标的低报价投标策略，一旦中标，可以承揽这一地区或这一领域更多的工程任务，达到总体盈利的目的。

②有可能在得标后，将大部分工程分包给索价较低的一些分包商。

③对于分期建设的项目，先以低价获得首期工程，而后赢得机会创造第二期工程中的竞争优势，并在以后的实施中赚得利润。

④较长时期内，承包商没有在建的工程项目。如果再不得标，就难以维持生存。因此，虽然本工程无利可图，只要能有一定的管理费维持公司的日常运转，就可设法渡过暂时的困难，以图将来东山再起。

投标报价的技巧很多，聪明的承包商在多次投标和施工中还会摸索总结出对付各种情况的经验，并不断丰富完善。国际上知名的大牌工程公司，都有自己的投标策略和编标技巧，属于其商业机密，一般不会见诸公开刊物。承包商只有通过自己的实践，积累总结，才能不断提高自己的编标报价水平。

（7）开口升级法

将工程中的一些风险大、花钱多的分项工程或工作抛开，仅在报价单中注明，由双方再度商讨决定。这样大大降低了报价，用最低价吸引业主，取得与业主商谈的机会，而在议价谈判和合同谈判中逐渐提高报价。

2.7 投标文件技术标的编制

2.7.1 编制施工规划或施工组织设计

施工规划和施工组织设计都是关于施工方法、施工进度计划的技术经济文件，是指导施工生产全过程组织管理的重要设计文件，是确定施工方案、施工进度计划和进行现场科学管理的主要依据之一。施工组织设计的要求比施工规划的要求详细得多，编制起来要比施工规划更为复杂。为避免未中标的投标人因编制施工组织设计而造成人力、物力、财力上的浪费，投标人在投标时一般只需编制施工规划即可，可在中标后再编制施工组织设计。但实践中，招标人为了让投标人更充分地展示实力，也常要求投标人投标时完成编制施工组织设计。施工进度安排是否合理，施工方案选择是否恰当，对工程成本与报价有密切关系。编制一个好的施工组织设计可以大大降低标价，提高竞争力。其编制原则是力争在保证工期和工程质量的前提下，尽可能使工程成本最低，投标价格合理。

（1）投标人应根据招标文件和对现场的勘察情况，采用文字并结合图表形式，参考以下要点编制拟投标工程的施工规划或施工组织设计：

①施工方案及技术措施；

②质量保证措施和创优计划；

③施工总进度计划及保证措施（包括以横道图或标明关键线路的网络进度计划、保障进度计划需要的主要施工机械设备、劳动力需求计划及保证措施、材料设备进场计划及其他保证措施等）；

④施工安全措施计划；

⑤文明施工措施计划；

⑥施工场地治安保卫管理计划；

⑦施工环保措施计划；

⑧冬季和雨季施工方案；

⑨施工现场总平面布置（投标人应递交一份施工总平面图，绘出现场临时设施布置图表并附文字说明，说明临时设施、加工车间、现场办公、设备及仓储、供电、供水、卫生、生活、道路、消防等设施的情况和布置）；

⑩项目组织管理机构（若施工组织设计采用"暗标"方式评审，则在任何情况下，"项目管理机构"不得涉及人员姓名、简历、公司名称等暴露投标人身份的内容）；

⑪承包人自行施工范围内拟分包的非主体和非关键性工作（按招标文件中投标人须知的规定）、材料计划和劳动力计划；

⑫成品保护和工程保修工作的管理措施和承诺；

⑬任何可能的紧急情况的处理措施、预案以及抵抗风险（包括工程施工过程中可能遇到的各种风险）的措施；

⑭对总包管理的认识以及对专业分包工程的配合、协调、管理、服务方案；

⑮与发包人、监理及设计人的配合；

⑯招标文件规定的其他内容。

（2）若投标人须知规定施工组织设计采用技术"暗标"方式评审，则施工组织设计的编制和装订应按"施工组织设计（技术暗标部分）编制及装订要求"编制和装订施工组织设计。

（3）施工组织设计除采用文字表述外可附下列图表，图表及格式要求附后。若采用技术暗标评审，则下述表格应按照章节内容，严格按给定的格式附在相应的章节中。

①附表一：拟投入本工程的主要施工设备表实例

表3-4　拟投入本工程的主要施工设备表

序号	设备名称	型号规格	数量	国别产地	制造年份	额定功率（kW）	生产能力	用于施工部位	备注
……	……								

②附表二：拟配备本工程的试验和检测仪器设备表实例

表3-5　拟配备本工程的试验和检测仪器设备表

序号	仪器设备名称	型号规格	数量	国别产地	制造年份	已使用台时数	用途	备注
……	……							

③附表三：劳动力计划表实例

表3-6　劳动力计划表　　　　　　　　　　　　　单位：人

工种	按工程施工阶段投入劳动力情况				
……	……				

④附表四：计划开、竣工日期和施工进度网络图

a.投标人应递交施工进度网络图或施工进度表，说明按招标文件要求的计划工期进行施工的各个关键日期。

b.施工进度表可采用网络图和(或)横道图表示。

⑤附表五：施工总平面图

投标人应递交一份施工总平面图，绘出现场临时设施布置图表并附文字说明，说明临时设施、加工车间、现场办公、设备及仓储、供电、供水、卫生、生活、道路、消防等设施的情况和布置。

⑥附表六：临时用地表实例

表 3-7　临时用地表

用途	面积(平方米)	位置	需用时间
……	……		

⑦附表七：施工组织设计(技术暗标部分)编制及装订要求实例

Ⅰ.施工组织设计中纳入"暗标"部分的内容：_____。

Ⅱ.暗标的编制和装订要求：

a.打印纸张要求：_____；

b.打印颜色要求：_____；

c.正本封皮(包括封面、侧面及封底)设置及盖章要求：_____；

d.副本封皮(包括封面、侧面及封底)设置要求：_____；

e.排版要求：_____；

f.图表大小、字体、装订位置要求：_____；

g.所有"技术暗标"必须合并装订成一册，所有文件左侧装订，装订方式应牢固、美观，不得采用活页式装订，均应采用_____方式装订；

h.编写软件及版本要求：Microsoft Word_____；

i.任何情况下，技术暗标中不得出现任何涂改、行间插字或删除痕迹；

j.除满足上述各项要求外，构成投标文件的"技术暗标"的正文中均不得出现投标人的名称和其他可识别投标人身份的字符、徽标、人员名称以及其他特殊标记等。

备注："暗标"应当以能够隐去投标人的身份为原则，尽可能简化编制和装订要求。

1.项目管理机构

(1)项目管理机构组成表实例

表 3-8　项目管理机构组成表

职务	姓名	职称	执业或职业资格证明					备注
			证书名称	级别	证号	专业	养老保险	
……	……							

(2)主要人员简历表

①项目经理简历表实例。项目经理应附建造师执业资格证书、注册证书、安全生产考核合格证书、身份证、职称证、学历证、养老保险复印件及未担任其他在施建设工程项目项目经理的承诺书，管理过的项目业绩须附合同协议书和竣工验收备案登记表复印件。类似项目

限于以项目经理身份参与的项目。

表3-9　项目经理简历表

姓名		年龄		学历		
职称		职务		拟在本工程任职		项目经理
注册建造师执业资格等级		级	建造师专业			
安全生产考核合格证书						
毕业学校		年毕业于		学校	专业	

<table>
<tr><td colspan="4" align="center">主要工作经历</td></tr>
<tr><td>时间</td><td>参加过的类似项目名称</td><td>工程概况说明</td><td>发包人及联系电话</td></tr>
<tr><td></td><td></td><td></td><td></td></tr>
<tr><td></td><td></td><td></td><td></td></tr>
<tr><td></td><td></td><td></td><td></td></tr>
<tr><td>……</td><td>……</td><td></td><td></td></tr>
</table>

②主要项目管理人员简历表实例。主要项目管理人员指项目副经理、技术负责人、合同商务负责人、专职安全生产管理人员等岗位人员。应附注册资格证书、身份证、职称证、学历证、养老保险复印件，专职安全生产管理人员应附安全生产考核合格证书，主要业绩须附合同协议书。

③承诺书实例

承诺书

_____（招标人名称）：

我方在此声明，我方拟派往_____（项目名称）_____标段（以下简称"本工程"）的项目经理____（项目经理姓名）现阶段没有担任任何在施建设工程项目的项目经理。

我方保证上述信息的真实和准确，并愿意承担因我方就此弄虚作假所引起的一切法律后果。

特此承诺

投标人：_____（盖单位章）

法定代表人或其委托代理人：_____（签字）

_____年_____月_____日

2.拟分包计划表实例

表3-10　拟分包计划表

序号	拟分包项目名称、范围及理由	拟选分包人				备注
		拟选分包人名称	注册地点	企业资质	有关业绩	

备注：本表所列分包仅限于承包人自行施工范围内的非主体、非关键工程。

日　期：_____年____月____日

2.7.2　资格审查资料(资格后审)

未进行资格预审的需提供以下资料:

(1)投标人基本情况表;

(2)近年财务状况表;

(3)近年完成的类似项目情况表;

(4)正在施工的和新承接的项目情况表;

(5)近年发生的诉讼和仲裁情况;

(6)企业其他信誉情况表;

(7)主要项目管理人员简历表。

具体内容见学习情境二中工作任务二资格审查文件编制。

2.8　投标文件相关内容编制技巧

在投标文件中,除了最终的投标报价清单外,报价中所附的单价分析表是以后追加项目计算费用的主要依据。编制单价分析表和合同用款估算表时,在保证费合理的前提下,着重点应该主要考虑如何反映投标人以后的利润空间。另外,在投标书中装订一份有吸引力的投标致函,是非常必要的。

1.投标致函编制技巧

编写投标致函的目的是使招标人对投标人的优势有一个全面的了解。投标致函一般装订在标书首页,其中逐一列出标书中的各种优惠条件以及公司优于其他竞争对手的优势,其意义在于一方面宣传投标人的优势,另一方面解释投标报价的合理性,另外附加对招标人的优惠条件,给招标人和评标人留下深刻印象。

投标致函中通常应包含以下内容。

(1)结合项目具体情况,针对招标人感兴趣的方面,有重点地说明本公司的优势,特别是说明自己类似工程的经验和能力,使评标人感到满意。

(2)宣布最终投标报价。投标人出于保密的需要,或由于时间的紧迫性,在填写工程量清单时单价一般都较高,如果招标人容许,可以采取降价函的形式降低初步投标报价;另外如果投标人有选择性技术方案,标书内可能会出现两种报价,在投标致函中应明确最终投标报价。按惯例,投标书中出现两个投标报价,招标人可以按废标处理。

(3)声明由于最终报价的调整,标书内其他和投标报价相关内容也做相应变化。

(4)着重声明投标报价附带的优惠条件。如果企业有能力和条件向招标人提供某些优惠的利益,可以专门列出说明。例如主动提出支付条件的优惠、工期提前、赠给施工设备或免费转让新技术或技术专利、免费技术协作、代为培训人员等。

(5)如果发现招标文件中有某些明显的错误,而又不便在原招标和投标文件上修改,可以在此函中说明,如进行这项修改调整将是有益的,还可说明其对报价的影响。

(6)如果需要,对所选择的施工方案的突出特点做简要说明,主要表明选择这种施工方案可以更好地保证质量和加快工程进度,保证实现预定的工期。

(7)替代方案。如果招标人容许投标人有替代方案时,要在投标致函中做重点的论述,着重宣传替代方案的突出优点。

(8)如果招标人容许,可以提出某些对投标人有利的建议。譬如:如果同时取得两个标段则拟再降价多少;适当提高预付款,则拟再降价多少;适当改变某种材料或者某种结构,不仅完全可保证同等质量、功能,而且可降低价格;等等。致函中一定要声明这些建议只是供招标人参考的,如果本公司中标,而且招标人愿意接受这些建议时,可在投标人中标后商签合同时探讨细节。如果招标人不接受这些建议,投标人将按照招标人和招标人的意见签订合同。

2. 单价分析表编制技巧

招标人有时在招标文件中明确规定投标人在标书中要附单价分析表。其目的一是为考察单价的合理性,二是为了在以后增加项目时,可以参考单价分析表中的数据来决定单价。

为了给以后补充项目留有利润空间,编制单价分析表时,应将人工费及机械设备费报得较高,而材料费报得较低。其意义在于编制新的补充项目单价,一般是按照单价分析表中较高的人工费或机械设备费,而材料则往往采用市场价,因而可以获得较高的收益。

由于每个工程都有其特点,如现场道路情况、现场水源情况、供电情况、当地风土人情、气候条件、地貌与地质状况、工程的复杂程度、工期长短、对材料设备的要求等。在编制单价分析表之前,要充分了解项目的特殊性以及具体的施工方案,对单价进行逐项研究,确定合理的消耗量,然后根据施工步骤进行组价。

3. 合同用款估算表的编制

合同用款估算表是根据投标书中编制的施工进度填制的,用款额根据工程量清单内的单价和总报价估算。在编制合同用款估算表时应结合单价分析表,运用不平衡报价技巧,尽量提高前期支付比例,减少资金呆滞和沉淀。

在编制合同用款估算过程中,要充分考虑监理工程师签发支付证书到实际支付的间隔,尽量提前收回资金。在编制过程中要考虑保留金的扣留和退还。保留金一般规定为 5%,保留期一般是 1 年,保留期满后,招标人会返还全部保留金。但是如果按 FIDIC 条款(国际咨询工程师联合会编写的《土木工程合同条件》的条款)执行,一旦工程拿到临时验交证书,即便以后还有一段时间的保修责任,承包商就可以提交一个保留金银行保函,保函金额是合同款的 2.5%,招标人在拿到银行保函后,要退还 2.5% 的现金给承包商。即承包商可以拿银行提供的保留金保函提前向招标人换回 2.5% 的保留金现金。

2.9 建设工程投标文件的审核

2.9.1 报价审核要点

(1)报价编制说明是否符合招标文件要求,繁简得当。

(2)报价表格式是否按照招标文件要求格式,子目排序是否正确。

(3)"投标报价汇总表合计""投标报价汇总表""综合报价表"及其他报价表是否按照招标文件规定填写,编制人、审核人、投标人是否按规定签字盖章。

(4)"投标报价汇总表合计"与"投标报价汇总表"的数字是否吻合,是否有算术错误。

(5)"投标报价汇总表"与"综合报价表"的数字是否吻合,是否有算术错误。

(6)"综合报价表"的单价与"单项概预算表"的指标是否吻合,是否有算术错误。"综合报价表"费用是否齐全,来回改动时要特别注意。

(7)"单项概预算表"与"补充单价分析表""运杂费单价分析表"的数字是否吻合,工程数量与招标工程量清单是否一致,是否有算术错误。

（8）"补充单价分析表""运杂费单价分析表"是否有偏高、偏低现象，分析原因，所用工、料、机单价是否合理、准确。

（9）"运杂费单价分析表"所用运距是否符合招标文件规定，是否符合调查实际。

（10）配合辅助工程费是否与标段设计概算相接近，降造幅度是否满足招标文件要求，是否与投标书其他内容的有关说明一致，招标文件要求的其他报价资料是否准确、齐全。

（11）定额套用是否与施工组织设计安排的施工方法一致，机具配置尽量与施工方案相吻合，避免工料机统计表与机具配置表出现较大差异。

（12）定额计量单位、数量与报价项目单位、数量是否相符合。

（13）"工程量清单"表中工程项目所含内容与套用定额是否一致。

（14）"投标报价汇总表""工程量清单"采用 Excel 表自动计算，数量乘单价是否等于合价（合价按四舍五入规则取整）。合计项目反求单价，单价保留两位小数。

【特别提示】

报价审核指标：

1. 每单位建筑面积用工、用料数量指标。施工企业在施工中可以按工程类型的不同编制出各种工程的每单位建筑面积用工、用料的数量，将这些数据作为施工企业投标报价的参考值。

2. 主要分部分项工程占工程实体消耗项目的比例指标。一个单位工程是由若干分部分项工程组成的，控制各分部分项工程的价格是提高报价准确度的重要途径之一。例如，一般民用建筑的土建工程，是由土方、基础、砖石、钢筋混凝土、木结构、金属结构、楼地面、屋面、装饰等分部分项工程构成，它们在工程实体消耗项目中都有一个合理的大体比例。投标企业应善于利用这些数据审核各分部分项工程的小计价格是否存在特别过大或过小的偏差。

3. 工、料、机三费占工程实体消耗项目的比例指标。在计算投标报价时，工程实体消耗项目中的工、料、机三费是计算投标报价的基础，这三项费用分别占工程实体消耗部分一个合理的比例。根据这个比例，也可以审核投标报价的准确性。

2.9.2　施工组织及施工进度安排审核

（1）工程概况是否准确描述。

（2）计划开、竣工日期是否符合招标文件中工期安排与规定，分项工程的阶段工期、节点工期是否满足招标文件规定。工期提前要合理，要有相应措施，不能提前的决不提前，如铺架工程工期。

（3）工期的文字叙述、施工顺序安排与"形象进度图""横道图""网络图"是否一致，特别是铺架工程工期要针对具体情况仔细安排，以免造成与实际情况不符的现象。

（4）总体部署：施工队伍及主要负责人与资审方案是否一致，文字叙述与"平面图""组织机构框图""人员简历"及拟用人职务等是否吻合。

（5）施工方案与施工方法、工艺是否匹配。

（6）施工方案与招标文件要求、投标书有关承诺是否一致。材料供应是否与甲方要求一致，是否统一代储代运，是否甲方供应或招标采购。临时通信方案是否按招标文件要求办理（有要求架空线的，不能按无线报价）。施工队伍数量是否按照招标文件规定配置。

（7）工程进度计划：总工期是否满足招标文件要求，关键工程工期是否满足招标文件要求。

（8）特殊工程项目是否有特殊安排。在冬季施工的项目措施要得当，影响质量的必须停工，膨胀土雨季要考虑停工，跨越季节性河流的桥涵基础雨季前要完成，工序、工期安排要合理。

（9）"网络图"工序安排是否合理，关键线路是否正确。

（10）"网络图"如需中断时，是否正确表示，各项目结束是否归到相应位置，虚作业是否合理。

（11）"形象进度图""横道图""网络图"中工程项目是否齐全，路基、桥涵、轨道或路面、房屋、给排水及站场设备、大临等。

（12）"平面图"是否按招标文件布置了队伍驻地、施工场地及大临设施等位置，驻地、施工场地及大临工程占地数量及工程数量是否与文字叙述相符。

（13）劳动力、材料计划及机械设备、检测试验仪器表是否齐全。

（14）劳动力、材料是否按照招标要求编制了年、季、月计划。

（15）劳动力配置与劳动力曲线是否吻合，总工天数量与预算表中总工天数量差异要合理，标书中的施工方案、施工方法描述是否符合设计文件及标书要求，采用的数据是否与设计一致。

（16）施工方法和工艺的描述是否符合现行设计规范和现行设计标准。

（17）是否有防汛措施（如果需要），措施是否有力、具体、可行。

（18）是否有治安、消防措施及农忙季节劳动力调节措施。

（19）主要工程材料数量与预算表工料机统计表数量是否吻合一致。

（20）机械设备、检测试验仪器表中设备种类、型号与施工方法、工艺描述是否一致，数量是否满足工程实施需要。

（21）施工方法、工艺的文字描述及框图与施工方案是否一致，与重点工程施工组织安排的工艺描述是否一致，总进度图与重点工程进度图是否一致。

（22）施工组织及施工进度安排的叙述与质量保证措施、安全保证措施、工期保证措施叙述是否一致。

（23）投标文件的主要工程项目工艺框图是否齐全。

（24）主要工程项目的施工方法与设计单位的建议方案是否一致，理由是否合理、充分。

（25）施工方案、方法是否考虑与相邻标段、前后工序的配合与衔接。

（26）临时工程布置是否合理，数量是否满足施工需要及招标文件要求。临时占地位置及数量是否符合招标文件的规定。

（27）过渡方案是否合理、可行，与招标文件及设计意图是否相符。

2.9.3　工程质量

（1）质量目标与招标文件及合同条款要求是否一致。

（2）质量目标与质量保证措施"创全优目标管理图"叙述是否一致。

（3）质量保证体系是否健全，是否运用 ISO9002 质量管理模式，是否实行项目负责人对工程质量负终身责任制。

（4）技术保证措施是否完善，特殊工程项目如膨胀土、集中土石方、软土路基、大型立交、特大桥及长大隧道等是否单独有保证措施。

194

(5)是否有完善的冬、雨季施工保证措施及特殊地区施工质量保证措施。

2.9.4　安全保证措施、环境保护措施及文明施工保证措施

(1)安全目标是否与招标文件及企业安全目标要求口径一致。

(2)确保既有铁路运营及施工安全措施是否符合铁路部门有关规定,投标书是否附有安全责任状。

(3)安全保证体系及安全生产制度是否健全,责任是否明确。

(4)安全保证技术措施是否完善,安全工作重点是否单独有保证措施。

(5)环境保护措施是否完善,是否符合环保法规,文明施工措施是否明确、完善。

2.9.5　工期保证措施

(1)工期目标与进度计划叙述是否一致,与"形象进度图""横道图""网络图"是否吻合。

(2)工期保证措施是否可行、可靠,并符合招标文件要求。

2.9.6　控制(降低)造价措施

(1)招标文件是否要求有此方面的措施(没有要求不提)。

(2)若有要求,措施要切实可行,具体可信(不做过头承诺、不吹牛)。

(3)遇到特殊有利条件时,是否能发挥优势,如队伍临近、就近制梁、利用原有大临等。

【任务实施】

1.根据本项目情况,准备本次任务需要的投标资料。

2.完成投标资料清查表。

3.本项目商务标的编制要点有哪些?

4.本项目技术标的编制要点有哪些?

5.本项目可采取哪些投标策略与技巧?

6.本次评标标准表见表3-11和表3-12,按照该要求完成本次投标文件审查表的填写。

表3-11　评标标准表

条款号	评审因素		评审标准
2.1.1	形式评审标准	投标人名称	
		盖章、签字、	
		副本份数	
		装订	
		编页码和小签	
		投标文件格式	
		联合体投标人	
		报价唯一	

条款号	评审因素	评审标准

表 3-12　评标标准续表

【任务评价】

任务二　评价表

能力目标	知识要点	权重	自测
团队合作精神及活动参与积极性	是否主动参与，提供信息资料是否准确	10%	
能准确制定施工投标所需资料的清单	施工投标所需资料的清单内容	10%	
能按规定做好投标资料准备	投标资料准备内容	10%	
能制订施工投标文件编制工作的计划，确定投标策略和技巧并编制投标文件	投标文件所包含内容及投标策略和技巧	50%	
能完成对投标文件的审核和按要求完善已有投标文件	投标文件的审核标准	10%	
陈述理由是否完整、准确，思路是否清晰	正确掌握招投标程序及相关知识	10%	
组长评价： 教师评价：			

投标报价决策案例

1. 背景：某超高、超深的办公楼工程为政府投资项目，于2021年4月28日发布招标公告。招标公告中对招标文件的发售和投标截止时间规定如下：

（1）各投标人于5月9日—5月10日，每日9：00~16：00（北京时间）在指定地点领取招标文件。

（2）投标截止时间为5月27日上午9：00（北京时间）

对招标做出响应的投标人有A、B、C、D，以及E、F组成的联合体。A、B、C、D、E、F均具备承建该项目的资格。评标委员会委员由招标人确定，由8人组成。其中招标人代表4人，有关技术和经济专家4人。在开标阶段，经招标人委托的市公证处人员检查了投标文件的密封情况，确认其密封完好后，投标文件当众拆封。招标人宣布有A、B、C、D，以及E、F联合体5个投标人投标，并宣读其投标报价、工期、质量标准和其他招标文件规定的唱标内容。其中A的投标总价为15420万元整，其他相关数据见表3-13。

表3-13　投标报价表　　　　　　　　　　　　（单位：万元）

	桩基维护工程	主体结构工程	装饰工程	总价
正式报价	1420	8000	6000	15420

招标人委托造价咨询机构编制的招标控制价的部分数据见下表 3-14。

表 3-14　招标控制价　　　　　　　　　　　　　　（单位：万元）

	桩基维护工程	主体结构工程	装饰工程	总价
正式报价	1320	7200	6900	15420

评标委员会按照招标文件中确定的评标标准对投标文件进行评审与比较，并综合考虑各投标人的优势，评标结果为：各投标人综合得分从高到低的顺序依次为 A、D、B、C，以及 E、F 联合体。评标委员会由此确定承包人 A 为中标人，其中标价为 15420 万元人民币。由于承包人 A 为外地企业，招标人于 5 月 29 日以挂号方式将中标通知书寄出，承包人 A 于 5 月 31 日收到中标通知书。

此后，自 6 月 2 日—6 月 25 日招标人又与中标人 A 就合同价格进行了多次谈判，于是中标人 A 在正式报价基础上又下调了 200 万元，最终双方于 7 月 2 日签订了书面合同。

请简述什么是不平衡报价法，投标人 A 的报价是否属于不平衡报价？请评析评标委员会接受 A 承包人运用的不平衡报价法是否恰当。逐一指出在该项目的招标投标中，哪些方面不符合招标投标相关法规的有关规定。

案例评析：

(1)不平衡报价法，是指在总报价基本确定的前提下，调整内部各个子项的报价，以期既不影响总报价，又在中标后满足资金周转和获得超额利润的需要，取得较理想的经济效益。

但单价调整时不能波动过大，一般来说，除非承包人对某些分项工程具有特别优势，单价调整幅度不宜超过±10%。在本案中，参考招标人的招标控制价文件，可以认为 A 投标人采用了不平衡报价法。表现在其将属于前期工程的桩基维护工程和主体结构工程的单价调高，而将属于后期工程的装饰工程的单价调低，可以在施工的早期阶段收到较多的工程款，从而可以提高其所得工程款的现值。A 投标人对桩基维护工程、主体结构工程和装饰工程的单价的调整幅度均未超过±10%，在合理范围之内。对于招标人，财政拨付具有资金稳定的特点，不必过分重视资金的时间价值；若投标人在超深、超高项目上具有丰富的施工经验，能很好地履行合同，可以考虑接受该不平衡报价。评标委员会接受 A 投标人用的不平衡报价法并无不当。

(2)在该项目招标投标中，不符合招标投标相关法规规定的情形如下。

1)招标文件的发售时间只有 2 日，不符合《工程建设项目施工招标投标办法》(30 号令)关于招标文件的发售时间最短不得少于 5 个工作日的规定。

2)招标文件开始发出之日起至投标人提交投标文件截止之日的时间段不符合规定。该工程项目建设使用财政资金，按照《招标投标法》的规定必须进行招标，并满足招标文件开始发出之日起至投标人提交投标文件截止之日止，最短不得少于 20 日。本案例 5 月 9 日开始发出招标文件，至招标公告规定的投标截止时间 5 月 27 日，不足 20 日。

3)评标委员会成员组成及人数不符合《招标投标法》规定，《招标投标法》第 37 条规定，评标委员会由招标人代表和有关技术、经济等方面的专家组成，成员人数为 5 人以上单数，其中技术、经济等方面的专家为总数的 2/3。

4）中标通知书发出后，招标人不应与中标人 A 就合同价格进行谈判。《招标投标法》第 46 条规定，招标人和中标人应当按照招标文件和投标文件订立书面合同，不得再行订立背离合同实质性内容的其他协议。

5）招标人和中标人签订书面合同的日期不当。《招标投标法》第 46 条规定，招标人和中标人应当自中标通知书发出之日起 30 日内，按照招标文件和中标人的投标文件订立书面合同。本案例中标通知书 5 月 29 日已发出，双方直至 7 月 2 日才签订了书面合同，已超过法律规定的 30 日期限。

2. 背景：某房地产公司计划在长沙市雨花区开发某住宅项目，采用公开招标的形式，有 A、B、C、D、E 五家施工单位领取了招标文件。该工程招标文件规定 2021 年 4 月 26 日上午 9：30（北京时间）为投标文件接收终止时间，在提交投标文件的同时，需投标单位提供投标保证金 10 万元。

在 2021 年 4 月 26 日，A、B、C、D 四家投标单位在上午 9：30（北京时间）前将投标文件送达。E 单位在上午 10：00（北京时间）送达。各单位均按招标文件的规定提供了投标保证金。

上午 9：25（北京时间）时，B 单位向招标人递交了一份投标价格下降 5% 的书面说明。

在开标过程中，招标人发现 C 单位的标袋密封处仅有投标单位公章，没有法定代表人印章或签字。

问题：

（1）这次招标哪几家投标单位投标无效，为什么？

（2）B 单位向招标人递交的书面说明是否有效？

（3）通常情况下，废标的条件有哪些？

案例评析：

（1）在此次招标投标过程中，C、E 两家标书为无效标。C 单位因投标书只有单位公章未有法定代表人印章或签字，不符合《招标投标法》的要求，为废标；E 单位未能在投标截止时间前送达投标文件，按规定应做废标处理。

（2）B 单位向招标人递交的书面说明有效。根据《招标投标法》的规定，投标人在招标文件要求提交投标文件的截止时间前，可以补充、修改或者撤回已提交的投标文件，补充和修改的内容作为投标文件的组成部分。

（3）废标的条件如下：

1）逾期送达的或者未送达指定地点的。

2）未按招标文件要求密封的。

3）无单位盖章并无法定代表人签字或盖章的。

4）未按规定格式填写，内容不全或关键字迹模糊、无法辨认的。

5）投标人递交两份或多份内容不同的投标文件，或在一份投标文件中对同一招标报有两个或多个报价，且未声明哪一个有效（按招标文件规定提交备选投标方案的除外）的。

6）投标人名称或组织机构与资格预审时不一致的。

7）未按招标文件要求提交投标保证金的。

8）联合体投标未附联合体各方共同投标协议的。

【知识总结】

投标文件编制工作内容包括商务文件、报价文件和技术文件的编制三部分。商务文件与报价文件组成以报价为核心的商务标，技术文件构成技术标，是投标报价的基础。投标文件资料准备包括商务资料、清单资料和技术资料准备。

【练习与作业】

习题答案

一、单选题

1.投标书是投标人的投标文件，是对招标文件提出的要求和条件做出（　　　）的文本。

A.附和　　　　　　　B.否定　　　　　　　C.响应　　　　　　　D.实质性响应

2.投标文件正本（　　　），副本份数见投标人须知前附表。正本和副本的封面上应清楚地标记"正本"或"副本"的字样。当副本和正本不一致时，以正本为准。

A.1份　　　　　　　B.2份　　　　　　　C.3份　　　　　　　D.4份

3.投标文件应用不褪色的材料书写或打印，并由投标人的法定代表人或其委托代理人签字或盖单位章。委托代理人签字的，投标文件应附法定代表人签署的（　　　）。

A.意见书　　　　　　B.法定委托书　　　　　C.指定委托书　　　　　D.授权委托书

4.投标人的投标团队成员应包括经营管理类人才、专业技术人才和（　　　）。

A.法律人才　　　　　B.财经类人才　　　　　C.公关人才　　　　　D.保险类人才

5.直接费是指施工过程中耗费的构成工程实体和有助于工程形成的各项费用，包括人工费、材料费和（　　　）。

A.临时设施费　　　　　　　　　　　　B.现场管理费

C.施工机械租赁费　　　　　　　　　　D.施工机械使用费

6.业主为防止投标者随意撤标或拒签正式合同而设置的保证金为（　　　）。

A.投标保证金　　　　B.履约保证金　　　　C.担保保证金

二、多选题

1.按编制工程概、预算的方法编制的投标报价，主要由（　　　）几部分组成。

A.直接工程费　　　　B.间接费　　　　　　C.计划利润　　　　　D.税金

E.临时设施费

2.按工程预算方法编制投标报价中不属于间接费的有（　　　）。

A.规费　　　　　　　B.环境保护费　　　　C.企业管理费　　　　D.安全施工费

E.文明施工费

3.建筑安装工程税金应包括（　　　）。

A 营业税　　　　　　　　　　　　　　B.投标函及投标函附录

C.缴税证明　　　　　　　　　　　　　D.固定资产证明

E.投标保证金或保函

4.下列内容属于投标文件的有（　　　）。

A.施工组织设计　　　　　　　　　　　B.投标函及投标函附录

C.缴税证明　　　　　　　　　　　　　D.固定资产证明

5.投标文件一般情况下（　　　）附带条件。

A.都带　　　　　　　B.不能带　　　　　　C.上级批准可带

三、判断题

1. 投标是承包单位以报价的形式争取承包建设工程项目的经济活动，是目前承包商取得工程项目的一种最常见的行之有效的活动。 （　　）

2. 在不平衡报价中，对暂定项目要报高价。 （　　）

3. 投标决策就是决定要不要投标。 （　　）

4. 招标预备会的目的在于澄清招标文件的疑问，解答投标单位对招标文件勘察现场中所提出的疑问和问题。 （　　）

5. 企业有的任务并不全依赖于投标获得，所以企业没有必要设立专门的投标班子。 （　　）

6. 在制作投标报价时，应根据企业的具体情况，在施工预算的基础上确定，而不应该把施工预算作为投标报价。 （　　）

7. 投标技巧中的不平衡报价是指在总价基本确定的前提下，如何调整内部各个子项的报价，既不影响总报价，又能在中标后获取较好的经济效益，所以在操作中对于早期结账收回工程款的项目（如土方、基础）其单价应降低。 （　　）

四、简答题

1. 投标文件由哪些文件组成？具体包括哪些内容？

2. 投标资料准备工作包括哪些内容和步骤？

3. 技术标的编制要点有哪些？

4. 商务标的编制要点有哪些？

5. 常见的投标策略和技巧有哪些？分别用在哪些情形下？

6. 如何进行报价审核？

五、综合案例分析

案例 1

某建筑工程的招标文件表明，距离施工现场 1 km 处存在一个天然砂场，并且该砂可以免费取用。现场考察后承包商没有提出疑问，在投标报价中没有考虑工程买砂的费用，只计算了取砂和运输费用。由于承包商没有仔细了解天然砂场中天然砂的具体情况，中标后，在工程施工中准备使用该砂时，工程师认为该砂级别不符合工程施工要求，而不允许在施工中使用，于是承包商只得自己另行购买符合要求的砂。

承包商以招标文件中表明现场有砂而投标报价中没有考虑到，且没有理由说明，要求业主补偿现在必须购买砂的差价，工程师不同意承包商的补偿要求。

问题：工程师不同意承包商的补偿要求是否合法？

案例 2

业主招标制造两台 50 t 的塔式起重机。招标文件包括 98 页的技术规范，并详细规定了设计要求。投标负责人在读过 2~3 页，了解主要要求后，认为所要求的塔式起重机属于投标人公司的轻型塔式起重机，只要将投标人公司的相应塔式起重机加以改造就可以了。实际上后 90 多页的内容对塔式起重机有更具体的要求，塔式起重机根本不是轻型塔式起重机而是重型塔式起重机。投标人的报价低于 400 万美元，而次低报价超过 700 万美元。由于差距太大，业主要求投标人确认自己的报价。投标人对报价进行了书面确认。业主对确认还不放心，在授标以前召开了会议，进一步确定投标人是否理解技术规范的要求以及能否完成该要求。业主审查了技术和设计要求，但没有就巨大的报价差距进行磋商。业主要求投标人提供费用分析资料，投标人没有提供，但声称除了一个微不足道的错误外，没有其他错误，错误对总报价没有影响。考虑到投标人一再表示保证按照技术规范的要求履行合同，业主将合同授予投标人。在进行初步设计时，业主意识到履约可能存在问题并决定开会讨论，这时投标人才发觉价格上的巨大偏差。投标人要求修改合同，延长工期并增加费用。投标人认为如果是合同价格远远偏离实际成本的错误造成的，那么业主无权要求投标人履行合同；如果业主坚持要求履行合同，那就得对合同的价格和工期进行公平的调整以使合同价格反映实际成本。

问题：投标人修改合同或撤销合同的诉讼请求能否得到支持？

案例 3

某项工程公开招标，在投标文件的编制与递交阶段，某投标单位认为该工程原设计结构方案采用框架剪力墙体系过于保守，该投标单位在投标报价书中建议，将框架剪力墙体系改为框架体系，经技术经济分析和比较，可降低造价约 2.5%。该投标单位将技术标和商务标分别封装，在投标截止日前一天上午将投标文件报送业主。次日（即投标截止日当天）下午，在规定的开标时间前 1 小时，该投标单位又递交了一份补充资料，其中声明将原报价降低 4%。但招标单位的有关工作人员认为一个投标单位不能递交两份投标文件，因而拒收投标单位的补充资料。

该项目开标会由市招标办的工作人员主持，市公证处有关人员到会，各投标单位代表均到场。开标前，市公证处人员对各投标单位的资质进行审查，并对所有投资文件进行审查，确认所有投标文件有效后，正式开标。主持人宣读投标单位名称、投标价格、投标工期和有关投标文件的重要说明。

问题：

1. 招标单位的有关工作人员是否应拒绝该投标单位的投标？请说明理由。该投标单位在投标中运用了哪几种报价技巧？其是否得当？请加以说明。

2. 开标会中存在哪些问题？请加以说明。

某建筑工程施工项目实行公开招标，确定的招标程序如下。

（1）成立招标工作小组。

（2）编制招标文件。

（3）发布招标邀请书。

（4）对报名参加投标者进行资格预审，并将审查结果通知各申请投标者。

（5）向合格的投标者分发招标文件及设计图、技术资料等。

（6）建立评标组织，制定评标定标方法。

（7）召开开标会议，审查投标书。

（8）组织评标，决定中标通知书。

（9）发出中标通知书。

（10）签订承发包合同。

参加投标的某施工企业制定了自己的投标价格策略。经分析研究，制定了高标和低标两种方案。其中标概率与效益情况分析见表 3-15。若未中标，则损失投标费用 3 万元。

表 3-15　中标概率与效益情况分析表

	中标概率	效果	利润（330万）	效果概率		中标概率	效果	利润（330万）	效果概率
高标	0.4	好	250	0.4	低标	0.5	好	200	0.5
		中	150	0.5			中	80	0.3
		差	-200	0.1			差	-250	0.2

问题：

1. 上述招投标程序有何不妥之处，请加以改正。

2. 请用决策树的方法协助该施工企业确定具体的投标报价策略。

任务三 投标日常事务处理

【案例引入】

某高校拟新建一栋教学楼，投资约 5600 万元，建筑面积约 30000 m^2，你所在企业正在进行投标工作，目前的任务是根据投标前期决策，完成投标相关与纠纷处理事务。

【任务目标】

1. 描述工程施工投标工作流程，并分析流程涉及的规定和内容，确定投标工作的思路和工作方式。

2. 按投标流程，完成资格预审、现场踏勘、投标预备会，分析招标文件的要求和内容，制定施工投标文件编制的工作计划。

3. 按照招标文件要求和投标时间限定，递送投标文件，出席开标会议，对投标文件进行答疑、澄清和修改。

4. 按照正确的方法和途径，处理相关投标纠纷。

5. 按照单位管理流程，完成对投标文件的审核和按要求完善已有投标文件。

6. 通过完成该任务，提出后续工作建议，完成自我评价，并提出改进意见。

【知识链接】

3.1 投标主要工作内容

建设工程的投标工作主要经历以下几个环节：

(1) 获取投标信息，进行投标决策；

(2) 筹建投标小组，委托投标代理人；

(3) 申报资格预审，提供有关资料；

(4) 购买招标文件，提供投标保证金；

(5) 研读招标文件，搜集有关资料；

(6) 参加踏勘现场和投标预备会；

(7) 编制投标文件，封标；

(8) 递交投标文件，参加开标会；

(9) 接受中标通知书；

(10) 提供履约担保，签订承包合同。

3.2 获取招标信息

(1) 通过工程建设信息网、建筑市场交易中心、报纸、新闻媒体等主动获取招标信息；

(2) 根据国家和地区的中长期规划和年度投资计划提前跟踪建设项目信息；

(3) 取得老客户的信任，及时掌握关系单位的改建、扩建计划。

3.3 进行投标决策

1. 分析影响投标决策的主要因素

（1）投标人自身方面的因素包括企业资质、技术实力、机械设备、财务状况、管理水平、企业信誉等。企业自身条件必须满足招标项目的具体要求，在满足要求的前提下，充分了解竞争对手的情况，并进行对比分析，明确本企业的优势和不足，以便确定切实可行的投标策略。

（2）外部因素主要包括政治法律、自然条件、市场状况、业主情况、项目情况、竞争对手等。

①政治和法律。投标人首先应当了解在招标投标活动中以及在合同履行过程中有可能涉及的法律，也应当了解与项目有关的政治形势、国家政策等，即国家对该项目采取的是鼓励政策还是限制政策，尤其是涉外项目更要注意这一点。

②自然条件。自然条件包括工程所在地的地理位置和地形、地貌、气象状况，包括气温、湿度、主导风向、年降水量等、洪水、台风及其他自然灾害状况等。

③市场状况。投标人调查市场情况是一项非常艰巨的工作，其内容也非常多，这部分资料更多的应该是靠平时的搜集和积累，并不断更新，这不仅能大大减小市场调查的工作量，更能确保数据的真实性和准确性。主要包括原材料和设备的来源方式，购买的成本，来源国或厂家供货情况；材料、设备购买时的运输、税收、保险等方面的规定、手续、费用；施工设备的租赁、维修费用；使用投标人本地原材料、设备的可能性以及成本比较；劳务市场情况，如工人技术水平、工资水平、有关劳动保护和福利待遇的规定等；金融市场情况，如银行贷款的难易程度以及银行贷款利率等。

④业主情况。业主情况包括业主的资信情况、履约态度、支付能力，在其他项目上有无拖欠工程款的情况，对实施的工程需求的迫切程度等。

⑤项目情况。项目情况包括项目的性质、规模、发包范围，工程的技术规模和对材料性能及工人技术水平的要求，总工期及分批竣工交付使用的要求，施工场地的地形、地质、地下水位、交通运输、给排水、供电、通信条件的情况，工程项目资金来源及到位情况，对购买设备和雇用工人有无限制条件，工程价款的支付方式、外汇所占比例，监理工程师的资历、职业道德和工作作风等。

⑥竞争对手资料。掌握竞争对手的情况，是投标策略中的一个重要环节，也是投标人参加投标能否获胜的重要因素。投标人在制定投标策略时必须考虑竞争对手的情况。竞争对手是大型工程承包公司的，适应性较强，能够承包大量的工程；竞争对手是中小型工程公司或当地工程公司的，承包中小型工程的可能性比较大；竞争对手在建工程即将完工，投标资源的投入量可能大些，报价也可能不会高；竞争对手在建工程规模大、时间长，投标价可能很高。

2. 做出投标决策

通过对影响投标决策因素的综合分析，做出投标决策。投标决策贯穿在整个投标过程中，在投标前期关键是确定以下两点：一是根据招标信息和所了解的招标项目的具体情况决定是否参与投标；二是根据招标项目的特点和竞争对手情况确定投什么性质的标，如何争取中标。

3.4 筹建投标小组、委托投标代理人

投标人做出参与投标的决策后，为了确保在投标竞争中获取胜利，投标人在投标前应建

立专门的投标小组，负责投标事宜。投标小组一般应包括下列 3 类人员：

（1）经营管理类人员。这类人员一般是从事工程承包经营管理的行家里手，熟悉工程投标活动的筹划和安排，具有相当的决策水平，如项目经理、工长等。

（2）专业技术类人员。这类人员是从事各类专业工程技术的人员，如建造师、总工、造价工程师等。

（3）商务金融类人员。这类人员是从事有关金融、贸易、财税、保险、会计、采购、合同、索赔等项工作的人员。

如果投标人在技术、经济方面的实力不能满足投标项目的要求，投标人可以委托具有相应资质的工程造价咨询人代为编制投标文件。

3.5　申报资格预审

投标人在获悉招标公告或投标邀请后，应当按照招标公告或投标邀请书中所提出的资格审查要求，向招标人申报资格审查。资格审查是投标人投标过程中的第一关，应注意以下几点：

（1）按资审文件的要求填表；

（2）填表时应突出重点，体现企业的优势；

（3）跟踪信息，发现不足，及时补充资料；

（4）积累资料，随时备用。

3.6　购买招标文件，提交投标保证金

投标人在通过资格预审后，就应该在招标公告或投标邀请书规定的时间内，尽可能早地向招标人购买招标文件，以便为投标争取尽可能多的准备时间。

购买招标文件或提交投标文件时，投标人应当按照招标文件要求的方式和金额，将投标保证金提交给招标人。投标保证金除现金外，可以是银行出具的银行保函、保兑支票、银行汇票或现金支票。七部委 30 号令第三十七条规定：投标保证金数额一般不得超过投标总价的 2%，但最高不得超过 80 万元；投标保证金有效期应当超出投标有效期 30 天；投标人不按招标文件要求提交投标保证金的，该投标文件将被拒绝，作废标处理。

3.7　研读招标文件

投标人购买招标文件后，应立即组织投标小组人员仔细研读招标文件，明确工程的招标范围以及招标文件中对投标报价、工期、质量等要求，同时对招标文件中的废标的条件、合同主要条款、是否允许分包等主要内容认真进行分析，理解招标文件隐含的含义。对可能发生的疑义或不清楚的地方应做好记录，准备在招标预备会时向招标人提出。

3.8　参加踏勘现场和投标预备会

投标人在认真研读招标文件的基础上，有针对性地拟订出踏勘现场提纲，确定重点需要澄清和解答的问题，做到心中有数，然后按照招标文件规定的时间对拟施工的现场进行考察。尤其是在工程量清单报价模式下，投标人所报的单价一般被认为是在经过现场踏勘的基础上编制而成的。报价报出后，投标者就无权因为现场情况了解不细或因素考虑不全而提出

修改单价或提出索赔等要求。现场踏勘由招标人组织，投标人自愿参加，费用自理。

投标人踏勘现场的内容，主要包括以下几个方面：

(1)施工现场是否达到招标文件规定的条件；

(2)施工现场的地理位置和地形、地貌；

(3)施工现场的地质、土质、地下水位、水文等情况；

(4)施工现场气候条件，如气温、湿度、风力、年雨雪量等；

(5)现场环境，如交通、饮水、污水排放、生活用电、通信等；

(6)工程在施工现场中的位置或布置；

(7)临时用地、临时设施搭建等。

另外，投标人应注意的是：招标人在踏勘现场中介绍的工程场地和相关的周边环境情况，供投标人在编制投标文件时参考，招标人不对投标人据此做出的判断和决策负责。投标人踏勘现场发生的费用自理。除招标人的原因外，投标人自行负责在踏勘现场中所发生的人员伤亡和财产损失。

投标预备会又称答疑会或标前会议，一般在踏勘现场后 1~2 天内举行。目的是解答投标人对招标文件及踏勘现场中所提出的问题，并对图纸进行交底。投标人在对招标文件认真研读和对现场进行踏勘之后，应尽可能多地将投标过程中可能遇到的问题向招标人提出疑问，争取得到招标人的解答。招标人对所有投标人提出疑问的书面澄清，是招标文件的组成部分，同时也是投标人投标报价和编制投标文件的重要依据。

3.9 编制投标文件

经过踏勘现场和投标预备会后，投标人可以着手编制投标文件，投标文件的编制具体步骤和要求如下。

1. 结合招标人的答疑材料，进一步分析招标文件

在踏勘现场和参加投标预备会后，结合拟投标项目现场实际情况和招标人的书面答疑，对招标文件中的投标人须知、工程范围、设计图纸、工程量清单、合同专用条款进行更加深入的分析和研究，找出影响工程成本和投标报价的主要因素。

2. 校核清单工程量

采用工程量清单方式招标，工程量清单必须作为招标文件的组成部分，其准确性(数量)和完善性(不缺项、漏项)由招标人负责，如委托工程造价咨询人编制，其责任仍由招标人承担。投标人依据工程量清单进行投标报价，对工程量清单不负有核实义务，更不具有修改和调整的权利。

但是在实际投标过程中，如果时间允许，投标人还是应该根据施工图纸、施工组织设计等资料对清单的工程量进行复核，为准确合理的投标报价提供依据。在工程量复核过程中，如果发现某些工程量有较大的出入或遗漏，应向招标人提出，要求招标人更正或补充。如果招标人不做更正或补充，招标人应根据招标文件规定的合同形式，对相应项目的单价进行调整，以减少实际实施过程中由于工程量调整带来的风险。相反，采取不平衡报价法，往往可以获得超额的利润。

3. 编制施工组织设计

施工组织设计是投标文件的重要组成部分，是招标人了解投标人的施工技术、管理水

平、机械装备的主要途径。施工组织设计的主要内容有：

(1)施工方案与技术措施；

(2)质量管理体系与措施；

(3)安全管理体系与措施；

(4)环境保护管理体系与措施；

(5)工程进度计划与措施；

(6)资源配备计划；

(7)技术负责人；

(8)其他主要人员；

(9)施工设备；

(10)试验、检测仪器设备。

4.投标报价

施工方案或施工组织设计确定后，投标人就可以根据拟定的施工方案和施工现场情况，依据企业定额(或参考现行地区统一定额)、有关费用标准和市场询价情况进行投标报价。

5.根据市场竞争情况确定投标策略，调整投标报价

投标报价确定后，投标人还应该综合考虑项目的复杂程度、竞争对手情况、材料价格的波动情况、劳动力市场的供应情况、业主的诚信和支付能力、各种风险因素、投标策略等各方面的因素对投标报价进行最后的调整，确定最终的投标报价。

6.投标文件的制作、装订、盖章、密封

在编制好施工组织设计和投标报价的基础上，投标人应按招标文件的规定的格式和顺序，整理汇总投标文件，并分别装订成册。按投标人须知的规定，需要签字盖章的地方，必须由相应人员签字、盖执业专用章或单位公章。投标文件编制完成后应由专人进行检查、复核，确认无误后再按招标文件的要求对投标文件进行密封。

3.10　递送投标文件，参加开标会议

投标人在编制完投标文件后，应按招标文件规定的时间、地点提交投标文件，参加开标会议。开标会应由投标人的法定代表人或其授权代理人参加。如果是法定代表人参加，一般应持有法定代表人资格证明书；如果是委托代理人参加，一般应持有授权委托书。

3.11　接受中标通知书、签订合同、提供履约担保

经过评标，如果投标人被确定为中标人，应接受招标人发出的中标通知书。投标人在收到中标通知书后，应在规定的时间(自中标通知书发出之日起30日内)和地点与招标人签订工程承包合同。同时投标人应按招标文件的规定提供履约担保，招标人退还投标保证金。建设工程投标报价的编制投标报价是投标的关键性工作，也是投标书的核心组成部分，招标人往往将投标人的报价作为主要标准来选择中标人，同时也是招标人与中标人就工程标价进行谈判的基础。

3.12　投标纠纷处理

常见投标纠纷主要包括串标纠纷、标书有效性认定纠纷、缔约过失纠纷等。

【任务实施】

1. 根据招标文件要求准备资格预审资料，制订资格预审工作计划。

2. 拟定投标答疑所提问题。

3. 对本项目投标文件进行复核，并列出复核意见书。

4. 针对评委提问，完成投标答疑、澄清和修正。

【任务评价】

任务三　评价表

能力目标	知识要点	权重	自测
能确定投标工作思路和工作方式	投标工作流程，投标工作内容	20%	
能按投标流程，完成相关工作并制订投标文件编制工作计划	投标流程中相关工作、投标文件编制要求	60%	
能按正确的方法和途径处理相关投标纠纷	投标纠纷处理方法	20%	
组长评价： 教师评价：			

【知识总结】

投标日常工作主要包含以下内容：①组建高素质投标队伍；②合理选择投标项目；③仔细计算工程量；④编制高质量的施工组织设计文件；⑤结合招标文件、做好现场勘察和投标答疑会的准备工作，力争获得招标人准确的书面答疑；⑥做好投标文件复核，避免废标出现；⑦做好文件递送工作；⑧按时参加开标会，根据评委要求，做好投标文件的答辩、澄清与修改工作。

【练习与作业】

习题答案

一、单选题

1. 当有效投标人少于（　　　　）时，投标人应当依法重新组织招标。

A. 三家　　B. 二家　　　　　　C. 五家　　　　　　　　D. 四家

2. 公布中标结果后，未中标的投标人应当在发出中标通知书后的（　　　　）日内退回招标文件和相关的图样资料，同时招标人应当退回未中标人的投标文件和发放招标文件时收取的押金。

A. 7　　　　　　　　B. 15　　　　　　　　C. 10　　　　　　　　D. 30

3. 评标委员会成员从事相关专业领域工作满（　　　　）年，并具有高级职称或者具有同等专业水平的工程技术、经济管理人员，并实行动态管理。

A. 8　　　　　　　　B. 10　　　　　　　　C. 5　　　　　　　　D. 12

4. 某工程项目在估价时算得成本是 1000 万元人民币，概算时算得成本是 950 万元人民币，预算时算得

208

成本是 900 万元人民币,投标时某承包商根据自己企业定额算得成本是 500 万元人民币。根据招投标法中规定"投标人不得以低成本的投标竞标",该承包投标时报价不得低于(　　　　)。

A. 1000 万元　　　　　B. 950 万元　　　　　C. 900 万元　　　　　D. 500 万元

5. 开标应当在招标文件确定的提交投标文件截止日的(　　　　)进行。

A. 当天公开　　　　　B. 当天不公开　　　　　C. 同一时间公开　　　　　D. 同一时间不公开

6. 某建设单位就一个办公楼群项目进行投标,依据《招投标法》,该项目的评标工作应由(　　　　)来完成。

A. 该建设单位领导　　　　　　　　　　　B. 该建设单位的上级主管部门

C. 当地的政府部门　　　　　　　　　　　D. 该建设单位依法组建的评标委员会

7. 现场踏勘是指招标人对项目的实施现场的(　　　　)等客观条件和环境进行的现场调查。

A. 银行　　　　　B. 地质　　　　　C. 气候　　　　　D. 地理

8. 已经具备投标资格并愿意投标的投标人,只要填写资格预审调查表,申报资格预审后(　　　　)进行下一轮工作和竞争。

A. 经领导和主管部门同意也可以　　　　　B. 就可以

C. 当资格预审通过后才可以　　　　　　　D. 经招标方同意也可以

9. 招标过程中投标者的现场考察费用应由(　　　　)承担。

A. 招标者　　　　　B. 投标者　　　　　C. 投标者和招标者

10. 按照招标投标法和相关的规定,开标后允许(　　　　)。

A. 投标人更改投标书的内容和报价

B. 投标人再增加优惠条件

C. 评标委员会会对投标书的错误加以修正

D. 招标人更改评标、标准和办法

11. 根据招标投标法的有关规定,招标人和中标人应当自中标通知书发出之日(　　　　)内,按照招标文件和中标人的投标文件订立书面合同。

A. 10 日　　　　　B. 15 日　　　　　C. 30 日　　　　　D. 3 个月

12. 关于评标委员会成员的义务,下列说法中错误的是(　　　　)。

A. 评标委员会成员应当客观、公正地履行职务

B. 评标委员会成员可以私下接触投标人,但不得收受投标人的财务或者其他好处

C. 评标委员会成员不得透露对投标文件的评审和比较的情况

D. 评标委员会成员不得透露对中标候选人的推荐情况

13. 投标单位在投标报价中,对工程量清单中的每一单项均需计算填写单价和合价,在开标后,发现投标单位没有填写单价和合价的项目,则(　　　　)。

A. 允许投标单位补充填写　　　　　　　　B. 视为废标　　　　　C. 退回投标书

D. 认为此项费用已包括在工程量清单的其他单价和合价中

14. 采用百分法对各投标单位的标书进行评分,(　　　　)的投标单位为中标单位。

A. 总得分最低　　　　　B. 总得分最高　　　　　C. 投标价最低　　　　　D. 投标价最高

15. 投标文件中总价金额与单价金额不一致的,应(　　　　)。

A. 以单价金额为准　　　　　　　　　　　B. 以总价金额为准

C. 由投保人确认　　　　　　　　　　　　D. 由招标人确认

二、多选题

1. 有下列情形之一的人员,应当主动提出回避,不得担任评标委员会成员:(　　　　)。

A. 投标方主要负责人的近亲属

B. 项目主管部门或者行政监督部门的人员

C. 与投保人有经济利益关系，可能影响投标公正评审的

D. 曾因在招投标有关活动中从事违法行为而受到行政处罚或刑事处罚的

2. 中标人的投标应当符合下列条件（　　　　　　　）。

A. 能够最大限度地满足招标文件中规定的各项综合评价标准

B. 能够满足招标文件的各项要求，并经评审的价格最低，但投标价格低于成本的除外

C. 未能实质上响应招标文件的投标，投标文件与招标文件有重大偏差

D. 投标人的投标弄虚作假，以他人名义投标、串通投标、行贿谋取中标等其他方式投标的

3. 重大偏差的投标文件包括以下情形：（　　　　　　　）。

A. 没有按照招标文件要求提供投标担保或提供的投标担保有瑕疵

B. 没有按照招标文件的要求由投标人授权代表签字并加盖公章

C. 投标文件记载的招标项目完成期限超过招标文件规定的完成期限

D. 明显不符合技术规格、技术标准的要求

E. 投标附有招标人不能接受的条件

4. 投标文件的初步评审主要包括以下内容（　　　　　　　）。

A. 投标文件的符合性鉴定　　　　　　　B. 投标文件的技术评估

C. 投标文件的商务评估　　　　　　　　D. 投标文件的澄清

E. 响应性审查　　　　　　　　　　　　F. 废标文件的审定

5. 推迟开标时间的情况有下列几种情形：（　　　　　　　）。

A. 招标文件发布后对原招标文件做了变更或补充

B. 开标前发现有影响招标公正情况的不正当行为

C. 出现突发严重事情

D. 因为某个投标人坐公交车延误了时间

6. 在开标时，如果投标文件出现下列情形之一，应当当场宣布为无效投标文件，不再进入评标（　　　　　　　）。

A. 投标文件未按照招标文件的要求予以标志、密封、盖章

B. 投标文件未按照招标文件规定的格式、内容和要求填报，投标文件的关键内容字迹模糊、无法辨认

C. 投标人在投标文件中对同一招标项目报有两个或多个报价，且未申明以哪个报价为准

D. 投标人未按照招标文件的要求提供投标保证金或投标保函

E. 联合体投标，投标文件未附联合体各方共同投标协议

F. 投标人未按照招标文件的要求参加开标会议

三、思考题

1. 组建投标班子，对其成员有什么要求？投标人参加资格预审，应做好哪些工作？

2. 投标人参加现场踏勘和投标答疑会时应注意哪些问题？

3. 投标文件的最后审核和递送工作有哪些？

4. 作为无效投标文件的情形有哪些？投标人应注意哪些问题？

5. 常见投标纠纷有哪些？应如何处理？

四、案例分析

案例 1

某办公楼的招标人于 2021 年 10 月 11 日向具备承担该项目能力的 A、B、C、D、E 5 家承包商发出投标邀请书，其中说明，10 月 17—18 日 9—16 时在该招标人总工程师室领取招标文件，11 月 8 日 14 时为投标截止时间。该 5 家承包商均接受邀请，并按照规定时间提交了投标文件。但承包商 A 在送出投标文件后发现

报价估算有较严重的失误，遂赶在投标截止时间前 10 分钟递交了一份书面声明，撤回提交的投标文件。

开标时，由招标人委托的市公证处人员检查投标文件的密封情况，确认无误后，由工作人员当众拆封。由于承包商 A 已撤回投标文件，故招标人宣布有 B、C、D、E 四家承包商招标，并宣读该 4 家承包商的投标价格、工期和其他主要内容。

评标委员会委员由招标人直接确定，共由 7 人组成，其中招标人代表 2 人、本系统技术专家 2 人、经济专家 1 人、外系统技术专家、经济专家 1 人。

在评标过程中，评标委员会要求 B、D 两投标人分别对施工方案作详细说明，并对若干技术要点和难点提出问题，要求其提出具体、可靠的实行措施，作为评标委员会的招标人代表，希望承包商 B 再适当考虑一下降低报价的可能性。

按照招标文件中确定的综合评标标准，4 个投标人综合得分从高到低的依次顺序为：B、D、C、E，故评标委员会确定承包商 B 为中标人。由于承包商 B 为外地企业，招标人于 11 月 10 日将中标通知书以挂号方式寄出，承包商 B 于 11 月 14 日收到中标通知书。

由于从报价情况来看，4 个投标人的报价从低到高的顺序依次为 D、C、B、E，因此，从 11 月 16 日至 12 月 11 日，招标人又与承包商 B 就合同价格进行了多次谈判，结果承包商 B 将价格降到略低于承包商 C 的报价水平，最终 B 方于 12 月 12 日签订了书面合同。

问题：

1. 从招标性质来看，本案例中的要约邀请、要约和承诺的具体表现是什么？

2. 从所介绍的背景资料来看，该项目的招投标程序中在哪些方面不符合《招标投标法》的有关规定？请逐一说明。

案例 2

2021 年 8 月 13 日，禹州市第一火力发电厂(以下简称禹州电厂)以邀请方式对本厂热电联产供热管网工程进行招标，濮阳市双星防腐有限公司(以下简称双星公司)参加了投标。9 月 6 日 15 时，经过开标、评标，20 时招标办宣布双星公司以标价 716 万成为禹州电厂招标工程第二标段的唯一中标候选单位。9 月 9 日，禹州电厂联系双星公司，称双星公司投标价高出预算价，且差距较大，若双星公司无意对投标价做出修改，则视为其放弃中标候选单位资格。次日双星公司致函禹州电厂，明确指出其行为违法，并表示了不同意见，同时派出副总经理闫玉存作为全权代表赴禹州电厂协调此事，由于双星公司方不能接受禹州电厂对已投标文件做出实质性修改，亦即按禹州电厂要求大幅度压低标的价，禹州电厂退回了双星公司的投标押金、图纸押金，将工程转包他人。

问题： 该纠纷如何解决？

任务四　合同评审与谈判

【案例引入】

某高校拟新建一栋教学楼，投资约 5600 万元，建筑面积约 30000 m²，现通过招标已确定乙方为中标方。目前的任务是招标方与中标方应在规定的时间内按照该项目招投标工作流程和前期资料，完成施工合同评审与谈判工作。

【任务目标】

1. 根据项目实际情况，收集、阅读、分析所需要的资料，并能得出自己的结论。

2. 形成自己的合同评审程序和评审技巧，在规定的时间内完成，提交评审报告和风险分析与对策报告。

3.根据评审结果，制订谈判计划，完成合同签署，并提出后续工作建议。

4.通过完成该任务，完成自我评价，并提出改进意见。

建设工程施工合同
（示范文本）解读

【知识链接】

4.1　施工合同常见问题

完善的合同条款是合同顺利履行的前提和基础，是企业盈利的保障。而完善的合同条款来源于对合同问题的查找。

4.1.1　合同的有效性

合同的有效性是合同履行的前提。合同的无效包括合同整体无效和合同部分无效。导致建设工程合同无效的风险因素有多种，主要集中在以合法形式掩盖非法目的和违反法律、行政法规、强制性规定两个方面，主要有以下几种情形。

1.未依法进行招投标

违反招投标法律、规定的行为主要表现为：应当招标的工程而未招标的；当事人泄露标底的；投标人串通作弊哄抬标价，致使定标困难或无法定标的；招标人与个别投标人恶意串通，内定投标人的。

2.合同主体不合格

建设工程施工合同（示范
文本）(GF-2017-0201)

实践中，合同主体不合格是导致所签订建设工程施工合同无效的主要原因。建设工程施工合同法律关系中的主体主要涉及发包方和承包方。无论是发包方还是承包方，其主体资格都受以下两方面的限制：一是经营范围限制，主要表现为营业执照对行为能力的规定和限制；二是行业特殊规定的建筑施工企业，在注册资本、专业技术人员、技术装备和已完成建筑工程业绩等方面应具备相应条件，取得相应资质等级证书后，方可在其资质许可范围内从事建筑施工活动。而且，根据我国法律规定，自然人不能成为施工合同的承包人。建筑企业的资质是建筑企业的从业条件，是建筑企业的"上岗证"。

实践中，未取得资质或者资质等级不合格的主体往往采用挂靠经营的方式来规避对资质的审查。所谓挂靠经营是指施工企业或个人（也称挂靠企业、挂靠人）由于自身企业资质、技术力量薄弱等原因不能直接参与某项工程项目的投标，便私下与符合资质要求的施工企业（被挂靠企业）达成协议，以该企业的名义参加投标报价和承接工程，并以其名义参加招投标活动，中标后完全由挂靠企业来组织实施管理，并向被挂靠企业交纳一定的管理费。

实践中的挂靠主要有以下情形：第一，技术挂靠型。挂靠企业以被挂靠企业的名义承接业务，中标后由被挂靠企业派几位有相应资质的管理人员，但是仍然由挂靠企业负责组织工程项目的施工和管理工作，并向被挂靠企业交纳一定的管理费。第二，"以代管"挂靠型。企业内部的项目经理以本企业的名义参加招投标活动，中标后项目经理自行组织施工队伍进行施工，并且向所属企业上交管理费。

挂靠经营行为违反了行政管理规定，扰乱了建筑市场管理秩序，是一种违反诚信原则、具有欺诈性质并损害国家利益的行为。

3. 违法分包与非法转包

违法分包主要是指下列行为：总承包单位将建设工程分包给不具备相应资质条件的单位的；建设工程总承包合同中未有约定，又未经建设单位认可，承包单位将其承包的部分工程交由其他单位完成的；施工总承包单位将建设工程主体结构的施工分包给其他单位的；分包单位将其承包的建设工程再分包的。

工程转包是指承包单位承包建设工程后，不履行合同约定的责任和义务，将其承包的全部建设工程转给他人或者将其承包的全部建设工程肢解以后以分包的名义分别转给其他单位承包的行为。

【特别提示】

工程分包主要有以下方式：①由中标单位成立项目部，自行完成主体工程的施工，对部分专业工程(如绿化、桩基成孔等)分包给专业施工队，这属于合理分包。②由中标单位成立项目部、下设工区(路基、桥梁、防护排水、隧道)，由长期挂靠的施工班组负责各工区进行施工，这属于超限分包。③项目部组成人员中，只有个别是中标单位人员，其余人员皆为临时聘用，表面上是劳务分包，实际是各单项工程都进行了分包，这属于超限分包。④低资质企业或个人挂靠高资质企业进行投标，采取上交管理费的方式承揽工程，这属于违反法律禁止性规定的转包行为。

违法分包和非法转包除引起建设工程合同无效的风险外，还存在着以下风险：一是总承包商的风险，如遇到分包商违约，不能按时完成分包工程，使整个工程进度受到影响的风险，或者对分包商协商、组织工作做得不好而影响全局。如果某项工程的分包商比较多，更容易引起干扰因素和连锁反应。二是分包商的风险。总承包商往往利用分包合同向分包商转嫁风险，使分包商在工程施工过程中承担的风险与享有的权利与总承包合同总的规定存在很大差别。

4. 被代理人拒绝追认的无权代理

无权代理包括没有代理权、超越代理权和代理权终止3种情形。签订建设工程施工合同中的无权代理主要表现为以下两种情形。

(1)企业将具有代理权证明性质的文件、印章交与他人，使他人得以假借代理人身份实施民事行为。

(2)在施工企业的生产经营中，存在着大量合作单位不遵守其与被代理单位签订的合作协议，在未授权的领域或者其代理权已经终止的情况下仍然以被代理单位的名义进行活动，而相对人认为合作人隶属于被代理人单位，或者虽然知道其内在的相互关系，但对具体的授权范围无法分清。

无权代理因代理人缺乏代理权而存在着瑕疵，如被代理人拒绝追认，则使基于该无权代理行为所签订的合同无效。

如第三人有理由相信无权代理人有代理权，由此产生的代理行为将构成表见代理，无须被代理人追认，基于该无权代理行为所签订的合同有效。

4.1.2 合同文本

通用的标准合同文本由于其内容完整，条款齐全，双方责任权利关系明确，而且比较平衡，风险较小，易于分析。约定采用双方熟悉的合同文本，大家都能得到一个合理的合同条件。这样可以减少招标文件的编制和审核时间，减少漏洞，极大地方便合同的签订和合同的实施控制，对双方都有利。目前我国建筑施工普遍使用的是国家1999年发行的《施工合同示范文本》，执行范本的目的是规范合同当事人双方的行为，维护建筑行业内正常的经济秩序。但在合同文本的选择上仍主要存在以下问题。

(1)霸王文本。合同文本的选择本应本着双赢的理念，但一些业主却坚持使用对自己有利的合同文本，强迫施工方接受自己不熟悉的文本，导致合同履行过程中出现很多纠纷。

(2)霸王条款。一些业主利用自身优势地位，往往在与施工单位签订施工合同时，去掉施工合同中的一些范本条款，自行附加一些霸王条款，或者通过条款内容要求施工单位垫资施工，将工期提前，不计赶工措施费；提高工程质量等级，不计工程质量奖，不计材料差价；工程价款一次包死，不计风险包干费，甚至设置复杂的计量程序，等等，使最终签订的施工合同与国家正式的《施工合同示范文本》出现较大的背离，从而为施工合同的履行带来很大困难。

(3)黑白合同。在一些小型工程项目实施过程中，发承包方依照《施工合同示范文本》订立正式合同，但双方当事人并不履行，只是用作应付上级管理部门的检查。实际是按照合同补充条款形式或口头协定执行，这样把通过招投标产生的部分或全部合同条款推翻。这种协议通常表现在工程进度不合理压缩，变更工程设计，材料、设备的替换等方面。另外，施工单位在签订工程合同后，不严格按合同、施工组织设计进行施工，造成施工合同管理不规范，最终给国家和企业自身都带来不同程度的损失。

4.1.3 合同类型

建设工程施工合同的类型按合同计价方式可分为总价合同、单价合同、成本加酬合同。采用总价合同时，发包人必须准备详细而全面的设计图纸和各项说明，使承包人能准确计算工程量。单价合同的适用范围较宽，其关键在于对单价和工程量计算办法的确认。成本加酬金合同不利于业主，主要适用于一些特殊情况。发承包双方应根据项目的实际情况，确定合同类型。

4.1.4 合同漏洞

合同漏洞是指缔约人关于合同某事项应有约定而未约定。这种现象发生的原因有：

(1)基于缔约人的法律知识，在订立合同时对某些条款会有所疏忽。

(2)缔约人为了能尽快达成协议，也会疏漏某些条款，同意将来再行协商。

(3)缔约人约定的某些条款由于违反强制性规范或公序良俗、诚信等而无效，也会造成合同漏洞。例如某项目工程量清单中"020102002块料地面"特征描述为参见湖南省建设工程计价办法，这样地面砖的选用及防水外层的选用存在困难，投标单位便可利用这一漏洞低价中标，高价变更索赔。

4.1.5 合同陷阱

合同陷阱通常是指发承包双方通过拟订一些内涵丰富的合同条款误导对方，让其陷入错误的理解，以为自己争取有利地位。

实务中，业主也会面对合同陷阱带来的风险。例如，对于一些涉及多个系统的综合检查项目，往往涉及多家承包商的施工内容。以消防验收涉及的两项检测项目为例，按照长沙市的有关规定消防局进行消防验收前，需要完成另外两项检测。一项为电气系统全负荷检测，另一项是消防系统的调试检测。此类检测往往涉及多家单位，而且此项费用的承担单位也没有明确规定，业主方如果不在合同中予以注明，往往会成为分歧点。即便是在合同中注明"除×××费用外，其他检测费用均由承包商承担"也不是很好的方式，因为承包商会推诿给其他承包商，拖延的最终结果往往是业主承担。对于这些情况，要特别注意类似"政府规定应由业主方承担检测费用的项目由业主承担相应费用"的约定，虽然合乎法律，但却暗藏陷阱。比较好的处理方式是要求承包商列出需业主方承担的费用及自身承担的费用，包括涉及多家承包商时自身承担的份额。

4.1.6　合同歧义

由于建设工程承发包合同条款多、文件涉及面广，其中矛盾、错误、两义性问题常常难免。按照建设工程施工合同的一般解释原则，施工单位应对施工合同的理解负责，建设单位应主动为合同文件起草，应对合同文件的正确性负责。但是施工企业为了达到中标目的，往往对施工合同不加细致研究，最终与招投标文件中相应的合同条款相距甚远。究其原因，一方面是施工单位不重视，认为合同只是一种表面形式，或因与建设单位的沟通不够，造成在合同文字表述上的矛盾、错误和两义性语句大量出现，甚至一些施工单位被迫有意为之，待事后通过"沟通"解决。另一方面，施工企业常常在合同签署上过分迁就建设单位，不计成本，违心地提高质量等级、压缩工期或低于建设成本承包工程，使得工程质量无法得到保证，合同执行必然受阻，导致建设工程施工合同履约率低。

4.1.7　合同冲突

合同冲突是指各合同文件或合同条款之间，存在冲突和矛盾。合同冲突也是引发合同纠纷的主要原因之一。一般各合同文件之间有着优先排序，顺序在前的合同文件效力优于在后的文件。合同文件的组成及其优先顺序如下：①合同协议书；②中标通知书；③投标函及投标函附录；④专用合同条款；⑤通用合同条款；⑥技术标准和要求；⑦图纸；⑧已标价工程量清单；⑨其他合同文件。

4.2　施工合同风险识别与评估

4.2.1　建设工程施工合同承包方的常见风险识别

(1)项目资金的来源和额度的可靠程度以及国家经济状况给承包人带来的风险。

(2)发生伴随着业主风险的承包商承担的风险。

(3)对工程地质和水文地质研究不够或判断失误、工程设计深度不够或设计水平低，以及合同条款评估不足等带来的风险。

(4)发包人选择的标准合同范本对承包人风险的影响。

(5)对建设工程项目的施工现场调查不细，施工组织设计和工程工期研究不足以及自身的技术力量、施工装备水平、工程现场作业和施工管理水平等原因，造成投标报价、成本控制、施工措施和工程实施等方面的失误，引起的风险。

(6)对工程师的授权、独立处理合同争端的能力和公正程度以及争端裁决委员会的协调能力等方面对承包人风险的影响。

(7)承包商对工程、材料和工程设备等照管不周造成的损失或损坏。

(8)工程各控制性工期和总工期的风险。

(9)承包人自身能力、施工和管理水平的风险。

4.2.2　风险评估

(1)对工程项目所在国和所在地的政治、社会和经济状况应进行全面和详尽的调查,并掌握其资料,以此作为风险评估和分析的基础。

(2)了解招标文件中采用何种标准合同条件范本,是否是采用自己熟知的。

(3)结合工地现场勘察和施工环境考察,对工程设计水平、地质、水文和气象等情况进行详细和全面的风险分析,并研究如何防范和处理。

(4)对工程师独立处理合同问题的权力(即发包人的授权)、争端裁决委员会的组建以及他们的协调能力和公平程度进行风险分析,评估给合同当事人带来的风险。

(5)对其他引起风险的各种因素的合理分析和预测,并研究如何防范和处理。

4.3　建设工程施工合同订立阶段的风险处理

建设工程施工合同订立阶段的风险处理方法主要有风险避免、损失预防和风险隔离等风险控制措施。

4.3.1　由分包方分担风险

联营体承包是建设工程施工合同非保险风险转移的重要措施。由于人类认识的局限性以及各种风险处理措施的有限性,再完美的合同也只能减少风险事故的发生概率或降低损失程度,而不能彻底地消灭风险。例如自然环境或社会环境的突变、法律政策的转向。因此,在不适用风险避免或者风险避免措施失效时,就需要通过风险转移措施来分担风险,以减少风险事故所造成的损失对其自身的影响。联营体承包就是一种风险转移方式。

4.3.2　购买工程保险

订立建设工程施工合同的同时,对建设工程进行保险,是建设工程施工合同风险转移最行之有效的手段。工程保险是指以工程项目为主要保险标的财产保险,是发包人和承包人转移风险的一种重要手段。工程保险除了具有保护工程承包商或分包商的利益、保护业主的利益、减少工程风险的发生这三大微观功能外,还具有引进保险公司作为第三方监督者,进一步促进建筑市场规范发展的社会功能。

工程保险通常有以下两种形式:

(1)建筑工程一切险。这是对建筑工程施工期间,工程质量、施工设施、设备以及施工场地内已有建筑物等遭受损失及因施工给第三者造成的财产损失、人身伤亡给予赔偿的险种。

(2)施工保险、第三方责任险、人身伤亡保险等。这些都是对建筑工程施工期间涉及的某个方面进行保险的险种。承包人应当充分了解这些保险所保的风险范围,保险金计算、赔偿方式、程序、赔偿额等详细情况,根据自己的需要采用最恰当的保险决策。

4.3.3　充分运用工程保证担保

我国担保法中规定的保证、抵押、质押、留置和定金5种担保形式都可以运用到工程建设项目中,但后4种不宜用于建设工程合同的担保。在建设工程施工合同订立阶段广泛运用的主要是工程保证担保。建设工程合同保证担保是指保证人和建设工程合同一方当事人约定,当建设工程合同另一方当事人不履行建设工程合同约定的债务时,保证人将按照约定履行债务或者承担责任的行为。在建设工程保证合同中，保证人一般是从事担保业务的银行、专业担保公司，可以从事担保业务的金融机构、商业团体。

1. 业主工程款支付担保

在我国建设工程合同中，始终存在发包人不支付工程款的风险因素，要求发包人提供担保，对承包人来说是一种风险控制措施。目前，工程款拖欠已经成为我国严重的社会问题，业界一致认为，推行发包人工程款支付担保是解决这一问题的重要措施。

根据《工程建设合同担保规定》第五条的规定，业主工程款支付担保应当采用保证担保的方式，这是一条强制性规定，必须予以遵守。《工程建设合同担保规定》对发包人支付担保的担保额度、有效期等做出了规定。该规定第十一条规定业主在签订工程建设合同的同时，应当向承包商提交业主工程款支付担保。未提交业主工程款支付担保的建设资金，视作"建设资金未落实"。发包人工程款支付担保可以采用银行保函、专业担保公司的保证。发包人支付担保的担保金额应当与承包人履约担保的担保金额相等。对于工程建设合同额超 1 亿元人民币以上的工程，发包人工程款支付担保可以按工程合同确定的付款周期实行分段滚动担保，但每段的担保金额为该段工程合同额的 10%~15%。发包人工程款支付担保采用分段滚动担保的，在发包人、项目监理工程师或造价工程师对分段工程进度签字确认或结算，发包人支付相应的工程款后，当期发包人工程款支付担保解除，并自动进入下一阶段工程的担保。发包人工程款支付担保的有效期应当在合同中约定。合同约定的有效期截止时间为发包人根据合同的约定完成了除工程质量保修金以外的全部工程结算款项支付之日起 30~180 天。发包人工程款支付担保与建设工程合同应当由发包人一并送达建设行政主管部门备案。业主工程款支付保证担保是我国在特殊条件下的创新之举。

2. 承包人履约担保

承包人履约担保是指由保证人为承包人向发包人提供的，保证承包人履行建设工程合同约定义务的担保。担保的内容是保证承包人按照建设工程合同的约定诚实履行合同义务。承包人履约担保可以采用履约保证金和保证的方式。履约保证金可以以支票、汇票、现金等方式提供。中标人不履行与招标人订立的合同的，履约保证金不予退还，给招标人造成的损失超过履约保证金数额的，还应当对超过部分予以赔偿；没有提交履约保证金的，应当对招标人的损失赔偿责任。承包人履约担保采用保证方式的，可以采用银行保函、专业担保公司保证的形式。

3. 预付款保证担保

预付款保证是指保证人为承包人提供的，保证承包人将发包人支付的预付款用于工程建设的保证担保。这种保证担保类型是为了防止承包人将发包人支付的工程预付款挪作他用、携款潜逃或被宣告破产而设计的。

4. 保修保证担保

保修保证是指保证人为承包人向发包人提供的，保证在工程质量保修期内出现质量缺陷时，承包人将负责维修的保证担保。保修保证既可以包含在承包人履约保证内，也可以单独约定，并在工程完成后以此来替换承包人履约保证。保修保证的额度一般为工程合同价的 1%~5%。

4.4 合同评审程序

4.4.1 评审原则

(1)合同双方必须领会合同文件的实质是签约双方的责权划分及对其转化程序的承诺与契约。

(2)牢固树立"对等""双赢""责权对应""合理分担风险""相互接受"等基本合同理念。

(3)编标、招标、投标、评标、合同谈判和签约都是合同程序的组成部分。签约前后的合同理念应当保持一致。

(4)抓住合同文件中的关键内容。

4.4.2 收集相关资料

(1)业主的资信、管理水平和能力,业主的目标和动机,对工程管理的介入深度期望值,业主对承包商的信任程度,业主对工程的质量和工期要求等。

(2)承包商的能力、资信、企业规模、管理风格和水平、目标与动机、目前经营状况、过去同类工程经验、企业经营战略等。

(3)工程方面:工程的类型、规模、特点、技术复杂程度、工程技术设计准确程度、计划程度、招标时间和工期的限制、项目的营利性、工程风险程度、工程资源(如资金等)供应及限制条件等。

(4)环境方面:建筑市场竞争激烈程度,物价的稳定性,地质、气候、自然、现场条件的确定性,等等。

(5)国家和主管部门颁发的有关的劳动保护、环境保护、生产安全和经济等法律、法规、政策和规定。

(6)国家有关部门颁发的技术规范(包括施工规范)、技术标准、设计标准、质量标准和施工操作规程等。

(7)政府建设主管部门批准的建设文件和设计文件。

(8)中标文件。

(9)招标文件。

4.4.3 评审内容

1.确定合理的工期

工期过长,发包方则不利于及时收回投资;工期过短,承包方则不利于工程质量以及施工过程中建筑半成品的养护。因此,对承包方而言,应当合理计算自己能否在发包方要求的工期内完成承包任务,否则应当按照合同约定承担逾期竣工的违约责任。

2.明确双方代表的权限

在施工承包合同中通常都明确甲方代表和乙方代表的姓名和职务,但对其作为代表的权限则往往规定不明。由于代表的行为代表了合同双方的行为,因此,有必要对其权力范围以及权力限制做一定约定。例如,约定确认工期是否可以顺延应由甲方代表签字并加盖甲方公章方可生效,此时也对甲方代表的权力做了限制,乙方必须清楚这一点,否则将有可能违背合同。

3. 明确工程造价或工程造价的计算方法

工程造价条款是工程施工合同的必备和关键条款，但通常会发生约定不明的情况，往往为日后争议与纠纷的发生埋下隐患。而处理这类纠纷，法院或仲裁机构一般委托有权审价单位鉴定造价，势必使当事人陷入旷日持久的诉讼，更何况经审价得出的造价也因缺少可靠的计算依据而缺乏准确性，对维护当事人的合法权益极为不利。

如何在订立合同时就能明确工程造价？设定分阶段决算程序，强化过程控制，将是一有效方法。具体而言，就是在设定承发包合同时增加工程造价过程控制的内容，按工程施工进度分段进行预决算并确定相应的操作程序，使合同签约时不确定的工程造价在合同履行过程中按约定的程序得到确定，从而避免可能出现的造价纠纷。设定造价过程控制程序需要增加相应的条款，其主要内容为下述一系列的特别约定。

(1)约定发包方按工程施工进度分段提供施工图的期限和发包方组织分段图样会审的期限。

(2)约定承包商得到分段施工图后提供相应工程预算以及发包方批复同意分段预算的期限。经发包方认可的分段预算是该段工程备料款和进度款的付款依据。

(3)约定承包商完成分阶段工程并经质量检查符合合同约定条件，向发包方递交该施工进度阶段的工程决算的期限以及发包方审核的期限。

(4)约定承包商按经发包方认可的分段施工图组织设计，按分段进度计划组织基础、结构、装修阶段的施工。合同规定的分段进度计划具有决定合同是否继续履行的直接约束力。

(5)约定全部工程竣工通过验收后，承包商递交工程最终决算造价的期限以及发包方审核是否同意及提出异议的期限和方法。双方约定经发包方提出异议，承包商做修改、调整后，双方能协商一致的，即为工程最终造价。

(6)约定发包方支付承包商各分阶段预算工程款的比例以及备料款、进度、工作量增减值和设计变更签证、新型特殊材料差价的分阶段结算方法。

(7)约定承发包双方对结算工程最终造价有异议时的委托审价机构审价以及该机构审价对双方均具有约束力，双方均承认该机构审定的即为工程最终造价。

(8)约定结算工程最终造价期间与工程交付使用的互相关系及处理方法，实际交付使用和实际结算完毕之间的期限是否计取利息以及计取的方法。

(9)约定双方自行审核确定的或由约定审价机构审定的最终造价的支付以及工程保修金的处理方法。

4. 明确材料和设备的供应

由于材料、设备的采购和供应容易引发纠纷，所以必须在合同中明确约定相关条款，包括发包方或承包商所供应或采购的材料，设备的名称、型号、数量、规格、单价，质量要求，运送到达工地的时间，运输费用的承担，验收标准，保管责任，违约责任，等等。

5. 明确工程竣工交付标准

应当明确约定工程竣工交付的标准。有两种情况：第一是发包方需要提前竣工，而承包商表示同意的，则应约定由发包方另行支付赶工费，因为赶工意味着承包商将投入更多的人力、物力、财力，劳动强度增大，损耗亦增加；第二是承包方未能按期完成建设工程的，应明确由于工期延误所赔偿发包方的延期费。

6. 明确最低保修年限和合理使用寿命的质量保证

《建筑法》第六十条规定："建筑物在合理使用寿命内，必须确保地基基础工程和主体结构的质量。建筑工程竣工时，屋顶、墙面不得留有渗漏、开裂等质量缺陷；对已发现的质量缺陷，建筑施工企业应当修复。"《建筑法》第六十二条规定："建筑工程实行质量保修制度。建筑工程的保修范围应当包括地基基础工程、主体结构工程、屋面防水工程和其他土建工程以及电气管线、上下水管线的安装工程，供热、供冷系统工程等项目；保修的期限应当按照保证建筑物合理寿命年限内正常使用，维护使用者合法权益的原则确定。具体的保修范围和最低保修期限由国务院具体规定。"《建设工程质量管理条例》第四十条明确规定：在正常使用条件下，建设工程的最低保修期限为：①基础设施工程、房屋建筑的地基基础工程和主体结构工程，为设计文件规定的该工程的合理使用年限；②屋面防水工程、有防水要求的卫生间、房间和外墙面的防渗漏，为 5 年；③供热与供冷系统，为两个采暖期、供冷期；④电气管线、给排水管道、设备安装和装修工程，为 2 年。其他项目的保修期限由发包方与承包方约定。建设工程的保修期自竣工验收合格之日起计算。

根据以上规定，承发包双方应在招投标时不仅要据此确定上述已列举项目的保修年限，并保证这些项目的保修年限等于或超过上述最低保修年限，而且要对其他保修项目加以列举并确定保修年限。

7. 施工范围的划分

除非只有一家承包商，否则几家承包商之间或多或少会存在工作范围的交界面，这就要求进行工作范围的划分，尤其是性质接近的承包商之间，比如机电与消防，供电与配电，初装修和精装修之间，等等，这种工作范围的划分直接涉及造价的组成。如某项目在签订橱柜整体安装合同时，橱柜的给水管与预留管的连接未说明清楚，前面的承包商只是预留了普通堵头，还需要增加连接阀才能将橱柜的供水管与供水系统连接。在橱柜公司的合同中虽然说明连接由橱柜公司承担，但并未说明连接阀也包括在内，最后增加了 400 多套铜质阀门的费用。对于精装修交付的住宅项目，一般在竣工备案时要求完成墙面腻子，在合约中此项工作通常交由总包单位完成。但初装修刮腻子的施工质量标准往往与精装修有一定差距，精装修单位在接收初装修单位提供的基层时会提出质疑。由于此类工序的修补量很大，结果往往是业主方需另外支付精装修施工单位一定的修复费用。当承包商提出某项费用未列入报价，如扣减与其他承包商重复的项目，即要求增加这些遗漏项目。为了避免此类情况，较好的方式是在合同中约定"当业主方扣减某项工作内容时，承包商不得以任何理由拒绝并不得提出增加其他费用的要求"类似条款。在划分范围时，要注意既要考虑不遗漏，还要考虑施工的方便性。

8. 不可抗力的约定

施工合同《通用条款》对不可抗力发生后当事人责任、义务、费用等如何划分均做了详细规定，发包人和承包人都认为不可抗力的内容就是这些了。于是，在《专用条款》上打"√"或填上"无约定"的比比皆是。国内工程在施工周期中发生战争、动乱、空中飞行物体坠落等现象的可能性很少，较常见的是风、雨、雪、洪、震等自然灾害。达到什么程度的自然灾害才能被认定为不可抗力，《通用条款》未明确，实践中双方难以形成共识。双方当事人在合同中对可能发生的风、雨、雪、洪、震等自然灾害的程序应予以量化。如几级以上的大风，几级以上的地震，持续多少天达到多少毫米的降水，等等，才可能认定为不可抗力，以免引起不必要的纠纷。

同时，应约定不可抗力发生的地点。从保护业主的利益的角度，最好只约定发生地为项目所在地（行政区划范围内）。如果承包商坚持，可以接受的是对方所在地。除此以外的其他区域的风险均由承包商承担，否则，途经地区发生的此类不可抗力（尤其是洪水、台风等自然灾害）都会造成业主方的损失。对于沿海等自然灾害易发地区，要特别注意对自然灾害的约定条款，以免造成重大损失。

9. 工期延长的约定

目前《建设工程施工合同》中约定"每周停电停水累计 8 小时以上""因业主变更引起的……"需要延长工期，等等，此类条款对业主方是极不合理的。重大的设计修改可能产生返工、停工，也可能减少工作量，这是可以也是应该商谈工期和补偿费用的，但对于可能在较短时间内局部影响工程进度的修改，包括日常的停电停水，则不应作为补偿其他费用的理由。因为正常的设计修改和停水停电几乎是普遍发生的事情。根据菲迪克条款的精神，对于完全可以预料的风险，一旦转化为现实，不应由业主承担。只有那些难以预料的风险才具备索赔的条件。反之，一旦此类事情定性为延期的理由，则业主需支付的费用将包括设备租赁费、管理费、窝工损失等多项数额巨大的间接费用。在这方面大多数公司都未做细节性约定或者可操作性不强，主要是因为管理的深度和员工的专业素质不够。可以借鉴的处理方式有如下几种：

（1）按照国家规定，建筑面积增加超过一定比例后，按照约定原则延长工期。

（2）工程量或工程范围增加，造价增加超过一定比例的，按照约定原则延长工期。

（3）在一定的时间范围内（如 15 天），各方责任造成的延误互不补偿。

（4）对关键线路工序造成实质性影响超过 8 小时的可予以顺延工期。

10. 对施工方案调整的约定

在投标阶段招标方应要求投标单位提出重大的设计缺陷和相应的费用，分析是否合理，以便从总体上确定合理造价，并在合同中约定"对招标图纸中设计缺陷提出修改而导致的工程变更，如造成造价增加，则费用由承包商全额承担"或类似条款，以保护业主方利益。对于提供设备的时间，应避免具体性约定。

11. 定额含量的分析

对于一些采用地方性定额进行计价的工程项目，在对具体的定额子目组价或选择费率时，不能简单地套取定额子目，而是要根据工程特点，分析具体内容，如果与定额含量存在不一致，需适当予以调整。

12. 约定总包开办费项目

开办费作为工程量清单计价方式的一项重要内容，包括的工作范围非常广泛，且除特殊规定外，一般不做调整。甲乙双方都应高度重视，尤其是涉及对其他分包商提供的总包管理和配合方面，容易在具体内容的规定上出现含混或不明确，这类缺陷往往成为总包以后增加费用或是降低服务标准的借口，从而连带引起分包商工作内容的增加，造成分包商索要补偿费用。比如某项目的总承包合约中关于现场照明的表述为"总承包商应为分包商提供必要的现场照明……"但在主要分包商之一的机电分包商进场后，总包商要求机电分包商自行配置照明设施，理由是所谓的提供照明并不意味着提供分包商的施工所需照明，而是施工现场的管理照明和接口，分包商的施工用照明应该由分包商自行解决。此外，在该项目的合约中，由于在开办费项目的管理范围中没有列入。"样板间"，当业主方安排在现场单独建设样板间时，总包提出要求另外支付安全管理等费用。国家财税管理日趋严密，各地财政部门对发票、税收的规定也不尽相同，有些属于规费费率的差异，有些属于属地管理的要求。应要求财务人员参与合同审定，以确保符合当地规定。

13.具体约定发包方、总包方和分包方各自的责任和相互关系

尽管发包方与总包方、总包方与分包方之间订有总包合同和分包合同，法律对发包方、总包方及分包方各自的责任和相互关系也有原则性规定，但实践中仍常常发生分包方不接受发包方监督和发包方直接向分包方拨款造成总包方难以管理的现象，因此，在总包合同中应当将各方责任和关系具体化，便于操作，避免纠纷。

14.明确违约责任

违约责任条款的订立目的在于促使合同双方严格履行合同义务，防止违约行为的发生。发包方拖欠工程款、承包方不能保证施工质量或不按期竣工，均会给对方以及第三方带来不可估量的损失。审查违约责任条款时，要注意两点。第一，对违约责任的约定不应笼统化，而应区分情况做相应约定。有的合同不论违约的具体情况，笼统地约定一笔违约金，这没有与因违约造成的真正损失额挂钩，从而会导致违约金过高或过低的情形，是不妥当的。应当针对不同的情形做不同的约定，如质量不符合合同约定标准应当承担的责任、因工程返修造成工期延长的责任、逾期支付工程款所应承担的责任等，衡量标准均不同。第二，对双方的违约责任的约定是否全面。在工程施工合同中，双方的义务繁多，有的合同仅对主要的违约情况做了违约责任的约定，而忽视了违反其他非主要义务所应承担的违约责任。但实际上，违反这些义务极可能影响到整个合同的履行。

除对合同每项条款均应仔细审查外，签约主体也是应当注意的问题。合同尾部应加盖与合同双方文字名称相一致的公章，并由法定代表人或授权代表签名或盖章，授权代表的授权委托书应作为合同附件。

4.4.4 提交评审报告

评审报告至少应具备以下功能：
(1)有完整的审查项目和审查内容，通过审查表可以直接检查合同条文的完整性。
(2)被审查合同在对应审查项目上的具体条款和具体内容。
(3)对合同内容进行分析评价，同时进行风险评估。
(4)针对分析出来的问题提出建议或对策。

4.5 合同谈判

通过合同评审，我们应根据评审结果，进行合同谈判。

4.5.1 确定谈判原则

1.符合谈判基本目标
2.积极争取自己的正当利益

虽然法律赋予合同双方平等的法律地位和权利，但是在实际的经济活动中，绝对的平等是不存在的，权利要靠承包商自己去争取。如有可能，承包商应尽力争取到合同文本的拟稿权。对业主提出的合同文本，双方应对每个条款都做具体的商讨。另外，对重大问题不能超

原则地让步。

3. 重视合同的法律性质

合同一经签订，即成为约束合同双方的最高原则，合同中的所有条款都与双方利害相关。一方面，在合同商谈中，一切问题必须"先小人，后君子"，对可能发生的情况和各个细节问题都要考虑周到，并做出明确的约定，不能抱有侥幸心理；另一方面，一切重要的问题都应明确具体地规定，最好要采用书面形式对重要事项做出承诺和保证。

4.5.2　拟订谈判方案

对己方与对方分析完毕之后，即可总结该项目的操作风险、双方的共同利益、双方的利益冲突以及双方在哪些问题上已取得一致，还存在着哪些问题甚至原则性的分歧，等等，然后拟订谈判的初步方案，决定谈判的重点。

4.5.3　谈判技巧

1. 高起点战略

谈判的过程是双方妥协的过程，通过谈判，双方都或多或少会放弃部分利益以求得项目的进展。而有经验的谈判者在谈判之初就会有意识地向对方提出苛刻的谈判条件。这样对方会过高估计己方的谈判底线，从而在谈判中做出更多让步。

2. 掌握谈判议程，合理分配各议题的时间

工程建设的谈判一定会涉及诸多需要讨论的事项，而各谈判事项的重要性并不相同，谈判双方对同一事项的关注程度也并不相同。成功的谈判者善于掌握谈判的进程，在充满合作气氛的阶段，展开自己所关注的议题的商讨，从而抓住时机，达成有利于己方的协议。而在气氛紧张时，则引导谈判进入双方具有共识的议题，一方面缓和气氛，另一方面缩小双方差距，推进谈判进程。同时，谈判者应懂得合理分配谈判时间。对于各议题的商讨时间应得当，不要过多拘泥于细节性问题，这样可以缩短谈判时间，降低交易成本。

3. 注意谈判氛围

谈判各方往往存在利益冲突，要兵不血刃就获得谈判成功是不现实的。但有经验的谈判者会在各方分歧严重，谈判气氛激烈的时候采取润滑措施，舒缓压力。在我国最常见的方式是饭桌式谈判。通过餐宴，联络谈判方的感情，拉近双方的心理距离，进而在和谐的氛围中重新回到议题。

4. 避实就虚

这是《孙子兵法》中所提出的策略，谈判各方都有自己的优势和弱点。谈判者应在充分分析形势的情况下，做出正确判断，利用对方的弱点，猛烈攻击，迫其就范，做出妥协。而对于己方的弱点，则要尽量注意回避。

5. 拖延和休会

当谈判遇到障碍、陷入僵局的时候，拖延和休会可以使明智的谈判方有时间冷静思考，在客观分析形势后提出替代性方案。在一段时间的冷处理后，各方都可以进一步考虑整个项目的意义，进而弥合分歧，将谈判从低谷引向高潮。

6. 充分利用专家的作用

现代科技发展使个人不可能成为各方面的专家，而工程项目谈判又涉及广泛的学科领域。充分发挥各领域专家的作用，既可以在专业问题上获得技术支持，又可以利用专家的权

威性给对方以心理压力。

7.分配谈判角色

任何一方的谈判团都由众多人士组成,谈判中应利用各人不同的性格特征各自扮演不同的角色。有的唱红脸,有的唱白脸。这样软硬兼施,可以事半功倍。

4.5.4 谈判结果审核

在谈判结束,合同签约前,还必须对合同做再一次的全面分析和审查。其重点如下:

(1)前面合同审查所发现的问题是否都有了落实,得到解决,或都已处理过;不利的、苛刻的、风险性条款是否都已做了修改。

(2)新确定的,经过修改或补充的合同条文是否可能带来新的问题和风险,与原来合同条款之间是否有矛盾或不一致,是否还存在漏洞和不确定性。

(3)对仍然存在的问题和风险,是否都已分析出来,承包商是否都十分明了或已认可,已有精神准备或有相应的对策。

(4)合同双方对合同条款的理解是否完全一致,业主是否认可承包商对合同的分析和解释。最终将合同审核结果以简洁的形式(如表和图)提交给决策者,由他对合同的条款做最后决策。

在合同谈判中,对合同中仍存在着的不清楚、未理解的条款,应请业主做书面说明和解释,投标书及合同条件的任何修改,签署任何新的附加协议、补充协议,都必须经过合同审查,并备案。

4.6 合同内容

1.《建设工程施工合同(示范文本)》(GF—2017—0201)介绍

建设工程施工合同是建设单位和施工单位为完成商定的土木工程、设备安装、管道线路敷设、装饰装修和房屋修缮等建设工程项目,明确双方相互权利义务关系的协议。

国家住房和城乡建设部、国家工商行政管理总局印发的《建设工程施工合同(示范文本)》是参照国际惯例,经各方专家和技术人员多次讨论、多次修改和调整而成的。它突出了国际性、系统性、科学性等特点,体现了示范文本应具有的完备性、平等性、合法性、协商性等原则,是各类公用建筑、民用住宅、工业厂房、交通及线路管理设施的施工和设备安装的合同样本。《建设工程施工合同(示范文本)》包括协议书、通用条款、专用条款三个部分,以及11个附件。

(1)协议书

合同协议书是示范文本中总纲性的文件,是发包人与承包人依照《中华人民共和国合同法》《中华人民共和国建筑法》及其他有关法律、法规,遵循守法、平等、自愿、公平、诚实信用原则,就建设工程施工中最重要的事项协商一致而订立的协议。虽然其文字量并不大,但是它规定了合同当事人双方最主要的权利、义务,规定了组成合同的文件及当事人对履行合同义务的承诺,并且合同双方当事人要在这份文件上签字盖章,因此具有很高的法律效力。

合同协议书共计13条,集中约定了合同当事人基本的合同权利义务。包括:工程概况、合同工期、质量标准、签约合同价和合同价格形式、项目经理、合同文件构成、承诺、词语含义、签订时间、签订地点、补充协议、合同生效、合同份数等。

(2)通用条款

通用合同条款是合同当事人根据《中华人民共和国建筑法》《中华人民共和国合同法》等

法律法规的规定，就工程建设的实施及相关事项，对合同当事人的权利义务做出的原则性约定。它是将建设工程施工合同中共性的一些内容归纳出来编写的一份完整的合同文件，具有很强的通用性，基本适用于各类建设工程施工合同。共计20条，分别为：一般约定、发包人、承包人、监理人、工程质量、安全文明施工与环境保护、工期和进度、材料与设备、试验与检验、变更、价格调整、合同价格计量与支付、验收和工程试车、竣工结算、缺陷责任与保修、违约、不可抗力、保险、索赔、争议解决。

（3）专用条款

专用合同条款是发包人与承包人根据法律、行政法规规定，结合具体工程实际，经协商达成一致意见的条款，与通用合同条款一一对应，是对通用条款的具体化、补充或修改。由于具体实施工程项目的工作内容各不相同，施工现场和外部环境条件各异，一般还必须有反映工程具体特点和要求的专用条款的约定。合同范本中的专用条款只为当事人提供了编制具体合同时应包括内容的指南，具体内容由当事人根据工程的实际要求，针对通用条款的内容进行补充或修改，以达到相同序号的通用条款和专用条款共同组成对某一方面问题内容完整的约定。

在使用专用合同条款时，应注意以下事项：

1）专用合同条款的编号应与相应的通用合同条款的编号一致。

2）合同当事人可以通过对专用合同条款的修改，满足具体建设工程的特殊要求，避免直接修改通用合同条款。

3）在专用合同条款中有横道线的地方，合同当事人可针对相应的通用合同条款进行完善、补充、修改或另行约定；如无细化、完善、补充、修改或另行约定，则填写"无"或划"／"。

（4）附件

示范文本共附有11个附件，其中协议书附件1个，专用合同条款附件10个。

1）协议书附件

附件1：承包人承揽工程项目一览表。

2）专用合同条款附件：

附件2：发包人供应材料设备一览表

附件3：工程质量保修书。

附件4：主要建设工程文件目录。

附件5：承包人用于本工程施工的机械设备表。

附件6：承包人主要施工管理人员表。

附件7：分包人主要施工管理人员表。

附件8：履约担保格式。

附件9：预付款担保格式。

附件10：支付担保格式。

附件11：暂估价一览表。

2.建设工程施工合同文件的构成及解释顺序

示范文本规定构成建设工程施工合同的文件包括：合同协议书、中标通知书（如果有）、投标函及其附录（如果有）、专用合同条款及其附件、通用合同条款、技术标准和要求、图纸、已标价工程量清单或预算书、其他合同文件。

施工合同文件应该能够相互解释、相互说明。当合同文件中出现不一致时，上面的顺序就是合同的优先解释顺序。

3. 建设工程施工合同涉及的有关各方

（1）发包人　发包人是指在协议书中约定，具有工程发包主体资格和支付工程价款能力的当事人以及取得该当事人资格的合法继承人。

（2）承包人　承包人是指在协议书中约定，被发包人接受的具有工程施工承包主体资格的当事人以及取得该当事人资格的合法继承人。项目经理是承包人在专用条款中指定的负责施工管理和合同履行的代表。

（3）监理工程师　监理工程师是指本工程监理单位委派的总监理工程师或发包人指定的履行本合同的代表，其具体身份和职权由发包人在专用条款中约定，但职责不得相互交叉。而监理单位是指发包人委托的负责本工程监理并取得相应工程监理资质等级证书的单位。

（4）设计单位　设计单位是指发包人委托的负责本工程设计并取得相应工程设计资质等级证书的单位。

（5）工程造价管理部门　工程造价管理部门是指国务院有关部门、县级以上人民政府建设行政主管部门或其委托的工程造价管理机构。

4. 建设工程施工合同协议书的内容

（1）封面：

建设工程施工合同

工程名称：＿＿＿＿＿×× 市检察院办公楼工程＿＿＿＿＿

工程地点：＿＿＿＿＿×× 市建湘路 88 号＿＿＿＿＿

发 包 人：＿＿＿＿＿×× 市检察院＿＿＿＿＿

承 包 人：＿＿＿＿＿××× 第六建筑工程公司＿＿＿＿＿

住房城乡建设部
国家工商行政管理总局　　制定

（2）目录

第一部分　合同协议书

一、工程概况

二、合同工期

三、质量标准

四、签约合同价和合同价格形式

226

五、项目经理

六、合同文件构成

七、承诺

八、词语含义

九、签订时间

十、签订地点

十一、补充协议

十二、合同生效

十三、合同份数

第二部分　通用合同条款(略)

第三部分　专用合同条款

1.一般约定

2.发包人

3.承包人

4.监理人

5.工程质量

6.安全文明施工与环境保护

7.工期和进度

8.材料与设备

9.试验与检验

10.变更

11.价格调整

12.合同价格、计量与支付

13.验收和工程试车

14.竣工结算

15.缺陷责任与保修

16.违约

17.不可抗力

18.保险

19.索赔

20.争议解决

附件(略)

第一部分　协议书

第一部分　合同协议书

发包人(全称)：_____××市检察院_____

承包人(全称)：_____×××第六建筑工程公司_____

根据《中华人民共和国合同法》《中华人民共和国建筑法》及有关法律规定，遵循平等、自愿、公平和诚实信用的原则，双方就___××市检察院办公楼___工程施工及有关事项协商一致，

共同达成如下协议:

一、工程概况

1. 工程名称: _____××市检察院办公楼工程_____。

2. 工程地点: _____××市建湘路88号_____。

3. 工程立项批准文号: _____××市发改发【2020】168号_____。

4. 资金来源: _____政府投资70%;自筹30%_____。

5. 工程内容: _____市检察院办公楼工程施工_____。

群体工程应附《承包人承揽工程项目一览表》(附件1)。

6. 工程承包范围:

_____工程施工图纸全部内容(详见施工图)_____。

二、合同工期

计划开工日期: 2021年5月1日。

计划竣工日期: 2021年12月26日。

工期总日历天数: 240天。工期总日历天数与根据前述计划开竣工日期计算的工期天数不一致的,以工期总日历天数为准。

三、质量标准

工程质量符合国家《建筑工程施工质量验收统一标准》(GB 50300—2013)合格标准。

四、签约合同价与合同价格形式

1. 签约合同价为:

人民币(大写)捌佰叁拾玖万零肆佰伍拾柒元伍角陆分(¥8390457.56元);

其中:

(1)安全文明施工费:

人民币(大写)捌拾伍万陆仟陆佰壹拾元 (¥ 856610元);

(2)材料和工程设备暂估价金额:

人民币(大写)陆拾贰万叁仟陆佰元 (¥ 623600元);

(3)专业工程暂估价金额:

人民币(大写) / (¥ /元);

(4)暂列金额:

人民币(大写) / (¥ / 元)。

2. 合同价格形式: _____可调合同价格_____。

五、项目经理

承包人项目经理: _____王五_____。

六、合同文件构成

本协议书与下列文件一起构成合同文件:

(1)中标通知书(如果有);

(2)投标函及其附录(如果有);

(3)专用合同条款及其附件;

(4)通用合同条款;

(5)技术标准和要求;

（6）图纸；

（7）已标价工程量清单或预算书；

（8）其他合同文件。

在合同订立及履行过程中形成的与合同有关的文件均构成合同文件组成部分。

上述各项合同文件包括合同当事人就该项合同文件所做出的补充和修改，属于同一类内容的文件，应以最新签署的为准。专用合同条款及其附件须经合同当事人签字或盖章。

七、承诺

1.发包人承诺按照法律规定履行项目审批手续、筹集工程建设资金并按照合同约定的期限和方式支付合同价款。

2.承包人承诺按照法律规定及合同约定组织完成工程施工，确保工程质量和安全，不进行转包及违法分包，并在缺陷责任期及保修期内承担相应的工程维修责任。

3.发包人和承包人通过招投标形式签订合同的，双方理解并承诺不再就同一工程另行签订与合同实质性内容相背离的协议。

八、词语含义

本协议书中词语含义与第二部分通用合同条款中赋予的含义相同。

九、签订时间

本合同于 2021 年 4 月 20 日签订。

十、签订地点

本合同在××市建湘路 88 号××市检察院签订。

十一、补充协议

合同未尽事宜，合同当事人另行签订补充协议，补充协议是合同的组成部分。

十二、合同生效

本合同自 2021 年 4 月 20 日订立之日起生效。

十三、合同份数

本合同一式壹拾贰份，均具有同等法律效力，发包人执陆份，承包人执陆份。

发包人：（公章）××市检察院　　　　　　承包人：（公章）×××第六建筑工程公司

法定代表人或其委托代理人：　　　　　　法定代表人或其委托代理人：

　　　　（签字）张三　　　　　　　　　　　　（签字）李四

组织机构代码：63240000408×××　　　电　话：12345678×××

组织机构代码：3215000040652×××　　电　话：12345678×××

地　　址：××市建湘路　　　　　　　　传　真：／

地　　址：××市××区临江路 32 号　　　传　真：／

邮政编码：000000　　　　　　　　　　　电子信箱：000072@qq.com

邮政编码：00000　　　　　　　　　　　 电子信箱：000068@qq.com

法定代表人：　张三　　　　　　　　　　开户银行：建设银行某支行

法定代表人：　李四　　　　　　　　　　开户银行：建设银行某支行

委托代理人：　／　　　　　　　　　　　账　　号：66666666666

委托代理人：　／　　　　　　　　　　　账　　号：88888888888

第二部分　通用合同条款(略)

第三部分　专用合同条款

1.一般约定

1.1 词语定义

1.1.1 合同

1.1.1.10 其他合同文件包括：协议书、中标通知书、投标函及附录、专用合同条款及附件、通用合同条款、技术标准和要求、图纸、已标价工程量清单或预算书。

1.1.2 合同当事人及其他相关方

1.1.2.4 监理人：

名　　称：×××监理有限公司；

资质类别和等级：房屋建筑专业　甲级；

联系电话：12345678903；

电子信箱：000999@qq.com；

通信地址：××市××区中山路88号。

1.1.2.5 设计人：

名　　称：××建筑设计有限公司；

资质类别和等级：建筑工程专业设计　甲级；

联系电话：12345678909；

电子信箱：000555@qq.com；

通信地址：××市××区南京路99号。

1.1.3 工程和设备

1.1.3.7 作为施工现场组成部分的其他场所包括：拟建建筑物南侧马路、东起办公1楼，西至办公2楼30米，拟建建筑物西侧小广场。

1.1.3.9 永久占地包括：根据设计图纸确定。

1.1.3.10 临时占地包括：施工现场临时办公生活用房及材料储存和构件加工场地。

1.3 法律

适用于合同的其他规范性文件：《中华人民共和国合同法》《中华人民共和国建筑法》《中华人民共和国招标投标法》《建设工程质量管理条例》《建设工程安全生产条例》以及国家、地方相关法律、法规和规定。

1.4 标准和规范

1.4.1 适用于工程的标准规范包括：国家、行业和地方现行的有关建筑工程施工的标准、规范及施工图。

1.4.2 发包人提供国外标准、规范的名称：　无　；

发包人提供国外标准、规范的份数：　无　；

发包人提供国外标准、规范的名称：　无　。

1.4.3 发包人对工程的技术标准和功能要求的特殊要求：　无　。

1.5 合同文件的优先顺序

合同文件组成及优先顺序为：合同协议书、中标通知书、投标函及附录、专用合同条款及附件、通用合同条款、技术标准和要求、图纸、已标价工程量清单或预算书、其他合同文件。

1.6 图纸和承包人文件

1.6.1 图纸的提供

发包人向承包人提供图纸的期限：开工前 14 天；

发包人向承包人提供图纸的数量：六套（其中四套为编制竣工图所用），施工中承包人还需增加套数则自行解决，发包人提供便利；

发包人向承包人提供图纸的内容：全部施工图纸。

1.6.4 承包人文件

需要由承包人提供的文件，包括：实施性施工组织设计及方案；

承包人提供的文件的期限为：开工日 7 天前；

承包人提供的文件的数量为：　　四份　　；

承包人提供的文件的形式为：书面文本　；

发包人审批承包人文件的期限：收到文件后 5 天内审查完毕。

1.6.5 现场图纸准备

关于现场图纸准备的约定：承包人应在施工现场另外保存一套完整的施工图和承包人文件，供发包人、监理人及相关工作人员进行工程检查时使用。

1.7 联络

1.7.1 发包人和承包人应当在 3 天内将与合同有关的通知、批准、证明、证书、指示、指令、要求、请求、同意、意见、确定和决定等书面函件送达对方当事人。

1.7.2 发包人接收文件的地点：现场工程部；

发包人指定的接收人为：张三。

承包人接收文件的地点：现场项目部；

承包人指定的接收人为：李四。

监理人接收文件的地点：现场项目部；

监理人指定的接收人为：周乙。

1.10 交通运输

1.10.1 出入现场的权利

关于出入现场的权利的约定：由承包人按照发包人 要求负责取得出入施工现场所需的准手续和全部权利，承包人应协助发包人办理修建场内外道路、桥梁以及 其他基础设施的手续。施工现场人员、车辆出入由项目安全保卫组负责登记管理。工作人员凭门禁卡刷卡出入，车辆在专用通道出入，严禁闲杂人员随意进出，外来人员出入应办理登记手续。

1.10.3 场内交通

关于场外交通和场内交通的边界的约定：以现场实际施工条件为准。

关于发包人向承包人免费提供满足工程施工需要的场内道路和交通设施的约定：以现场实际施工条件为准 。

1.10.4 超大件和超重件的运输

运输超大件或超重件所需的道路和桥梁临时加固改造费用和其他有关费用由承包人

承担。

1.11 知识产权

1.11.1 关于发包人提供给承包人的图纸、发包人为实施工程自行编制或委托编制的技术规范以及反映发包人关于合同要求或其他类似性质的文件的著作权的归属：属于发包人。

关于发包人提供的上述文件的使用限制的要求：按通用条款执行。

1.11.2 关于承包人为实施工程所编制文件的著作权的归属：除署名权以外的著作权属于发包人。

关于承包人提供的上述文件的使用限制的要求：按通用条款执行。

1.11.4 承包人在施工过程中所采用的专利、专有技术、技术秘密的使用费的承担方式：按通用条款执行。

1.13 工程量清单错误的修正

出现工程量清单错误时，是否调整合同价格： 是 。

允许调整合同价格的工程量偏差范围：工程量清单存在缺项、漏项。

2. 发包人

2.2 发包人代表

发包人代表：

姓　　名：张三；

身份证号：330111198508090×××；

职　　务：后勤处处长、发包人驻施工现场代表；

联系电话：12345678×××；

电子信箱：000072@qq.com；

通信地址：××市建湘路88号。

发包人对发包人代表的授权范围如下：①确认承包人提出的顺延工期的签证；②发生不可抗力造成工程无法施工的处置；③设计变更及施工条件变更等有关签证的确认；④工程竣工验收报告的确认；⑤工程预付款和进度款的审批；⑥处理和协调外部施工条件；⑦代表发包人行使本合同约定的其他权利和义务。

2.4 施工现场、施工条件和基础资料的提供

2.4.1 提供施工现场

关于发包人移交施工现场的期限要求：开工前7天。

2.4.2 提供施工条件

关于发包人应负责提供施工所需要的条件，包括：发包人负责提供电源，距离项目地块红线100 m距离内，由本工程承包人接入现场，设置分电源箱，并单独装表计量。从发包人提供的电源至施工用电设备线路的安装由承包人负责实施，安装费、线路、设备购置费及施工过程中发生的所有电费，无论承包人是否在投标报价中单独列支，发包人均认为此项费用包含在投标报价中。结算时，发包人将按照向供电部门缴纳电费的单价和承包人的实际用电数量扣回用电费用(含分摊的线路损耗费用)。

发包人负责提供水源，距离项目地块红线100 m距离内，由本工程承包人接入施工现场，单独装表计量。从水源至施工各用水点的管路安装、布置由承包人负责实施，其安装费、管材、设备购置费及施工过程中发生的所有水费，无论承包人是否在投标报价中单独列支、发

232

包人均认为此项费用包含在投标报价中。结算时，发包人将按照向供水部门缴纳水费的单价和承包人的实际用水数量扣回用水费用(含分摊的损耗费用)。

2.5　资金来源证明及支付担保

发包人提供资金来源证明的期限要求：__/__。

发包人是否提供支付担保：__/__。

发包人提供支付担保的形式：__/__。

3. 承包人

3.1　承包人的一般义务

(9)承包人提交的竣工资料的内容：提供符合城建档案馆和行政质检监督部门要求的竣工图及竣工资料。

承包人需要提交的竣工资料套数：__四套__。

承包人提交的竣工资料的费用承担：承包人承担。

承包人提交的竣工资料移交时间：本工程竣工验收后 28 日内。

承包人提交的竣工资料形式要求：书面及电子文档。

(10)承包人应履行的其他义务：承包人应按发包人的指令，完成发包人要求的对工程内容的任何增加和删减。

承包人应积极主动核对图纸中的标高、轴线等技术数据，充分理解设计意图。若由于明显的设计图纸问题(例如尺寸标注不闭合、文字标识相互矛盾等)和发包人(包括监理)不正确的指令，承包人发现后有口头或书面告知义务，否则造成工程质量、安全、进度损失，也不能免除承包人的责任。

承包人应按照政府相关规定，建立健全的雇员工资发放和劳动保障制度。如因雇员的工资发放和劳动保障制度不健全而引发纠纷，导致民工围堵发包人等的，发包人有权解除合同，并要求承包人退场并支付 10 万元的违约金。

承包人做好现场安全文明施工及已有成品保护工作。现场运输材料、堆放材料等造成的路面的污染，承包人应该有专人负责跟踪打扫；现场施工及生活产生的垃圾应该每天有人清除。

3.2　项目经理

3.2.1　项目经理：

姓　　名：王五；

身份证号：333555198203090000；

建造师执业资格等级：全国注册 1 级；

建造师注册证书号：000000；

建造师执业印章号：×23450000；

安全生产考核合格证书号：×建安 34560000；

联系电话：123456704；

电子信箱：000789@qq.com；

通信地址：××市××区临江路 32 号；

承包人对项目经理的授权范围如下：全权处理本项目的一切事物。

关于项目经理每月在施工现场的时间要求：开工之日起到竣工结束，项目经理每周至少

5 日，每天必须不少于 8 小时在现场组织施工。

承包人未提交劳动合同，以及没有为项目经理缴纳社会保险证明的违约责任：承包人承担 3 万元的违约金，责令限期提交劳动合同并补缴社会保险。

项目经理未经批准，擅自离开施工现场的违约责任：发包人有权要求承包人承担 2000 元/天的违约金。

3.2.3 承包人擅自更换项目经理的违约责任：发包人有权要求承包人承担 10 万元违约金。并有权解除合同并责令承包人退场，由此产生的一切损失及后果由承包人承担。

3.2.4 承包人无正当理由拒绝更换项目经理的违约责任：发包人有权要求承包人承担 10 万元违约金。并有权解除合同并责令承包人退场，由此产生的一切损失及后果由承包人承担。

3.3 承包人人员

3.3.1 承包人提交项目管理机构及施工现场管理人员安排报告的期限：开工前 7 天内。

3.3.3 承包人无正当理由拒绝撤换主要施工管理人员的违约责任：发包人有权要求承包人承担 2 万元违约金。并有权解除合同并责令承包人退场，由此产生的一切损失及后果由承包人承担。

3.3.4 承包人主要施工管理人员离开施工现场的批准要求：由总监理工程师批准，发包人认可方可离开。

3.3.5 承包人擅自更换主要施工管理人员的违约责任：发包人有权要求承包人承担 1 万元违约金。并有权解除合同并责令承包人退场，由此产生的一切损失及后果由承包人承担。承包人主要施工管理人员擅自离开施工现场的违约责任：承包人承担 1 万元违约金。

3.5 分包

3.5.1 分包的一般约定

禁止分包的工程包括：本工程不允许分包。

主体结构、关键性工作的范围： / 。

3.5.2 分包的确定

允许分包的专业工程包括： / 。

其他关于分包的约定： / 。

3.5.4 分包合同价款

关于分包合同价款支付的约定： / 。

3.6 工程照管与成品、半成品保护

承包人负责照管工程及工程相关的材料、工程设备的起始时间：执行通用条款。

3.7 履约担保

承包人是否提供履约担保：提供。

承包人提供履约担保的形式、金额及期限的：提供 20 万元保证金，以现金的方式提供，工程完工验收合格后履行手续退还。

4. 监理人

4.1 监理人的一般规定

关于监理人的监理内容：见监理合同。

关于监理人的监理权限：见监理合同。

关于监理人在施工现场的办公场所、生活场所的提供和费用承担的约定：<u>由承包人承担</u>。

4.2 监理人员

总监理工程师：

姓　　　名：<u>周乙</u>；

职　　　务：<u>总监理工程师</u>；

监理工程师执业资格证书号：<u>1234567000000</u>；

联系电话：<u>12345678903</u>；

电子信箱：<u>0003456@qq.com</u>；

通信地址：<u>××市××区中山路88号</u>；

关于监理人的其他约定：<u>　／　</u>。

4.4 商定或确定

在发包人和承包人不能通过协商达成一致意见时，发包人授权监理人对以下事项进行确定：<u>　／　</u>。

5. 工程质量

5.1 质量要求

5.1.1 特殊质量标准和要求：<u>　／　</u>。

关于工程奖项的约定：<u>工程质量达到"省级优质工程奖项"标准的，发包人按工程造价的百分之零点贰伍(0.25%)给予承包人补偿</u>。

5.3 隐蔽工程检查

5.3.2 承包人提前通知监理人隐蔽工程检查的期限的约定：<u>共同检查前48小时书面通知监理人</u>。

监理人不能按时进行检查时，应提前<u>12</u>小时提交书面延期要求。

关于延期最长不得超过：<u>24</u>小时。

6. 安全文明施工与环境保护

6.1 安全文明施工

6.1.1 项目安全生产的达标目标及相应事项的约定：

<u>承包人应遵守工程建设安全生产有关管理规定，严格按现行安全标准组织施工，并随时接受行业安全检查人员依法实施的监督检查，采取必要的安全防护措施，消除事故隐患。其安全施工防护费用已经含在合同价款内</u>。

<u>本工程在整个施工期间杜绝一切人身伤亡和重大质量安全事故，如发生上述事故，则发包人视为承包人违约；在施工期间每发生一起人身损害(不包括死亡)事故，承包人除了接受政府相关部门处罚外，承包人须向发包人支付违约金10万元；每发生一起人身死亡事故，承包人除接受相关部门处罚外，承包人须向发包人支付违约金20万元</u>。

6.1.4 关于治安保卫的特别约定：<u>按通用条款执行</u>。

关于编制施工场地治安管理计划的约定：<u>开工前3天提供</u>。

6.1.5 文明施工

合同当事人对文明施工的要求：<u>按通用条款执行</u>。

6.1.6 关于安全文明施工费支付比例和支付期限的约定：<u>工程开工前，发包人向承包人</u>

预付现场安全文明施工措施费：按现场安全文明施工措施费的 60% 预付，主体完工后再支付 20%，余款 20% 于工程竣工前付清。

7. 工期和进度

7.1 施工组织设计

7.1.1 合同当事人约定的施工组织设计应包括的其他内容：按通用条款执行。

7.1.2 施工组织设计的提交和修改

承包人提交详细施工组织设计的期限的约定：开工前 7 天。

发包人和监理人在收到详细的施工组织设计后确认或提出修改意见的期限：收到后 7 天内。

7.2 施工进度计划

7.2.2 施工进度计划的修订

发包人和监理人在收到修订的施工进度计划后确认或提出修改意见的期限：收到后 7 天内。

7.3 开工

7.3.1 开工准备

关于承包人提交工程开工报审表的期限：开工前 7 天。

关于发包人应完成的其他开工准备工作及期限：　／　。

7.3.2 开工通知

因发包人原因造成监理人未能在计划开工日期之日起＿＿＿＿天内发出开工通知的，承包人有权提出价格调整要求，或者解除合同。

7.4 测量放线

7.4.1 发包人通过监理人向承包人提供测量基准点、基准线和水准点及其书面资料的期限：开工前 7 天。

7.5 工期延误

7.5.1 因发包人原因导致工期延误

(7) 因发包人原因导致工期延误的其他情形：　／　。

7.5.2 因承包人原因导致工期延误

因承包人原因造成工期延误，逾期竣工违约金的计算方法为：每拖延一天，由承包人向发包人按合同总造价的 1‰ 支付违约金。

因承包人原因造成工期延误，逾期竣工违约金的上限：合同价的 20%。

7.6 不利物质条件

不利物质条件的其他情形和有关约定：　／　。

7.7 异常恶劣的气候条件

发包人和承包人同意以下情形视为异常恶劣的气候条件：执行通用条款。

7.9 提前竣工的奖励

7.9.2 提前竣工的奖励：　／　。

8. 材料与设备

8.4 材料与工程设备的保管与使用

8.4.1 发包人供应的材料设备的保管费用的承担：由承包人承担。

8.6 样品

8.6.1 样品的报送与封存

需要承包人报送样品的材料或工程设备，样品的种类、名称、规格、数量要求：按管理部门及发包人要求确定。

8.8 施工设备和临时设施

8.8.1 承包人提供的施工设备和临时设施

关于修建临时设施费用承担的约定：由承包人承担。

9. 试验与检验

9.1 试验设备与试验人员

9.1.2 试验设备

施工现场需要配置的试验场所：按相关规定执行。

施工现场需要配备的试验设备：按相关规定执行。

施工现场需要具备的其他试验条件：按相关规定执行。

9.4 现场工艺试验

现场工艺试验的有关约定：　／　。

10. 变更

10.1 变更的范围

关于变更的范围的约定：增加或减少合同中任何工作，或追加额外的工作；改变合同中任何工作的质量标准或其他特性。

10.4 变更估价

10.4.1 变更估价原则

关于变更估价的约定：

①工程量清单项目的项目特征与投标报价中项目相同的，按投标报价的综合单价计算。

②新增工程量清单项目的项目特征与投标报价中项目类似的，综合单价参照类似项目的单价进行计算。

上述的"与投标报价中项目类似的"新增项目，指与投标分部分项工程量清单项目编码1－9位完全相同的新增的分部分项工程。

③投标报价中没有综合单价的新的工程量清单项目，新增项目的综合单价由承包人提出，经发包人确认后执行。

10.5 承包人的合理化建议

监理人审查承包人合理化建议的期限：自收到报告之日起14日内。

发包人审批承包人合理化建议的期限：自收到报告之日起14日内。

承包人提出的合理化建议降低了合同价格或者提高了工程经济效益的奖励的方法和金额为：按发包人认同的已降低了的合同价格或者已提高了的经济效益金额的20%给予承包人奖励。

10.7 暂估价

暂估价材料和工程设备的明细详见附件11：《暂估价一览表》。

10.7.1 依法必须招标的暂估价项目

对于依法必须招标的暂估价项目的确认和批准采取第＿＿＿种方式确定。

10.7.2 不属于依法必须招标的暂估价项目

对于不属于依法必须招标的暂估价项目的确认和批准采取第___/___种方式确定。

第3种方式：承包人直接实施的暂估价项目

承包人直接实施的暂估价项目的约定：___/___。

10.8 暂列金额

合同当事人关于暂列金额使用的约定：___/___。

11. 价格调整

11.1 市场价格波动引起的调整

市场价格波动是否调整合同价格的约定：<u>不调整</u>。

因市场价格波动调整合同价格，采用以下第___/___种方式对合同价格进行调整：

第1种方式：采用价格指数进行价格调整。

关于各可调因子、定值和变值权重，以及基本价格指数及其来源的约定：___/___；

第2种方式：采用造价信息进行价格调整。

(2)关于基准价格的约定：___/___。

专用合同条款①承包人在已标价工程量清单或预算书中载明的材料单价低于基准价格的：专用合同条款合同履行期间材料单价涨幅以基准价格为基础超过___/___%时，或材料单价跌幅以已标价工程量清单或预算书中载明材料单价为基础超过___/___%时，其超过部分据实调整。

②承包人在已标价工程量清单或预算书中载明的材料单价高于基准价格的：专用合同条款合同履行期间材料单价跌幅以基准价格为基础超过___/___%时，材料单价涨幅以已标价工程量清单或预算书中载明材料单价为基础超过___/___%时，其超过部分据实调整。

③承包人在已标价工程量清单或预算书中载明的材料单价等于基准单价的：专用合同条款合同履行期间材料单价涨跌幅以基准单价为基础超过±___/___%时，其超过部分据实调整。

第3种方式：其他价格调整方式：___/___。

12. 合同价格、计量与支付

12.1 合同价格形式

1、单价合同。

综合单价包含的风险范围：<u>a人工费结算时不做调整；b材料费、机械费结算不予调整的风险；c施工期间政策性调整的风险；d合同中明示及隐含的风险及有经验的承包商可以或应该预见的，为完成整体工程内容所必须考虑的风险；e分部分项工程量变更，投标综合单价将不予调整的风险；f一周内非承包人原因停水、停电造成累计停工在八小时以内的风险。</u>

风险费用的计算方法：<u>风险费用已包含在合同价中</u>。

风险范围以外合同价格的调整方法：

①工程量清单项目的项目特征与投标报价中项目相同的，按投标报价的综合单价计算。

②新增工程量清单项目的项目特征与投标报价中项目类似的，综合单价参照类似项目的单价进行计算。

上述的"与投标报价中项目类似的"新增项目，指与投标分部分项工程量清单项目编码1－9位完全相同的新增的分部分项工程。

③投标报价中没有综合单价的新的工程量清单项目，新增项目的综合单价由承包人提

出，经发包人确认后执行。

2、总价合同。

总价包含的风险范围：　　／　　。

风险费用的计算方法：　　／　　。

风险范围以外合同价格的调整方法：　　／　　。

3、其他价格方式：　　／　　。

12.2 预付款

12.2.1 预付款的支付

预付款支付比例或金额：支付合同价的 10%。

预付款支付期限：开工后 7 日内。

预付款扣回的方式：第一次工程款付款时扣回。

12.2.2 预付款担保

承包人提交预付款担保的期限：　　／　　。

预付款担保的形式为：　　／　　。

12.3 计量

12.3.1 计量原则

工程量计算规则：《建设工程工程量清单计价规范》（GB50500—2013）《某省建筑工程综合定额》《某省安装工程综合定额》。

12.3.2 计量周期

关于计量周期的约定：按施工进度计算。

12.3.3 单价合同的计量

关于单价合同计量的约定：按施工进度计算。

12.3.4 总价合同的计量

关于总价合同计量的约定：　　／　　。

12.3.5 总价合同采用支付分解表计量支付的，是否适用第 12.3.4 项〔总价合同的计量〕约定进行计量：　　／　　。

12.3.6 其他价格形式合同的计量

其他价格形式的计量方式和程序：　　／　　。

12.4 工程进度款支付

12.4.1 付款周期

关于付款周期的约定：

①基础工程完成并经验收合格后，出具验收合格文件 30 个工作日内，支付合同价款的 30%。

②主体完成并经验收合格后，出具验收合格文件 30 个工作日内，支付合同价款的 30%。

③工程整体竣工验收合格后；出具验收合格文件 30 个工作日内，支付合同价款的 15%。

④工程结算审计结束后 1 年内支付至工程审计总价的 95%，余款在工程保修期满后 30 个工作日内付清。

12.4.2 进度付款申请单的编制

关于进度付款申请单编制的约定：执行通用合同条款。

12.4.3 进度付款申请单的提交

(1) 单价合同进度付款申请单提交的约定：执行通用合同条款。

(2) 总价合同进度付款申请单提交的约定：___/___。

(3) 其他价格形式合同进度付款申请单提交的约定：___/___。

12.4.4 进度款审核和支付

(1) 监理人审查并报送发包人的期限：收到申请3个工作日。

发包人完成审批并签发进度款支付证书的期限：收到监理审查报告后7个工作日。

(2) 发包人支付进度款的期限：进度款支付证书签发后14天内完成支付。

发包人逾期支付进度款的违约金的计算方式：___/___。

12.4.6 支付分解表的编制

2、总价合同支付分解表的编制与审批：___/___。

3、单价合同的总价项目支付分解表的编制与审批：___/___。

13. 验收和工程试车

13.1 分部分项工程验收

13.1.2 监理人不能按时进行验收时，应提前24小时提交书面延期要求。

关于延期最长不得超过：48小时。

13.2 竣工验收

13.2.2 竣工验收程序

关于竣工验收程序的约定：执行通用条款。

发包人不按照本项约定组织竣工验收、颁发工程接收证书的违约金的计算方法：___/___。

13.2.5 移交、接收全部与部分工程

承包人向发包人移交工程的期限：颁发工程接收证书后7天内完成工程的移交。

发包人未按本合同约定接收全部或部分工程的，违约金的计算方法为：___/___。

承包人未按时移交工程的，违约金的计算方法为：由承包人向发包人按合同总造价的1%支付违约金。

13.3 工程试车

13.3.1 试车程序

工程试车内容：___/___。

(1) 单机无负荷试车费用由___/___承担；

(2) 无负荷联动试车费用由___/___承担。

13.3.3 投料试车

关于投料试车相关事项的约定：___/___。

13.6 竣工退场

13.6.1 竣工退场

承包人完成竣工退场的期限：颁发工程接收证书后7天内完成工程的移交。

14. 竣工结算

14.1 竣工结算申请

承包人提交竣工结算申请单的期限：执行通用条款。

竣工结算申请单应包括的内容：执行通用条款。

14.2 竣工结算审核

发包人审批竣工付款申请单的期限：执行通用条款。

发包人完成竣工付款的期限：执行通用条款。

关于竣工付款证书异议部分复核的方式和程序：执行通用条款。

14.4 最终结清

14.4.1 最终结清申请单

承包人提交最终结清申请单的份数：四份。

承包人提交最终结算申请单的期限：执行通用条款。

14.4.2 最终结清证书和支付

(1)发包人完成最终结清申请单的审批并颁发最终结清证书的期限：执行通用条款。

(2)发包人完成支付的期限：执行通用条款。

15. 缺陷责任期与保修

15.2 缺陷责任期

缺陷责任期的具体期限：24 个月。

15.3 质量保证金

关于是否扣留质量保证金的约定：扣留。在工程项目竣工前，承包人按专用合同条款第3.7 条提供履约担保的，发包人不得同时预留工程质量保证金。

15.3.1 承包人提供质量保证金的方式

质量保证金采用以下第(2)种方式：

(1)质量保证金保函，保证金额为：　／　；

(2)5%的工程款；

(3)其他方式：　／　。

15.3.2 质量保证金的扣留

质量保证金的扣留采取以下第(2)种方式：

(1)在支付工程进度款时逐次扣留，在此情形下，质量保证金的计算基数不包括预付款的支付、扣回以及价格调整的金额；

(2)工程竣工结算时一次性扣留质量保证金；

(3)其他扣留方式：　／　。

关于质量保证金的补充约定：　／　。

15.4 保修

15.4.1 保修责任

工程保修期为：见工程质量保修书。

15.4.3 修复通知

承包人收到保修通知并到达工程现场的合理时间：24 小时内。

16. 违约

16.1 发包人违约

16.1.1 发包人违约的情形

发包人违约的其他情形：　／　。

16.1.2 发包人违约的责任

发包人违约责任的承担方式和计算方法:

(1)因发包人原因未能在计划开工日期前7天内下达开工通知的违约责任:＿/＿。

(2)因发包人原因未能按合同约定支付合同价款的违约责任:＿/＿。

(3)发包人违反第10.1款[变更的范围]第(2)项约定,自行实施被取消的工作或转由他人实施的违约责任:＿/＿。

(4)发包人提供的材料、工程设备的规格、数量或质量不符合合同约定,或因发包人原因导致交货日期延误或交货地点变更等情况的违约责任:＿/＿。

(5)因发包人违反合同约定造成暂停施工的违约责任:＿/＿。

(6)发包人无正当理由没有在约定期限内发出复工指示,导致承包人无法复工的违约责任:＿/＿。

(7)其他:＿/＿。

16.1.3 因发包人违约解除合同

承包人按16.1.1项[发包人违约的情形]约定暂停施工满＿/＿天后发包人仍不纠正其违约行为并致使合同目的不能实现的,承包人有权解除合同。

16.2 承包人违约

16.2.1 承包人违约的情形

承包人违约的其他情形:

承包人存在以下行为的,发包人有权要求解除合同,并由承包人承担由此引起的一切损失,并负责由此引起的一切法律责任,并赔偿由此引起的发包人的一切经济损失。①本工程具体分项工程完成时间应服从发包人的总体要求,如果因承包人原因导致实际进度与发包人要求的进度计划不符,承包人无措施或无法按工期完工或质量无法达到合同要求的,发包人有权对部分分项工程指定第三方施工,承包人必须无条件服从和配合;此分项工程费用由发包人按实际发生费用从承包人的工程款中扣除,并加收10%的管理费;当累计完成工程量不足计划进度的70%时,可认为承包人无能力按期履行合同,发包人有权解除合同,并要求承包人支付100万元的违约金,承包人无条件退场。②承包人未按照程序报验的,每次向发包人支付1000元违约金;工序验收不合格的,每次向发包人支付2000元违约金。违约金在发包人履行书面告知程序(监理签发)后,于最近一次工程进度款中扣除。③承包人须服从发包人发布的各项符合现行法律、法规的管理规定,如承包人不服从发包人及监理工程师的管理,每次向发包人支付1000元违约赔偿金,且发包人有权解除合同并要求承包人支付100万元的违约金,承包人无条件退场。④工程竣工验收合格后28天内,承包人必须将符合发包人要求的竣工资料上报给发包人,否则每延迟1天支付1000元作为违约金;⑤工程竣工验收合格后28天内,承包人必须将符合发包人要求的竣工结算书及相关资料上报给发包人,否则每延迟1天支付2000元作为违约金。

16.2.2 承包人违约的责任

承包人违约责任的承担方式和计算方法:由承包人承担全部费用并承担相关费用。

16.2.3 因承包人违约解除合同

关于承包人违约解除合同的特别约定:按通用条款执行。

发包人继续使用承包人在施工现场的材料、设备、临时工程、承包人文件和由承包人或以其名义编制的其他文件的费用承担方式:双方另行协商。

17. 不可抗力

17.1 不可抗力的确认

除通用合同条款约定的不可抗力事件之外，视为不可抗力的其他情形：＿／＿。

17.4 因不可抗力解除合同

合同解除后，发包人应在商定或确定发包人应支付款项后 60 天内完成款项的支付。

18. 保险

18.1 工程保险

关于工程保险的特别约定：＿／＿。

18.3 其他保险

关于其他保险的约定：＿／＿。

承包人是否应为其施工设备等办理财产保险：按通用条款执行。

18.7 通知义务

关于变更保险合同时的通知义务的约定：按通用条款执行。

20. 争议解决

20.3 争议评审

合同当事人是否同意将工程争议提交争议评审小组决定：＿／＿。

20.3.1 争议评审小组的确定

争议评审小组成员的确定：＿／＿。

选定争议评审员的期限：＿／＿。

争议评审小组成员的报酬承担方式：＿／＿。

其他事项的约定：＿／＿。

20.3.2 争议评审小组的决定

合同当事人关于本项的约定：＿／＿。

20.4 仲裁或诉讼

因合同及合同有关事项发生的争议，按下列第(2)种方式解决：

(1)向＿／＿仲裁委员会申请仲裁；

(2)向＿／＿人民法院起诉。

20.6 补充协议

承包人必须首先确保施工一线工人的工资发放，不得拖欠民工工资，否则发包人可采取必要的措施予以处理，并保留进一步追究承包人责任的权利。

附件(略)

【应用案例】

例 4-1：

某市 A 服务公司因建办公楼与 B 建设工程总公司签订了建筑工程承包合同。其后，经 A 服务公司同意，B 建设工程总公司分别与 C 建筑设计院和 D 建筑工程公司签订了建设工程勘察设计合同和建筑安装合同。建筑工程勘察设计合同约定由 C 建筑设计院对 A 服务公司的办公楼水房、化粪池、给水排水、空调及煤气外管线工程提供勘察、设计服务，做出工程设计书及相应施工图纸和资料。建筑安装合同约定由 D 建筑工程公司根据 C 建筑设计院提供的设计图纸进行施工，工程竣工时依据国家有关验收规定及设计图纸进行质量验收。合同签订后，C 建筑设计院按时做出设计书并将相关图纸资料交付 D 建筑工程公司，D 建筑工程公司依据设计图纸进行施工。工程竣工后，发包人会同有关质量监督部门对工程进行验收，发现工程存在严重质量问题，主要是由于设计不符合规范。原来 C 建筑设计院未对现场进行仔细勘察即自行进行设计导致设计不合理，给发包人带来了重大损失。由于设计人拒绝承担责任，B 建设工程总公司又以自己不是设计人为由推卸责任，发包人遂以 C 建筑设计院为被告向法院起诉。法院受理后，追加 B 建设工程总公司为共同被告，让其与 C 建筑设计院一起对工程建设质量问题承担连带责任。

【任务实施】

FIDIC土木工程施工合同
条件(红皮书)

1. 根据项目情况，按相关规定，完成合同条款审查表。
2. 根据项目情况，按相关规定，完成合同评审表。
3. 根据项目情况，按相关规定，完成谈判方案表。
4. 根据项目情况和谈判结果，按相关规定，完成风险登记册表。
5. 根据项目情况，按相关规定，确定本项目的风险处置方式，并陈述理由。

【任务评价】

任务四　评价表

能力目标	知识要点	权重	自测
能根据项目实际情况，收集、阅读、分析需要的资料	了解谈判所需相关资料	20%	
能形成自己的合同评审程序和评审技巧，能完成评审报告和风险分析与对策报告	了解合同评审程序、评审报告内容及风险分析与对策报告内容	50%	
能根据评审结果，制订谈判计划，并完成合同签订工作	了解谈判技巧，熟悉施工合同内容	30%	
组长评价： 教师评价：			

【知识总结】

合同评审谈判主要包含下列内容：①常见施工合同问题；②施工合同风险识别与评估；③建设工程施工合同订立阶段的风险处理；④合同评审程序与重点；⑤评审报告的撰写；⑥合同谈判方案的制订；⑦合同谈判技巧。

【练习与作业】

习题答案

一、选择题

1. 合同争议的解决顺序为(　　　　)

A. 和解—调解—仲裁—诉讼　　　　　　B. 调解—和解—仲裁—诉讼

C. 和解—调解—诉讼—仲裁　　　　　　D. 调解—和解—诉讼—仲裁

2. 根据《建设工程施工合同(示范文本)》(GF—2017—0201)的规定,下列不属于发包人工作范畴的是(　　　　)

A. 办理土地征用、拆迁补偿、平整施工场地等工作,使施工场地具备施工条件并在开工后继续解决以上事项的遗留问题。

B. 向承包人提供施工场地的工程地质和地下管线资料,保证数据真实,位置准确。

C. 提供年、季、月工程进度计划及相应进度统计报表

D. 确定水准点与坐标控制点,以书面形式交给承包人,并进行现场交验。

3. 施工合同的合同工期是判定承包人提前或延误竣工的标准。订立合同时约定的合同工期应从(　　　　)的日历天数计算。

A. 合同签字日起按投标文件中承诺

B. 合同签字日起按招标文件中要求

C. 合同约定的开工日起按投标文件中承诺

D. 合同约定的开工日起按招标文件中要求

4. 施工合同通用条款规定,当施工合同文件中出现含糊不清或不一致时,以下解释顺序排列正确的为(　　　　)。

A. 专用条款、通用条款、中标通知书、图纸

B. 中标通知书、协议书、专用条款、通用条款

C. 中标通知书、投标书、协议书、图纸

D. 中标通知书、专用条款、通用条款、图纸

5. 自中标通知书发出(　　　　)天内,建设单位和中标人签订书面的建设工程承发包合同。

A. 15 天　　　　　　B. 21 天　　　　　　C. 30 天　　　　　　D. 35 天

6. 合同双方约定的合同工期的说法,正确的一项是(　　　　)。

A. 包括开工日期

B. 包括竣工日期

C. 包括合同工期的总日历天数

D. 合同工期是按总日历天数计算的,不包括法定节假日在内的承包天数

7. 关于《建设工程施工合同(示范文本)》(GF—2017—0201)的文本性质,下列描述正确的是(　　　　)

A. 属于法律　　　　B. 属于法规　　　　C. 具有强制性　　　　D. 具有非强制性

8.《建设工程施工合同(示范文本)》(GF—2017—0201)不适用于下列(　　　　)类工程。

A. 房屋建筑工程　　　　　　　　　　　B. 土木工程

C. 线路管道和设备安装工程　　　　　　D. 建设监理服务

9. 下列构成建设工程施工合同的文件中,解释顺序正确的是(　　　　)

A. 协议书、中标通知书、投标函、通用合同条款

B. 专用合同条款、通用合同条款、协议书、图纸

C. 协议书、通用合同条款、专用合同条款、图纸

D. 协议书、通用合同条款、专用合同条款、中标通知书

10.《建设工程施工合同(示范文本)》(GF—2017—0201)规定,合同中按天计算时间的,开始当天(　　　)。

A. 计入

B. 不计入

C. 计入不计入由合同当事人商定

D. 从0:00开始计入

11. 按照《建设工程施工合同(示范文本)》(GF—2017—0201)规定,"将施工用水、电力、通信线路等施工所必需的条件接至施工现场内"属于(　　　)的工作。

A. 发包人　　　　B. 承包人　　　　C. 监理人　　　　D. 当地政府

12. 按照《建设工程施工合同(示范文本)》(GF—2017—0201)规定,"协调处理施工现场周围地下管线和邻近建筑物、构筑物、古树名木的保护工作,并承担相关费用"属于(　　　)的工作。

A. 发包人　　　　B. 承包人　　　　C. 监理人　　　　D. 当地政府

13. 按照《建设工程施工合同(示范文本)》(GF—2017—0201)规定,"按法律规定和合同约定采取施工安全和环境保护措施,办理工伤保险、确保工程及人员、材料、设备和设施的安全"属于(　　　)的工作。

A. 发包人　　　　B. 承包人　　　　C. 监理人　　　　D. 当地政府

14. 按照《建设工程施工合同(示范文本)》(GF—2017—0201)规定,承包人不得分包的工作不包括(　　　)

A. 工程主体结构

B. 关键性工作

C. 专用合同条款中禁止分包的专项工程

D. 内墙抹灰工程

15. 按照《建设工程施工合同(示范文本)》(GF—2017—0201)规定,工程分包对于承包人的责任和义务描述正确的是(　　　)。

A. 可以免除　　　　　　　　　B. 适当减轻

C. 适当减轻但不能免除　　　　D. 不减轻或免除

16. 关于《建设工程施工合同(示范文本)》(GF—2017—0201)的适用范围,下列不正确的是(　　　)。

A. 装修工程　　　B. 土木工程　　　C. 设备安装工程　　　D. 勘察设计

17. 下列关于合同的说法不正确的是(　　　)。

A. 合同又称为"契约""合意"

B. 合同的主体必须是法人

C. 合同是一种协议

D. 合同的作用是要明确当事人的权利义务关系

18. 下列说法不正确的是(　　　)。

A. 发包人是建设工程施工合同的当事人

B. 承包人是建设工程施工合同的当事人

C. 监理人是建设工程施工合同的当事人

D. 监理人是建设工程施工合同的相关人

19. 根据《建设工程施工合同(示范文本)》(GF—2017—0201)通用条款的规定,如果当事人没有在合同专用条款另有约定,则下列说法不正确的是(　　　)。

A. 发包人办理建设工程施工许可证

B. 发包人协调处理施工现场周围地下管线和邻近建筑物、构筑物、古树名木的保护工作,并承担相关费用

C. 发包人编制竣工资料

D. 承包人编制施工组织设计和施工措施计划

20. 根据《建设工程施工合同(示范文本)》(GF—2017—0201)通用条款的规定,下列说法正确的是(　　　)。

A. 施工过程中,承包人根据工作需要有权随时更换施工项目经理

B. 施工过程中,监理人根据工作需要有权随时更换施工项目经理

C. 施工过程中,发包人有权无理由地要求承包人随时更换施工项目经理

D. 施工过程中,承包人不得随意更换施工项目经理

二、简答题

1. 如何进行施工合同风险识别与评估?

2. 如何进行建设工程施工合同订立阶段的风险处理?

3. 合同评审程序与重点有哪些?

4. 如何撰写评审报告?

5. 如何制定合同谈判方案?

6. 合同谈判技巧有哪些?

7. 了解 FIDIC 施工合同条件简要内容。

三、实训题

根据老师给定的资料完成建设工程施工合同协议书、建设工程施工合同专用条款的签订。

四、案例分析

案例 1

某工程由 A 企业投资建造,1995 年 4 月 28 日经合法的招投标程序,由某工程单位 B 企业中标并于不久后开始施工。该工程施工合同的价款约定为固定总价。该工程变形缝包括滤池变形缝、清水池变形缝和预沉池变形缝。已载明滤池变形缝密封材料选用"胶霸",但未载明清水池变形缝和预沉池变形缝采用何种密封材料。1996 年 4 月,B 企业就清水池变形缝和预沉池变形缝的密封材料按合同约定报价监理单位批准,其在建筑材料报审表上填写的材料为"建筑密封胶"。监理单位坚决不同意 B 企业用"建筑密封胶",而要求用"胶霸"。B 企业最终按监理单位的要求进行了施工。此后不久,B 企业就向 A 企业提出补偿使用"胶霸"而增加的费用 800000 元。因双方无法就此达成一致意见,最后,B 企业根据合同的约定将该争议提交给法庭。

B 企业提起索赔的理由是:对清水池变形缝和预沉池变形缝采用何种密封材料没有约定;"胶霸"是新型材料。在该工程所在地的工程造价信息中找不到"胶霸"这种建材而只能找到"建筑密封胶",所以其只能按照"建筑密封胶"进行报价。

A 企业反驳该索赔的理由如下:

(1)"变形缝密封胶"应不应该使用"胶霸"的依据是合同和法律,而不是根据"工程材料信息"有无"胶霸"这种建材。该工程造价信息没有某建筑材料不等于该建筑材料不常用,无法找到而不能选择。

(2)清水池变形缝、预沉池变形缝和滤池变形缝的作用、性质完全相同。根据合同漏洞的解释补充规则,既然双方在选用密封胶材料之前未能达成补充协议,清水池变形缝和预沉池变形缝的密封材料当然应根据最相关的合同有关条款即载明滤池变形缝确定,即选用"胶霸"。因此,清水池变形缝和预沉池变形缝的密封材料选用"胶霸"是合同的本来之义,不存在增加合同价款的问题。

问题:B 企业的索赔要求是否能得到支持?

案例 2

招标人在招标时提供了一本适用于本工程的技术规范,但乙方工程人员从未读过。在施工时,按施工图要求,将消防管道与电线管道放在同一管道沟中,中间没有任何隔离。完成后,业主方代表认为这样做极不安全,违反了其所提供的工程规范,并且认为即使施工图上是两管放在一起,是错的,但合同规定,承包

商若发现施工图中的任何错误和异常,应及时通知业主方。因此,拒绝验收,指令乙方返工,将两管隔离,而不给乙方任何补偿。

问题: 管道工程返工费用应由谁承担?

[拓展训练]

1. 试剖析某合资棉纺厂厂方施工合同条款,把你认为不完善的合同条款加以完善。
2. 针对该合同评审结果,各小组模拟一次合同谈判。
3. 用《建设工程施工合同(示范文本)》(GF—2017—0201)编写一份合同。(老师提供范本)

某合资棉纺厂厂房施工合同条款

第一条 合同条款

本合同包括全部必要的工程建筑与竣工,以及合同规定期间的维修、提供全部材料、机具、设备、运输工具、劳力、工厂(车间)以及为全面竣工所必需的一切长久性和临时性事宜。根据合同文件中的详细说明,合同分为四部分,构成一个整体。

(1)投标文件、契约与合同。

(2)一般条款与特别条款。

(3)一般规范与特殊规范。

(4)方案与设计图。

第二条 工程速度

承包人应在签订合同后两周之内,向工程部提供各施工阶段明细进度表,把工程分成若干部分和子项,并表明每一部分和每一子项工程的施工安排。进度表日期不能超过合同所规定的日期,本进度要在得到工程部的书面确认之后方可执行。工程部有权对进度作其认为有利于工程的必要的修改,承包商无权要求对此更改给予任何补偿。工程部对于进度表的确认和所提出的更改并不影响承包人按照规定日期施工的义务和承包人对于施工方式及所用设备的安全、准确的责任。

第三条 工程师的指示

承包人的施工应使工程部工程师满意、监理工程师有权随时发布他认为合适的追加方案和设计图纸、指令、指示、说明,以上统称之为"工程师的指示"。工程师的指示包括以下各项,但不局限于此。

(1)对于设计、工程种类和数量的变更;

(2)决断施工方案、设计图与规范不符的任何地方;

(3)决定清除承包人运进工地的材料,换上工程师所同意的材料;

(4)决定重做承包人已经施工、而工程师未曾同意的工程;

(5)推迟施工合同中规定的施工项目;

(6)解雇工地上任何不受欢迎的人;

(7)修复缺陷工程;

(8)检查所有隐蔽工程;

(9)要求检验工程或材料。

承包人应及时、认真地遵守并执行工程师发出的指示,同时还应详细地向工程师汇报所有与工程和工程所必要的原料有关的问题。

如果工程师向承包人发出了口头指示或说明,随即又做了某种更改,工程师应加以书面肯定。如果没有这样做,承包人应指示或说明发出后7天内,书面要求工程师对其加以肯定。如果工程师在另外的7天内没有向承包人作出书面肯定,工程师的口头指示或说明则视为书面指令或说明。

第四条 设计图纸、规范和估计工程量表

方案设计图纸、规范和估计工程量表由工程师掌握,以便能够在适合于合同双方的任何时间对其加以查阅。工程部在签订合同后无偿提供给承包人一份方案设计图纸、规范和估计工程量表,为全部实施工程师的指示，还可以提供承包人所需的其他方案设计图纸，以及工程师认为在执行任何一部分工程时所必要的其他说明，承包人应将上述方案设计图纸、规范和估计工程量表存放在工地，以便在任何适当的时候转交工程师或其他代表。在接受最后一笔工程款时，承包人应立即将带有工程部名称的方案设计图纸、规范说明全部交回。承包人不得将任何这类文件用于此合同以外的任何目的，同样只能限于本合同的目的之内，不得泄露或使用该报价单的任何内容。

第五条　工程、规划和标高

承包人在开始执行合同的某一部分之前，应审定方案设计图纸是否准确，相互之间与报价单及其他规定是否符合。方案设计图纸中可能出现的任何差异、矛盾、缺点、错误，承包人要求工程师修改，承包人应依据工程师对此做出的书面指示去做。

在任何一部分工程开工之前，承包人应认真做出规划。工程师对计划进行审核，所有制订计划、审核设计、核实材料的工作只能由承包人负责。工程师对计划的确认或参与承包人共同制订计划，不排除承包人对计划的绝对责任。工程师给予承包人一个已知的高标，承包人应调查这一高标，审核估计工程师可能出现的错误。对于与工程师所给予的标高有关的一系列高标，承包商应予以负责。同样承包人也被责成根据所要求的设计图纸中标明的标高实施全部工程。为实现这一目的，它应该根据给予的标高点和带有固定标志的标高处，对高度进行实地测量。

对于设计方案中的任何差异、矛盾、缺点或错误，如果承包人没有向工程部申报，而后又由于上述原因在施工中发生了不能接受的或不能弥补的错误，承包人应承担由于修改错误、拆除局部或返工责任。承包人应自费消除错误所造成的后果。

第六条　材料、物资和产品

所有的材料、物资和产品与合同要求相符。准备用于工程的材料和物品，承包人在买进之前应向工程师提供样品，以便确认。在工程师不同意确认的情况下，承包人应向工程师提供符合规格的、工程师同意的其他样品。而特殊的机械则应完全符合承包人确认的、工程部同意的加工条件、种类、产地和牌号。

对于工程师所要求的，对任何一种材料的鉴别和分析，承包人应自费进行，以肯定此原材料是否符合规定。如果需要承包人重新进行鉴别和分析，费用由承包人负担。工程部有权要求第三次鉴别。如果第三次鉴别和分析的结果与前一次一样，鉴别费由工程部负担，如果第三次鉴别和分析与前两次不一样，则费用由承包人负担。必要时工程部可以接受使用其他材料代替合同上已写明的材料，但是替代的材料在质量上必须同原材料相似并符合一般规范和特殊规范，还应当得到工程师的确认。承包人无权在此情况下要求增加任何价格，而工程师则有权根据其估计扣除由此而降低的价格，承包人无权提出异议。

第七条　工程进度报告

第八条　检查与验证

在任何时候监理工程师或其他代理人都可以自由进入工地、仓库、车间或承包人及工程部确认的分包人存放和使用的与合同有关的设备场所，进行检查、验证、审查和测量，找出其差异。未经工程师同意，承包人不得填土遮盖任何工作面。在工程任何一部分完工掩盖或填土之前的适当时间内，承包人应通知工程师。

第九条　验证劳动工地

承包人应根据其了解的设计，亲自勘察地形，以确定土质是否适宜建筑，这一切所需费用应由其本人负责。承包人对包括其本人提出的所有设计图纸要负责。如果土质表明不适合于设计图纸所示之标高为基础，承包人应向工程师提出其设想。

第十条　工地上的临时设施，机器及材料

如果需要在同一个工地和其他承包人、政府职员或其他人同时施工，承包人应在工作中努力同这些人合作，不干涉他们的事情，且应为他们提供必要的方便并执行工程师在这方面发出的命令。还要把可能在承包人与其他人之间的每一点分歧通知工程师，工程师对此所做的决定对承包人来说是最终的，必须执行的。承包人无权因此要求任何补偿或延长合同工期。

第十一条　注意法律、条例及专门的指示

第十二条　工地警卫、照明与供水

第十三条　工作时间

第十四条　承包人的工程师、职员与工人

第十五条　承包人住址、办公室和管理办公室

第十六条　被拒绝的工程、材料及设备

如工程的全部或部分被掩盖，无法目视，或者工程不完全或者不符合合同条款，出现缺陷，工程部有权要求承包人采取措施，承包人应执行工程部的要求直至上述工程得以完善。费用由承包人负担。

不允许承包人因任何由于工程部对工程、材料或机具的拒绝而产生的改变而要求拖延工期。同样，工程部不承担承包人对任何被拒绝工程、材料或机具的价款或清除所做的开支。

第十七条　工伤事故

如果由于工地附近发生任何事故导致死、伤或对财产的危害，承包人应将事故的发生及其详细情节和见证通知工程部。类似此种事故还应向国家有关部门报告。

第十八条　通过路、桥、水路运送材料和设备

承包人应采取所有的措施和必要的准备，以免由于其运输工具的通过而对通往工地的公路、桥梁或水路造成危害。

如承包人有必须运往工地的大件物品，而通往工地的公路、桥梁或水路有可能不能承受，乃至造成危害或损害，这时，承包人应在运输之前，把决定运往工地的物品数量和质量的详细材料和建议通知工程部工程师。如果工程师在接到上述通知10天之内，没有向其表明关于这种保护和加固的观点，这时，承包人便执行这种建议，并应准备工程师可能提出的任何改动。如报价单和合同契约中没有任何关于保护和加固专门工程的条款，那么由此而发生的费用和开支由承包人承担，而且不能免除由于违反国家交通规则而必须履行的义务。

在事故期间或其后的时间内，如工程接到关于危害道路、桥梁或水路的任何赔偿要求，应通知承包人，承包人必须满足这些要求，支付应付款项，且无权向工程部要求有关此类支付的补偿。

第十九条　化石及古物的所有权

如双方在工地上发现琥珀、金属币、古物、有经济价值的材料以及除此之外的诸如有重大地质意义的物品或古物，所有权归工程部。承包人要采取合适的措施禁止其工人或其他任何人占据损坏此类物品。一经发现，但尚未挖掘或尚未运输，承包人应积极报告工程部，进而用工程部的费用执行工程部发布的有关如何行动的命令。

250

学习情境四　建设工程合同管理

【学习目标】

能力目标	知识目标	思政目标	权重
能协助项目经理开展施工合同分析与交底工作	施工合同管理相关知识	合同管理相关知识的学习，培养学生诚实守信、知法守法的良好意识，有效规避合同风险。通过学习，让学生明白凡事预则立不预则废，对自身的职业发展和人生目标也应该有充分的规划意识。只有戒骄戒躁、踏实做事，才能厚积薄发、获得成功	20%
能开展施工合同变更管理工作	合同变更依据和流程		30%
能开展施工合同索赔管理工作	索赔处理程序、工期索赔与费用索赔；索赔报告编写方法与技巧		40%
能开展施工合同解除管理工作	合同解除依据和流程		10%
合　计			100%

【教学建议】

建议教师提供真实项目合同指导学生识读，让学生真实感受合同的权威性及带来的风险，再让学生结合模拟的项目签订施工合同。让学生体验建设工程施工合同的签订程序，使学生具备完成简单建筑工程施工合同谈判、签订合同的能力。

【建议学时】

12 学时。

任务一　合同分析与交底

【案例引入】

某高校拟新建一栋教学楼，投资约 5600 万元，建筑面积约 30000 m^2，通过招标，已和你所在单位签署施工合同。目前的任务是在合同履行前，就该施工合同进行合同分析与交底。

引导问题：施工合同进行分析和交底的内容是什么？

【任务目标】

1. 根据项目实际情况，收集、阅读、分析所需要的资料，并能得出自己的结论。

2. 分析合同漏洞、解释争议内容，分析合同风险、制定风险对策。

3. 简化、分解合同，完成合同交底。

4. 分解合同工作并落实合同责任。

【知识链接】

1.1　合同分析

1.1.1　合同分析的含义

合同分析是从合同执行的角度去分析、补充和解释合同的具体内容和要求，将合同目标和合同规定落实到合同实施的具体问题和具体时间上，用以指导具体工作，使合同符合日常工程管理的需要，使工程按合同要求实施，为合同执行和控制确定依据。合同分析不同于招投标过程中对招标文件的分析，其目的和侧重点都不同。合同分析往往由企业的合同管理部门或项目中的合同管理人员负责。

1.1.2　合同分析的必要性、作用和要求

1. 合同分析的必要性

由于以下诸多因素的存在，承包人在签订合同后、履行和实施合同前有必要进行合同分析。

（1）许多合同条文采用法律用语，往往不够直观明了，不容易理解，通过补充和解释，可以使之简单、明确、清晰。

（2）同一个工程中的不同合同形成一个复杂的体系，十几份、几十份甚至上百份合同之间有十分复杂的关系。

（3）合同事件和工程活动的具体要求（如工期、质量、费用等），合同各方责任关系、事件和活动之间的逻辑关系等极为复杂。

（4）许多工程小组、项目管理职能人员所涉及的活动和问题不是合同文件的全部而仅为合同的部分内容，全面理解合同对合同的实施将会产生重大影响。

（5）在合同中依然存在问题和风险，包括合同审查时已经发现的风险和还可能隐藏着的尚未发现的风险。

（6）合同中的任务需要分解和落实。

（7）在合同实施过程中，合同双方会有许多争执，在分析时就可以预测、预防。

2. 合同分析的作用

合同分析的目的和作用体现在以下几个方面。

（1）分析合同中的漏洞，解释有争议的内容。在合同起草和谈判过程中，双方都会力争完善，但仍然难免会有所疏漏，通过合同分析，找出漏洞，可以作为履行合同的依据。在合同执行过程中，合同双方有时也会发生争议，往往是由于对合同条款的理解不一致，通过分析，就合同条文达成一致理解，从而解决争议。在遇到索赔事件时，合同分析也可以为索赔提供理由和根据。

（2）分析合同风险，制定风险对策。不同的工程合同，其风险的来源和风险量的大小都不同，要根据合同进行分析，并采取相应的对策。

（3）合同分解和合同交底。为了使日常合同管理工作更为容易和方便，应将合同约定中

不直观明了的条文和晦涩难懂的法律语言用最简单易懂的语言和形式表达出来。同时，企业的合同管理机构组织的全体成员通过学习合同文件和合同分析的结果，对合同的主要内容应做出统一的解释和说明，确保大家熟悉合同中的主要内容、各种规定、管理程序，了解承包商的合同责任和工程范围，各种行为的法律后果等。

（4）合同任务分解，在实际工程中，落实合同责任。合同任务需要分解落实到具体的工程小组或部门、人员，要将合同中的任务进行分解，将合同中与各部分任务相对应的具体要求明确，然后落实到具体的工程小组或部门、人员身上，以便于实施与检查。

3.合同分析的基本要求

（1）准确性和客观性。合同分析中如果出现误差，它必然在合同履行中反映出来。如不能透彻、准确地分析合同，就不能有效全面地执行合同，这必然会导致合同实施更大的失误。许多工程失误和争执由此而产生，所以合同分析的结果应准确、全面地反映合同内容。客观性即合同分析必须实事求是地按照合同条文，遵循合同精神，进行合同解释和风险分析，划分合同双方责任和权益，不能主观臆断。大多数实施过程中的合同争执，源于承包商的自以为是，而导致损失惨重。

（2）清楚明了，具有针对性。合同分析的结果应该易于不同层次的管理人员、工作人员理解和接受，所以其必须采用简单、清晰的表达方式，如图、表等形式。同时，不同层次的管理人员需要不同内容的合同分析资料，因此提供的合同分析应具有针对性。

（3）一致性和全面性。一致性即合同双方以及承包商的所有工程小组和分包商等对合同理解都应一致，无歧义。合同分析中要落实各方面的责任界面。合同分析实质上是承包商单方面对合同的详细解释，但合同争执的最终解决不是以单方面对合同理解为依据的，因此这极容易引起争执。所以合同分歧应在合同实施前解决，合同分析结果应能为对方认可，以避免合同执行中的争执和损失，这有利于双方合同的顺利履行。

全面性即合同分析应解释全部合同文件，全面整体地理解合同条文而无断章取义。合同分析是一项非常细致的工作，不能错过一些细节问题，只观其大略。对合同中的每一条款、每句话，甚至每个词都应认真推敲，细心琢磨，全面落实。特别当不同文件、不同合同条款之间规定出现矛盾时，不能断章取义。在实际工作中，有时一个词，甚至一个标点都能关系到争执的性质，关系到一项索赔的成败，关系到工程的盈亏。

在做建设工程施工合同具体内容分析前，结合本项目具体情况先完成施工合同结构分解。分解后填写施工合同结构分解表（表4-1）。

表4-1　施工合同结构分解表

一般规定				
合同中的组织				
承包商的义务				
业主的义务				
风险的分担与转移				
工期、进度与移交				

质量、检查与缺陷				
价款、计量与支付				
变更程序				
违约责任				
索赔				
合同的解除				
争议的解决				

1.1.3　建设工程施工合同分析的内容和过程

按合同分析的性质、对象和内容，它可以分为合同总体分析、合同详细分析和特殊问题的合同扩展分析。

1. 合同总体分析

合同总体分析的结果是工程施工总的指导性文件，通常合同条款通过合同总体分析落实到一些带全局性的具体问题上，所以合同协议书和合同条件是合同总体分析的主要对象。

合同总体分析的内容和详细程度与以下3个因素有关。

第一，分析目的。在合同履行前所做的总体分析，一般比较详细、全面；而在处理大索赔和合同争执时的总体分析则仅需分析与索赔和争执相关的内容。

第二，分析人员对合同文本的熟悉程度。如采用熟悉的文本（如国内工程中常用的标准合同文本），则可简略分析，把重点放在专有和特殊条款的分析。

第三，根据工程和合同文本的特殊性。如工程规模巨大，合同风险和变更多，合同文本是某方起草的非标准文本，合同条款和合同关系复杂，则应详细分析。

总体分析常在以下两种情况下进行。

（1）在合同履行前所做的合同总体分析。承包商必须在合同签订后实施前，首先确定合同规定的主要工程目标，界定各方面的权利和义务，分析各种活动的法律后果。此时分析的重点如下。

①合同的法律基础。即合同签订和实施的法律背景。通过分析，承包人了解适用于合同的法律的基本情况（范围，特点等），用以指导整个合同实施和索赔工作。对合同中明示的法律应重点分析。

②承包人的主要任务如下。

a. 承包人的总任务，即合同标的。承包人在设计、采购、制作、试验、运输、土建施工、安装、验收、试生产、缺陷责任期维修等方面的主要责任，施工现场的管理，给业主的管理人员提供生活和工作条件等责任。

b. 工作范围。它通常由合同中的工程量清单、图纸、工程说明、技术规范所定义。工程范围的界限应很清楚。否则会影响工程变更和索赔，特别对固定总价合同。

在合同实施中，如果工程师指令的工程变更属于合同规定的工程范围，则承包人应无条件执行；如果工程变更超过承包人应承担的风险范围，则可向业主提出工程变更的补偿要求。

c.关于工程变更的规定。在合同实施过程中，变更程序非常重要，通常要做工程变更工作流程图，并交付相关的职能人员。工程变更的补偿范围，通常以合同金额一定的百分比表示。通常这个百分比越大，承包人的风险越大。工程变更的索赔有效期由合同具体规定，一般为28天，也有14天的。一般这个时间越短，对承包人管理水平的要求越高，对承包人越不利。

③发包人的责任。这里主要分析发包人的合作责任。其责任通常有如下几方面。

a.业主雇用工程师并委托其在授权范围内履行业主的部分合同责任。

b.业主和工程师有责任对平行的各承包人和供应商之间的责任界限做出划分，对这方面的争执做出裁决，对他们的工作进行协调，并承担管理和协调失误造成的损失。

c.及时做出承包人履行合同所必需的决策，如下达指令、履行各种批准手续、做出认可、答复请示、完成各种检查和验收手续等。

d.提供施工条件，如及时提供设计资料、图纸、施工场地、道路等。

e.按合同规定及时支付工程款，及时接收已完工程，等等。

④合同价格。对合同的价格，应重点分析以下几个方面。

a.合同所采用的计价方法及合同价格所包括的范围。

b.工程量计量程序，工程款结算（包括进度付款、竣工结算、最终结算）方法和程序。

c.合同价格的调整，即费用索赔的条件、价格调整方法，计价依据，索赔有效期规定。

⑤施工工期。在实际工程中，工期拖延极为常见和频繁，而且对合同实施和索赔的影响很大，所以要特别重视。

⑥工程受干扰的法律后果。

⑦违约责任。如果合同一方未遵守合同规定，造成对方损失，应受到相应的合同处罚。通常分析如下。

a.承包人不能按合同规定工期完成工程的违约金或承担业主损失的条款。

b.由于管理上的疏忽造成对方人员和财产损失的赔偿条款。

c.由于预谋或故意行为造成对方损失的处罚和赔偿条款等。

d.由于承包人不履行或不能正确地履行合同责任，或出现严重违约时的处理规定。

e.由于业主不履行或不能正确地履行合同责任，或出现严重违约时的处理规定，特别是对业主不及时支付工程款的处理规定。

⑧验收、移交和保修。验收包括许多内容，如材料和机械设备的现场验收、隐蔽工程验收、单项工程验收、全部工程竣工验收，等等。在合同分析中，应对重要的验收要求、时间、程序以及验收所带来的法律后果做说明。

竣工验收合格即办理移交。移交作为一个重要的合同事件，同时又是一个重要的法律概念。它表示以下几方面内容。

a.业主认可并接受工程，承包人工程施工任务的完结。

b.工程所有权的转让。

c.承包人工程照管责任的结束和业主工程照管责任的开始。

d.保修责任的开始。

e.合同规定的工程款支付条款有效。

⑨索赔程序和争执的解决决定着索赔的解决方法，这里要分析以下几方面内容。

a.索赔的程序。

b.争议的解决方式和程序。

c.仲裁条款。包括仲裁所依据的法律、仲裁地点、方式和程序、仲裁结果的约束力等。

合同总体分析后，应以最简单的形式和最简洁的语言将分析的结果表达出来，并应对合同中的风险，执行中应注意的问题做出特别的说明和提示，交项目经理、各职能部门和各职能人员作为日常工程活动的指导。

（2）在重大的争执处理过程中所做的合同总体分析。这里总体分析的重点是合同文本中与索赔有关的条款。对不同的干扰事件，应有不同的针对。它将为整个索赔工作提供索赔（反索赔）的理由和根据，也是索赔值计算方式和计算基础的依据。同时，合同总体分析的结果作为索赔事件责任分析的依据直接作为索赔报告的一部分，在索赔谈判中起着重要的作用。

2.合同详细分析

承包合同的实施由许多具体的工程活动和合同双方的其他经济活动构成。这些活动也都是为了实现合同目标、履行合同责任，也必须受合同的制约和控制，它们因此可以被称为合同事件。对一个确定的承包合同，承包商的工程范围、合同责任是一定的，则相关的合同事件也应是一定的。通常在一个工程中，这样的事件可能有几百甚至几千件。在工程中，合同事件之间存在一定的技术的、时间上的和空间上的逻辑关系，形成网络，所以在国外又被称为合同事件网络。

为了使工程有计划、有秩序、按合同实施，必须将承包合同目标、要求和合同双方的责权关系分解落实到具体的工程活动上。这就是合同详细分析。合同详细分析的对象是合同协议书、合同条件、规范、图纸、工作量表。它主要通过合同事件表、网络图、横道图和工程活动的工期表等定义各工程活动。合同详细分析的结果最重要的部分是合同事件表，见表4-2。合同事件表是工程施工中最重要的文件，它从各个方面定义了该合同事件。这使得在工程施工中落实责任，安排工作，合同监督、跟踪、分析，索赔（反索赔）处理非常方便。时间表主要由以下内容组成。

表4-2　合同事件表

合同事件表		
子项目	事件编码	最近变更日期 变更次数
事件名称和简要说明		
事件内容说明		
前提条件		
本事件的主要活动		
负责人（单位）		
费用 　计划 　实际	其他参加者	工期 　计划 　实际

（1）事件编码

这是为了计算机数据处理的需要，对事件的各种数据处理都靠编码识别。所以编码要能反映这事件的各种特性，如所属的项目、单项工程、单位工程、专业性质、空间位置等。通常它应与网络事件的编码有一致性。

（2）事件名称和简要说明

（3）变更次数和最近一次的变更日期

它记载着与本事件相关的工程变更。在接到变更指令后，应落实变更，修改相应栏目的内容。

最近一次的变更日期表示，从这一天以来的变更尚未考虑到，这样可以检查每个变更指令的落实情况，既防止重复，又防止遗漏。

（4）事件的内容说明

这里主要为该事件的目标，如某一分项工程的数量、质量、技术要求以及其他方面的要求。这由合同的工程量清单、工程说明、图纸、规范等定义，是承包商应完成的任务。

（5）前提条件

该事件进行前应有哪些准备工作？应具备什么样的条件？这些条件有的应由事件的责任人承担，有的应由其他工程小组、其他承包商或业主承担。这里不仅确定事件之间的逻辑关系，而且划定各参加者之间的责任界限。

例如，某工程中，承包商承包了设备基础的土建和设备的安装工程。按合同和施工进度计划规定以下内容。

在设备安装前3天，基础土建施工完成，并交付安装场地。

在设备安装前3天，业主应负责将生产设备运送到安装现场，同时由工程师、承包商和设备供应商一起开箱检验。

在设备安装前15天，业主应向承包商交付全部的安装图纸。

在安装前，安装工程小组应做好各种技术的和物资的准备工作等。

这样对设备安装这个事件可以确定它的前提条件，而且各方面的责任界限十分清楚。

（6）本事件的主要活动

即完成该事件的一些主要活动和它们的实施方法、技术、组织措施。这完全从施工过程的角度进行分析。这些活动组成该事件的子网络，例如上述设备安装可能有如下活动：现场准备，施工设备进场、安装，基础找平、定位，设备就位、吊装、固定，施工设备拆卸、出场等。

（7）责任人

即负责该事件实施的工程小组负责人或分包商。

（8）成本（或费用）

这里包括计划成本和实际成本。有如下两种情况。

①若该事件由分包商承担，则计划费用为分包合同价格。如果有索赔，则应修改这个值，而相应的实际费用为最终实际结算账单金额总和。

②若该事件由承包商的工程小组承担，则计划成本可由成本计划得到，一般为直接费成本，而实际成本为会计核算的结果，在该事件完成后填写。

（9）计划和实际工期

计划工期由网络分析得到。这里有计划开始期、结束期和持续时间。实际工期按实际情况，在该事件结束后填写。

（10）其他参加人

即对该事件的实施提供帮助的其他人员。

从上述内容可见，合同详细分析包容了工程施工前的整个计划工作。详细分析的结果实质上是承包商的合同执行计划，它包括以下内容。

①工程项目的结构分解，即工程活动的分解和工程活动逻辑关系的安排。

②技术会审工作。

③工程实施方案、总体计划和施工组织计划。在投标书中已包括这些内容但在施工前，应进一步细化，做详细的安排。

④工程详细的成本计划。

⑤合同详细分析不仅针对承包合同，而且包括与承包合同同级的各个合同的协调，以及各个分合同的工作安排和各分合同之间的协调。

所以合同详细分析是整个项目小组的工作，应由合同管理人员、工程技术人员、计划师、预算师（员）共同完成。

1.1.4　特殊问题的合同扩展分析

在合同实施过程中常常会发生合同总体分析和详细分析中难以发现的问题。这些问题和情况由于在合同中未能明确规定或它们已超出合同的范围，这给合同管理人员的工作带来了很大难度。为了避免损失和争执，应根据实际工程经验和经历对这些特殊问题进行细致和耐心的分析。对重大的、难以确定的问题应请专家咨询或做法律鉴定。特殊问题的合同扩展分析一般用问答的形式进行。

在实务中，实际工程非常复杂，这类问题面广量大，稍有不慎就会导致经济损失。因此有必要对特殊问题进行合同分析。

1. 特殊问题的合同分析

针对合同实施过程中出现的一些合同中未明确规定的特殊的细节问题做分析。它们会影响工程施工、双方合同责任界限的划分和争执的解决，对它们的分析通常仍在合同范围内进行。

由于这一类问题在合同中未明确规定，其分析的依据通常有两个，具体如下。

（1）合同意义的拓广。通过整体的理解合同，再做推理，以得到问题的解答。当然这个解答不能违背合同精神。

（2）工程惯例。在国际工程中则使用国际工程惯例，即考虑在通常情况下，这一类问题的处理或解决方法。

合同分析思路与调解人或仲裁人分析和解决问题的方法和思路一致。

2. 特殊问题的合同法律扩展分析

在工程中，常出现一些特殊问题，常常关系到承包工程的盈亏成败，但承包商对此把握不准。此时须对它们做合同法律的扩展分析，在适用于合同关系的法律中寻求解答。一般需要向法律专家咨询或进行法律鉴定。

法律专家必须精通适用于合同关系的法律，对这些问题做出明确答复，并对问题的解决提供意见或建议。在此基础上，承包商才能决定处理问题的方针、策略和具体措施。

1.2　建设工程施工合同交底

1.2.1　交底的目的

合同和合同分析的资料是工程实施管理的依据。合同分析后，应向各层次管理者做合同交底，即由合同管理人员在对合同的主要内容进行分析、解释和说明的基础上，通过组织项目管理人员和各个工程小组学习合同条文和合同总体分析结果。

其目的是使项目实施人员熟悉合同中的主要内容、规定、管理程序，了解合同双方的合同责任和工作范围，各种行为的法律后果，等等，使大家都树立全局观念，使各项工作协调一致，避免执行中的违约行为。

在传统的施工项目管理系统中，人们十分重视图纸交底工作，却不重视合同分析和交底工作，导致各个项目组和各个工程小组对项目的合同体系、合同基本内容不甚了解，最终影响了合同的履行。

1.2.2　交底的任务

项目经理或合同管理人员应将各种任务或事件的责任分解落实到具体的工作小组、人员或分包单位。合同交底的主要任务如下。

(1)对合同的主要内容达成一致理解。

(2)将各种合同事件的责任分解落实到各工程小组或分包人。

(3)将工程项目和任务分解，明确其质量和技术要求以及实施的注意要点等。

(4)明确各项工作或各个工程的工期要求。

(5)明确成本目标和消耗标准。

(6)明确相关事件之间的逻辑关系。

(7)明确各个工程小组(分包人)之间的责任界限。

(8)明确完不成任务的影响和法律后果。

(9)明确合同有关各方(如业主、监理工程师)的责任和义务。

(10)明确工程变更程序。

【任务实施】

1.根据本项目情况，将施工合同进行结构分解，完成合同结构分解表的填写。

2.选择本次施工中的一个子项目，完成合同事件表的填写。

3.根据本项目情况和施工合同，汇总小组成果，完成合同分析表的填写。

4.根据本项目情况和施工合同，进行合同交底。

【任务评价】

任务一　评价表

能力目标	知识要点	权重	自测
能分析合同漏洞、解释争议内容，能分析合同风险，制定风险对策	合同分析内容与流程	30%	

能力目标	知识要点	权重	自测
能简化、分解合同,完成合同交底	合同交底依据及内容	40%	
能分解合同工作并落实合同责任	合同事件表的填写	30%	
组长评价:			
教师评价:			

【知识总结】

本任务为合同分析与交底任务。

合同分析是从合同执行的角度去分析、补充和解释合同的具体内容和要求,用以指导具体工作,使合同符合日常工程管理的需要,使工程按合同要求实施,为合同执行和控制确定依据。其主要包括合同总体分析、合同详细分析和特殊问题的合同扩展分析。

合同交底是将合同目标和合同规定落实到合同实施的具体问题和具体时间上,用以指导具体工作,使合同符合日常工程管理的需要,使工程按合同要求实施,为合同执行和控制确定依据。

【练习与作业】

一、选择题

习题答案

1. 人民法院对专门性问题认为需要鉴定的,应当交由( )鉴定部门鉴定。

A. 法定
B. 任命法院指定的
C. 当事人约定的
D. 仲裁庭指定的

2. 发包人逾期支付设计费应承担支付金额( )的逾期违约金。

A. 2%
B. 0.2%
C. 5%
D. 0.5%

3. 在施工合同履行中,如果工程是口头指令,最后没有以书面形式确认,但承包人又证明工程师确实发布过口头指令,此时,可以认定口头指令的效力( )。

A. 构成合同的组织部分
B. 不能构成合同的组成部分
C. 成为承包人的索赔证据
C. 无效

4. 合同生效后,当事人发现部分工程的费用负担约定不明确,首先应当( )确定费用负担的责任。

A. 按交易习惯
B. 依据合同相关条款
C. 签订补充协议
D. 按履行义务一方承担的原则

5. 甲将工程机器供给乙使用,乙却将该工程机器卖给丙,乙、丙之间买卖工程机器合同的效力是( )的。

A. 有效
B. 无效
C. 待定
D. 可变更或撤销

6. 委托人选定的某科研机构的实验室对材料和工艺质量的检测试验,应接受( )检查。

A. 项目技术负责人
B. 项目经理
C. 质检人员
D. 监理工程师

7.按照 FIDIC(施工合同条件)规定,施工中遇到( )不属于业主应承担的风险。

A.不利的外界自然条件　　　　　B.不利的气候条件

C.招标文件未提供的地质条件　　D.图纸未标明的地下障碍物

8.FIDIC(施工合同条件)中,为了解决监理工程师的决定可能产生的不公正的情况,通用条件增加了( )处理合同争议程序。

A.诉讼　　　　　　　　　　　　B.调解

C.仲裁　　　　　　　　　　　　D.争端裁决委员会

9.某工程设计合同,双方约定设计费为 10 万元,定金为 2 万元。当设计人完成设计工作 30%时,发包人由于该工程停建要求解除合同,此时发包人应进一步支付设计人( )万元。

A.3　　　　　B.5　　　　　C.7　　　　　D.10

10.某施工合同在履行过程中,承包人提出使用专利技术,工程师同意,则下列各申报手续和费用承担的表述,正确的是( )。

A.发包人办理申报手续并承担费用

B.发包人办理申报手续,承包人承担费用

C.承包人办理申报手续,发包人承担费用

D.承包人办理申报手续并承担费用

二、简答题

1.什么是合同分析,合同分析的主要工作内容包括哪些?

2.什么是合同总体分析、合同详细分析和特殊问题的合同扩展分析?

3.什么是合同事件?如何填写合同事件表?

4.什么是合同交底?合同交底的主要工作内容有哪些?

任务二　合同监控与变更

【案例引入】

某高校拟新建一栋教学楼,投资约 5600 万元,建筑面积约 30000 m²,通过招标与你所在的单位签署了施工合同。目前合同正在履行,你的任务是就土建施工完成合同监控和变更管理工作。

引导问题:施工合同监控和变更管理的内容是什么?

【任务目标】

1.按照正确的方法和途径,制定监控措施,成立合同管理部门。

2.依据合同控制和履约管理重点,制定合同监控措施。

3.按照工作时间限定,进行合同跟踪,完成偏差分析,提出纠偏方案。

4.依据合同控制和履约管理重点,制定合同变更措施。

5.依照工作时间限定、变更程序进行变更申请,根据项目实际情况,促成工程师提前做出工程变更。

6.审查合同变更事由、对工程变更条款进行合同分析,对工程师发出的工程变更指令进行识别,并分析其对工程实施造成的影响。

7. 迅速、全面落实变更指令，完成变更事件处理。

8. 按照正确的方法，进行变更资料归档，总结变更事件处理技巧。

【知识链接】

2.1 合同监控

2.1.1 合同监控的概念

现代工程项目是通过合同运作的，项目参与方通常都通过合同确定在项目中的地位和责权关系。合同监控是指通过实施一系列合同控制措施，以实现合同定义工程的目标(工期、质量和价格)和维护合同管理程序。

2.1.2 合同监控的特殊性

1. 合同监控的概念

现代工程项目是通过合同运作的，项目参与方通常都通过合同确定在项目中的地位和责权关系。合同监控是指通过实施一系列合同控制措施，以实现合同定义工程的目标(工期、质量和价格)和维护合同管理程序。

2. 合同监控的特殊性

(1)成本、质量、工期是由合同定义的三大目标，承包商最根本的合同责任是达到这三大目标，其次还包括工程范围、工程的安全、健康、环境体系的定义，所以合同监控是其他控制的保证。通过合同监控可以使整个项目的控制职能协调一致，形成一个有序的项目管理过程。

(2)通过合同总体分析可见，承包商除了必须按合同规定的质量要求和进度计划，完成工程的设计、施工、竣工和保修责任外，还必须对实施方案的安全、稳定负责；对工程现场的安全、秩序、清洁和工程保护负责；遵守法律，执行工程师的指令；对自己的工作人员和分包商承担责任；按合同规定及时地提供履约担保，购买保险，承担与业主的合作义务，达到工程师满意的程度；等等。同时承包商有权利获得合同规定的必要的工作条件，如场地、道路、图纸、指令；要求工程师公平、正确地解释合同；有及时、如数地获得工程付款的权利；有决定工程实施方案并选择更为科学的、合理的实施方案的权利；有对业主和工程师违约行为的索赔权利；等等。这一切都必须通过合同控制来实施。

(3)合同监控的最大特点是它的动态性，具体表现在如下两个方面。

①合同实施受到外界干扰，常常偏离目标，要不断地进行调整。

②合同目标本身不断地变化，例如在工程过程中不断出现合同变更，使工程的质量、工期、合同价格变化，使合同双方的责任和权益发生变化。

因此，合同监控必须是动态的，合同实施必须随变化了的情况和目标不断调整，

(4)承包商的合同监控不仅针对与业主之间的工程承包合同，而且包括与总承包合同相关的其他合同，如分包合同、供应合同、运输合同、租赁合同等。

合同签订后，承包商首先要派出工程的项目经理，由他全面负责工程管理工作。而项目经理首先必须组建包括合同管理人员在内的项目管理小组，并着手进行施工准备工作。

2.1.3 合同监控的主要内容

1. 广义的合同监控

随着建筑工程项目管理理论研究和实践的深入，合同监控的内容越来越丰富。最初人们将它归纳为三大控制，即工期(进度)控制、成本(投资、费用)控制、质量控制，这是由项目管理的三大目标引导出的。这三个方面包括了合同监控最主要的工作。随着项目目标和合同内容的扩展，合同控制的内容，也有了新的扩展(表4-3)。

(1)项目范围控制，即保证在预定的项目范围内完成工程。

(2)合同控制，即保证自己圆满地完成合同责任，同时监督对方圆满地完成合同责任，使工程顺利实施。

(3)风险控制。对工程中的风险进行有效的预警、防范，当风险发生时采取有效的措施。

(4)项目实施过程中的安全、健康和环境方面的控制等。

表4-3 工程实施控制内容表

序号	控制内容	控制目的	控制目标	控制依据
1	范围控制	保证按任务书(或设计文件或合同)规定的数量完成工程	范围定义	范围规划和定义文件(项目任务书、设计文件、工程量表等)
2	成本控制	保证按计划成本完成工程，防止成本超支和费用增加，达到盈利目的	计划成本	各分项工程、分部工程、总工程计划成本、人力、材料、资金计划、计划成本曲线等
3	质量控制	保证按任务书(或设计文件或合同)规定的质量完成工程，使工程顺利通过验收，交付使用，实现使用功能	规定的质量标准	各种技术标准、规范、工程说明、图纸、工程项目定义、任务书、批准文件
4	进度控制	按预定进度计划实施工程，按期交付工程，防止工程拖延	任务书(或合同)规定的工期	总工期计划、已批准的详细的施工进度计划、网络图、横道图等
5	合同控制	按合同规定全面完成自己的义务，防止违约	合同规定的义务、责任	合同范围内的各种文件、合同分析资料
6	风险控制	防止和减低风险的不利影响	风险责任	风险分析和风险应对计划
7	安全、健康、环境控制	保证项目的实施过程、运营过程和产品(或服务)的使用符合安全、健康和环境保护要求	法律、合同和规范	法律、合同文件和规范文件

【特别提示】

合同监控的依据从总体上来说是定义工程项目目标的各种文件，如项目建议书、可行性研究报告、项目任务书、设计文件、合同文件等，此外还应包括如下3个部分。

(1)对工程适用的法律、法规文件等。工程的一切活动都必须符合这些要求，它们构成项目实施的边界条件之一。

（2）项目的各种计划文件、合同分析文件等。

（3）在工程中的各种变更文件等。

2. 合同监控的主要工作内容

合同实施控制程序如图 4-1 所示，主要包括合同监督、合同跟踪、合同诊断和调整与纠偏 4 个阶段。

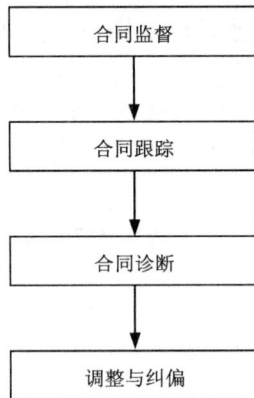

```
┌──────────────┐
│   合同监督    │
└──────────────┘
       │
       ▼
┌──────────────┐
│   合同跟踪    │
└──────────────┘
       │
       ▼
┌──────────────┐
│   合同诊断    │
└──────────────┘
       │
       ▼
┌──────────────┐
│   调整与纠偏   │
└──────────────┘
```

图 4-1　合同实施控制程序

合同管理人员在这 4 个阶段的主要工作有如下几个方面。

（1）根据合同交底内容，落实监控工作。

建立合同实施的保证体系，以保证合同实施过程中的一切日常事务性工作有秩序地进行，使工程项目的全部合同工作处于控制中，保证合同目标的实现。

监督承包商的工程小组和分包商按合同施工，做好各分合同的协调和管理工作。承包商应以积极合作的态度完成自己的合同责任，努力做好自我监督。同时也应监督和协助业主和工程师完成他们的合同责任，以保证工程顺利进行。

（2）对合同实施情况进行跟踪，收集合同实施的信息，收集各种工程资料，并做出相应的信息处理。

（3）将合同实施情况与合同分析资料进行对比分析，找出其中的偏离，对合同履行情况做出诊断。

（4）向项目经理及时通报合同实施情况及问题，提出合同实施方面的意见、建议，甚至警告。

2.1.4　合同监控步骤

合同定义了一定范围工程或工作的目标，它是整个工程项目目标的一部分。这个目标必须通过具体的工程活动实现。由于受工程中各种干扰的影响，常常使工程实施过程偏离总目标。控制就是为了保证工程实施按预定的计划进行，顺利地实现预定的目标。

1. 合同监督

工程实施监督是工程管理的日常事务性工作。目标控制首先应表现在对工程活动的监督上，即保证按照预先确定的各种计划、设计、施工方案实施工程。工程实施状况反映在原始的工程资料(数据)上，例如质量检查报告、分项工程进度报告、记工单、用料单、成本核算凭证等。

(1)工程师(业主)实施监督。业主雇用工程师的首要目的是对工程合同的履行进行有效的监督。这是工程师最基本的职责。他不仅要为承包商完成合同责任提供支持，监督承包商全面完成合同责任，而且要协助业主全面完成业主的合同责任。

①工程师应该立足施工现场或安排专人在现场负责工程监督工作。

②工程师要促使业主按照合同的要求为承包商履行合同提供帮助，并履行自己的合同责任。如向承包商提供现场的占有权，使承包商能够按时、充分、无障碍地进入现场；及时提供合同规定由业主供应的材料和设备；及时下达指令、图纸。这是承包商履行义务的先决条件。

③对承包商工程实施的监督，使承包商的整个工程施工处于监督过程中。工程师的合同监督工作通过如下工作完成。

a.检查并防止承包商工程范围的缺陷，如漏项、供应不足，对缺陷进行纠正。

b.对承包商的施工组织计划、施工方法(工艺)进行事前的认可和实施过程中的监督，保证工程达到合同所规定的质量、安全、健康和环境保护的要求。

c.确保承包商的材料、设备符合合同的要求，进行事前的认可、进场检查、使用过程中的监督。

d.监督工程实施进度。包括下达开工令并监督承包商及时开工；在中标后，承包商应该在合同条件规定的期限内向工程师提交进度计划，并得到认可；监督承包商按照批准的计划实施工程；承包商的中间进度计划或局部工程的进度计划可以修改，但它必须保证总工期目标的实现，同时也必须经过工程师的同意。

e.对付款的审查和监督。对付款的控制是工程师控制工程的有效手段。

工程师在签发预付款、工程进度款、竣工工程价款和最终支付证书时，应全面审查合同所要求的支付条件、承包商的支付证书、支付数额的合理性等，并监督业主按照合同规定的程序，及时批准和付款。

(2)承包商的合同实施监督。承包商合同实施监督的目的是保证按照合同完成自己的合同责任。主要工作如下。

①合同管理人员与项目的其他职能人员一起落实合同实施计划，为各工程小组、分包商的工作提供必要的保证，如施工现场的安排，人工、材料、机械等计划的落实，工序间搭接关系的安排和其他一些必要的准备工作。

②在合同范围内协调业主、工程师、项目管理各职能人员、所属的各工程小组和分包商之间的工作关系，解决合同实施中出现的问题，如合同责任界面之间的争执，工程活动之间时间上和空间上的不协调。

③对各工程小组和分包商进行工作指导，做经常性的合同解释，使各工程小组都有全局观念，对工程中发现的问题提出意见、建议或警告。

合同管理人员在工程实施中起"漏洞工程师"的作用，但他不是寻求与业主、与工程师、与各工程小组、与分包商的对立，他的目标不仅仅是索赔和反索赔，而是将各方面在合同关系上联系起来，防止漏洞和弥补损失，更完美地完成工程。例如促使工程师放弃不适当、不合理的要求(指令)，避免对工程的干扰、工期的延长和费用的增加；协助工程师工作，弥补工程师工作的漏洞，如及时提出对图纸、指令、场地等的申请，尽可能提前通知工程师，让工程师有所准备，这样使施工更为顺利。

④承包商同项目管理的有关职能人员检查、监督各工程小组和分包商的合同实施情况，保证自己全面履行合同责任。在工程施工过程中，承包商有责任自我监督，发现问题，及时自我改正缺陷，而不一定是由工程师指出。监督应完全按照合同所确定的工程范围，不漏项，也不多余工作。无论对单价合同，还是总价合同，没有工程师的指令，漏项和超过合同范围完成工作，都得不到相应的付款。因此合同监督应保证以下几方面内容。

a.承包商及时开工并以应有的进度施工，保证工程进度符合合同和工程师批准的详细的进度计划的要求。

b.按合同要求，组织材料和设备的采购。承包商有义务按照合同要求使用材料、设备和工艺，保证工程达到合同所规定的要求。承包商的工程如果超过合同规定的质量要求是白费的，只能得到合同所规定的付款。

c.在按照合同规定由工程师检查前，应首先自我检查核对，对未完成的工程或有缺陷的工程指令限期采取补救措施。

d.承包商对业主提供的设计文件、材料、设备、指令进行监督和检查。

e.会同造价工程师对向业主提出的工程款账单和分包商提交来的工程款账单进行审查和确认。

f.对合同文件进行审查和管理。由于在工程实施中的许多文件，例如业主和工程师的指令、会谈纪要、备忘录、修正案、附加协议等也是合同的组成部分，所以也应加强管理和审查。

g.承包商对环境的监控责任，对施工现场遇到的异常情况必须及时记录，如在施工中发现他认为一个有经验的承包商在提交投标书前不可预见的物质条件(包括地质和水文条件，地下障碍物、文物、古墓、古建筑遗址、化石或其他有考古、地质研究等价值的物品等，但不包括气候条件)影响施工时，应立即保护好现场，并尽快以书面形式通知工程师。

承包商对后期可能出现的影响工程施工、造成合同价格上升、工期延长的环境情况进行预警，并及时通知业主。

2.合同跟踪

合同跟踪是指将收集到的工程资料和实际数据进行整理，得到能反映工程实施状况的各种信息，如各种质量报告、各种实际进度报表、各种成本和费用收支报表以及对它们的分析报告。将这些信息与工程目标，如合同文件、合同分析文件、计划、设计等进行对比分析，这样可以发现两者的差异。差异的大小，即为工程实施偏离目标的程度。如果没有差异或差异较小，则可以按原计划继续实施工程。

(1)合同跟踪的作用。在工程实施过程中，由于实际情况千变万化，导致合同实施与预定目标(计划和设计)偏离。如果不采取措施，这种偏差常常由小到大，逐渐积累。合同跟踪可以不断地找出偏离，不断地调整合同实施，使之与总目标一致。这是合同控制的主要手段。合同跟踪的作用有以下几方面。

①通过合同实施情况分析，找出偏离，以便及时采取措施，调整合同实施过程，达到合同总目标，所以合同跟踪是决策的前导工作。

②在整个工程过程中，能使项目管理人员一直清楚地了解合同实施情况，对合同实施现状、趋向和结果有一个清醒的认识，这是非常重要的。有些管理混乱，管理水平低的工程常常到工程结束时才发现实际损失，可这时已无法挽回。

（2）合同跟踪的依据如下。

①合同和合同分析的结果，如各种计划、方案、合同变更文件等，它们是比较的基础，是合同实施的目标和依据。

②各种实际的工程文件，如原始记录，各种工程报表、报告、验收结果、量化结果等。

③工程管理人员每天对现场情况的直观了解，如通过施工现场的巡视、与各方谈话、召集小组会议、检查工程质量等，这是最直观的感性知识。通常可以比通过报表、报告更快地发现问题，能更透彻地了解问题，有助于迅速采取措施减少损失。这就要求合同管理人员在工程过程中一直立足于现场。

（3）合同跟踪的对象。合同跟踪的对象，通常有如下几个层次。

①具体的合同实施工作。对照合同工作包说明表的具体内容，分析该工作包说明的实际完成情况。

②对工程小组或分包商的工程和工作进行跟踪。

一个工程小组或分包商可能承担许多专业相同、工艺相近的分项工程或合同工作包，所以必须对他们实施的总体情况进行检查分析。在实际工程中常常因为某一工程小组或分包商的工作质量不高或进度拖延而影响整个工程施工。合同管理人员在这方面应给他们提供帮助，例如协调他们之间的工作，对工程缺陷提出意见、建议或警告，责令他们在一定时间内提高质量、加快工程进度等。

作为分包合同的发包商，总承包商必须对分包合同的实施进行有效的控制，这是总承包商合同管理的重要任务之一。

③对业主和工程师的工作进行跟踪。

a.业主和工程师必须正确、及时地履行合同责任，及时提供各种工程实施条件，如及时发布图纸、提供场地、下达指令、作出答复、及时支付工程款等。这常常是承包商推卸工程责任的托词，所以要特别重视。在这里合同工程师作为漏洞工程师应寻找合同中以及对方合同执行中的漏洞。

b.在工程中承包商应积极主动地做好工作，如提前催要图纸、材料，对工作事先通知。这样不仅可以让业主和工程师及早准备，建立良好的合作关系，保证工程顺利实施，而且可以推卸自己的责任。

c.有问题及时与工程师沟通，多向他汇报情况，及时听取他的指示(应以书面的形式为准)。

d.及时收集各种工程资料，对各种活动、双方的交流做出记录。

e.对有恶意的业主提前防范，及早采取措施。

④对总工程进行跟踪。对工程总的实施状况的跟踪可以通过如下几方面进行。

a.工程整体施工秩序状况。如果出现以下情况，合同实施必然有问题。

b.现场混乱、拥挤不堪。

c.承包商与业主的其他承包商、供应商之间协调困难。

d.已完成工程没通过验收、出现大的工程质量问题、工程试生产不成功或达不到预定的生产能力等。

e. 施工进度未能达到预定计划,主要的工程活动出现延期,在工程周报和月报上计划和实际进度出现大的偏差。

f. 计划和实际的成本曲线出现大的偏离。在工程项目管理中,工程累计成本曲线对合同实施的跟踪分析起很大的作用。计划成本累计曲线通常在网络分析、各工程活动成本计划确定后得到。在国外,它又被称为本工程项目的成本模型。而实际成本曲线由实际施工进度安排和实际成本累计得到,两者对比就可以分析出实际和计划的差异。

3. 合同诊断

在合同跟踪的基础上可以进行合同诊断。合同诊断是对合同执行情况的评价、判断和趋向分析和预测,通过合同找出合同偏差,提出纠偏措施。

通常,工程实施与目标的差异会逐渐积累,越来越大,如果不采取措施可能会导致工程实施远离目标,甚至可能导致整个工程的失败,所以,在工程过程中要不断地进行调整,使工程实施一直围绕合同目标进行。

(1)合同偏差分析。通过合同跟踪,可能会发现合同实施中存在着偏差,即工程实际情况偏离了工程计划和工程目标,应该及时分析原因,采取措施,纠正偏差,避免损失。合同实施偏差分析的内容包括以下几个方面。

①合同偏差的原因分析。通过对不同监督和跟踪对象的计划和实际情况的对比分析,不仅可以得到差异,而且可以探索引起这个差异的原因。原因分析可以采用鱼刺图,例如,通过计划成本和实际成本累计曲线的对比分析,不仅可以得到总成本的偏差值,而且可以进一步分析差异产生的原因。通常,引起计划和实际成本累计曲线偏离的原因可能有以下几方面。

a. 整个工程施工加速或延缓。

b. 工程施工次序被打乱。

c. 工程费用支出增加,如材料费、人工费上升。

d. 增加新的附加工程以及工程量增加。

e. 工作效率低下,资源消耗增加,等等。

②合同偏差责任分析。即这些原因由谁引起?该由谁承担责任?这常常是索赔的理由。一般只要原因分析详细,有根有据,则责任自然清楚,必须按合同规定落实双方责任。

③合同实施趋向预测。分别考虑不采取调控措施和采取调控措施以及采取不同的调控措施情况下,预测合同的最终执行结果。

a. 最终的工程状况,包括总工期的延误、总成本的超支、质量标准、所能达到的生产能力(或功能要求)等。

b. 承包商将承担什么样的后果,如被罚款,被清算,甚至被起诉,对承包商资信、企业形象、经营战略的影响等。

c. 最终工程经济效益(利润)水平。综上所述,即可以对合同执行情况做出综合评价和判断。

(2)纠偏措施选择。在施工过程中,会有许多问题发生,需要承包商提出解决措施,在现代工程中,承包商不仅有责任对将影响工程成本、竣工日期、工程质量的一切事件及早发出警告以减少补偿事件及其影响,而且有责任提出处理缺陷、延误的建议,及早研究影响,寻求最佳的解决办法，及时采取行动。

根据调整对象的不同，可以将纠偏措施归纳为两种。

①对实施过程的调整，例如变更实施方案，重新进行组织。

②对工程项目目标的调整，如增加投资、延长工期、修改工程范围，甚至调整项目产品的方向，等等。

从合同以及双方合同关系的角度，它们都属于合同变更，或都是通过合同变更完成的。

（3）影响纠偏措施选择的因素。对合同实施过程中出现的差异和问题，在选择纠偏措施上，业主和承包商有不同的出发点和策略。

①业主的纠偏措施。业主和工程师遇到工程问题和风险通常首先着眼于解决问题，排除干扰，使工程顺利实施，然后才考虑到责任和赔偿问题。这是由于业主和工程师考虑问题是从工程整体利益角度出发的。

②承包商的纠偏措施。与合同签订前的情况不同，承包商在施工中遇到任何工程问题和风险，首先采取的是合同措施，而不是技术或组织措施。通常首先考虑以下两方面内容。

a.如何保护和充分行使自己的合同权利，例如通过索赔降低自己的损失。

b.如何利用合同使对方的要求（权利）降到最低，即如何充分限制对方的合同权利。

如果通过合同诊断，承包商如发现业主有恶意不支付工程款或自己已经坠入合同陷阱中，或已经发现合同亏损，而且估计亏损会越来越大，则要及早确定合同执行战略，争取主动权，可采取以下措施：及早撕毁合同，降低损失；争取道义索赔，取得部分补偿；采用以守为攻的办法，拖延工程进度，消极怠工等。

2.1.5　合同监控工作要点

1.召开定期和不定期的协商会议

业主、工程师和各承包商之间、承包商和分包商之间以及承包商的项目管理职能人员和各工程小组负责人之间都应有定期的协商会议。对工程中出现的特殊问题可不定期地召开特别会议讨论解决方法，以保证合同实施一直得到很好的协调和控制。

通过会议应主要解决以下问题：①检查合同实施进度和各种计划的落实情况；②协调各方面的工作，对后期工作做安排；③讨论和解决目前已经发生的和以后可能发生的各种问题，并做出相应的决议；④讨论纠偏措施，决定纠偏带来的工期和费用补偿数量等问题。

承包商与业主、总包和分包之间会谈中的重大议题和决议，应用会谈纪要的形式确定下来。各方签署的会谈纪要，作为有约束力的合同变更，是合同的一部分。合同管理人员负责会议资料的准备，提出会议的议题，起草各种文件，提出对问题解决的意见或建议，组织会议，会后起草会谈纪要，对会谈纪要进行合同法律方面的检查。

2.建立特殊工作程序制度

对于一些经常性工作应订立工作程序，使大家有章可循，合同管理人员也不必进行经常性的解释和指导，如图纸批准程序，工程变更程序，分包商的索赔程序，分包商的账单审查程序，材料、设备、隐蔽工程、已完工程的检查验收程序，工程进度付款账单的审查批准程序，工程问题的请示报告程序，等等。这些程序在合同中一般都有总体规定，在这里必须细化、具体化。在程序上更为详细，并落实到具体人员。

在合同实施中，承包商的合同管理人员、成本、质量（技术）、进度、安全，信息管理人员都必须踏勘现场，他们之间应进行经常性的沟通。

3.建立文档系统制度，落实相关责任

合同管理人员负责各种合同资料和工程资料的收集、整理和保存工作。这项工作非常烦琐和复杂，要花费大量的时间和精力。工程的原始资料在合同实施过程中产生，它必须由各职能人员、工程小组负责人、分包商提供，应将责任明确地落实下去。

(1)各种文件、报表、单据等应有规定的格式和规定的数据结构要求，确保各种数据、资料的标准化，建立工程资料的文档系统。

(2)将原始资料收集整理的责任落实到人，由他对资料负责。资料的收集工作必须落实到工程现场，必须对工程小组负责人和分包商提出具体的要求。

(3)明确各种资料的提供时间，保证文档准确性和真实性。

在合同实施过程中，承包商做好现场记录并保存记录是十分重要的。许多承包商忽视这项工作，不喜欢文档工作，最终削弱了自己的合同地位，损害了自己的合同权益，特别妨碍索赔和争执的有利解决。最常见的问题有附加工作未得到书面确认，变更指令不符合规定，错误的工作量测量结果、现场记录、会议纪要未及时反映，重要的资料未能保存，业主违约未能用文字或信函确认等等。在这种情况下，承包商在索赔及争执解决中取胜的可能性是极小的。

4.建立报告和行文制度

承包商和业主、监理工程师、分包商之间的沟通都应以书面形式进行，或以书面形式作为最终依据，这是合同的要求，是法律的要求，也是工程管理的需要。在实际工作中这项工作特别容易被忽略。报告和行文制度包括如下几方面内容。

(1)定期的工程实施情况报告，如日报、周报、旬报、月报等。应规定报告内容、格式、报告方式、时间以及负责人。

(2)工程过程中发生的特殊情况及其处理的书面文件(如特殊的气候条件、工程环境的变化等)应有书面记录，并由监理工程师签署。对在工程中合同双方的任何协商、意见、请示、指示等都应落实在纸上，尽管天天见面，也应养成书面文字交往的习惯，相信"一字千金"，切不可相信"一诺千金"。在工程中，业主、承包商和工程师之间要保持经常联系，出现问题应经常向工程师请示、汇报。

(3)工程中所有涉及双方的工程活动，如材料、设备、各种工程的检查验收，场地、图纸的交接，各种文件(如会谈纪要、索赔和反索赔报告、账单)的交接，都应有相应的手续，应有签收证据。

5.建立严格的工程质量检查验收制度

合同管理人员应主动地抓好工程和工作质量，协助做好全面质量管理工作，建立一整套质量检查和验收制度。例如每道工序结束时应有严格的检查和验收；工序之间、工程小组之间应有交接制度；材料进场和使用应有一定的检验措施等。防止由于承包商自己的工程质量问题造成被工程师检查验收不合格，试生产失败而承担违约责任。在工程中，由工程质量引起的返工所造成的工期拖延，应由承包商自己负责，得不到赔偿。

2.2　合同变更

2.2.1　合同变更起因及影响

合同的变更是指合同依法成立后，在尚未履行或尚未完全履行时，当事人双方依法对合同的内容进行修订或调整所达成的协议。例如，对合同约定的标的数量、质量标准、履行期限、履行地点和履行方式等进行变更。合同变更一般不涉及已履行的部分，而只对未履行的部分进行变更，因此，合同变更不能在合同履行后进行，只能在完全履行合同之前。

按照《中华人民共和国民法典》第六章合同的变更与转让的规定，只要当事人协商一致，即可变更合同。因此，当事人变更合同的方式类似订立合同的方式，经过提议和接受两个步骤。首先，要求变更合同的一方当事人提出变更合同的建议，在该提议中，当事人应明确变更的内容，以及变更合同引起的财产后果的处理。然后，由另一方当事人对变更建议表示接受。至此，双方当事人对合同变更达成协议。一般来说，当事人凡以书面形式订立的合同，变更协议亦应采用书面形式。应当注意的是，当事人对合同变更只是一方提议，而未能达成协议时，不产生合同变更的效力。

施工合同变更是指依法对原来施工合同进行的修改和补充，即在履行施工合同项目的过程中，由于实施条件或相关因素的变化，而不得不对原合同的某些条款做出修改、订正删除或补充。施工合同变更一经成立，原合同中的相应条款就应解除。

1. 施工合同变更的起因

合同内容频繁的变更是工程合同的特点之一，一个工程合同变更的次数、范围和影响的大小与该工程招标文件(特别是合同条件)的完备性、技术设计的正确性以及实施方案和实施计划的科学性直接相关。合同变更一般主要有以下几方面的原因：

(1)发包人有新的意图，对建筑的新要求而产生的变更指令。如修改项目计划、削减项目预算等。

(2)由于设计人员、工程师、承包商事先没能很好地理解发包人的意图，或设计错误导致的图纸修改。

(3)由于工程环境的变化。预定的工程条件改变原要求、原实施方案或实施计划变更。

(4)由于产生新技术、新材料，有必要改变原设计、实施方案或实施计划，或由于发包人指令非承包商原因造成施工方案的变更。

(5)政府部门对工程新的要求，如国家计划变化、环境保护要求、城市规划变动等。

(6)由于合同实施出现问题，必须调整合同目标或修改合同条款。

(7)合同双方当事人由于倒闭或其他原因转让合同造成合同当事人的变化。这种情况通常比较少见。

2. 合同变更影响

合同的变更通常不能免除或改变承包商的合同责任，但对合同实施影响很大，主要表现在如下几方面。

(1)导致设计图纸、成本计划和支付计划、工期计划、施工方案、技术说明和适用的规范等定义工程目标和工程实施情况的各种文件，作相应的修改和变更。当然，相关的其他计划也应做相应调整，如材料采购计划、劳动力安排、机械使用计划等，它不仅引起与承包合同平行的其他合同的变化，而且会引起所属的各个分合同，如供应合同、租赁合同、分包合同的变更。有些重大的变更会打乱整个施工部署。

(2)引起合同双方、承包商的工程小组之间、总承包商和分包商之间合同责任的变化。如工程量增加，则增加了承包商的工程责任，增加了费用开支和延长了工期。

(3)有些工程变更还会引起已完工程的返工、现场工程施工的停滞、施工秩序打乱、已购材料的损失等。

3. 合同变更的原则

（1）合同双方都必须遵守合同变更程序，依法进行，任何一方都不得单方面擅自更改合同条款。

（2）合同变更要经过有关专家（监理工程师、设计工程师、现场工程师等）的科学论证和合同双方的协商。在合同变更具有合理性、可行性，而且由此而引起的进度和费用变化得到确认和落实的情况下方可实行。

（3）合同变更的次数应尽量减少，变更的时间亦应尽量提前，并在事件发生后的一定时限内提出，以避免或减少给工程项目建设带来的影响和损失。

（4）合同变更应以监理工程师、发包人和承包商共同签署的合同变更书面指令为准，并以此作为结算工程价款的凭据。

（5）合同变更所造成的损失，除依法可以免除的责任外，应由责任方负责赔偿。

2.2.2 合同变更的范围和内容

施工合同变更的范围很广，一般在施工合同签订后所有工程范围、进度、工程质量要求、合同条款内容、合同双方责权利关系的变化等都可以被看作施工合同变更。最常见的变更有两种：涉及合同条款的变更，合同条件和合同协议书所定义的双方责权利关系或一些重大问题的变更。这是狭义的合同变更，以前人们定义合同变更即为这一类。另一种是工程变更，即工程的质量、数量、性质、功能、施工次序和实施方案的变化。

根据行业标准施工招标文件中的通用合同条款的规定，除专用合同条款另有约定外，在履行合同中发生以下情形之一，应按照本条规定进行变更。

（1）取消合同中任何一项工作，但被取消的工作不能转由发包人或其他人实施；

（2）改变合同中任何一项工作的质量或其他特性；

（3）改变合同工程的基线、标高、位置或尺寸；

（4）改变合同中任何一项工作的施工时间或改变已批准的施工工艺或顺序；

（5）为完成工程需要追加的额外工作。

在履行合同过程中，承包人可以对发包人提供图纸、技术要求以及其他方面提出合理化建议。

2.2.3 变更权及变更程序

1. 变更权

根据《中华人民共和国房屋建筑和市政工程标准施工招标文件》中通用合同条款的规定，在履行合同过程中，经发包人同意，监理人可按第15.3款约定的变更程序向承包人做出变更指示，承包人应遵照执行。没有监理人的变更指示，承包人不得擅自变更。

2. 变更程序

根据《中华人民共和国房屋建筑和市政工程标准施工招标文件》中通用合同条款的规定，变更的程序如下。

（1）变更的提出

①在合同履行过程中，可能发生第15.1款约定情形的，监理人可向承包人发出变更意向书。变更意向书应说明变更的具体内容和发包人对变更的时间要求，并附必要的图纸和相关

资料。变更意向书应要求承包人提交包括拟实施变更工作的计划、措施和竣工时间等内容的实施方案。发包人同意承包人根据变更意向书要求提交的变更实施方案的，由监理人按第15.3.3项约定发出变更指示。

②在合同履行过程中，发生第15.1款约定情形的，监理人应按照第15.3.3项约定向承包人发出变更指示。

③承包人收到监理人按合同约定发出的图纸和文件，经检查认为其中存在第15.1款约定情形的，可向监理人提出书面变更建议。变更建议应阐明要求变更的依据，并附必要的图纸和说明。监理人收到承包人书面建议后，应与发包人共同研究，确认存在变更的，应在收到承包人书面建议后14天内做出变更指示。经研究后不同意作为变更的，应由监理人书面答复承包人。

④若承包人收到监理人的变更意向书后认为难以实施此项变更，应立即通知监理人，说明原因并附详细依据。监理人与承包人和发包人协商后确定撤销、改变或不改变原变更意向书。

（2）变更指示

根据《中华人民共和国房屋建筑和市政工程标准施工招标文件》中通用合同条款的规定，变更指示只能由监理人发出。变更指示应说明变更的目的、范围、变更内容以及变更的工程量及其进度和技术要求，并附有关图纸和文件。承包人收到变更指示后，应按变更指示进行变更工作。

2.2.4 承包人的合理化建议

根据标准施工招标文件中通用合同条款的规定，在履行合同过程中，承包人对发包人提供的图纸、技术要求以及其他方面提出的合理化建议，均应以书面形式提交监理人。合理化建议书的内容应包括建议工作的详细说明、进度计划和效益以及与其他工作的协调等，并附必要的设计文件。监理人应与发包人协商是否采纳建议。建议被采纳并构成变更的，应按第15.3.3项约定向承包人发出变更指示。

承包人提出的合理化建议降低了合同价格、缩短了工期或者提高了工程经济效益的，发包人可按国家有关规定在专用合同条款中约定给予奖励。

2.2.5 变更估价

1. 变更估价原则

除专用合同条款另有约定外，因变更引起的价格调整按照下面约定处理：

（1）已标价工程量清单中有适用于变更工作的子目的，更改子目的单价。

（2）已标价工程量清单中无适用于变更工作的子目，但有类似子目的，可在合理范围内参照类似子目的单价，由监理人按第3.5款商定或确定变更工作的单价。

（3）已标价工程量清单中无适用或类似子目的单价，可按照成本加利润的原则，由监理人按第3.5款商定或确定变更工作的单价。

2. 变更估价

根据《中华人民共和国房屋建筑和市政工程标准施工招标文件》中通用合同条款的规定：

（1）除专用合同条款对期限另有约定外，承包人应在收到变更指示或变更意向书后的14天内，向监理人提交变更报价书，报价内容应根据第15.4款约定的估价原则，详细开列变更工作的价格组成及其依据，并附必要的施工方法说明和有关图纸。

（2）变更工作影响工期的，承包人应提出调整工期的具体细节。监理人认为有必要时，可要求承包人提交要求提前或延长工期的施工进度计划及相应施工措施等详细资料。

（3）除专用合同条款对期限另有约定外，监理人收到承包人变更报价书后的 14 天内，根据第 15.4 款约定的估价原则，按照第 3.5 款商定或确定变更价格。

3. 计日工

监理人通知承包人以计日工方式实施变更的零星工作。其价款按列入已标价工程量清单中的计日工计价子目及其单价进行计算。

采用计日工计价的任何一项变更工作，应从暂列金额中支付，承包人应在该项变更的实施过程中，每天提交以下报表和有关凭证报送监理人审批。

（1）工作名称、内容和数量；

（2）投入该工作所有人员的姓名、工种、级别和耗用工时；

（3）投入该工作的材料类别和数量；

（4）投入该工作的施工设备型号、台数和耗用台时；

（5）监理人要求提交的其他资料和凭证。

计日工由承包人汇总后，按第 17.3.2 项的约定列入进度付款申请单，由监理人复核并经发包人同意后列入进度付款。

【任务实施】

1. 根据本次合同分析结果，确定合同监控重点。

2. 根据监控内容，成立合同管理小组，进行任务分工。

3. 选取本项目一个变更事件，请向工程师进行变更申请。

4. 请对本项目施工合同变更事件进行分析，填写合同变更记录表。

5. 选取本项目一个变更事件，写出完整的变更过程程序，并变换角色（如业主、工程师、承包商），写出相应的变更文件。

【任务评价】

任务二　评价表

能力目标	知识要点	权重	自测
能根据合同控制和履约管理重点，制定合同监控措施	合同监控措施内容	20%	
能按照工作时间限定，进行合同跟踪，完成偏差分析，提出纠偏方案	合同偏差分析要点	20%	
能对工程变更条款进行合同分析，并能分析其对工程实施造成的影响	工程变更相关知识	30%	
能迅速全面落实变更指令，完成变更事件处理，并对变更资料进行归档，总结变更事件处理技巧	合同变更程序及合同变更责任分析	30%	
组长评价： 教师评价：			

【知识总结】

本任务主要介绍了合同监控与合同变更。

合同监控主要工作内容是：合同监督、合同跟踪、诊断和调整与纠偏四部分。合同监控工作要点包括：①召开定期和不定期的协商会议；②建立特殊工作程序制度；③建立文档系统制度，落实相关责任；④建立报告和行文制度；⑤建立严格的工程质量检查验收制度。

合同变更主要讲述合同变更的种类、合同变更的影响、合同变更的处理要求、合同变更范围和程序、合同变更责任分析、工程变更价款的确定方法和程序等。

【练习与作业】

习题答案

一、单选题

1. FIDIC《施工合同条件》中，为了解决监理工程师的决定可能处理得不公正的情况，通用条件增加了(　　　)处理合同争议的程序。

　　A. 诉讼　　　　　　　　　　　B. 调解

　　C. 仲裁　　　　　　　　　　　D. 争端裁决委员会

2. 在 FIDIC《施工合同条件》中，承包商不可提出工期索赔的情况是(　　　)。

　　A. 公共行为引起的延误　　　　B. 对竣工检验的干扰

　　C. 业主提前占用工程　　　　　D. 施工中遇到古迹

3. 在监理合同签订后，出现了不应由监理人负责的情况，不得不暂停执行某些监理任务，当恢复监理工作时，还应增加不超过(　　　)天的合理时间，用于恢复执行监理业务，并按双方约定的数量支付监理酬金。

　　A. 7　　　　　　B. 14　　　　　　C. 24　　　　　　D. 42

4. 依据《中华人民共和国合同法》的规定，当合同方式履行不明确，按照(　　　)的方式履行。

　　A. 法律规定　　　　　　　　　B. 有利于实现债权人的目的

　　C. 有利于实现债务人的目的　　D. 有利于实现合同目的

5. 在材料采购合同中，由供货方运送的货物，运输过程中发生的问题由(　　　)负责。

　　A. 供货方　　　　　　　　　　B. 运输部门

　　C. 采购方　　　　　　　　　　D. 供货方和运输部门共同

6. 施工合同在履行过程中，因工程所在地发生洪灾所造成的损失中，应由承包人承担的是(　　　)。

　　A. 工程本身的损害　　　　　　B. 因工程损害导致的第三方财产损失

　　C. 承包人的施工机械损坏　　　D. 工程所需清理费用

7. 依据《建设工程委托监理合同(示范文本)》的规定，属于附加监理工作的是(　　　)。

　　A. 调解合同争议

　　B. 发生不可抗力后恢复施工前的监理工作

　　C. 由于承包人原因致使承包合同不能按期竣工而延长的监理工作时间

　　D. 非监理人自身的原因而暂停监理业务，其善后工作及恢复监理业务前不超过 42 天的准备工作时间

8. 根据《建设工程施工合同(示范文本)》，承包人在工程变更确定后(　　　)天内，可提出变更涉及的追加合同价款要求的报告，经工程师确认后相应调整合同价款。

　　A. 14　　　　　　B. 21　　　　　　C. 28　　　　　　D. 30

9. 基于 FIDIC 和合同条件，宜采用新的费率或价格的情况有(　　　)。

A. 如果某项工作实际测量的工程量比工程量表或其他报表中的工程量的变动小于10%时

B. 如果某项工作实际测量的工程量比工程量表或其他报表中的工程量的变动大于10%时

C. 变动的工程量直接造成该项工作单位成本的变动超过10%

D. 变动的工程量直接造成该项工作单位成本的变动未超过10%

10. 根据《建设工程工程量清单计价规范》，合同中综合单价因工程量变更需调整时，除合同另有约定外，工程量清单漏项或设计变更引起的新的工程量增减，其相应综合单价由（   ）提出。

A. 承包商　　　　　B. 工程师　　　　　C. 发包人　　　　　D. 采用原合同价

11. 承包人在工程变更确定后（   ）天，可提出变更涉及的追加合同价款要求的报告，否则视为不涉及调整。

A. 14　　　　　　　B. 21　　　　　　　C. 28　　　　　　　D. 30

12. 承包人原因导致的工程变更，（   ）要求追加合同价款。

A. 承包人有权　　　　　　　　　　B. 承包无权

C. 发包人有权　　　　　　　　　　D. 发包人无权

13. 根据《建设工程施工合同（示范文本）》，工程师预付款时间应不迟于约定开工日期前（   ）天。

A. 1　　　　　　　B. 21　　　　　　　C. 7　　　　　　　D. 35

14. FIDIC 条件下，工程变更的范围包括（   ）。

A. 删减任何合同约定的工作内容

B. 任何部分标高、尺寸、位置变化

C. 因施工需要，施工机械日常检修时间变更

D. 任何工作质量和其他特性变更

E. 合同中的工程量变更

15. 在 FIDIC 合同条件下，工程师发布删减工作的指示后承包商不再实施部分工作，承包商可以就其损失向工程师发出通知并提供具体的证明材料，但这一损失不应包括（   ）。

A. 直接费　　　　　B. 间接费　　　　　C. 税金　　　　　D. 利润

16. 下列说法错误的是（   ）。

A. 施工中发包人如果需要对原工程进行设计变更，应不迟于变更前14天以书面形式通知承包人

B. 承包人对于发包人的变更要求有拒绝执行的权利

C. 承包人未经工程师的同意不得擅自更改图纸、换用图纸，否则承包人承担由此发生的费用，赔偿发包人的损失，延误的工期不予顺延

D. 增减合同中约定的工程不属于工程变更

E. 更改有关部分的基线、标高、位置或尺寸属于工程变更

17. 根据我国现行合同条款，在合同履行过程中，承包人发现有变更情况的，可向监理人提出（   ）。

A. 变更指示　　　　　B. 变更意向书　　　　　C. 变更建议书　　　　　D. 变更报价书

二、多选题

1. 建设工程项目在实施过程中，下列行为属于委托代理的有（   ）。

A. 项目法人授权工程招投标机构为其办理招标事宜

B. 施工企业法定代表人代表企业参加施工投标

C. 监理公司的总监理工程师代表公司执行工程监理任务

D. 项目监理代表施工企业负责具体项目工程的施工管理

E. 设计单位的设计负责人向施工单位和监理单位进行设计交底

2. 建筑工程一切险中除外责任包括（   ）。

A. 地震　　　　　　　　　　　　B. 洪水

C. 设计错误引起的损失　　　　　　D. 自然磨损

E. 维修保养费用

3. 保证法律关系的参加方应当至少包括(　　　　　　)。

A. 保证人　　　　B. 债权人　　　　C. 第三人

D. 被保证人(债务人)　　　　E. 公证人

4. 我国《建设工程施工合同(示范文本)》规定,属于承包人应当完成的工作有(　　　　　　)。

A. 办理施工所需证件　　　　　　B. 提供和维修非夜间施工使用照明设备

C. 按规定办理施工噪音有关手续　　D. 负责已完成工程的成品保护

E. 保证施工场地清洁符合环境卫生管理的有关规定

5. FIDIC施工合同通用条款规定,可以给承包商合理延长合同工期的条件通常包括(　　　　　　)。

A. 延误发放图纸　　　　　　　　B. 不可预见的外界条件

C. 延误移交施工现场　　　　　　D. 对施工中废弃物和古迹的干扰

E. 质量问题进行的返工

6. 在我国《建设工程施工合同(示范文本)》中,为使用者提供的标准化附件包括(　　　　　　)。

A. 承包人承包工程项目一览表　　B. 发包人提供施工准备一览表

C. 发包人供应材料设备一览表　　D. 工程竣工验收标准规定一览表

E. 房屋建筑工程质量保修书

7. 在材料采购合同的履行过程中,供货方如果将货物发错地点或错发给接货人,应(　　　　　　)。

A. 通知采购方货物的错发地点或接货人

B. 负责运交合同规定的到货地点或接货人

C. 承担对方因此多支付的一切费用

D. 承担逾期交货的违约金

E. 由采购方承担由始发地到合同规定到货地的运杂费

8. 公证与鉴证的区别包括(　　　　　　)。

A. 合同公证和鉴证所依据的法规不同

B. 公证和鉴证的合同在诉讼中的法律效力不同

C. 公证和鉴证过的合同法律效力适用范围不同

D. 合同公证具有强制性,而合同鉴证贯彻自愿原则

E. 公证仅限于合同,鉴证除合同外还可包括证明材料的真实性

9. 我国《建设工程施工合同(示范文本)》规定,因(　　　　　　)等原因导致竣工时间延误长,经监理工程师确认后可以顺延工期。

A. 不可抗力　　　　　　　　　　B. 承包商基础施工超挖

C. 工程量增加　　　　　　　　　D. 监理工程师延误提供所需指令

E. 设计变更

10. 工程项目在建设过程中,发包人要求承包人提供的担保通常有(　　　　　　)。

A. 施工投标保证　　　　　　　　B. 施工合同履约保证

C. 施工合同支付保证　　　　　　D. 工程预付款保证

E. 施工合同工程垫支保证

11. 我国《建设工程施工合同(示范文本)》规定,属于承包人应当完成的工作有(　　　　　　)。

A. 办理施工所需的证件　　　　　B. 提供和维修非夜间施工使用的照明设备

C. 按规定办理施工噪声有关手续　　D. 负责已完成工程的成品保护

E. 保证施工场地清洁符合环境卫生管理的有关规定

12.我国《建设工程施工合同(示范文本)》中规定的设计人的责任有(　　　　　　)。

A.参加工程验收工作

B.解决施工中出现的设计问题

C.为施工承包人提供设计依据的基础资料

D.组织施工招标工作

E.在施工前负责向施工承包人和监理人进行设计交底

13.根据《合同法》,下列有关格式条款合同的说法中,错误的有(　　　　　　)。

A.采用格式条款合同时,订立合同时全部条款都不得改动

B.合同条款必须与对方事先协商一致后才能确定

C.当格式条款与非格式条款不一致时,应采用非格式条款

D.提供格式条款方应提请对方注意免除或限制自己责任的条款

E.当对格式条款有争议时,如果有两种以上解释的,应当采用不利于非提供方的解释

14.采用 FIDIC《施工合同条件》的工程,监理工程师在(　　　　　　)方面认为有必要时发布变更指令。

A.任何工作质量　　　　　　　　　B.特性的变更

C.任何联合竣工检验　　　　　　　D.协调几个承包商施工的干扰

E.要求承包商使用他目前正在使用的施工设备去完成新增工程

15.我国《建设工程施工合同(示范文本)》中规定的固定价格合同(　　　　　　)。

A.是在约定的风险范围内价款不再调整的合同

B.是绝对不可调整合同价款的一种设计方式

C.是约定范围内的风险由承包人承担

D.包括工程承包活动中采用的总价合同和单价合同

E.无须约定风险范围

16.在建设工程施工合同履行的过程中,应由发包人承担费用的是(　　　　　　)。

A.邻近建筑物,构筑物的保护工作

B.发包人委托承包人完成工程配套的设计

C.承包人向发包人提供的施工现场办公和生活房屋及设施

D.承包人按规定办理施工场地交通、环境保护有关手续

E.对已竣工而未交付工程的损坏修复

17.ISIC《施工合同条件》规定,业主应承担的风险包括(　　　　　　)。

A.图纸和招标文件未说明的外界障碍物影响

B.业主提供的设计不当造成的损失

C.战争　　　　　　　　　　　　　D.毒气体污染

E.气候条件影响

18.下列属于监理人监督控制权的是(　　　　　　)。

A.承包人提出建议　　　　　　　　B.对施工方进度的监督

C.经委托人同意,发布开工令　　　D.市房地产

E.对工程商使用的材料和施工质量进行检验

F.工程设计变更的审批

三、简答题

1.简述合同监控的主要工作内容。为什么说合同控制是一项综合性的涉及各个方面的管理工作?合同控制与范围控制、成本控制、质量控制、进度控制有什么联系?

2.简述合同实施监督的基本工作内容。

3. 简述合同实施跟踪的基本工作内容。

4. 简述合同诊断的基本工作内容。

5. 合同实施后评价有什么作用？

6. 什么是合同变更？它和工程变更有什么区别和联系？

7. 合同变更的种类有哪些？

8. 合同变更有哪些要求？

9. 合同变更的范围和程序有哪些？

10. 分析合同变更责任。

11. 合同变更价款的确定程序和确定方法有哪些？

任务三　合同索赔管理

【案例引入】

某高校拟新建一栋教学楼，投资约 5600 万元，建筑面积约 30000 m^2，通过招标与你所在的单位签署了施工合同。目前合同正在履行，你的任务是就土建施工完成索赔管理工作。

引导问题：施工合同索赔管理工作的内容是什么？

【任务目标】

1. 在索赔有效期提交索赔意向书。

2. 收集索赔证据与依据，编写索赔文件。

3. 按照索赔流程，处理索赔事务，参与索赔谈判。

4. 按照正确的方法进行索赔资料归档，总结索赔事件处理技巧。

【知识链接】

3.1　施工索赔的概念及特征

3.1.1　施工索赔的概念

建设工程施工索赔是合同当事人为保护自己的合法权益、索回履行施工合同过程中的义务外损失，利用法律的、经济的方法进行工程项目管理的有效手段。建筑工程索赔通常是指在工程合同履行过程中，合同当事人一方因非自身因素或对方不履行或未能正确履行合同而受到经济损失或权利损害时，通过一定的合法程序向对方提出经济或时间补偿的要求。

索赔是一种合法的正当的权利要求，是权利人依据合同和法律的规定，向责任人追回不应该由自己承担损失的合法行为。在合同履行过程中，合同当事人往往由于非自己的原因而发生额外的支出或承担额外的工作，因此索赔是合同管理的重要内容。随着建设工程市场的建立和发展，索赔必将成为工程项目管理越来越重要的内容。处理索赔问题的水平，直接反映了承包商、业主和监理工程师的工程项目管理的水平。

3.1.2　施工索赔的特征

（1）索赔是双向的。承包人可以向发包人索赔，发包人也可以向承包人提出索赔。但在工程实践中，发包人向承包人索赔的频率相对较低，而且在索赔处理中，发包人始终处于主动和有利地位，对承包人的违约行为可以直接从应付工程款中扣抵、扣留保留金或通过履约保函向银行索赔来实现自己的索赔要求。因此在施工合同履行过程中发包人主动提出索赔较少，而承包人的索赔则贯穿于施工合同履行的全过程。习惯上把承包人向发包人提出的索赔称为索赔，发包人向承包人提出的索赔称为反索赔。

（2）只有实际发生了经济损失或权利损害，一方才能向对方索赔。经济损失是指因对方因素造成合同外的额外支出，如人工费、材料费、机械费、管理费等额外开支；权利损害是指虽然没有经济上的损失，但造成了一方权利上的损害，如由于恶劣气候条件对工程进度的不利影响，承包人有权要求工期延长等。因此发生了实际的经济损失或权利损害，应是一方提出索赔的一个基本前提条件。有时上述两者同时存在，如发包人未及时交付合格的施工现场，既造成承包人的经济损失，又侵犯了承包人的工期权利，因此，承包人既要求经济赔偿，又要求工期延长；有时两者则可单独存在，如恶劣气候条件影响、不可抗力事件等，承包人根据合同规定或惯例则只能要求工期延长，不应要求经济补偿。

（3）索赔是一种未经对方确认的单方行为。它与我们通常所说的工程签证不同。在施工过程中签证是承发包双方就额外费用补偿或工期延长等达成一致的书面证明材料和补充协议，它可以直接作为工程款结算或最终增减工程造价的依据。而索赔则是单方面行为，对对方尚未形成约束力，这种索赔要求能否得到最终实现，必须要通过双方确认（如双方协商、谈判、调解或仲裁、诉讼）后才能实现。

【特别提示】

许多人一听到"索赔"两字，很容易地联想到争议的仲裁、诉讼或双方激烈的对抗，因此往往认为应当尽可能避免索赔，担心因索赔而影响双方的合作或感情。实质上索赔是一种正当的权利或要求，是合情、合理、合法的行为，它是在正确履行合同的基础上争取合理的偿付，不是无中生有，无理争利。索赔同守约、合作并不矛盾、对立，索赔本身就是市场经济中合作的一部分，只要是符合有关规定的、合法的或者符合有关惯例的，就应该理直气壮地、主动地向对方索赔。大部分索赔都可以通过协商谈判和调解等方式获得解决，只有在双方坚持己见而无法达成一致时，才会提交仲裁或诉诸法院求得解决，即使诉诸法律程序，也应当被看成是遵法守约的正当行为。

3.2 施工索赔分类

3.2.1 按索赔主体分类

（1）承包商与业主间的索赔。这类索赔大多是有关工程量计算、工程变更、工期、质量和价格方面的争议，当然也有终止合同等其他违约行为的索赔。

（2）承包商与分包商间的索赔。若在承包合同中，既存在总承包又存在分包合同，就会涉及总包商与分包商之间的索赔。这种索赔一般情况下体现为：分包商向总承包商索要付款和赔偿；总承包商对分包商罚款或者扣留支付款等。

（3）承包商与供应商间的索赔。这种索赔多体现在商品买卖方面。如商品的质量不符合技术要求、商品数量上的短缺、迟延交货、运输损坏等。

（4）承包商向保险公司要求的索赔。这类索赔多是承包商受到灾害、事故或损失，依照保险合同向其投保的保险公司索赔。

3.2.2　按索赔目的分类

（1）工期索赔。由于非承包商责任的原因导致施工进程延误，要求批准顺延合同工期的索赔，称之为工期索赔。工期索赔形式上是对权利的要求，以避免在原定合同竣工日不能完工时，被发包人追究延期违约责任。一旦获得批准合同工期顺延后，承包人不仅免除了承担延期违约赔偿的风险，还可能因提前完工得到奖励。

（2）费用索赔。费用索赔的目的是要得到经济补偿。当施工的客观条件发生变化导致承包商增加开支，承包商对超出计划成本的附加开支要求给予补偿，以挽回不应由他承担的经济损失就属于费用索赔。

3.2.3　按索赔事件的性质分类

（1）工期延误索赔。因发包人未按合同要求提供施工条件，如未及时交付设计图纸、施工现场、道路等，或因发包人指令工程暂停或不可抗力事件造成工期拖延的，承包人提出的索赔。

（2）工程变更索赔。由于发包人或者监理工程师指令增加或减少工程量或附加工程、修改设计、变更工程顺序等，造成工期延长和费用增加，承包人对此提出索赔。

（3）合同终止的索赔。由于发包人或承包人违约以及不可抗力事件等原因造成合同非正常终止，无责任的受害方因其蒙受经济损失而向对方提出索赔。

（4）加快工程索赔。由于发包人或工程师指令承包人加快施工速度，缩短工期，引起承包人人、财、物额外开支而提出的索赔。

（5）意外风险和不可预见因素索赔。在工程实施过程中，因人力不可抗拒的自然灾害、特殊风险以及一个有经验的承包通常不能合理预见的不利施工条件或外界障碍，如地下水、地质断层、溶洞、地下障碍等引起的索赔。

（6）其他索赔。因货币贬值、汇率变化、物价、工资上涨、政策法令变化等原因引起的索赔。

3.2.4　按索赔合同依据分类

（1）合同中的明示索赔。合同中明示的索赔是指承包人所提出的索赔要求，在该工程项目的合同文件有文字依据，承包人可以据此提出索赔要求，并取得经济补偿。在这些合同文件中有文字规定的合同条款，称为明示条款。

（2）合同中的默示索赔。合同中默示的索赔，即承包人的该项索赔要求，虽然在工程项目的合同条款中没有专门的文字叙述，但可以根据该合同的某些条款的含义，推论出承包人有索赔权。这种经济补偿含义的条款，在合同管理工作中被称为默示条款或称隐含条款。

3.2.5　按索赔处理方式分类

（1）单项索赔。单项索赔是针对某一干扰事件提出的，在影响原合同正常运行的干扰事件发生时或者发生后，由于合同管理人员及时处理，并在合同规定的索赔有效期内向业主或监理工程师提交索赔要求和索赔报告。

（2）综合索赔。综合索赔又称一揽子索赔，一般在工程竣工前和工程移交前，承包商将工程实施过程中因各种原因未能及时解决的单项索赔集中起来进行综合分析考虑，提出一份综合报告，由合同双方在工程交付前后进行最终谈判，以一揽子方案解决索赔问题。由于在一揽子索赔中许多干扰事件交织在一起，影响因素比较复杂而且相互交叉，责任分析和索赔值计算都很困难，索赔涉及的金额往往又很大，双方都不愿意或不容易做出让步，使索赔的谈判和处理都很困难。因此，综合索赔的成功率比单项索赔要低得多。

3.3　施工索赔的起因

引起工程索赔的原因非常多且复杂，主要有以下方面。

1. 当事人违约

当事人违约常常表现为没有按照合同约定履行自己的义务。发包人违约常常表现为没有为承包人提供合同约定的施工条件、未按照合同约定的期限和数额付款等。监理人未能按照合同约定完成工作，如未能及时发出图纸、指令等也视为发包人违约。承包人违约的情况则主要是没有按照合同约定的质量、期限完成施工，或者由于不当行为给发包人造成其他损害。

2. 不可抗力或不利的物质条件

不可抗力又可以分为自然事件和社会事件。自然事件主要是工程施工过程中不可避免发生且不能克服的自然灾害，包括地震、海啸、瘟疫、水灾等；社会事件则包括国家政策、法律、法令的变更，战争、罢工等。不利的物质条件通常是指承包人在施工现场遇到的不可预见的自然物质条件、非自然的物质障碍和污染物，包括地下和水文条件。

3. 合同缺陷

合同缺陷表现为合同文件规定不严谨甚至矛盾、合同中的遗漏或错误。在这种情况下，工程师应当给予解释，如果这种解释将导致成本增加或工期延长，发包人应当给予补偿。

4. 合同变更

合同变更表现为设计变更、施工方法变更、追加或者取消某些工作、合同规定的其他变更等。

5. 监理人指令

监理人指令有时也会产生索赔，如监理人指令承包人加速施工、进行某项工作、更换某些材料、采取某些措施等，并且这些指令不是由于承包人的原因造成的。

6. 其他第三方原因

其他第三方原因常常表现为与工程有关的第三方的问题而引起的对本工程的不利影响。以上这些问题会随着工程的逐步开展而不断暴露出来，必然使工程项目受到影响，导致工程项目成本和工期的变化，这就是索赔形成的根源。因此，索赔的发生，不仅是一个索赔意识或合同观念的问题，从本质上讲，索赔也是一种客观存在。

3.4　施工合同索赔的依据和证据

3.4.1　索赔的内容

根据《建设工程施工合同（示范文本）》（GF—2017—0201），施工索赔主要包括以下内容。

1. 不利的自然条件与人为障碍引起的索赔

这里是所提到的自然条件及人为因素主要是与招标文件及施工图纸相比而言的。在处理此类索赔时，一个需要掌握的原则就是所发生的事情应该是一个有经验的承包人所无法预见的，特别是对不利的气候条件是否构成索赔的处理上，更要把握住此条原则。

2. 工期延长和延误的索赔

在处理这一类索赔时,应注意以下几个方面:

(1)导致工期延长或延误的影响因素属于非承包人本身的原因;

(2)如果是由于客观原因(如不可抗力、外部环境变化等)造成的工期延长或延误,一般情况下业主可以批准承包人延长工期,但不会给予费用补偿;

(3)如果是属于业主或工程师的原因引起的工期延长或延误,则承包人除应得到工期补偿外,还应得到费用补偿;

(4)如果是根据网络计划(网络图)处理此类索赔,则要注意的是,即使是由于业主的原因造成的工期延误,但如果其延误时间不在关键线路上且未影响总工期,则承包人只能得到费用补偿。

3. 因施工临时中断而引起的索赔

由于业主或工程师的不合理指令所造成的临时停工或施工中断,从而给承包人带来的工期和费用上的损失,承包人可以提出索赔。

4. 因业主风险引起的索赔

这是指由于应该由业主承担的风险而导致承包人的费用损失增大时,承包人所提出的索赔。此时要注意的问题有两个:一个是要明确哪些风险是由业主承担的;另一个是在发生此类事项后,承包人除免除一切责任外,还可以得到由于风险发生的损害造成工程中止而引起的任何永久性工程及其材料的付款及合理的利润,以及一切修复费用,重建费用等。

3.4.2　索赔的依据

索赔的依据主要是法律、法规,尤其是双方签订的合同文件。由于不同的项目有不同的合同文本,索赔的依据也就不同,合同当事人的索赔权利也不同。

建设部和国家工商管理总局共同颁布的《建设工程施工合同(示范文本)》(GF—2017—0201)中,与施工合同索赔相关的条款共计37条,较为系统地规定了工程施工合同履行中常见的索赔事项。其具体内容见表4-4。

表4-4　现行《建设工程施工合同(示范文本)》的施工索赔条款

合同条款	合同条款主要内容
6.2	工程师指令错误
7.3	情况紧急时承包商采取应急措施
8.2	承包商代行业主义务
8.3	业主未履行义务
9.1(1)	承包商完成施工图设计或与工程配套的设计
9.1(4)	承包商向业主提供现场临时设施
9.1(5)	承包商按业主要求对已竣工工程采取特殊保护
11.1	承包商要求延期开工,工程师未按期答复
11.2	业主原因延期开工

合同条款	合同条款主要内容
12	业主原因暂停施工
13.1	业主原因或不可抗力延误工期
14.3	业主要求提前竣工
16.3	工程师检测检验影响正常施工
18	工程师重新检验隐蔽工程
19.5(1)	设计方原因导致试车验收不合格
19.5(2)	业主采购的设备导致试车不合格
19.5(4)	未包括在合同价款内的试车费用
20.2	业主原因导致的安全事故
21.1，21.2	承包商提出且经工程师认可的特殊危险场所安全防护措施
22.1	业主造成的重大伤亡及其他安全事故
23.3	可调价合同中约定的价款调整因素
24	预付款延期支付利息
26.3	进度款延期支付利息
27.3	承包商保管业主按期供应的设备
27.4(1)	业主供应材料设备单价与合同不符
27.4(3)	业主供应设备材料规格型号与合同不符并由承包商调剂串换
27.4(6)	承包商保管业主提前到货的材料设备
27.5	业主供应的材料设备由承包商检验或试验
28.5	承包商使用经工程师认可的代用材料
29.1	业主提出的设计变更
29.3	经工程师同意的承包商合理化建议
33.3	竣工结算价款延期支付利息
39	不可抗力发生
40.2，40.3	运至现场材料和待安装设备保险及委托承包商办理的保险
42.1	业主要求使用专利技术及特殊工艺
43.1，43.2	施工中发现文物及地下障碍物
44.6	合同解除后的工程保护及撤离

3.4.3 索赔的证据

索赔证据是当事人用来支持其索赔的成立或和索赔有关的证明和资料。索赔证据作为索赔文件的组成部分，在很大程度上关系到索赔的成功与否。证据不全、不足或没有证据，索赔时不可能获得成功的。作为索赔证据既要真实、准确、全面及时，又要具有法律证明效力。

1. 索赔证据的分类

索赔证据一般有以下几类

(1)证明干扰事件存在和事件经过的证据，主要有来往信件、会议记录、发包人指令等；

(2)证明干扰事件责任和影响的证据；

(3)证明索赔理由的证据，如合同文件、备忘录；

(4)证明索赔值的计算基础和计算过程的证据，如各种账单、记工单、工程成本报表等。

2. 常见索赔证据

在项目的实施过程中，会产生大量的工程信息和资料，这些信息和资料是开展索赔的重要依据。如果项目资料不完整，作品就难以顺利进行。因此在施工过程中应该始终做好资料积累工作，建立完善的资料记录和科学管理制度，认真系统地积累和管理施工合同文件，质量、进度及财务收支等方面的资料。

在项目实施过程中，常见的索赔证据主要有：

(1)各种工程合同文件；

(2)施工日志；

(3)工程照片及声像资料；

(4)来往信件及电话记录；

(5)会议纪要；

(6)气象报告和工程地质水文等资料；

(7)工程进度计划；

(8)投标前业主提供的参考资料和现场资料；

(9)工程备忘录和各种签证；

(10)工程结算资料和有关财务报告；

(11)各种检查验收报告和技术鉴定报告；

(12)各种原始凭证资料；

(13)其他，如分包合同、订货单、采购单、工资单、管理的物价指数、国家法律法规等。

3.5 施工合同索赔程序

1. 施工索赔成立的条件

要取得索赔的成功，必须满足以下的基本条件：

(1)客观性。必须确实存在不符合合同或违反合同的事件，此事件对承包商的工期和(或)成本造成影响，并提供确凿的证据。

(2)合法性。事件非承包人自身原因引起，按照合同条款对方应给予补偿。索赔要求应符合承包合同的规定。

(3)合理性。索赔要求应合情合理，符合实际情况，真实反映由于事件的发生而造成的实际损失，应采用合理的计算方法和计算基础。

2. 意向通知

索赔事件发生后，承包人应在索赔事件发生后的28天内向工程师递交索赔意向通知，声明将对此事件提出索赔。该意向通知是承包人就具体的索赔事件向工程师和发包人表示的索赔愿望和要求。如果超过这个期限，工程师和发包人有权拒绝承包人的索赔要求。索赔事件发生后，承包人有义务做好现场施工的同期记录，工程师有权随时检查和调阅，以判断索赔事件所造成的实际损害。

索赔意向书的内容应包括：

（1）事件发生的时间及情况的简单描述；

（2）索赔依据的合同条款及理由；

（3）提供后续资料的安排，包括及时记录和提供事件的发展动态；

（4）对工程成本和工期产生不利影响的严重程度。

3. 索赔证据准备

索赔的成功在很大程度上取决于承包商对索赔做出的解释和强有力的证明材料。索赔所需要的证据可从下列资料中收集。

（1）施工日记

承包商应指令有关人员现场记录施工中发生的各种情况，做好施工日记和现场记录。做好施工日记有利于及时发现和分析索赔，施工日记也是重要的索赔材料。

（2）来往信件

来往信件是索赔证据资料的重要来源，平时应认真保存与工程师等来往的各类信件，并注明收发的时间。

（3）气象资料

天气情况是施工进度安排和分析施工条件等必须考虑的重要因素。施工合同履行过程中应每天做好天气记录，内容包括温度、风力、降雨量、暴雨雪、冰雹等，工程竣工时，形成一份真实、完整、详细的气象资料。

（4）备忘录

①对于工程师和业主的口头指令和电话，应随时书面记录，并及时提请签字予以确认。

②对索赔事件发生及其持续过程随时做好情况记录。

③投标过程的备忘录等。

（5）会议记录

承包商业主和监理的会议应做好记录，并就主要议题应形成会议纪要，由参与会议的各方签字确认。

（6）工程照片和工程声像资料

这些资料都是反映工程客观情况的真实写照，也是法律承认的有效证据，应拍摄有关资料并妥善保管。

（7）工程进度计划

承包商编制的经监理工程师或业主批准同意的所有工程总进度、年进度、季进度、月进度计划都必须妥善保管，任何与延期有关的索赔分析、工程进度计划都是非常重要的证据。

（8）工程成本核算资料

工人劳动记日卡和工资单，设备、材料和零配件采购单，付款收据，工程开支月报，工程成本分析资料，会计报表，财务报表，货币汇率，物价指数，收付款票据都应分类整理成册，这些都是进行索赔费用计算的基础。

（9）工程图纸

工程师和业主签发的各种图纸，包括设计图、施工图、竣工图及其相应的修改图应注意对照检查和妥善保存，设计变更一类的索赔，原设计图和修改设计图的差异是索赔最有力的证据。

（10）招投标文件

招标文件是承包商投标报价的依据，是工程成本计算的基础资料，是索赔时进行附加成本计算的依据。投标文件是承包商编制报价的成果资料，对施工所需的设备，材料列出了数量和价格，也是索赔的基本依据。

（11）其他材料

索赔证据还可以从工程图纸、工程照片和声像资料、招投标文件中收集。

4.编写索赔报告

索赔报告是承包商要求业主给予费用补偿和延长工期的正式书面文件，应当在索赔事件对工程的影响结束后的合同约定时间内提交给业主或工程师。编写索赔报告应注意下列事项。

（1）明确索赔报告的基本要求

①必须说明索赔的合同依据。有关的索赔依据主要有两类：一是关于承包商有资格因额外工作而获得追加合同价款的规定；二是有关业主或工程师违反合同给承包商造成额外损失时有权要求补偿的规定。

②索赔报告中必须有详细准确的损失金额或时间的计算。必须证明索赔事件同承包商的额外工作、额外损失、额外支出的因果关系。

（2）索赔报告必须准确

索赔报告不但要有理有据，而且要求必须准确。

①责任分析清楚、准确。索赔报告中不能有责任含糊不清或自我批评的语言，要强调索赔事件的不可预见性，事发后已经采取措施，但无法制止不利影响等。

②索赔值的技术依据要正确，计算结果要准确。索赔值的计算应采用文件规定或公认的计算方法，计算结果不能有差错。

（3）索赔报告的形式和内容要求

索赔报告的内容应简明扼要，条理清楚。一般采用"金字塔"形式：按说明信、索赔报告正文、附件的顺序，文字前少后多。

①说明信。简要说明索赔事由，索赔金额或工期天数，正文及证明材料的目录。这部分一定要简明扼要，只需让业主了解索赔概况即可。

②索赔报告正文：

a.标题。应针对索赔的事件或索赔事由，概括出索赔的中心内容。

b.事件。叙述索赔事件发生的原因和过程，包括索赔事件发生后双方的活动及证明材料。

c.理由。根据索赔事件，提出索赔的依据。

d.因果分析。进行索赔事件所造成的成本增加、工期延长的前因后果分析，列出索赔费用项目及索赔金额。

③计算过程及证明材料、附件，这是索赔的有力证据，一定要和索赔报告中提出的索赔依据、证据、索赔事件的责任、索赔要求完全一致，不能有丝毫相互矛盾的地方，要避免因计

算过程和证明材料方面的失误而导致索赔失败。

④准备好与索赔相关的各种细节性资料，以备谈判中做进一步说明。

5. 递交索赔报告

索赔意向通知提交后28天内，或工程师可能同意的其他合理时间，承包人应提交正式的索赔报告。索赔报告的内容应包括事件发生的原因，对其权益影响的证据资料，索赔的依据，此项索赔要求补偿的款项和工期展延天数的详细计算等有关资料。如果索赔事件的影响持续存在，28天内不能算出索赔额和工期展延天数时，承包人应按工程师合理要求的时间间隔(一般为28天)，定期陆续报出每一个索赔时间段内的索赔证据资料和索赔要求。在该项索赔事件的影响结束后的28天内，报出最终详细报告，提出索赔论证资料和累计索赔额。

承包人发出索赔意向通知后，可以在工程师指示的其他合理时间内再报送正式的索赔报告，也就是说，工程师在索赔事件发生后有权不马上处理该项索赔。如果事件发生时，现场施工非常紧张，工程师不希望立即处理索赔而分散各方面抓施工管理的精力，可通知承包人将索赔的处理留待施工不太紧张时再去解决。但承包人的索赔意向通知必须在索赔事件发生的28天内提出，包括因对变更估价双方不能取得一致意见，按工程师单方面决定的单价或价格执行时，承包人提出的保留索赔权利的意见通知。如果承包人不能按时间规定提出索赔意向索赔报告，则就失去了该事件请求补偿的权利。此时他所受到的损害的补偿，将不超过工程师认为应主动给予的补偿额。

6. 工程师审核索赔报告

(1)工程师审核承包人的索赔申请

接到承包人的索赔申请意向通知后，工程师应建立自己的索赔档案，密切关注事件的影响，检查承包人的同期记录时，随时就记录内容提出不同意见或希望应予以增加的记录项目。

在正式接到索赔报告以后，认真研究承包人报送的索赔资料。首先在不确认责任归属的情况下，客观分析事件发生的原因，重温合同的有关条款，研究承包人的索赔证据，并检查他的同期记录。其次通过对事件的分析，工程师再依据合同条款划清责任界限，必要时还可以要求承包人进一步提供补充材料。尤其是对承包人与发包人或工程师都负有一定责任的事件影响，更应规划各方面应该承担合同责任的比例。最后再审查承包人的索赔补偿要求，剔除其中的不合理部分，拟定自己计算的合理水平款额和工期顺延天数。

(2)判定索赔成立的原则

工程师判断索赔成立的条件为：

①与合同相对照，事件已经造成了承包人施工成本的额外支出，或总工期延误；

②造成费用增加或工期延误的原因，按合同约定不属于承包人应承担的责任，包括行为责任或风险责任；

③承包人按合同规定的程序提交了索赔意向通知和索赔报告。

上述3个条件没有先后主次之分，应当同时具备。只有工程师认定索赔成立后，才处理应给予承包人的补偿额。

(3)对索赔报告的审查

①事态调查。是通过对合同实施的跟踪、分析了解事件经过、前因后果，掌握事件详细情况。

②损害事件原因分析。即分析索赔事件是由何种原因引起，责任由谁来承担。在实际工作中，损害事件的责任有时是多方面原因造成，故必须进行责任分解，划分责任范围，按责任大小承担损失。

③分析索赔理由。主要依据合同文件判明索赔事件是否属于未履行合同规定义务或未正确履行合同义务导致，是否在合同规定的范围之内。只有符合合同规定的索赔要求才有合法性，才能成立。例如，某合同规定，在工程总价5%范围内的工程变更属于承包人承担的风险，则发包人指令增加工程量在这个范围内的，承包人不能提出索赔。

④实际损失分析。即分析索赔事件的影响，主要表现为工期的延长和费用的增加。如果索赔事件不造成损失，则无索赔可言。损失调查的重点是分析对比实际和计划的施工进度，工程成本方面的资料，在此基础上核算索赔值。

⑤证据资料分析。主要分析资料的有效性、合理性、正确性，这也是索赔要求有效的前提条件。如果在索赔报告中提不出其证明索赔理由、索赔事件的影响、索赔值的计算等方面的详细资料，索赔要求是不能成立的。如果工程师认为承包人提出的证据不能足以说明要求的合理性时，可以要求承包人进一步提出索赔的证据资料。

7. 确定合理的补偿额

（1）工程师与承包人协商补偿

工程师核查后初步确定应予以补偿的额度往往与承包人的索赔报告中要求的额度不一致，甚至差额较大。主要原因大多为对承担事件损害责任界限划分不一致、索赔证据不充足、索赔计算的依据和方法的分歧较大等，因此双方应就索赔的处理进行协商。对于持续影响28天以上的工期延误事件，当工期索赔成立时，对承包人每隔28天的阶段索赔临时报告审查后，每次均应作出批准临时延长工期的决定，并于事件结束后28天内承包人提出最终的索赔报告后，批准顺延工期总天数。应当注意的是，最终批准的总顺延天数，不应少于前一个阶段已同意顺延天数之和。规定承包人在事件影响期间必须每隔28天提出一次阶段索赔报告，可以使工程师及时根据同期记录批准该阶段应予顺延工期的天数，避免事件影响时间太长而不能准确确定索赔值。

（2）工程师索赔处理决定

在经过认真分析研究，与承包人、发包人广泛讨论后，工程师应该向发包人和承包人提出自己的"索赔处理决定"。工程师收到承包人送交的索赔报告和有关资料后，于28天内给予答复或要求承包人进一步补充索赔理由和证据。《建设工程施工合同（示范文本）》规定，工程师收到承包人递交的索赔报告和有关资料后，如果在28天内既未予答复，也未对承包人做进一步要求的话，则视为承包人提出的该项索赔要求已经认可。工程师在"工程师延期审批表"和"费用索赔审批表"中应该简明地叙述索赔事项、理由和建议给予补偿的金额及延长的工期，论述承包人索赔的合理方面及不合理方面。通过协商达不成共识时，承包人仅有权得到所提供的证据满足工程师认为索赔成立那部分的付款和工期顺延。不论工程师与承包人协商达到一致，还是单方面做出的处理决定，批准给予补偿的款额和顺延工期的天数如果在授权范围之内，则可将此结果通知承包人，并抄送发包人。补偿款将计入下月支付工程进度款的支付证书内，顺延的工期加到原合同工期中去。如果批准的额度超过工程师权限，则应报请发包人批准。通常，工程师的处理决定不是终局性的，对发包人和承包人都不具有强制的约束力。承包人对工程师的决定不满意，可以按合同中的争议条款提交约定的仲裁机构仲裁或诉讼。

8.发包人审查索赔处理

当工程师确定的索赔额超过其权限范围时，必须报请发包人批准。发包人首先根据事件发生的原因、责任范围、合同条款审核承包人的索赔申请和工程师的处理报告，再依据工程建设的目的、投资控制、竣工投产日期要求以及针对承包人在施工中的缺陷或违反合同规定等的有关情况，决定是否同意工程师的处理意见。例如，承包人某项索赔理由成立，工程师根据相应条款规定，既同意给予一定的费用补偿，也批准顺延相应工期，但发包人权衡了施工的实际情况和外部条件的要求后，可能不同意顺延工期，而宁可给承包人增加费用补偿额，要求他采取赶工措施，按期或提前完工。这样的决定只有发包人才有权做出。索赔报告经发包人同意后，工程师即可签发有关证书。

9.承包人是否接受最终索赔处理

承包人接受最终的索赔处理决定，索赔事件的处理即告结束。如果承包人不同意，就会导致合同争议。可就其争议的问题进一步提交监理工程师解决直至仲裁。按 FIDIC《土木工程施工合同条件》的规定，其争端解决的程序如下：

（1）合同的一方就其争端的问题书面通知工程师，并将一份副本提交对方。

（2）监理工程师应在收到有关争端的通知后 84 天内做出决定，并通知业主和承包商。

（3）业主和承包商收到监理工程师决定的通知 70 天后（包括 70 天）均未发出要将该争端提交仲裁的通知，则该决定视为最后决定，对业主和承包商均有约束力。若一方不执行此决定，另一方可按对方违约提出仲裁通知，并开始仲裁。

（4）如果业主承包商不同意监理工程师的决定，或在要求监理工程师做出决定的书面通知发出 84 天后，未得到监理工程师决定的通知，任何一方可在其后 70 天内就其所争端的问题向对方提出仲裁通知，并将一份副本送交监理工程师。

3.6 索赔内容及计算

索赔值的计算包括工期索赔和费用索赔两个方面。

3.6.1 工期索赔

1.工期索赔成立的条件

（1）发生了非承包商自身原因的索赔事件；

（2）索赔事件造成了总工期的延误；

（3）承包商按有关索赔程序提出索赔要求。

2.工期索赔计算

工期索赔的计算主要有网络分析法和比例计算法两种。

（1）网络分析法。网络分析法是利用进度计划的网络图，分析其关键线路。如果延误的工作为关键工作，则延误的时间为索赔的工期；如果延误的工作为非关键工作，当该工作由于延误超过时差限制而成为关键工作时，可以索赔延误时间与时差的差值；若该工作延误后仍为非关键工作，则不存在工期索赔问题。计算公式如下：

①由于非承包商自身原因的事件造成关键线路上的工序暂停施工：

工期索赔天数＝关键线路上的工序暂停施工的日历天数

②由于非承包商自身原因的事件造成非关键线路上的工序暂停施工：

工期索赔天数=工序暂停施工的日历天数-该工序的总时差天数

注意：当差值为零或负数时，工期不能索赔。

可以看出，网络分析法要求承包商切实使用网络技术进行进度控制，才能依据网络计划提出工期索赔。按照网络分析得出的工期索赔值是科学合理的，容易得到认可。

（2）比例计算法。比例计算法计算公式为：

① 对于已知部分工程的延期时间：

工期索赔值=该受干扰部分工期拖延时间×(受干扰部分工程的合同价/原合同总价)

②对于已知额外增加工程量的价格：

工期索赔值=原合同总价×(额外增加的工程量的价格/原合同单价)

比例计算法简单方便，但有时不符合实际情况，比例计算法不适用于变更施工顺序、加速施工、删减工程量等事件的索赔。

3.6.2　费用索赔

1.总费用法和修正的总费用法

总费用法又称总费用成本法，就是计算出该项工程的总费用，再从这个已实际开支的总费用中减去投标报价时的成本费用，即为要求补偿的索赔费用额。

总费用法并不十分科学，但仍被经常采用，原因是对于某些索赔事件，难以精确地确定各项费用的增加额。

一般认为在具备以下条件时采用总费用法是合理的：

（1）已开支的实际总费用经过审查，认为是比较合理的；

（2）承包商的原始报价是比较合理的；

（3）费用的增加是由于对方的原因造成的，其中没有承包商管理不善的责任；

（4）由于该项索赔事件的性质以及现场记录的不足，难以采用更精确的计算方法。

修正总费用法是指对难于用实际总费用进行审核的，可以考虑是否能计算出与索赔事件有关的单项工程的实际总费用和该单项工程的投标报价。若可行，可按其单项工程的实际费用与报价的差值来计算其索赔的金额。

2.分项法

分项法是将索赔损失的费用分项进行计算，其内容如下。

（1）人工费索赔。人工费索赔包括额外雇用劳务人员、加班工作、工资上涨、人员闲置和劳动生产率降低的费用。

额外雇用劳务人员和加班工作，用投标时的人工单价乘以工人数即可；人员闲置的费用一般折算为人工单价的0.75；工资上涨是指由于工程变更，使承包商的大量人力资源的使用从前期推到后期，而后期工资水平上调，因此应得到相应的补偿。有时工程师指令进行计日工，则人工费按计日工表中的人工单价计算。

对于劳动生产率降低导致的人工费索赔，一般可用如下方法计算：

①实际成本和预算成本比较法。这种方法是对受干扰影响工作的实际成本与合同中的预算成本进行比较，索赔其差额。这种方法需要有正确合理的估计体系和详细的施工记录。如某工程的现场混凝土模板制作，原计划2000 m²，估计人工工时为20000工日，直接人工成本32000美元。因业主未及时提供现场施工的场地占有权，使承包商被迫在雨季进行该项工作，实际人工工时24000工日，人工成本为38400美元，使承包商造成生产率降低的损失为6400

美元。这种索赔，只要预算成本和实际成本计算合理，成本的增加确属业主的原因，其索赔成功的把握是很大的。

②正常施工期与受影响期比较法。这种方法是在承包商的正常施工受到干扰，生产率下降，通过比较正常条件下的生产率和干扰状态下的生产率，得出生产率降低值，以此为基础进行索赔。如某工程吊装浇筑混凝土，前5天工作正常，第6天起业主架设临时电线，共有6天时间使吊车不能在正常状态下工作，导致吊运混凝土的方量减少。承包商有未受干扰时正常施工记录和受干扰时施工记录，见表4-5和表4-6。

表4-5　未受干扰时正常施工记录(m³/h)

时间	第1天	第2天	第3天	第4天	第5天	平均值
劳动生产率	7	6	6.5	8	6	6.7

表4-6　受干扰时施工记录(m³/h)

时间	第6天	第7天	第8天	第9天	第10天	第11天	平均值
劳动生产率	5	5	4	4.5	6	4	4.75

通过以上记录施工比较，劳动生产率降低值为6.7-4.75=1.95(m³/h)。

索赔费用的计算公式为：

索赔费用=计划台班×(劳动生产率降低值/预期劳动生产率)×台班单价

(2)材料费索赔。材料费索赔包括材料消耗量增加和材料单位成本增加两个方面。追加额外工作、变更工程性质、改变施工方法等，都可能造成材料用量的增加或使用不同的材料。材料单位成本增加的原因包括材料价格上涨、手续费增加、运输费用(运距加长，二次倒运等)增加、仓库保管费增加等。

材料费索赔需要提供准确的数据和充分的证据。

(3)施工机械费索赔。机械费索赔包括增加台班数量、机械闲置或工作效率降低、台班费率上涨等费用。台班费率按照有关定额和标准手册取值。对于工作效率降低，应参考劳动生产率降低的人工索赔的计算方法。台班量的计算数据来自机械使用记录。对于租赁的机械，取费标准按租赁合同计算。

对于机械闲置费，有两种计算方法：一是按公布的行业标准租赁费率进行折减计算；二是按定额标准的计算方法，一般是建议将其中的不变费用和可变费用分别扣除一定的百分比进行计算。

对于工程师指令进行计日工作的，按计日工作表中的费率计算。

(4)现场管理费索赔计算。现场管理费(工地管理费)包括施工现场的临时设施费，通信费，办公室、现场管理人员和服务人员的工资等。现场管理费索赔计算的方法一般为：

现场管理费索赔值=索赔的直接成本费用×现场管理费率

现场管理费率的确定选用下面的方法：

①合同百分比法。即管理费比率在合同中规定。

②行业平均水平法。即采用公开认可的行业标准费率。

③原始估计法。即采用投标报价时确定的费率。

④历史数据法。即采用以往相似工程的管理费率。

（5）总部管理费率索赔计算。总部管理费是承包商的上级部门提取的管理费，如公司总部办公楼折旧，总部职员工资、交通差旅费，通信、广告费等。总部管理费与现场管理相比，数据较为固定，一般仅在工程延期和工程范围变更时才允许索赔总部管理费。

3.7　索赔案例

【案例一】

背景材料：

某建设单位投资兴建科研楼工程，为了加快工程进度，分别与3家施工单位签订了土建施工合同、电梯安装施工合同、装饰装修施工合同。3个合同都提出了一项相同的条款：建设单位应协调现场的施工单位，为施工单位创造可利用条件，如垂直运输等。土建施工单位开槽后发现一输气管道影响施工。建设单位代表查看现场后，认为施工单位放线有误，提出重新复查定位线。施工单位配合复查，没有查出问题。一天后，建设单位代表认为前一天复查时仪器有问题，要求更换测量仪器再次复测。施工单位只好停工配合复测，最后证明测量无错误。为此，施工单位向建设单位提出了反复检查两次配合费用的索赔要求。

此外，土建施工单位在工程顶层结构楼板吊装施工的时候，电梯安装单位进入施工现场，而后装饰装修单位也在施工现场进行了大量垂直运输工作，3家施工单位因卷扬机吨位不足发生了矛盾。由于建设单位没有协调好3个施工单位的协作关系，它们互相之间又没有合同约束，引起了电梯安装单位和装饰装修单位的索赔要求。最终，整个工程的工期延误了43天。

问题：

（1）建设单位代表在任何情况下要求重新检查，施工单位是否必须执行？其主要依据是什么？

（2）土建施工单位索赔是否有充分的理由？

（3）若再次检验不合格，施工单位应承担什么责任？

（4）电梯安装单位和装饰装修单位能否就工期延误向建设单位索赔？为什么？

【参考答案】

（1）建设单位代表在任何情况下要求施工单位重新检验，施工单位必须执行，这是施工单位的义务。其主要依据是《建设工程质量管理条例》第二十六条：施工单位对建设工程的施工质量负责。

（2）土建施工单位索赔有充分的理由。因为该分项工程已检验合格，建设单位代表要求复验。复验结果若合格，建设单位应承担由此发生的一切费用。

（3）若再次检验不合格，施工单位应承担由此发生的一切费用。

（4）能索赔。由于建设单位未履行该工程的电梯安装施工合同和装饰装修施工合同中的相关条款，即"建设单位应协调现场的施工单位，为施工单位创造可利用条件，如垂直运输等"，因此电梯安装单位和装饰装修单位可以就工期补偿或费用补偿向建设单位提出索赔。

【案例二】

背景材料:

某饭店装修改造工程项目的建设单位与某一施工单位按照《建设工程施工合同(示范文本)》签订了装修施工合同。合同价款为2600万元,合同工期为200天。在合同中,建设单位与施工单位约定,每提前或推后工期一天,按合同价的2‰进行奖励或扣罚。该工程施工进行到100天时,经材料复试发现,甲所供应的木地板质量不合格,造成乙方停工待料19天,此后在工程施工进行到150天时,由于甲方临时变更首层大堂工程设计又造成部分工程停工16天。工程最终工期为220天。

问题:

(1)施工单位在第一次停工后10天,向建设单位提出了索赔要求,索赔停工损失人工费和机械闲置费等共计6.8万元;第二次停工后15天施工单位向建设单位提出停工损失索赔7万元。在两次索赔中,施工单位均提交了有关文件作为证据,情况属实。此项索赔是否成立?

(2)在工程竣工结算时,施工单位提出工期索赔35天。同时,施工单位认为工期实际提前了15天,要求建设单位奖励7.8万元。建设单位认为,施工单位当时未要求工期索赔,仅进行停工损失索赔,说明施工单位已默认停工不会引起工期延长。因此,实际工期延长20天,应扣罚施工单位10.4万元。此项索赔是否成立?

【参考答案】

(1)此项索赔成立。因为施工单位提出索赔的理由正当,并提供了当时的证据,情况属实。同时,施工单位提出索赔的时限未超过索赔合同规定的28天时限。

(2)此项索赔不成立。因为施工单位提出工期索赔时间已超过合同约定的时间,而建设单位罚款理由充分,符合合同规定;罚款金额计算符合合同规定。故应从工程结算中扣减工程应付款10.4万元。

【案例三】

背景材料:

某房屋建设工程项目,建设单位与施工单位按照《建设工程施工合同(示范文本)》签订了施工承包合同,施工合同中规定:

(1)设备由建设单位采购,施工单位安装;

(2)建设单位原因导致的施工单位人员窝工,按18元/工日补偿,建设单位原因导致的施工单位设备闲置,按表4-7中所列标准补偿;

表4-7 设备闲置补偿标准表

机械名称	台班单价(元/台班)	补偿标准
大型起重机	1060	台班单价的60%
自卸汽车(5 t)	318	台班单价的40%
自卸汽车(8 t)	458	台班单价的50%

(3)施工过程中发生的设计变更,其价款按规定以工料单价法计价程序计价(已直接费为计算基础),间接费费率为10%,利润率为5%,税率为3.14%。

该工程在施工过程中发生以下事件:

事件1:施工单位在土方工程填筑时,发现取土区的土壤含水量过大,必须经过晾晒后才能填筑,增加费用30000元,工期延误10天。

事件2:基坑开挖深度为3 m,施工组织设计中考虑的放坡系数为0.3(已经工程师批准)。施工单位为避免坑壁塌方,开挖时加大了放坡系数,使土方开挖量增加,导致费用超支10000元,工期延误3天。

事件3:施工单位在主体钢结构吊装安装阶段,发现钢筋混凝土结构上缺少相应的预埋件,经查实是由于土建施工图纸遗漏该预埋件的错误所致。返工处理后,增加费用20000元,工期延误8天。

事件4:建设单位采购的设备没有按计划时间到场,施工受到影响,施工单位一台大型起重机、两台自卸汽车(载重5 t、8 t各一台)闲置5天,工人窝工86工日,工期延误5天。

事件5:某分项工程由于建设单位提出工程使用功能的调整,须进行设计变更。设计变更后,经确认直接工程费增加18000元,措施费增加2000元。

上述事件发生后,施工单位及时向建设单位造价工程师提出索赔要求。

问题:

(1)分析以上事件中造价工程师是否应该批准施工单位的索赔要求?为什么?

(2)对于工程施工中发生的工程变更,造价工程师对变更部分的合同价款应根据什么原则确定?

(3)造价工程师应批准的索赔金额是多少元?工程延期多少天?

【解题要点分析】

在解答本案例时,应注意以下知识的应用:

(1)《建设工程施工合同(示范文本)》中的责任划分内容,并据此分析所给条件以及所发生事件的责任应该由谁承担,才能判断施工单位的索赔能否得到批准。

(2)工料单价法计价中,间接费、利润率和税率的取费基数。

(3)本题的第(1)问须准确判断是否应该批准施工单位的索赔要求,如果判断有误,第(3)问将会出现错误答案。

(4)本题中列出了3项设备闲置补偿标准,只要是涉及此3项规定的索赔是应该批准的,否则题中列出也就没有意义。

【参考答案】

(1)造价工程师对施工单位的索赔要求审核批准如下:

事件1:不应该批准。

理由:该事件应该是施工单位能预料到的,属于施工单位应承担的责任。

事件2:不应该批准。

理由:施工单位为确保安全,自行调整施工方案,属于施工单位应承担的责任。

事件3:应该批准。

理由：该事件是由于土建施工图纸错误造成的，属于建设单位应承担的责任。

事件4：应该批准。

理由：该事件是由于建设单位采购的设备没有按计划时间到场造成的，属于建设单位应承担的责任。

事件5：应该批准。

理由：该事件是由于建设单位设计变更造成的，属于建设单位应承担的责任。

（2）变更价款的确定原则：

①合同中已有适用于变更工程的价格，按合同已有的价格计算变更合同价款。

②合同中只有类似于变更工程的价格，可以按照类似价格变更合同价款。

③合同中没有适用或类似于变更工程的价格，由承包人提出适当的变更价格，经工程师确认后执行；如果不被造价工程师确认，双方应首先通过协商确定变更工程价款；当双方不能通过协商确定变更工程价款时，按合同争议的处理方法解决。

（3）造价工程师应批准的索赔金额为：

事件3：返工费用20000元。

事件4：机械台班费（1060×60%+318×40%+458×50%）×5=4961（元）；

人工费86×18=1548（元）。

事件5：应给施工单位补偿：

直接费18000+2000=20000（元）；

间接费20000×10%=2000（元）；

利润（20000+2000）×5%=1100（元）；

税金（20000+2000+1100）×3.41%=787.71（元）；

应补偿20000+2000+1100+787.71=23887.71（元）；

或（18000+2000）×（1+10%）（1+5%）（1+3.41%）=23887.71（元）。

合计：20000+4961+1548+23887.71=50396.71（元）

造价工程师应批准的工期延期为：

事件3：8天。

事件4：5天。

合计：13天。

【案例四】

背景材料：

某综合楼工程项目合同价为1750万元，该工程签订的合同为可调值合同。合同报价日期为2020年3月，合同工期为12个月，每季度结算一次。工程开工日期2020年4月1日。施工单位2020年第4季度完成产值是710万元。工程人工费、材料费构成比例以及相关造价指数见表4-9。

表 4-9　人工费、材料费构成比例以及相关造价指数表　　　　万元

项目	人工费	材料费						不可调值费用
		钢材	水泥	集料	砖	砂	木材	
比例/%	28	18	13	7	9	4	6	15
造价指数 2020 年第 1 季度	100	100.8	102.0	93.6	100.2	95.4	93.4	
造价指数 2020 年第 4 季度	116.8	100.6	110.5	95.6	98.9	93.7	95.5	

在施工过程中，发生如下事件：

事件 1：2020 年 4 月，在基础开挖过程中，发现与给定地质材料不符合的软弱下卧层，造成施工费用增加 10 万元，相应工序持续时间增加了 10 天。

事件 2：2020 年 5 月，施工单位为了保证施工质量，扩大基础底面，开挖量增加导致费用增加 3 万元，相应工序持续时间增加了 2 天。

事件 3：2020 年 7 月，在主体砌筑过程中，因施工图设计有误，实际工程量增加导致费用增加了 3.8 万元，相应工序持续时间增加了 2 天。

事件 4：2020 年 8 月，进入雨期施工，恰逢 20 年一遇的大雨，造成停工损失 2.5 万元，工期增加了 4 天。

以上事件中，除事件 4 以外，其余事件均未发生在关键线路上，并对总工期无影响。针对上述事件，施工单位提出如下索赔要求：

(1) 增加合同工期 13 天；

(2) 增加费用 11.8 万元。

问题：

(1) 施工单位对施工过程中发生的以上事件可否索赔？为什么？

(2) 计算 2020 年第 4 季度的工程结算款额。

(3) 如果在施工保修期间发生了由施工单位原因引起的屋顶漏水问题，业主在多次催促施工单位修理而施工单位一再拖延的情况下，另请其他施工单位修理，所发生的修理费用该如何处理？

【解题要点分析】

本案例主要涉及索赔事件的处理、工程造价指数的应用、保修费用的承担等知识点，解题时应注意以下几点：

(1) 分清事件责任的前提，注意不同事件形成因素对应不同的索赔处理方法。

(2) 对承包人超出设计图纸(含设计变更)范围和承包人原因造成的工程量，发包人不予计量。

(3) 对于异常恶劣的气候条件等不可抗力事件，只有发生在关键线路上的延误才能进行工期索赔，但不能进行费用索赔。

(4) 利用调值公式进行计算时要注意试题中对有效数字的要求。

(5) 在保修期内，施工单位应对其引起的质量问题负责。

【参考答案】

（1）事件1：费用索赔成立，工期不予以延长。

理由：业主提供的地质资料与实际情况不符合是承包商不可预见的，属于业主应该承担的责任，业主应给予费用补偿；但是，由于该事件未发生在关键线路上，且对总工期无影响，故不予工期补偿。

事件2：费用索赔不成立，工期不予以延长。

理由：该事件属于承包商采取的质量保证措施，属于承包商应承担的责任。

事件3：费用索赔成立，工期不予以延长。

理由：施工图设计有误，属于业主应承担的责任，业主应给予费用补偿；但是，由于该事件未发生在关键线路上，且对总工期无影响，故不予以工期补偿。

事件4：费用赔偿不成立，工期应予以延长。

理由：异常恶劣的气候条件属于双方共同承担的风险，承包商不能得到费用补偿；但是，由于该事件发生在关键线路上，对总工期有影响，故应给予工期延长。

（2）根据建筑安装工程费用价格调值公式

$$P = P_0(a_0 + a_1 \times A/A_0 + a_2 \times B/B_0 + a_3 \times C/C_0 + a_4 \times D/D_0 + \cdots)$$

式中，P 为调值后合同款或工程结算款；P_0 为合同价款中工程预算进度款；a_0 为固定要素，是合同支付中不能调整的部分占合同总价中的比重，a_1，a_2，a_3，$a_4 \cdots$ 为有关各项费用（如人工费用、钢材费用、水泥费用等）在合同总价中所占比重，$a_0 + a_1 + a_2 + a_3 + a_4 \cdots = 1$；$A_0$，$B_0$，$C_0$，$D_0$ 为基准日期与 a_1，a_2，a_3，$a_4 \cdots$ 对应的各项费用的基期价格指数或价格。

2020 年第4季度的工程结算款额为：

$$P = 710 \times (0.15 + 0.28 \times 116.8/100.0 + 0.18 \times 100.6/100.8 + 0.13 \times 110.5/102.0 + 0.07 \times 95.6/93.6 + 0.09 \times 98.9/100.2 + 0.04 \times 93.7/95.4 + 0.06 \times 95.5/93.4) = 710 \times 1.0585 = 751.535(万元)$$

【任务实施】

1. 根据项目情况，按相关规定，完成该项目的索赔通知。
2. 根据项目情况，按相关规定，完成单项索赔报告的编写。

【任务评价】

任务三　评价表

能力目标	知识要点	权重	自测
能在索赔有效期提交索赔意向书	索赔程序及索赔意向书内容	20%	
能收集索赔证据与依据，编写索赔报告	索赔报告编制依据及编制内容	50%	
能按照索赔流程，处理索赔事务，参与索赔谈判	索赔谈判技巧	20%	
能按正确的方法进行索赔资料归档，总结索赔事件处理技巧	索赔事件处理技巧	10%	
组长评价：			
教师评价：			

【知识总结】

本任务主要介绍了工程索赔相关知识。

工程索赔主要包括索赔基本理论、工程索赔处理程序、工期与费用索赔及反索赔等内容。

【练习与作业】

习题答案

一、单选题

1. 根据 FIDIC《施工合同条件》，下列合同担保的表述中，正确的是(　　　)。

A. 履约保函的有效期到咨询工程师颁发工程接受证书为止

B. 预付款保函为不需要承包商确认违约的无条件担保形式

C. 通用条件明确规定了 5 种业主可凭保函索赔的情形

D. 承包商接受预约款前不必担保

2. 根据 FIDIC《施工合同条件》，合同争端裁决委员会做出裁决后(　　　)内任何一方未提出不满意裁决的意见，此裁决即为最终的决定。

A. 14 天　　　　　　　B. 28 天　　　　　　　C. 56 天　　　　　　　D. 84 天

3 根据 FIDIC《施工合同条件》，下列关于工程进度款的表述中，正确的是(　　　)。

A. 工程量清单中的工程量可以作为工程结算的依据

B. 采用单价合同的项目应以图纸工程量作为工程的依据

C. 工程款预期支付，业主应按银行贷款利率的 2% 支付利息

D. 工程师应在收到承包商支付报表后 28 天内按核实结果签发支付证书

4. 工程施工合同履行中，发包人的义务不包括(　　　)。

A. 办公工程征地拆迁手续　　　　　　B. 工程师的指示失误

C. 办理工程生产管理手续　　　　　　D. 办理竣工验收备案手续

5. 根据 FIDIC《施工合同条件》，下列事件中，承包商仅能索赔工期和成本，不能索赔利润的是(　　　)。

A. 设计图纸延误　　　　　　　　　　B. 工程师的指示错误

C. 不可预见的恶劣地质条件　　　　　D. 工程变更

6. 根据 FIDIC《施工合同条件》，下列关于预付款的表述中，正确的是(　　　)。

A. 预付款的具体金额在招标文件中确认

B. 预付款应不少于合同总价的 20%

C. 工程师在 21 天内签发预约款支付证书

D. 预约款在支付工程进度款时按比例扣减

E. 检查供货人原材料采购进展情况

7. 下列事件造成承包商成本上升或项目工期延误，承包商可以同时索赔工期和费用，包括(　　　)。

A. 因发包人原因解除合同

B. 材料涨价

C. 工程师重新检测后发现工程合格

D. 施工中发现文物需要采取保护措施

E. 工程质量因承包人原因未能达到约定要求

8.施工合同履行中,承包商可索赔利润的索赔事件包括(　　　　)。

A.特殊恶劣气候

B.工程范围变更

C.业主未能提供现场

D.工程暂停

E.设计图纸错误

二、案例分析

案例1

某港口码头工程,在签订施工合同前,业主即委托一家监理公司协助业主完善和签订施工合同以及进行施工阶段的监理,监理工程师查看了业主(甲方)和施工单位(乙方)草拟的施工合同条件后,注意到以下条款。

(1)乙方按监理工程师批准的施工组织设计(或施工方案)组织施工,乙方不应承担因此引起的工期延误和费用增加的责任。

(2)甲方向乙方提供施工场地的工程地质和地下主要管网线路资料,供乙方参考使用。

(3)乙方不能将工程转包,但允许分包,也允许分包单位将分包工程再次分包给其他施工单位。

(4)监理工程师应当对乙方提交的施工组织设计进行审批或提出修改意见。

(5)无论监理工程师是否是参加隐蔽工程的验收,当其提出对已经隐蔽的工程重新检验的要求时,乙方应按要求进行剥露,并在检验合格后重新进行覆盖或者修复。检验如果合格,甲方承担由此发生的经济支出,赔偿乙方的损失并相应顺延工期。检验如果不合格,乙方则应承担发生的费用,工期应予顺延。

(6)乙方按协议条款约定的时间向监理工程师提交实际完成工程量的报告。监理工程师接到报告7日内按乙方提供的实际完成的工程量报告核实工程量(计量),并在计量24小时前通知乙方。

问题:请逐条指出以上合同条款的不妥之处,并提出改正措施。

案例2

某年4月A单位拟建办公楼一栋,工程地址位于已建成的×小区附近。A单位就勘察任务与B单位签订了工程合同。合同规定勘察费15万元。该工程经过勘察、设计等阶段于10月20日开始施工。施工承包商为D建筑公司。

问题:

(1)委托方A应预付勘察费定数金额多少?

(2)该工程签订勘察合同几天后,委托方A单位通过其他渠道获得×小区业主C单位提供的×小区的勘察报告。A单位认为可以借用该勘察报告,A单位即通知B单位不再履行合同。请问在上述事件,哪些单位的做法是错误的?为什么?A单位是否有权要求返还定金?

(3)若A单位和B单位双方都按期履行勘察合同,并按B单位提供的勘察报告进行设计与施工,但在进行基础施工阶段,发现其中有部分地段地质情况与勘察报告不符,出现软弱地基,而在原报告中并未指出,此时B单位应承担什么责任?

(4)问题3中,施工单位D由于进行地基处理,施工费用增加了20万元,工期延误20天,对于这种情况,D单位应怎样处理?而A单位应承担哪些责任?

案例3

某建设工程系外资贷款项目,业主与承包商按照FTDIC《土木工程施工合同条件》签订了施工合同。施工合同《专用条件》规定:钢材、木材、水泥由业主供货到现场仓库,其他材料由承包商自行采购。

当工程施工至第5层框架柱钢筋绑扎时,因业主提供的钢筋未到,使该项作业从10月3日至10月16日停工(该项作业的总时差为0)。

10月7日至10月9日因停电、停水时第3层的砌砖停工(该项作业的总时差为4天)。

10月14日至10月17日因砂浆搅拌机发生故障使第1层抹灰延迟开工（该项作业的总时差为4天）。

为此，承包商于10月20日向工程师提交了一份索赔意向书，并于10月25日送交了一份工期、费用索赔计算书和索赔依据的详细材料。其计算书的主要内容如下。

1. 工期索赔：

A. 框架柱扎筋10月3日至10月16日停工，计14天

B. 砌砖10月7日至10月9日停工，计3天

C. 抹灰10月14日至10月17日延迟开工，计4天

总计请求顺延工期：21天

2. 费用索赔：

A. 窝工机械设备费：一台塔吊14×468＝6552元；一台混凝土搅拌机14×110＝1540元；一台砂浆搅拌机7×48＝336元；小计：8428元。

B. 窝工人工费：扎筋35×40.30×14＝19747元；砌砖30×40.30×3＝3627元；抹灰35×40.30×4＝5642元；小计：29016元。

C. 报函费延期补偿：（15000000×10%×6‰/365）×21＝517.81元。

D. 管理费增加：（8428+29016+517.81）×15%＝5694.27元。

E. 利润损失：（8428+29016+517.81+5694.27）×5%＝2182.80元。

经济索赔合计：45838.08元。

问题：

(1)实际工程量增加部分建设方是否该支付工程价款？

(2)承包商提出的工期索赔是否正确？应予批准的工期索赔为多少天？

(3)假定经双方协商一致，窝工机械设备费索赔按台班单价的65%计；考虑对窝工人工应合理安排工人从事其他作业后的降效损失，窝工人工费索赔按每工日30元计；保函费计算方式合理；管理费、利润损失不予赔偿。试确定经济索赔额。

案例4

某工业厂房建设场地原为农田。按设计要求在厂房建造时，厂房地坪范围内的耕植土应清除，基础必须埋在老土层下2.00 m处。为此，业主在"三通一平"阶段就委托土方施工公司清除了耕植土并用好土回填压实至一定设计标高。故在施工招标文件中指出，承包商无须再考虑清除耕植土问题。某承包商通过投标方式获得了该项工程施工任务，并与业主签订了固定总价合同。然而，承包商在开挖基坑时发现，相当一部分基础开挖深度虽已达到设计标高，但仍未见老土，且在基坑和场地范围内仍有一部分深层的耕植土和池塘淤泥等必须清除。

问题：

(1)在工程中遇到地基条件与原设计所依据的地质资料不符时，承包商应如何处理？

(2)接到业主方就上述情况提出的设计变更图纸之后，承包商应如何处理？

(3)在随后的施工中又发现了较有价值的出土文物，造成承包商部分施工人员和机械窝工，同时承包商为保护文物付出了一定的措施费用。请问承包商应如何处理此事？

案例5

某工程项目采用了固定单价施工合同。工程招标文件参考资料中提供的用砂地点距工地4 km。但是开工后，检查该砂质量不符合要求，承包商只得从另一距工地20 km的供砂地点采购，而在一个关键工作面上又发生了4项临时停工事件。

事件1：5月20日至5月26日承包商的施工设备出现了从未出现过的故障。

事件2：应于5月24日交给承包商的后续图纸直到6月10日才交给承包商。

事件3：6月7日至6月12日施工现场下了罕见的特大暴雨。

事件4：6月11日至6月14日该地区的供电全面中断。

问题：

(1)承包商的索赔要求成立的条件是什么？

(2)由于供砂距离的增大，必然引起费用的增加，承包商经过认真计算后，在业主指令下达的第3天，向业主的造价工程师提交了将原用砂单价每吨提高5元人民币的索赔要求。该索赔要求是否成立？为什么？

(3)若承包商对因业主原因造成的窝工损失进行索赔时，要求设备窝工损失按台班价格计算，人工的窝工损失按日工资标准计算是否合理？如不合理应怎样计算？

(4)承包商按规定的索赔程序针对上述4项停工事件向业主提出了索赔，试说明每项事件工期和费用索赔能否成立，为什么？

(5)试计算承包商应得到的工期和费用索赔是多少(如果费用索赔成立，则业主按2万元人民币/天补偿给承包商)。

(6)在业主支付给承包商的工程进度款中是否应扣除因设备故障引起的竣工拖期违约损失赔偿金？为什么？

任务四　合同纠纷处理

【案例引入】

某高校拟新建一栋教学楼，投资约5600万元，建筑面积约30000 m^2，通过招标与你所在的单位签署了施工合同。目前合同正在履行，你的任务是处理合同履行过程中的相关纠纷。

引导问题：施工合同相关纠纷处理方法和技巧有哪些？

【任务目标】

1.依据合同控制和履约管理重点，制定合同纠纷控制和处理措施。

2.按照工作时间限定及纠纷处理程序，完成纠纷事件处理。

3.按照正确的方法，进行纠纷处理资料归档，总结纠纷处理技巧。

【知识链接】

4.1　施工合同常见的争议

合同争议也称合同纠纷，是指合同当事人对合同规定的权利和义务产生了不同的理解。工程施工合同中，常见的争议有以下几个方面。

1.工程进度款支付、竣工结算及审计价争议

尽管合同中已列出了工程量，约定了合同价款，但实际施工中会有很多变化，包括设计变更、现场工程师签发的变更指令、现场条件变化如地质、地形等，以及计量方法等引起的工程量的递减。这种工程量的变化几乎每天或每月都会发生，而且承包商通常在其每月申请工程进度付款报表中列出，希望得到(额外)付款，但常因与现场监理工程师有不同意见而遭拒绝或者拖延不决。这些是实际已完的工程而未获得付款的金额，由于日积月累，在后期可能增大到一个很大的数字，发包人更加不愿支付，因而造成更大的分歧和争议。在整个施工过程中，发包人在按进度支付工程款时往往会根据监理工程师的意见，扣除那些他们未予确认的工程量或存在质量问题的已完工程的应付款项，这种未付款项积累起来往往可能形成一

笔很大的金额，使承包商感到无法承受而引起争议，而且这类争议在工程施工的后期可能会越来越严重。承包商会认为由于未得到足够的应付工程款而不得不将工程进度放慢下来，而发包商则会认为在工程进度拖延的情况下更不能多支付给承包商任何款项，这就形成恶性循环而使争端愈演愈烈。

更主要的是，大量的发包人在资金尚未落实的情况下就开始工程的建设，致使发包人千方百计要求承包商垫资施工、不支付预付款、尽量拖延支付进度款、拖延工程结算及工程审计进度，致使承包商的权益得不到保障，最终引起争议。

2. 工程款支付主体争议

施工企业被拖欠巨额工程款已成为整个建设领域中屡见不鲜的"正常事"。往往出现工程的发包人并非工程真正的建设单位，并非工程的权利人。在该情况下，发包人通常不具备工程款的支付能力，施工单位应该向谁主张权利以维护其合法权益，成为争议的焦点。在此情况下，施工企业应理顺关系，寻找突破口，向真正的发包方主张权利，以保证合法权利不受侵害。

3. 工程工期拖延争议

一项工程的工期延误，往往是错综复杂的原因造成的。许多合同条件都约定了竣工逾期违约金。由于工期延误的原因可能是多方面的，要分清各方的责任往往十分困难。经常可以看到，发包人要求承包商承担工程竣工逾期的违约责任，而承包商则提出因诸多发包人的原因及不可抗力等工期应相应顺延，有时承包商还就工期的延长要求发包人承担停工、窝工的费用。

4. 安全损害赔偿争议

安全损害赔偿争议包括相邻关系纠纷引起的损害赔偿、设备安全、施工人员安全、施工导致第三人安全、工程本身发生安全事故等方面的争议。其中，建筑工程相邻关系纠纷发生的频率已越来越高，其涉及主体和财产价值也越来越多，已成为城市居民十分关心的问题。《建筑法》第三十九条为建筑施工企业设定了这样的义务：施工现场对毗邻的建筑物、构造物和特殊作业环境可能造成损害的，建筑施工企业应当采取安全防护措施。

5. 合同终止及终止争议

终止合同造成的争议有承包商因这种终止造成的损失严重而得不到足够的补偿，发包人对承包商提出的就终止合同的补偿费用计算持有异议；承包商因设计错误或发包人拖欠应支付的工程款而造成困难提出终止合同；发包人不承认承包商提出的终止合同理由，也不同意承包商的责难及补偿要求等。

除非不可抗力外，任何终止合同的争议往往是由难以调和的矛盾造成的。终止合同一般都会给某一方或者双方造成严重的损害。如何合理处置终止合同后的双方的权利和义务，往往是这类争议的焦点。终止合同可能有以下几种情况：

(1)属于承包商责任引起的终止合同。

(2)属于发包人责任引起的终止合同。

(3)不属于任何一方责任引起的终止合同。

(4)任何一方由于自身需要而终止合同。

6. 工程质量及保修争议

质量方面的争议包括工程中所用材料不符合合同约定的技术标准要求，提供的设备性能和规格不符，或者不能生产出合同规定的合格产品，或者是通过性能试验不能达到规定的产量要求，施工和安装有严重缺陷等。这类质量争议在施工过程中主要表现为：工程师或发包人要求拆除和移走不合格材料，或者返工重做，或者修理后予以降价处置。对于设备质量问题，则常见于在调试和性能试验后，发包人不同意验收移交，要求更换设备或部件，甚至退货并赔偿经济损失。而承包商则认为缺陷是可以改正的，或者业已改正；对生产设备质量则认为是性能测试方法错误，或者制造产品所投入的原料不合格或者是操作方面的问题等，质量争议往往变为责任问题争议。

此外，保修期的缺陷修复问题往往是发包人和承包商争议的焦点，特别是发包人要求承包商修复工程缺陷而承包商拖延修复，或发包人未经通知就自行委托第三方对工程缺陷进行修复。在此情况下，发包人要在预留的保修金中扣除相应的修复费用，承包商则主张产生缺陷的原因不在承包商或发包人未履行通知义务且其修复费用未经确认而不予同意。

4.2 合同争议解决的办法

根据《中华人民共和国房屋建筑和市政工程标准施工招标文件》规定，发生合同争议时，应按如下程序解决：双方友好协商决定；达不到一致时请第三方（如工程师）调解解决；协调不成，则需要通过仲裁或诉讼解决。

1. 争议的解决方式

发包人和承包人在履行合同发生争议的，可以友好协商解决或者提请争议评审组评审。合同当事人友好协商解决不成、不愿提请争议评审或者不接受争议评审组意见的，可在专用合同条款中约定下列一种方式解决：

（1）向约定的仲裁委员会申请仲裁；

（2）向有管辖权的人民法院提起诉讼。

2. 友好解决

在提请争议评审、仲裁或者诉讼前，以及在争议评审、仲裁或诉讼过程中，发包人和承包人均可共同努力友好协商解决争议。

友好解决是指合同纠纷当事人在自愿友好的基础上，互相沟通、互相谅解，从而解决纠纷的一种方式。

合同发生纠纷时，当事人应首先考虑通过友好解决来解决纠纷。事实上，在合同的履行过程中，绝大多数纠纷都可以通过这种方式解决。合同纠纷友好解决有以下优点：

（1）简便易行，能经济、及时地解决纠纷；

（2）有利于维护合同双方的友好合作关系，使合同能更好地得到履行；

（3）有利于和解协议的执行。

3. 争议评审

（1）采用争议评审的，发包人和承包人应在开工日后的28天内或在争议发生后，协商成立争议评审组。争议评审组由有合同管理和工程实践的专家组成。

（2）合同双方的争议，应首先由申请人向争议评审组提交一份详细的评审申请报告，并附必要的文件、图纸和证明材料，申请人还应将上述报告的副本同时提交给被申请人和监理人。

（3）被申请人在收到申请人评审申请报告副本后的28天内，向争议评审组提交一份答辩报告，并附证明材料。被申请人应将答辩报告的副本同时提交给申请人和监理人。

（4）除专用合同条款另有约定外，争议评审组在收到合同双方报告后的14天内，邀请双方代表和有关人员举行调查会，向双方调查争议细节；必要时争议评审组可要求双方进一步提供补充资料。

（5）除专用合同条款另有约定外，在调查会结束后的14天内，争议评审组应在不受任何干扰的情况下进行独立、公正的评审，做出书面评审意见，并说明理由。在争议评审期间，争议双方暂按总监理工程师的确定执行。

（6）发包人和承包人接受评审意见的，由监理人根据评审意见拟定执行协议，经争议双方签字后作为合同的补充文件，并遵照执行。

（7）发包人或承包人不接受评审意见，并要求提交仲裁或提起诉讼的，应在收到评审意见后的14天内将仲裁或起诉意向书通知另一方，并抄送监理人，但在仲裁或诉讼结束前应暂按总监理工程师的确定执行。

4. 仲裁

仲裁亦称公断，是当事人双方在争议发生前或争议发生后达成协议，自愿将争议交给第三者做出裁决，并负有自动履行义务的一种解决争议的方式。这种争议解决方式必须是自愿的，因此必须有仲裁协议。如果当事人之间有仲裁协议，争议发生后又无法通过和解和调解解决，则应及时将争议提交仲裁机构仲裁。

（1）仲裁的原则

①自愿原则。解决合同争议是否选择仲裁方式以及选择仲裁机构本身并无强制力。当事人采用仲裁方式解决纠纷，应当贯彻双方自愿原则，达成仲裁协议。如有一方不同意进行仲裁的，仲裁机构即无权受理合同纠纷。

②公平合理原则。仲裁的公平合理，是仲裁制度的生命力所在。这一原则要求仲裁机构要充分收集证据，听取纠纷双方的意见。仲裁应当根据事实，同时，仲裁应当符合法律规定。

③仲裁依法独立进行原则。仲裁机构是独立的组织，相互间也无隶属关系。仲裁依法独立进行，不受行政机关、社会团体和个人的干涉。

④一裁终局原则。由于是当事人基于对仲裁机构的信任做出的选择，因此其裁决是立即生效的。裁决做出后，当事人就同一纠纷再申请仲裁或者向人民法院起诉的，仲裁委员会或者人民法院不予受理。

（2）仲裁委员会

仲裁委员会可以在直辖市和省、自治区人民政府所在地的市设立，也可以根据需要在其他设区的市设立，不按行政区划层层设立。

仲裁委员会由主任1人、副主任2至4人和委员7至11人组成。仲裁委员会应当从公道正派的人员中聘任仲裁员。仲裁委员会独立于行政机关，与行政机关没有隶属关系。仲裁委员会之间也没有隶属关系。

（3）仲裁协议

①仲裁协议内容。仲裁协议是纠纷当事人愿意将纠纷提交仲裁机构仲裁的协议。它应包括以下内容：

a. 请求仲裁的意思表示；

b. 仲裁事项；

c. 选定的仲裁委员会。

在以上 3 项内容中，选定的仲裁委员会具有特别重要的意义。因为仲裁没有法定管辖，如果当事人不约定明确的仲裁委员会，仲裁将无法操作，仲裁协议将是无效的。至于请求仲裁的意思表示和仲裁事项则可以通过默示的方式来体现。可以认为在合同中选定仲裁委员会就是希望通过仲裁解决争议，同时，合同范围内的争议就是仲裁事项。

②仲裁协议的作用：

a.合同当事人均受仲裁协议的约束；

b.仲裁协议是仲裁机构对纠纷进行仲裁的先决条件；

c.排除了法院对纠纷的管辖权；

d.仲裁机构应按仲裁协议进行仲裁。

（4）仲裁庭的组成

仲裁庭的组成有两种方式：

①当事人约定由 3 名仲裁员组成仲裁庭。当事人如果约定由 3 名仲裁员组成仲裁庭，应当各自选定或者各自委托仲裁委员会指定 1 名仲裁员，第三名仲裁员由当事人共同选定或者共同委托仲裁委员会主任指定。第三名仲裁员是首席仲裁员。

②当事人约定由 1 名仲裁员组成仲裁庭。仲裁庭也可以由 1 名仲裁员组成。当事人如果约定由 1 名仲裁员组成仲裁庭的，应当由当事人共同选定或者共同委托仲裁委员会主任指定仲裁员。

（5）开庭和裁决

①开庭。仲裁应当开庭进行。当事人协议不开庭的，仲裁庭可以根据仲裁申请书、答辩书以及其他材料做出裁决，仲裁不公开进行。当事人协议公开的，可以公开进行，但涉及国家秘密的除外。

申请人经书面通知，无正当理由不到庭或者未经仲裁庭许可中途退庭的，可以视为撤回仲裁申请。被申请人经书面通知，无正当理由不到庭或者未经仲裁庭许可中途退庭的，可以缺席裁决。

②证据。当事人应当对自己的主张提供证据。仲裁庭对专门性问题认为需要鉴定的，可以交由当事人约定的鉴定部门鉴定，也可以由仲裁庭指定的鉴定部门鉴定。根据当事人的请求或者仲裁庭的要求，鉴定部门应当派鉴定人参加开庭。当事人经仲裁庭许可，可以向鉴定人提问。

建设工程合同纠纷往往涉及工程质量、工程造价等专门性的问题，一般需要进行鉴定。

③辩论。当事人在仲裁过程中有权进行辩论。辩论终结时，首席仲裁员或者独任仲裁员应当征询当事人的最后意见。

④裁决。裁决应当按照多数仲裁员的意见做出，少数仲裁员的不同意见可以记入笔录。仲裁庭不能形成多数意见时，裁决应当按照首席仲裁员的意见做出。

仲裁庭仲裁纠纷时，其中一部分事实已经清楚，可以就该部分先行裁决。对裁决书中的文字、计算错误或者仲裁庭已经裁决但在裁决书中遗漏的事项，仲裁庭应当补正；当事人自收到裁决书之日起 30 日内，可以请求仲裁补正。

裁决书自做出之日发生法律效力。

（6）申请撤销裁决

当事人提出证据证明裁决有下列情形之一的，可以向仲裁委员会所在地的中级人民法院申请撤销裁决：

①没有仲裁协议的；

②裁决的事项不属于仲裁协议的范围或者仲裁委员会无权仲裁的；

③仲裁庭的组成或者仲裁的程序违反法定程序的；

④裁决所根据的证据是伪造的；

⑤对方当事人隐瞒了足以影响公正裁决的证据的；

⑥仲裁员在仲裁该案时有索贿受贿，徇私舞弊，枉法裁决行为的。

人民法院经组成合议庭审查核实裁决有前款规定情形之一的，应当裁定撤销。当事人申请撤销裁决的，应当自收到裁决书之日起6个月内提出。人民法院应当在受理撤销裁决申请之日起2个月内做出撤销裁决或者驳回申请的裁定。

人民法院受理撤销裁决的申请后，认为可以由仲裁庭重新仲裁的，人民法院应当裁定恢复撤销程序。

（7）执行

仲裁裁决的执行。仲裁委员会的裁决做出后，当事人应当履行。由于仲裁委员会本身并无强制执行的权力，因此，当一方当事人不履行仲裁裁决时，另一方当事人可以依照《民事诉讼法》的有关规定向人民法院申请执行。接受申请的人民法院应当执行。

5. 诉讼

诉讼是指合同当事人依法请求人民法院行使审判权，审理双方之间发生的合同争议，做出由国家强制保证实现其合法权益，从而解决纠纷的审判活动。合同双方当事人如果未约定仲裁协议，则只能以诉讼作为解决争议的最终方式。

如果当事人没有在合同中约定通过仲裁解决争议，则只能以诉讼作为解决争议的最终方式。人民法院审理民事案件，依照法律规定实行合议、回避、公开审判和两审终审制度。

（1）建设工程合同纠纷的管辖

建设工程合同纠纷的管辖，既涉及级别管辖，也涉及地域管辖。

①级别管辖。级别管辖是指不同级别法院受理第一审建设工程合同纠纷的权限分工。一般情况下，基层人民法院管辖第一审民事案件。中级人民法院管辖以下案件：重大涉外案件、在本辖区有重大影响案件、最高人民法院确定由中级人民法院管辖的案件。在建设工程合同纠纷中，判断是否在本辖区有重大影响的依据主要是合同争议的标的额。由于建设工程合同纠纷争议的标的额往往较大，因此，往往由中级人民法院受理一审诉讼，有时甚至由高级人民法院受理一审诉讼。

②地域管辖。地域管辖是指同级人民法院在受理第一审建设工程合同纠纷的权限分工。对于一般的合同争议，由被告住所地或合同履行地人民法院管辖。《民事诉讼法》也允许合同当事人在书面协议中选择被告住所地、合同履行地、合同签订地、原告住所地、标的物所在地的人民法院管辖。对于建设工程合同的纠纷一般都不适用不动产所在地的专属管辖，由工程所在地人民法院管辖。

（2）诉讼中的证据

诉讼中的证据有下列几种：①书证；②物证；③视听资料；④证人证言；⑤当事人的陈诉；⑥鉴定结论；⑦勘验笔录。

当事人对自己提出的主张，有责任提供证据。当事人及其诉讼代理人因客观原因不能自行收集的证据，或者人民法院认为审理案件需要的证据，人民法院应当调查收集。人民法院应当按照法定程序，全面、客观地审查核实证据。

证据应当在法庭上出示，并由当事人互相质证。对涉及国家秘密、商业秘密和个人隐私的证据应当保密，需要在法庭出示的，不得在公开开庭时出示。经过法定程序公证证明的法律行为、法律事实和文书，人民法院应当作为认定事实的根据。但有相反证据足以推翻公证证明的除外。书证应当提交原件。物证应当提交原物。提交原件或者原物确有困难的，可以提交复制品、照片、副本、节录本。提交外文书证，必须附有中文译本。

人民法院对视听资料，应当辨别真伪，并结合本案的其他证据，审查确定能否作为认定事实的根据。

人民法院对专门性问题认为需要鉴定的，应当交由法定鉴定部门鉴定；没有法定鉴定部门的，由人民法院指定的鉴定部门鉴定。鉴定部门及其指定的鉴定人有权了解进行鉴定所需要的案件材料，必要时可以询问当事人、证人。鉴定部门和鉴定人应当提出书面鉴定结论，在鉴定书上签名或者盖章。与仲裁中的情况相似，建设工程合同纠纷往往涉及工程质量、工程造价等专门性问题，在诉讼中一般也需要进行鉴定。

【任务实施】

1. 将本次施工合同履行过程中发生的合同纠纷进行分类。
2. 找出合同纠纷发生的原因，并找出对应的解决方式。

【任务评价】

任务四　评价表

能力目标	知识要点	权重	自测
能制定合同纠纷控制和处理措施	合同纠纷控制和处理措施相关知识	20%	
能按照工作时间限定及纠纷处理程序，完成纠纷事件处理	合同纠纷处理程序	60%	
能按正确的方法进行纠纷处理资料归档，总结纠纷事件处理技巧	合同纠纷处理技巧	20%	
组长评价： 教师评价：			

【知识总结】

本任务主要介绍了常见纠纷处理与合同争议解决办法。主要包括常见纠纷处理及解决合同争议的方法。

习题答案

【练习与作业】

一、单选题

1. 下列关于合同解除的有关表述中，正确的是(　　　)。

A. 合同解除后，尚未履行的，终止履行

B. 合同解除后，已经履行的，必须维持履行后的现状

C. 因不可抗力致使不能实现合同目的的，当事人一方可以行使解除权

D. 合同终止后，不影响合同中结算和清理条款的效力

E. 合同解除后，是针对效力待定的合同

2. 当合同约定的违约金过分高于因违约行为造成的损失时，违约方(　　　)。

A. 可以拒绝赔偿

B. 不得提出异议

C. 可以要求仲裁机构裁定，予以适当减少

D. 可以要求建设行政主管部门裁定，予以适当减少

3. 违反合同的当事人支付了违约金和赔偿金后，对方仍要求继续履行合同时，违约方(　　　)。

A. 应在对方同意变更合同约定的违约责任条款后再继续履行合同

B. 在继续履行过程中可更换标的

C. 必须按合同条款继续履行合同

D. 可拒绝履行合同

4. 依据合同法，履行合同中承担违约责任的条件包括(　　　)。

A. 当事人不履行合同

B. 当事人履行合同不符合约定的条件

C. 当事人在订立合同中有过错

D. 当事人订立合同中有欺诈行为

E. 当事人因第三人的原因造成违约

5. 仲裁委员会对合同纠纷进行仲裁时，如不能形成多数意见，裁决应当按照(　　　)的意见做出。

A. 上级仲裁委员　　　　　　　　　B. 本地政法委

C. 首席仲裁员　　　　　　　　　　D. 仲裁委员会主任

6. 甲、乙在合同中约定了"如合同发生争议，将争议提交 Q 市仲裁委员会仲裁"。后合同在履行中发生争议，以下叙述正确的是(　　　)。

A. 如一方当事人向人民法院提起诉讼，人民法院不予受理

B. Q 市仲裁委员会应当对合同争议进行仲裁

C. 当事人仍可将争议向人民法院提起诉讼

D. 合同当事人均应受仲裁协议的约束

E. Q 市仲裁委员会做出裁决后立即生效

7. 如果解决施工合同纠纷的仲裁程序违法，当事人可以向仲裁委员会所在地的(　　　)申请撤销仲裁裁决。

A. 中级人民法院　　　　　　　　　B. 政府的建设行政主管部门

C. 上级仲裁委员会　　　　　　　　D. 质量监督机构

8. 甲乙双方合同当事人之间出现合同纠纷，约定由仲裁机构仲裁，仲裁机构受理仲裁的前提是当事人提交(　　　)。

A. 合同公证书   B. 仲裁协议书

C. 履约保函   D. 合同担保书

9. 涉及工程造价问题的施工合同纠纷时，如果仲裁庭认为需要进行证据鉴定，可以由（　　　　）鉴定部门鉴定。

A. 申请人指定的   B. 政府建设主管部门指定的

C. 工程师指定的   D. 当事人约定的

E. 仲裁庭指定的

10. 下列有关合同履行中行使代位权的说法，正确的是（　　　　）。

A. 债权人必须以债务人的名义行使代位权

B. 债权人代位权的行使必须取得债务人的同意

C. 代位权行使的费用由债权人自行承担

D. 债权人代位权的行使必须通过诉讼程序，且范围以债权为限

二、多选题

1. 按照《合同法》规定，与合同转让中的"债权转让"比较，"由第三人向债权人履行债务"的主要特点表现为（　　　　）。

A. 合同当事人没有改变

B. 第三人可以向债务人行使抗辩权

C. 第三人可以与债务人重新协商合同条款

D. 第三人履行债务前，债务人需首先征得债权人的同意

E. 第三人履行债务后，由债权人与债务人办理结算手续

2. 在 FIDIC《施工合同条件》中，监理工程师批示的内容应包括（　　　　）。

A. 变更内容   B. 变更工程价款

C. 变更项目的施工技术变更   D. 有关图纸文件

E. 变更处理的原则

3. 材料采购合同签订后，对于实行供货方送货的物资，采购方违反合同规定拒绝接货应承担（　　　　）。

A. 由此造成的货物损失   B. 运输部门的罚款

C. 按退货部分贷款总额计算的违约金 D. 代保管费用

E. 物资保养费用

4. 建筑工程一切险的保险责任自（　　　　）之时起，以先发生者为准。

A. 第一批工人进入保险工程工地   B. 保险工程在工地动工

C. 双方签订施工合同   D. 水电接通

E. 用于保险工程的材料、设备运抵工地

5. 下列关于仲裁的叙述，正确的是（　　　　）。

A. 仲裁机构与政府存在隶属关系

B. 裁决立即生效

C. 仲裁机构本身有强制力

D. 裁决做出后，人民法院不予受理同一纠纷的起诉

E. 仲裁机构无权受理由合同一方当事人提出的仲裁要求

6. 依据 FIDIC《土木工程施工分包合同条件》，下列有关分包合同履行管理的说法中，正确的有（　　　　）。

A. 工程师负责分包商施工的协调管理

B. 业主不参与分包合同履行的管理

C. 承包商有权根据工程实际进展情况不经工程师同意自行发布变更指令

D. 承包商对分包商报送的支付报表审核后支付，工程师不参与审核工作

E. 分包商的合法权益受到损害时，有权向对其造成损害方提出索赔

7. 下列对索赔的表述，正确的是(　　　　　　)

A. 索赔要求的提出不需经对方同意

B. 索赔依据应在合同中有明确根据

C. 应在索赔事件发生后的 28 天内递交索赔报告

D. 监理工程师的索赔处理决定超过权限时应报发包人批准

E. 承包人必须执行监理工程师的索赔处理决定

8. 依据《中华人民共和国合同法》，下列有关解决合同争议方式的表述中，错误的是(　　　　　　)。

A. 当事人双方无法达成仲裁协议的，仲裁机构不能受理

B. 当事人对仲裁裁决不满的，可以申请法院进行二审

C. 一方当事人不履行仲裁裁决的，对方可以请求法院执行

D. 仲裁裁决书自做出裁决之日起发生法律效力

E. 建设工程合同的纠纷必须由被告所在地法院审理

三、思考题

1. 常见的合同纠纷有哪些？产生原因分别是什么？

2. 针对不同的合同纠纷，分别有哪些解决办法和解决途径？

3. 针对常见合同纠纷，在合同履行过程应采取哪些控制措施？

四、案例分析

案例

某厂与某建筑公司于××年×月×日签订了建造厂房的建设工程承包合同。开工后 1 个月，厂方因资金紧缺，口头要求建筑公司暂停施工，建筑公司亦口头答应停工 1 个月。工程按合同规定期限验收时，厂方发现工程质量存在问题，要求返工。两个月后，返工完毕。结算时，厂方认为建筑公司迟延工程，应偿付逾期违约金。建筑公司认为厂方要求临时停工并不得顺延完工日期，建筑公司为抢工期才出了质量问题，因此迟延交付的责任不在建筑公司。厂方则认为临时停工和不顺延工期是建筑公司当时答应的，其应当履行承诺，承担违约责任。

问题：此争议依据合同法律规范应如何处理？

学习情境五　招投标综合实训

【学习目标】

能力目标	知识目标	权重
能编制建筑工程施工招标文件	招标文件内容及编制方法	30%
能编制投标文件中技术标、商务标及附件	投标文件内容及编制方法	50%
能组织施工招投标及开标、评标、定标全过程工作	招投标及开标、评标、定标全过程工作	20%
合　　计		100%

【教学建议】

建议学生参考教材相关知识,在老师的辅导下完成招标文件、投标文件的编制,并进行开标、评标、定标全过程的模拟训练,将建筑工程招标投标理论与实践有机地结合在一起,为学生从事招标投标相关工作奠定基础。

【建议学时】

20 学时(利用业余时间完成)

任务　仿真实训

【案例引入】

某中学办公楼工程,共三层,钢筋混凝土框架结构,要求学生完成从招标文件编制、投标文件编写到开标、评标、定标全过程的综合性仿真训练。

【任务目标】

1. 编制招标文件;

2. 编制投标文件;

3. 熟悉建筑工程施工招标投标及开标、评标、定标全过程。

【知识链接】

某中学办公楼工程。

1.1　工程概括

某中学办公楼工程,共三层,钢筋混凝土框架结构,具体情况见施工图。本套图配有建筑施工图、结构施工图。(附后)

1.2　图纸

图纸见本书后面的附图。

1.3　仿真实训任务书

1.3.1　目的

随着我国建筑业和基本建设管理体制改革的不断深化,建筑工程市场的不断完善,形成了由招投标为主要交易形式的市场竞争机制,促进了资源优化配置,提高了建筑生产效率,推动了建筑企业的管理和工程质量的进步。面对建筑市场的发展,建筑施工专业高职学生,如何以能力为本位,取信于社会,适应建筑企业对招投标专业人员的要求。我们通过实际工程招标投标文件的编写及该工程项目开标、评标、定标的现场模拟会形式,形成以"建设工程招投标与合同管理"课程为龙头,将"施工组织设计""工程造价编制"及"建筑施工"课程组成一个教学模块,将学生所学零散的基础及专业知识整合成系统性、连贯性的知识,开阔了学生的思路,培养了学生理论联系实际独立完成一个实际工程的招标投标文件编写的能力。学生具备编制投标标价的能力,具备完成中小型工程施工方案的能力,具备进行施工部署和绘制施工进度网络图的能力。既锻炼计算机绘图的能力,又锻炼了写作能力、语言表达能力、团结协作能力、建筑工程施工招投标的开标、评标、定标过程的实际操作能力。总之,为学生毕业后从事建设单位的基础工作、招标办工作、施工企业的投标合同工作奠定基础。

1.3.2　任务

某中学办公楼工程的仿真训练的任务主要完成以下三项工作内容:

(1)招标文件的编制;

(2)投标文件的编制(技术标、商务标、附件);

(3)待以上两个文件编写完后,最后进行该工程开标、评标、定标、签订施工合同全过程的现场模拟会,完成该课件的学习任务。

1.3.3　基本资料

(1)某中学办公楼工程全套土建施工图;

(2)水暖部分的工程造价为 48 万元;

(3)电气部分的工程造价为 39 万元。

1.3.4　内容要求

(1)招标文件编写的内容,应依据中华人民共和国最新版本《中华人民共和国房屋建筑和市政工程标准施工招标文件》规定和案例工程实际情况进行招标文件的编写;

(2)投标文件按照指导书中的内容要求进行编写;

(3)开标、评标、定标的现场模拟会按照指导书进行。

1.3.5　时间安排及其他要求

1.时间安排

实训可根据实际情况采用以下两个方案:

方案一:学生综合集中实训

"建筑施工""建筑工程造价编制""施工组织设计""建设工程招投标与合同管理"课程教学内容完成后，集中2~3周进行综合训练。

方案二：根据教学进度，学生可分阶段完成某中学办公楼工程建筑工程施工招标文件编制，投标文件编制，待全部课程教学内容完成后，最后进行开标、评标、定标现场模拟会。

具体安排如下：

(1)要求15天内完成该工程招标文件的编写。在招标文件编制教学内容完成后，可立即进行该工程的招标文件的编写。

(2)结合"建筑施工""建筑工程造价编制""施工组织设计"课程的教学进程，一个月内完成投标文件的编写。待投标文件编写所涉及的教学内容基本完成后，学生即可进行投标文件的编写。

(3)招标文件和投标文件编制完后，相关课程教学内容也基本完成的情况下，进行某中学办公楼工程开标、评标、中标现场模拟会。

2.其他要求

招标文件、投标文件的编写的具体安排如下：

(1)各班可分为6组(每组约8人)，每组一套完整的土建图纸，编写出一份完整的招标文件。

(2)然后每个组选择一个建筑施工企业(学生可结合本地实际的一个建筑企业)名称，并以此建筑施工企业的名称完成投标文件的编制，开标、评标、中标现场模拟会的全部过程。

1.3.6　组织形式

学生以小组形式完成三阶段训练任务。

第一阶段：每个组先以建设单位(或咨询单位)，编写出一份完整的招标文件。

第二阶段：在此基础上，每个组可结合社会上的建筑企业或选择教师给定企业名称进行投标文件编制。

第三阶段：投标文件编制完成后，进行该工程的开标、评标、定标的现场模拟会实战训练。投标单位名称如下(仅供参考)：

第一组：红星建筑公司　　　　　　　　(房屋建筑工程一级)

第二组：天平建筑有限公司　　　　　　(房屋建筑工程一级)

第三组：沙坪建筑公司　　　　　　　　(房屋建筑工程一级)

第四组：省建六公司　　　　　　　　　(房屋建筑工程一级)

第五组：省建四公司　　　　　　　　　(房屋建筑工程一级)

第六组：长龙建筑公司　　　　　　　　(房屋建筑工程一级)

1.3.7　编制某中学办公楼工程投标文件指导书

1.招标、投标文件内容涉及相关课程和指导安排

1)招标文件中相关课程和人员："建设工程招投标与合同管理"课程任课教师指导学生完成招标文件编制。

2)投标文件中相关课程和指导教师

(1)"施工组织设计"课程任课老师；

(2)"建筑施工"课程任课老师；

（3）"建筑工程造价编制"课程任课老师；

（4）"建设工程招投标与合同管理"课程任课老师。

3）开标、评标、定标指导教师

（1）"施工组织设计"课程任课老师；

（2）"建筑施工"课程任课老师；

（3）"建筑工程造价编制"课程任课老师；

（4）"建设工程招投标与合同管理"课程任课老师。

2.投标文件的具体内容

1）商务标文件

（1）投标书

（2）投标书附录

（3）投标保证金

（4）法定代表人资格证明书

（5）授权委托书

（6）具有标价的工程量清单与报价表（投标报价）

（7）施工图预算价计算书（略）

（8）投标报价

（9）承包价编制说明（含让利条件说明）（略）：

2）技术标文件

附件：（1）ISO 9002质量管理体系认证证书

（2）环境管理体系认证证书

（3）职业健康安全管理体系认证证书

（4）法人代表资格证明书

（5）授权委托书

（6）投标保证金收据

第一章　企业基本状况

（一）企业简介

（二）企业近几年经营状况

（三）企业职工组成构成

（四）主要机械

（1）主要机具设备需用表

（2）主要材料需用表

（3）设备料需用表

（4）主要劳动力用量计划表

第二章　某办公楼工程优势

（一）质量优势

附：近几年获奖工程一览表

近几年获荣誉情况一览表

（二）速度优势

(三)资金优势

(四)技术装备优势

(五)重合同、守信用、履行服务的优势

(六)企业综合活力优势

第三章　某办公楼工程的决心和承诺

第四章　工程项目组织机构

附：主要人员职称证、项目经理证

第五章　施工组织设计

(一)工程概况

(二)施工准备及总体施工部署

(三)施工计划方案及设备资源配置

(四)施工进度保证措施(附：施工总进度计划表)

(五)主要分部分项工程的施工方法

(1)土方工程

(2)基础结构施工

(3)主体砌筑工程

(4)钢筋混凝土工程(楼板、楼梯、构造柱)

①钢筋工程

②模板工程

③混凝土工程

(5)装修工程

(6)地面(楼面)工程

(7)屋面工程

(8)垂直运输和架设工程

(9)电气施工工序及施工方法

(10)暖气施工程序和施工方法

(六)施工平面布置图

(七)新技术的推广和应用

第六章　质量目标、质量保证体系及技术措施

(一)质量目标

(二)质量管理组织机构及主要职责

(三)质量管理措施

(四)质量管理及控制标准

(五)质量保证技术措施

(六)质量薄弱环节的预防和施工

第七章　安全目标、安全保证体系及技术措施

(一)安全管理目标

(二)安全管理及办法

(三)安全组织技术措施

(四)特殊施工工序的安全控制过程

第八章　文明施工、降低环境污染和噪音的措施

1.3.8　某中学办公楼工程开标、评标、定标现场模拟会指导书

(一)开标评定具备条件

(1)按招标文件规定截止时间,各组已将投标书交到指定地点

(2)成立评标委员会,由工程专业教师及学生(5人以上)组成。

(3)由专业主任依法实施监督。

(二)开标、评标程序

1.开标

(1)开标由任课教师担任,邀请投标单位(每组)的法人代表或其他代理人和评标委员会同学旁听。参加会议的评委会成员、投标单位、招标单位人员签到(表5-1及表5-3)。

表5-1　会议签到单

会议时间:

会议地点:

会议主题:

姓名	单位	职务	联系电话	传真

(2)由主持人宣布开标会议开始,并介绍人员及项目情况。(招标单位做好会议记录,见表5-2)。

①人员情况介绍

红星建筑公司、天平建筑公司、砂坪建筑公司、省建六公司、省建四公司、长龙建筑公司六家投标单位人员,业主人员,招标办人员。

②工程项目状况:该工程建筑面积×× m²,钢筋混凝土框架结构,市优标准,竣工日期:××年××月××日。

③请投标单位代表确认文件的密封性。

④宣布公正、唱标、记录人员名单和招标文件规定的评标原则,定标办法。

表 5-2　会议纪要

时间：

地点：

主题：

参加者：

记录：

主要内容

序号	内容	执行者

报送：

抄送：

表 5-3　授权委托书

编号_____

　　本人作为_____（公司名称）法定代表人，在此授权我公司_____女士/先生作为我公司正式合法的代理人，以我公司名义并代表我公司全权处理扩建工程附属用房建筑安装工程投标的以下事宜：

_____

_____

_____

_____

_____

　　本授权书期限自_____起至_____止。

　　在此授权范围和期限内，被授权人所实施的行为具有法律效力，授权人予以认可。

（公司名称及盖章）

法定代表人签字：

　　⑤宣读投标单位的名称，投标报价、工期、质量目标、主要材料用量、投标担保或保函及投标文件的修改，并做当场记录（表 5-4）。

　　⑥与会的投标单位法定代表人或其他代理人在记录上签字，确认开标结果。

　　⑦宣布开标会议结束，进入评标阶段。

表 5-4　投标报价、工期、质量目标记录表

投标单位	建筑面积	报价总金额(元)	总工期(天)	三材用量			质量	备注
				钢材(t)	水泥(t)	木材(t)		
红星公司								
天平建筑有限公司								
砂坪公司								
省建四公司								
省建六公司								
长龙建筑公司								

2. 评标

(1)评标单位根据招标文件规定采取定量评标办法(参考教师提供的评标报告范本)。

①施工组织设计评审记录表(参见表 2-29)

②施工组织设计和项目管理机构评审记录表(参见表 2-30)

③投标报价评分记录表(参见表 2-31)

④评标结果汇总表(参见表 2-32)

(2)根据投标单位的评价结果顺序,提出中标单位。

3. 定标

将评标结果送××市建设工程招标办审核后,向中标单位发中标通知书。

中标通知书

_____(建设单位)_____(建设地点)_____工程,结构类型为_____,建设规模为_____,_____年_____月_____日公开开标后,经评标小组评定并报招标管理机构核准,确定_____为中标单位。中标标价为人民币_____元,中标工期自_____年_____月_____日竣工,工期_____天(日历日)。工程质量达到国家施工验收规范优良标准。

中标单位收到中标通知书后,在_____年_____月_____日前到_____(地点)与建设单位签订合同。

建设单位:(盖章)

法定代表人:(签字　盖章)

招标单位:(盖章)

日期:_____年_____月_____日

法定代表人:(签字　盖章)

日期:_____年_____月_____日

审核人:(签字　盖章)

审核日期:_____年_____月_____日

1.3.9　签订建设工程施工合同

按照《建设工程施工合同》示范文本条款的规定与中标单位签订施工合同。

附　图

设计总说明

一、工程概况

1. 本工程为钢筋混凝土框架结构，地上三层，基础采用预应力混凝土管桩300，平均桩长暂按15m考虑。
2. 室外场地标高按-0.45m考虑，土壤为三类土，不考虑地下水。
3. 本工程按七度抗震设防，抗震等级为框架三级。

二、钢筋混凝土结构构造

1. 混凝土标号为：
   (1) 预应力管桩：C50；(2) 柱承台：C30；(3) 梁、板、柱及其他砼构件：C25；(4) 基础垫层、散水、台阶：C15。
2. 混凝土保护层厚度：板：15mm；梁和柱：25mm；基础底板：40mm。
3. 钢筋接头形式及要求：
   直径≥18mm采用机械连接；<18mm采用绑扎连接。
4. 未加注明的分布筋为Φ6@200。

三、墙体砌筑要求及加筋

1. 墙体砌筑要求：Mu10标准砖，M5水泥石灰砂浆砌筑。
2. 砖墙与框架柱及构造柱连接处应设连结筋，须每隔500mm高度每120mm墙厚配1根Φ6拉结筋，并伸入墙内1000mm。

四、门窗表

名称	宽度			高度			离地高	材质	数量				过梁			油漆
									一层	二层	三层	总数	高度	宽度	长度	
M1	2400			2700				镶板门	1			1	240			木门油漆底漆一遍 咖啡色调和漆二遍
M2	900			2400				胶合板门	2	2	2	6	120	同墙厚	洞口宽度 +500	
M3	900			2100				胶合板门	1	1	1	3	120			
C1	1500			1800			900	铝合金窗	8	8	8	24	180			
C2	1800			1800			900	铝合金窗	1	1	1	3	180			
MC1	总宽	其中		总高	其中		900	铝合金门联窗		1	1	2	240			
		窗宽	门宽		窗高	门高										
	2400	1500	900	2700	1800	2700										

五、装修做法

层	房间名称	地面	踢脚120mm	墙裙1200mm	墙面	天棚
一层	大厅	地30B		裙10A1	内墙5A	棚26(吊顶高3m)
	101室	地5E	踢10A		内墙5A	棚2B
	102室	地5E	踢10A		内墙5A	棚2B
	楼梯间	地3A	踢2A		内墙5A	棚2B
二层/三层	会议厅	楼8D	踢10A		内墙5A	棚2B
	201室/301室	楼2D	踢2A		内墙5A	棚2B
	202室/302室	楼2D	踢2A		内墙5A	棚2B
	楼梯间	楼2D	踢2A		内墙5A	棚2B

阳台	内装修	楼8D			阳台栏板:15厚1:2水泥底耐擦洗白色涂料面	阳台板底 棚2B
	外装修				外墙5A,喷绿色油性乳胶漆	

屋面	挑檐	内装修	见图纸剖面图 外侧上翻200 内侧上翻250		挑檐栏板:1:2水泥砂浆	挑檐板底 棚2B
		外装修			外墙5A,喷绿色油性乳胶漆,同挑檐外装修	
	不上人屋面				女儿墙内装修为:外墙5A;女儿墙外装修(包括压顶):同挑檐外装修	

外墙装修	外墙裙:高900mm,外墙27A1,贴彩釉面砖(浅绿色) 外墙面:外墙27A1,贴彩釉面砖(白色)
台阶	面层:1:2水泥砂浆;垫层:100厚C15混凝土垫层;垫层:素土夯实
散水	面层:1:2水泥砂浆;垫层:80厚混凝土C15垫层;伸缩缝:沥青砂浆嵌缝

六、工程做法表(选用06J1-1图集)

编号	装修名称	用料及分层做法	编号	装修名称	用料及分层做法
地30B	硬实木企口地板地面	1. 18厚硬实木企口地板 2. 20厚1:3水泥砂浆找平层 3. 2厚聚氨酯涂膜防潮层 4. 50厚C15细石混凝土随打随抹平 5. 150厚3:7灰土夯填 6. 素土夯实,压实系数0.90	地3A	水泥砂浆地面	1. 20厚1:2.5水泥砂浆抹面压实起光 2. 20厚1:3水泥砂浆找平层 3. 50厚C15混凝土 4. 150厚3:7灰土夯填 5. 素土夯实,压实系数0.90

编号	装修名称	用料及分层做法	编号	装修名称	用料及分层做法
地5E	抛光砖地面	1. 400X400抛光砖,稀水泥浆(或彩色水泥浆)擦缝 2. 20厚1:3水泥砂浆找平层 3. 50厚C15混凝土 4. 150厚3:7灰土夯填 5. 素土夯实,压实系数0.90	裙10A1	胶合板墙裙	1. 浅黄色聚氨酯漆三遍 2. 2厚胶合板,建筑胶粘剂粘贴 3. 5厚胶合板衬板背面满涂建筑胶粘剂,用膨管螺栓与墙体固定 4. 刷高聚物改性沥青涂膜防潮层(2.0厚) 5. 15厚1:2:8水泥石灰砂浆打底扫毛或划出纹道
楼8D	抛光砖楼地面	1. 400X400抛光砖,稀水泥浆(或彩色水泥浆)擦缝 2. 20厚1:3水泥砂浆找平层 3. 现浇钢筋混凝土楼板	内墙5A	水泥砂浆墙面	1. 扫乳胶漆二道 2. 5厚1:2.5水泥砂浆找平 3. 15厚1:2:8水泥石灰砂浆打底扫毛或划出纹道
楼2D	水泥砂浆楼面	1. 20厚1:2.5水泥砂浆抹面压实起光 2. 20厚1:3水泥砂浆找平层 3. 现浇钢筋混凝土楼板	棚26	纸面石膏板吊顶	1. 刷乳胶漆二道 2. 清刮双飞粉腻子二遍 3. 9.5厚纸面防水石膏板(450X450) 4. 装配式U型轻钢天棚龙骨,龙骨吸顶吊件用膨胀栓与钢筋混凝土板固定
踢10A	大理石踢脚	1. 10厚大理石板,稀水泥浆(或彩色水泥浆)擦缝 2. 12厚1:2水泥砂浆(内掺建筑胶)粘结层 3. 5厚1:3水泥砂浆打底扫毛或划出纹道	棚2B	水泥砂浆顶棚	1. 刷乳胶漆二道 2. 5厚1:2.5水泥砂浆找平 3. 10厚1:1:6水泥石灰砂浆打底扫毛或划出纹道 4. 素水泥浆一道甩毛(内掺建筑胶)
踢2A	水泥砂浆踢脚	1. 8厚1:2.5水泥砂浆罩面压实起光 2. 素水泥浆一道 3. 12厚1:3水泥砂浆打底扫毛或划出纹道	外墙27A1	贴彩釉面砖	1. 150X150彩釉面砖(水泥青贴) 2. 12厚1:6水泥石灰砂浆打底扫毛
			外墙5A	水泥砂浆墙面	1. 5厚1:2.5水泥砂浆单面 2. 15厚1:3水泥石灰砂浆打底扫毛

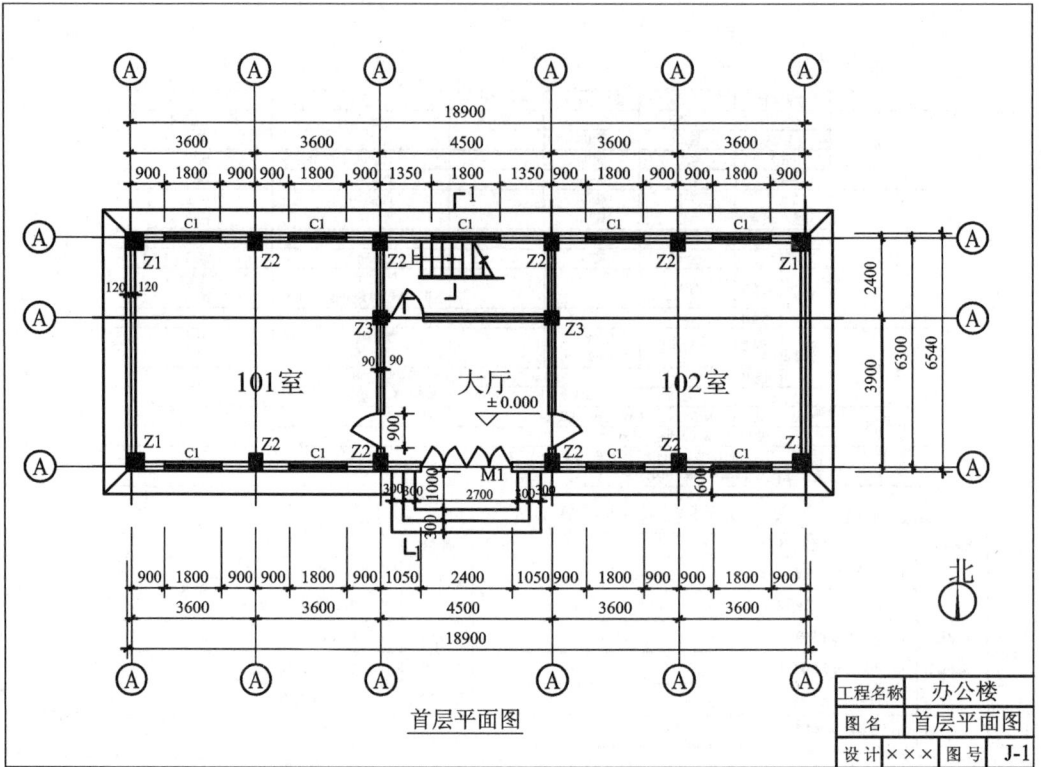

首层平面图

工程名称	办公楼
图 名	首层平面图
设 计 ××× 图 号	J-1

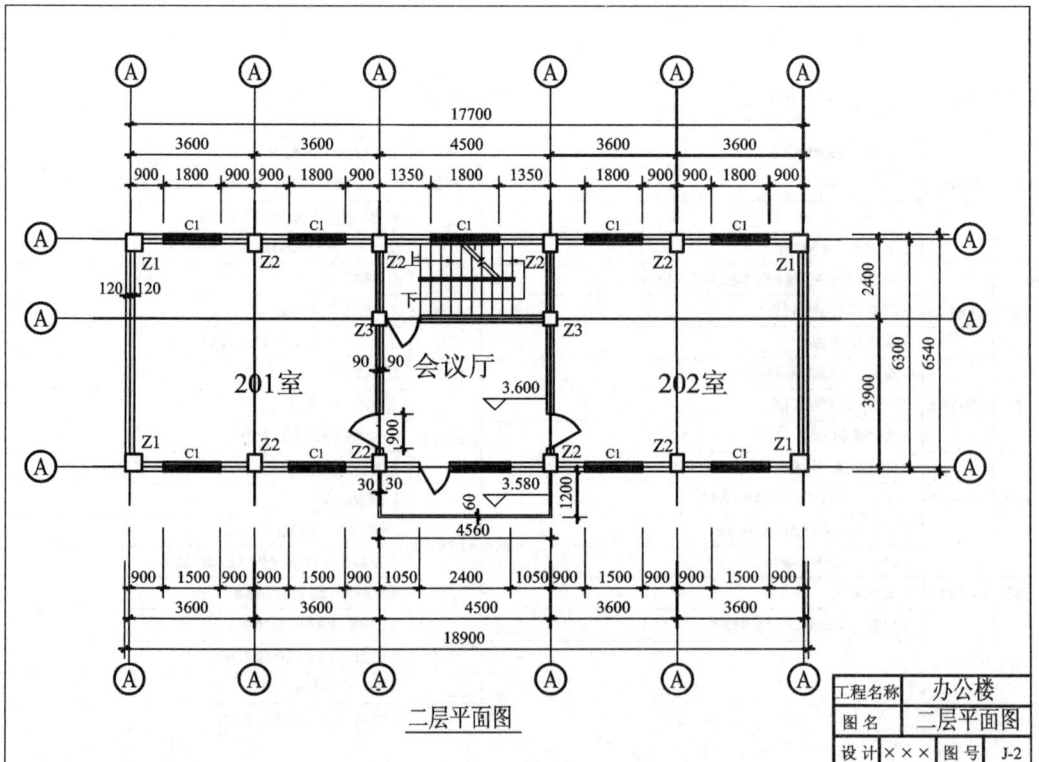

二层平面图

工程名称	办公楼
图 名	二层平面图
设 计 ××× 图 号	J-2

322

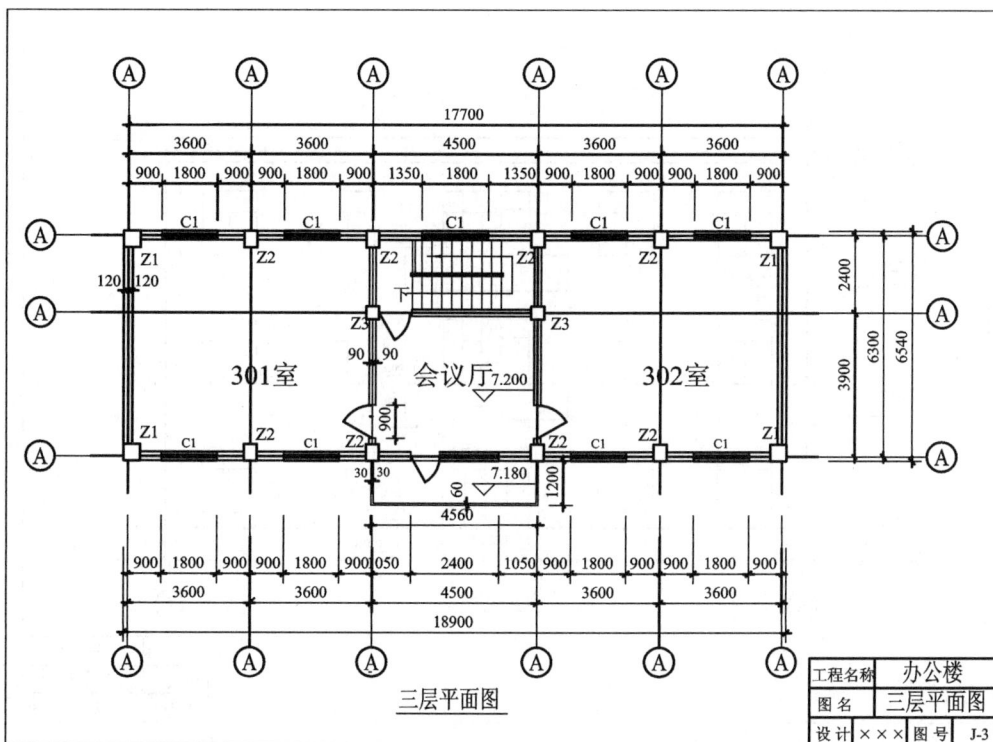

三层平面图

工程名称	办公楼
图名	三层平面图
设计 ××× 图号	J-3

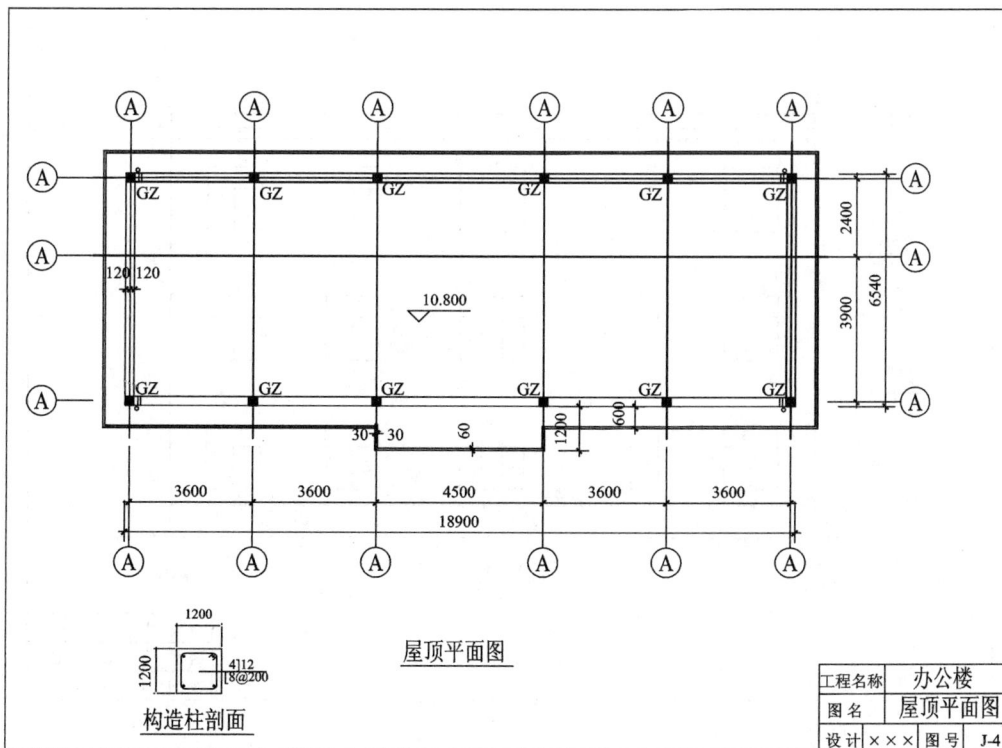

屋顶平面图

构造柱剖面

工程名称	办公楼
图名	屋顶平面图
设计 ××× 图号	J-4

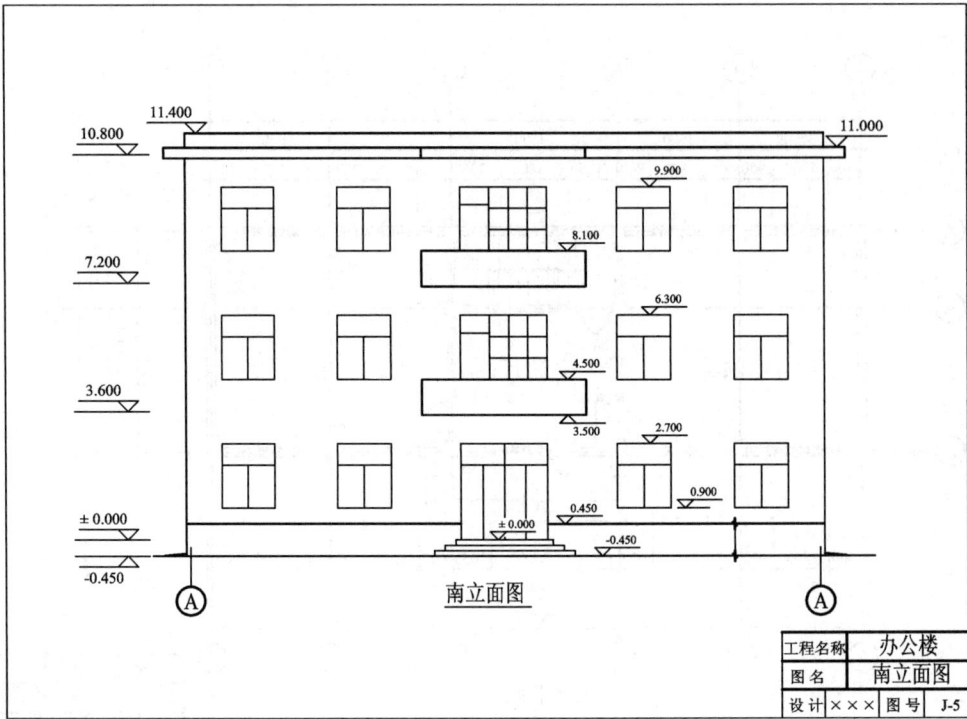

工程名称	办公楼
图 名	南立面图
设 计 ×××　图 号	J-5

南立面图

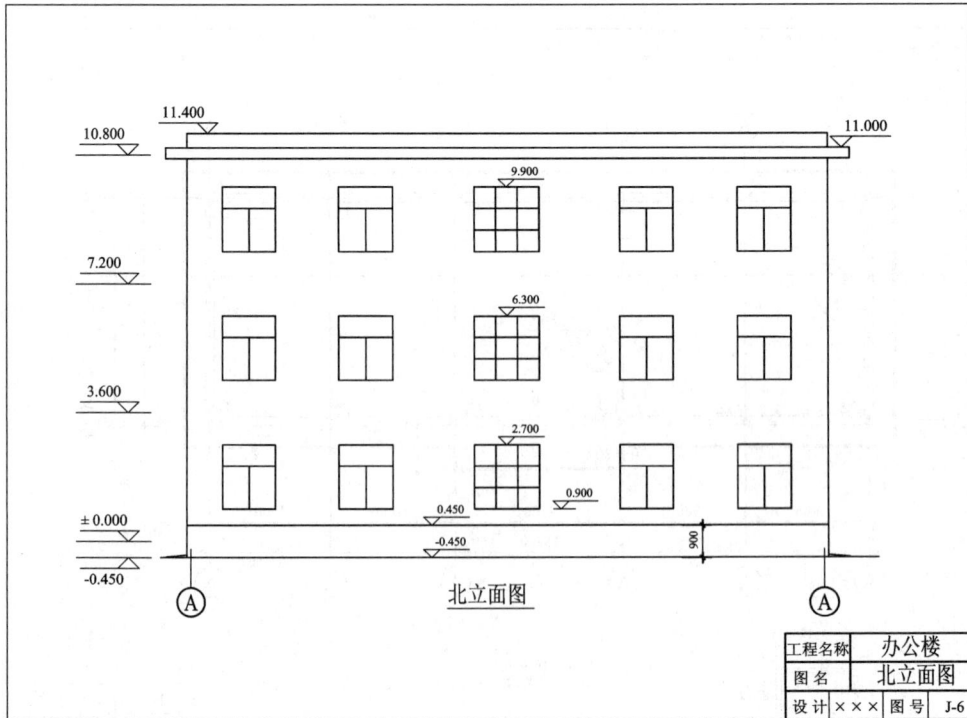

工程名称	办公楼
图 名	北立面图
设 计 ×××　图 号	J-6

北立面图

324

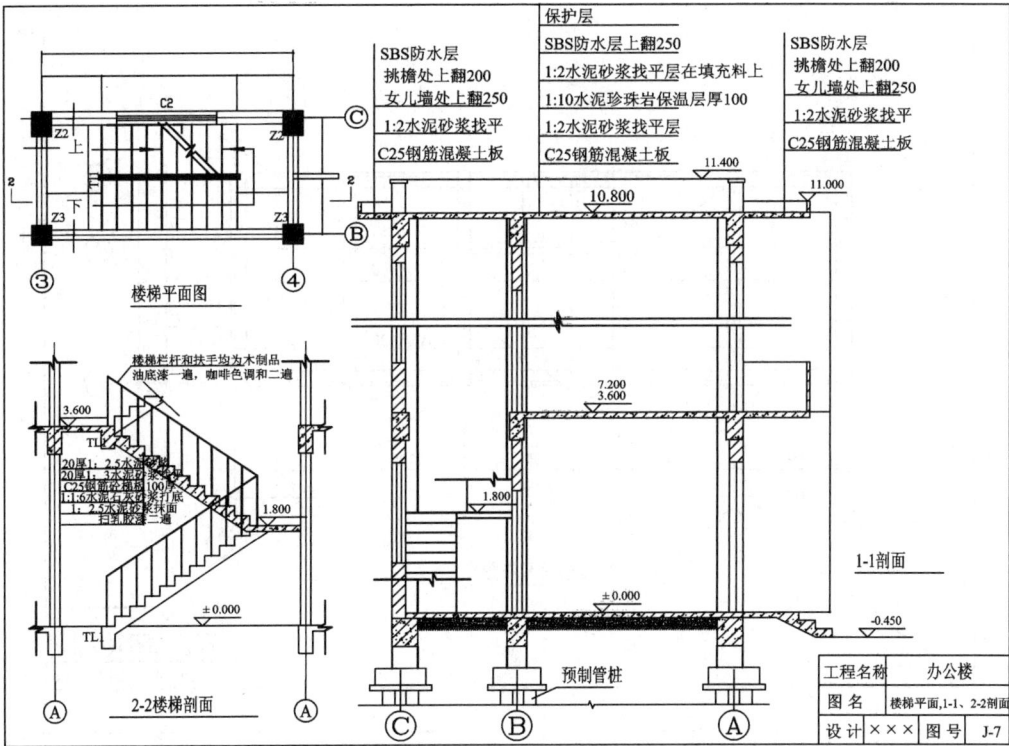

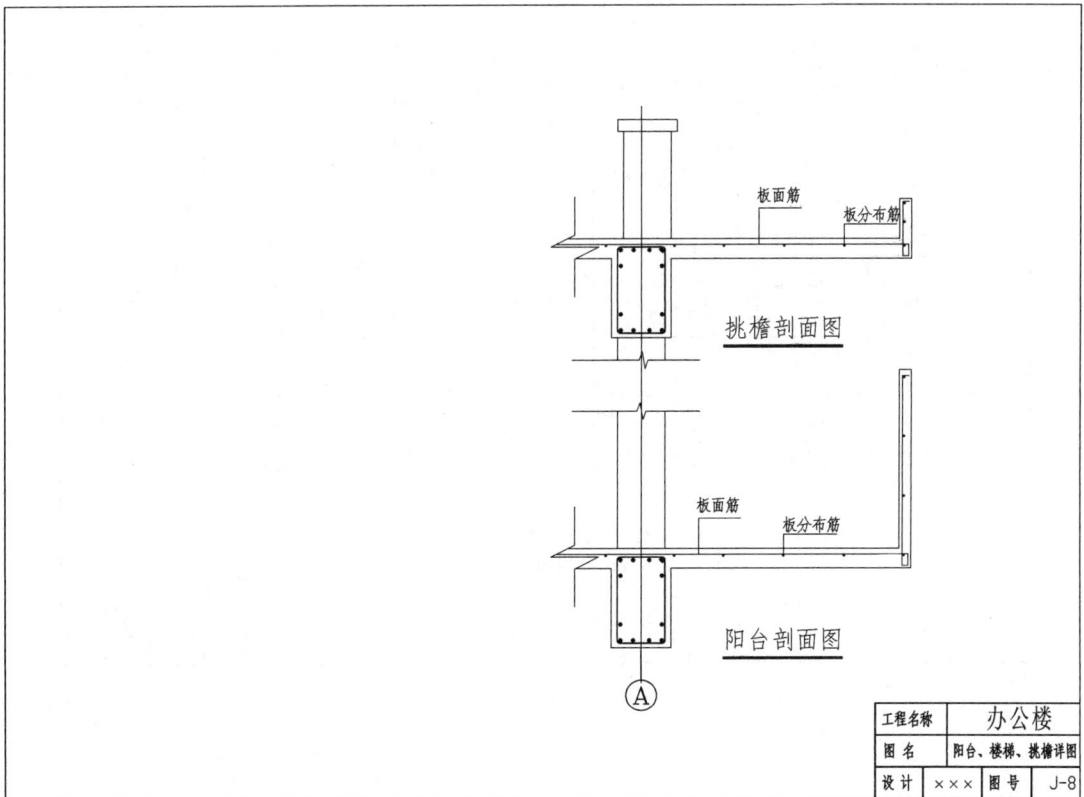

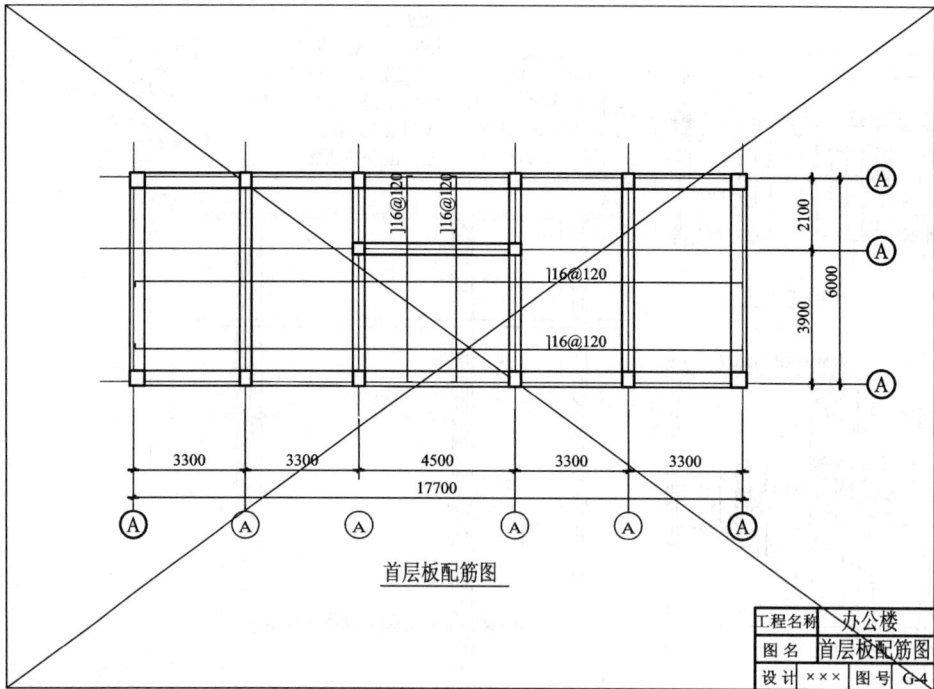

首层板配筋图

工程名称	办公楼	
图 名	首层板配筋图	
设 计	×××	图号	G-4

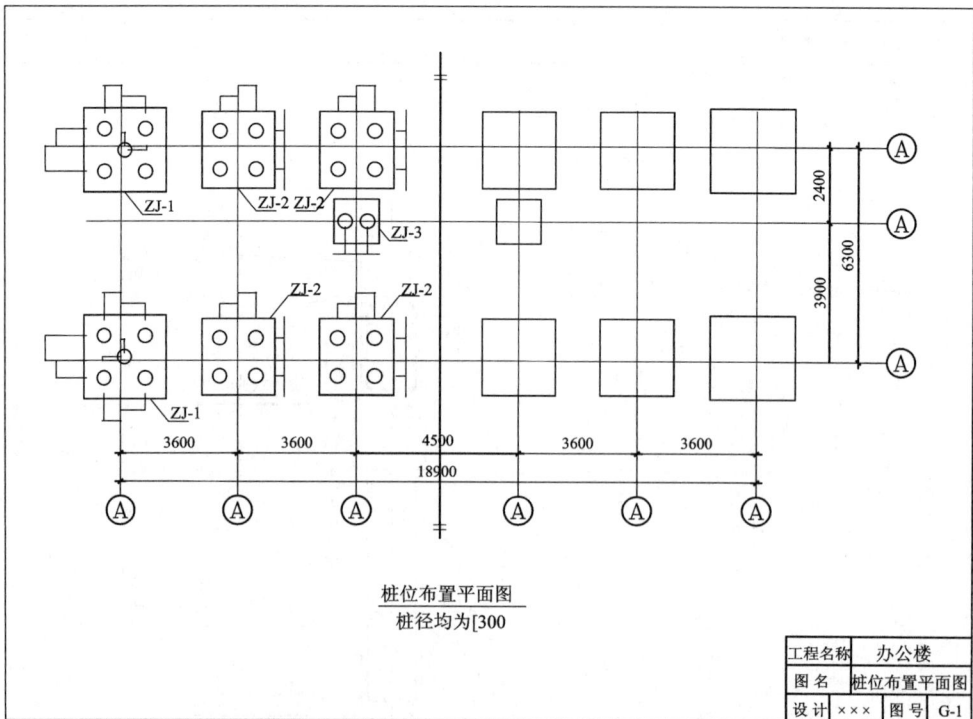

桩位布置平面图
桩径均为[300

工程名称	办公楼	
图 名	桩位布置平面图	
设 计	×××	图号	G-1

承台尺寸及配筋表

编号	承台类型	标高 H	底板尺寸									底板配筋		备注
			H1	H2	A	A1	A2	B	B1	B2		Ⓐ	Ⓐ	
J-1		-1.500	300	200	2350	675	500	2350	675	500		15]12	15]12	
J-2		-1.500	300	200	2050	525	500	2150	575	500		13]12	14]12	
J-3		-1.500	500		1250	625		1250	625			8]14	8]14	

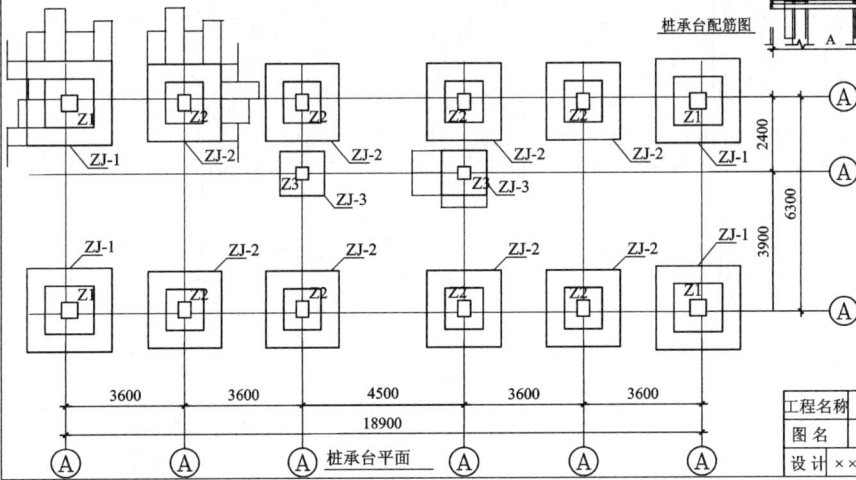

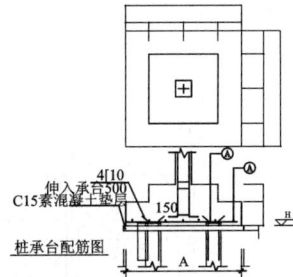

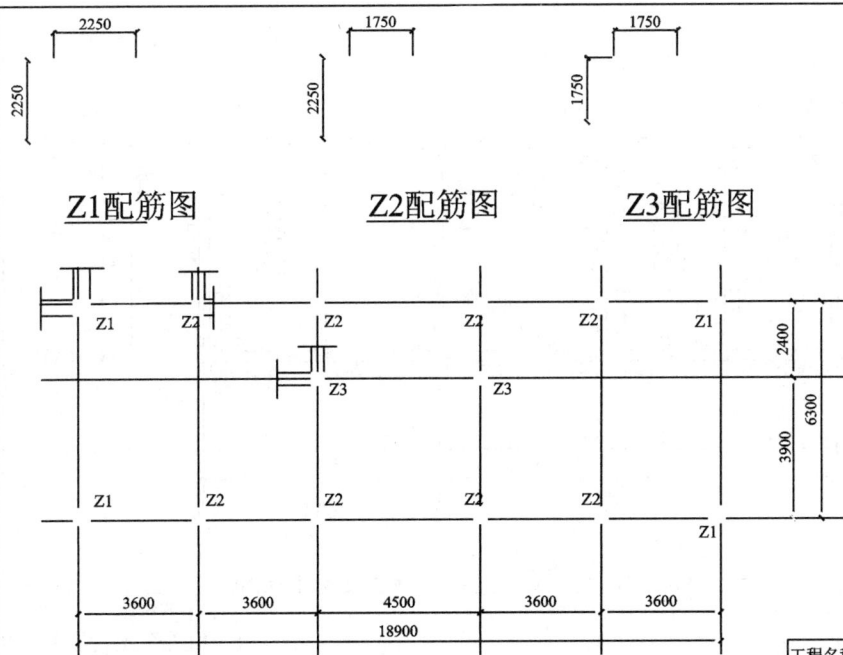

4[10
伸入承台500
C15素混凝土垫层
150
桩承台配筋图

桩承台平面

工程名称	办公楼
图名	桩承台平面
设计 ××× 图号	G-2

Z1配筋图　　　Z2配筋图　　　Z3配筋图

柱定位及配筋图

工程名称	办公楼
图名	柱定位及配筋图
设计 ××× 图号	G-3

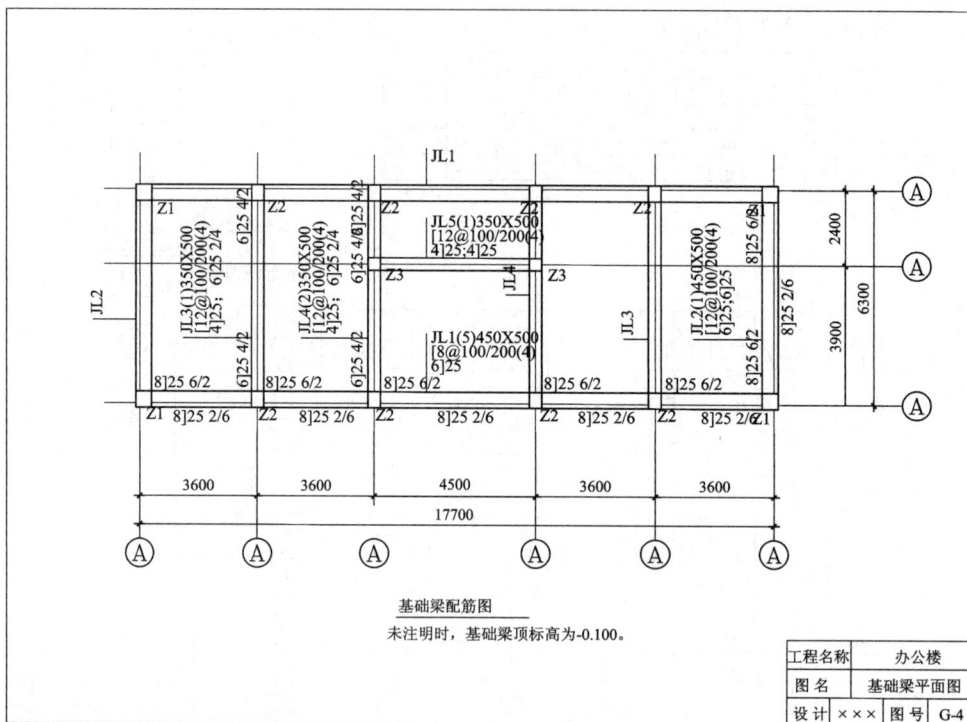

基础梁配筋图
未注明时，基础梁顶标高为-0.100。

工程名称	办公楼
图 名	基础梁平面图
设 计	×××	图 号	G-4

Drawing labels (基础梁配筋图 / 基础梁平面图):

JL1

Z1 JL3(1)350X500 [12@100/200(4) 4]25; 6]25 2/4
8]25 6/2

JL4(2)350X500 [12@100/200(4) 4]25; 6]25 2/4
8]25 6/2

JL5(1)350X500 [12@100/200(4) 4]25;4]25
Z3

JL1(5)450X500 [8@100/200(4) 6]25
8]25 6/2

JL2(1)450X500 [12@100/200(4) 6]25;6]25
8]25 6/2

JL2

6]25 4/2 6]25 4/2 6]25 4/8 6]25 4/2 6]25 4/2 6]25 6/2

2400 6300 3900 8]25 2/6

Z1 8]25 2/6 Z2 8]25 2/6 Z2 8]25 2/6 Z2 8]25 2/6 Z2 8]25 2/6 Z1

3600 3600 4500 3600 3600
17700

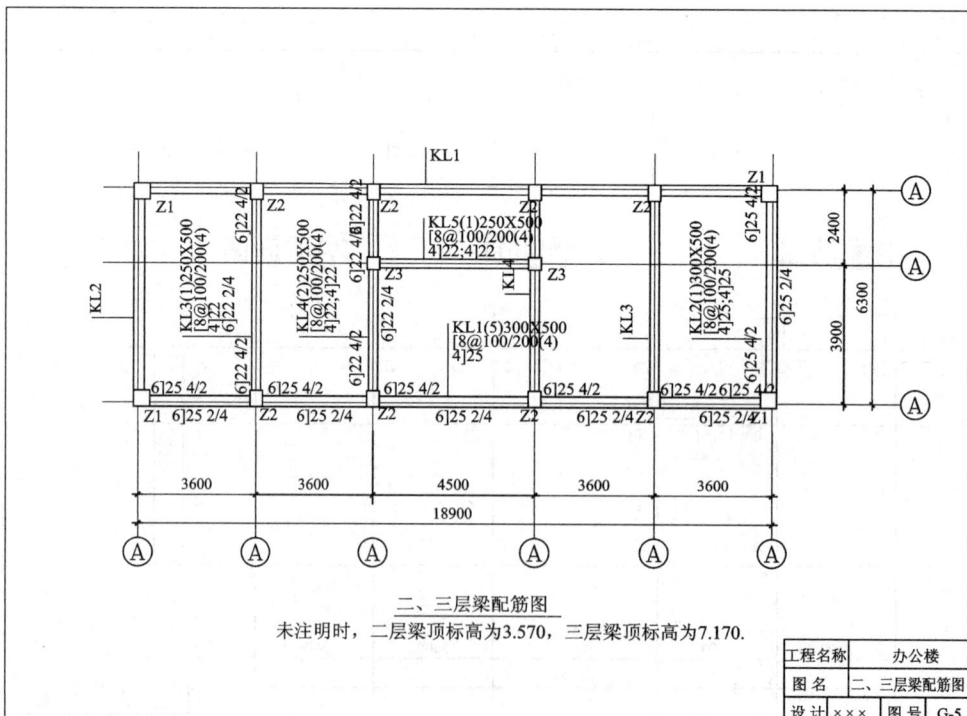

二、三层梁配筋图
未注明时，二层梁顶标高为3.570，三层梁顶标高为7.170.

工程名称	办公楼
图 名	二、三层梁配筋图
设 计	×××	图 号	G-5

Drawing labels (二、三层梁配筋图):

KL1

Z1 KL3(1)250X500 [8@100/200(4) 4]22
6]25 4/2

KL4(2)250X500 [8@100/200(4) 4]22;4]22
6]25 4/2

KL5(1)250X500 [8@100/200(4) 4]22;4]22
Z3

KL1(5)300X500 [8@100/200(4) 4]25
6]25 4/2

KL2(1)300X500 [8@100/200(4) 4]25;4]25
6]25 4/2

KL2

6]22 4/2 6]22 4/2 6]22 4/8 6]22 4/2 6]25 4/2 6]25 4/2

6]22 2/4 6]22 2/4 6]22 2/4 6]25 2/4

2400 6300 3900

Z1 6]25 2/4 Z2 6]25 2/4 Z2 6]25 2/4 Z2 6]25 2/4 Z2 6]25 2/4 Z1

3600 3600 4500 3600 3600
18900

328

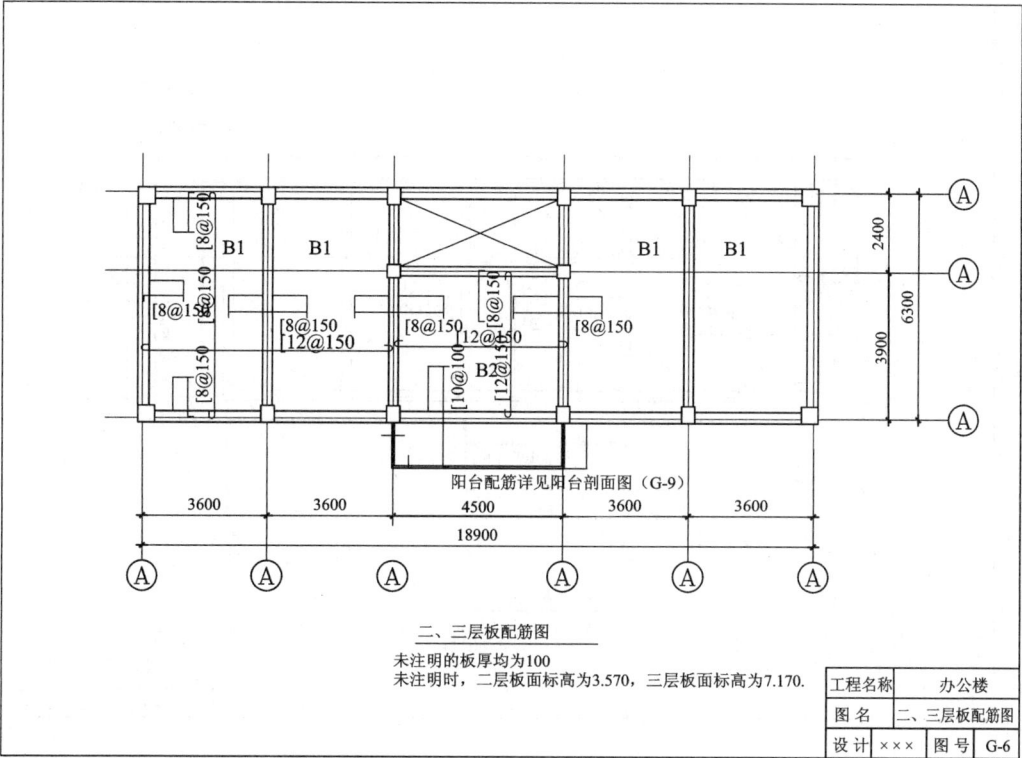

二、三层板配筋图

未注明的板厚均为100

未注明时，二层板面标高为3.570，三层板面标高为7.170.

工程名称	办公楼	
图 名	二、三层板配筋图	
设 计	×××	图 号 G-6

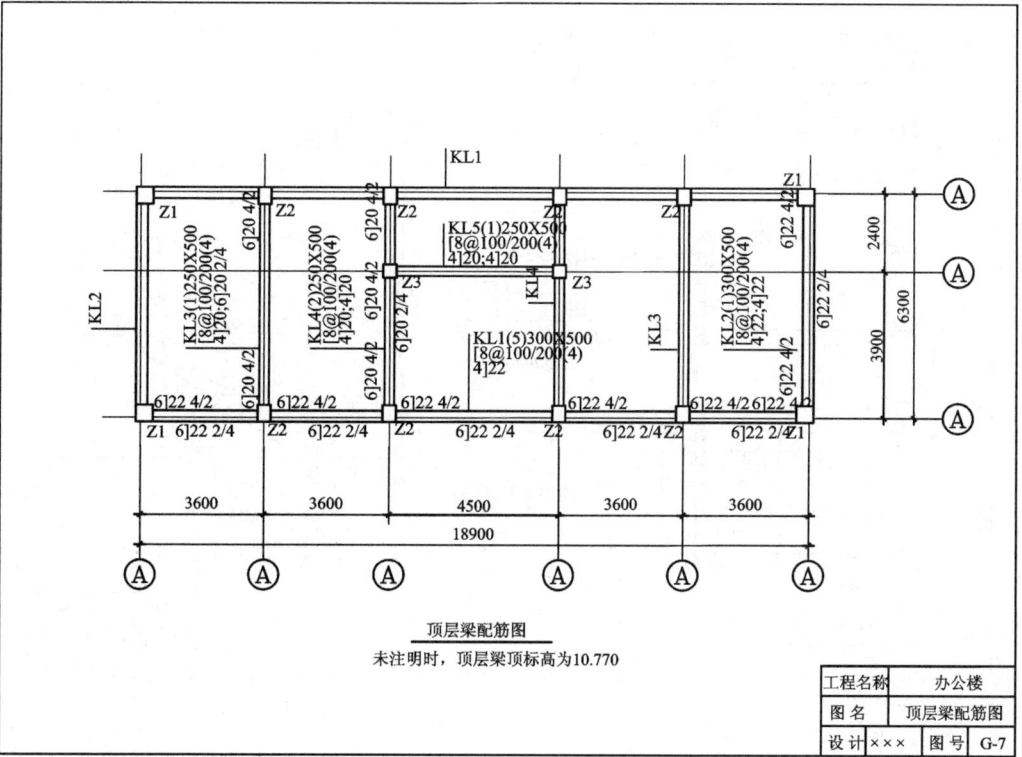

顶层梁配筋图

未注明时，顶层梁顶标高为10.770

工程名称	办公楼	
图 名	顶层梁配筋图	
设 计	×××	图 号 G-7

329

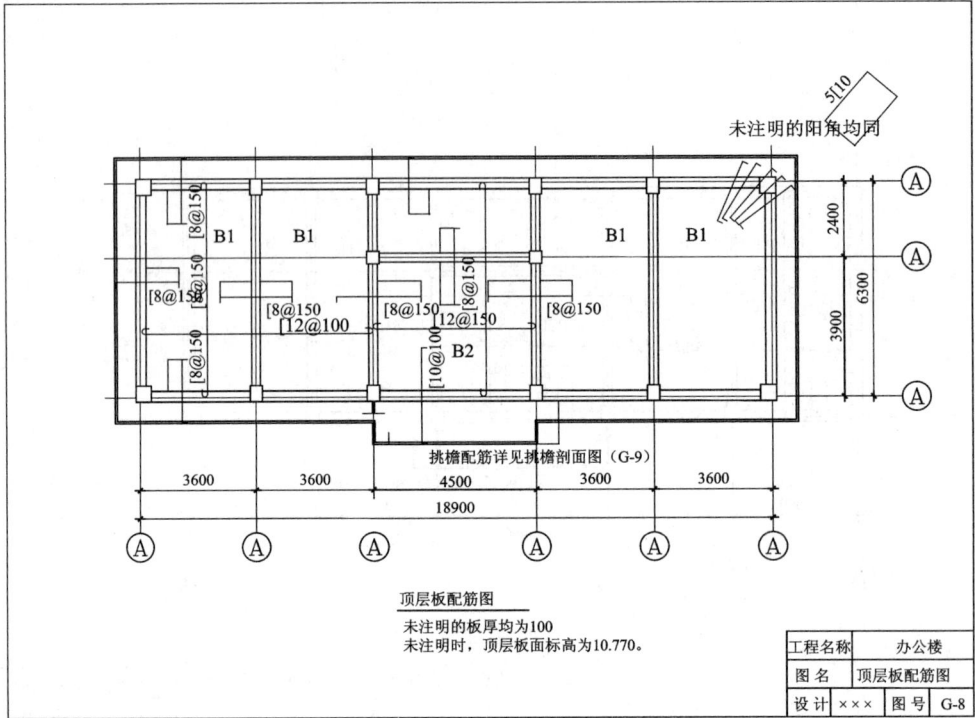

5Ⅱ10
未注明的阳角均同

B1　　B1　　　　　　　　B1　　B1

[8@150
[8@150
[8@150

[8@150
[8@150
[12@100

[8@150
[8@150
[12@150
[10@100
B2

挑檐配筋详见挑檐剖面图（G-9）

2400
6300
3900

3600　　3600　　　4500　　　3600　　3600
18900

顶层板配筋图
未注明的板厚均为100
未注明时，顶层板面标高为10.770。

工程名称	办公楼	
图 名	顶层板配筋图	
设 计	×××	图号　G-8

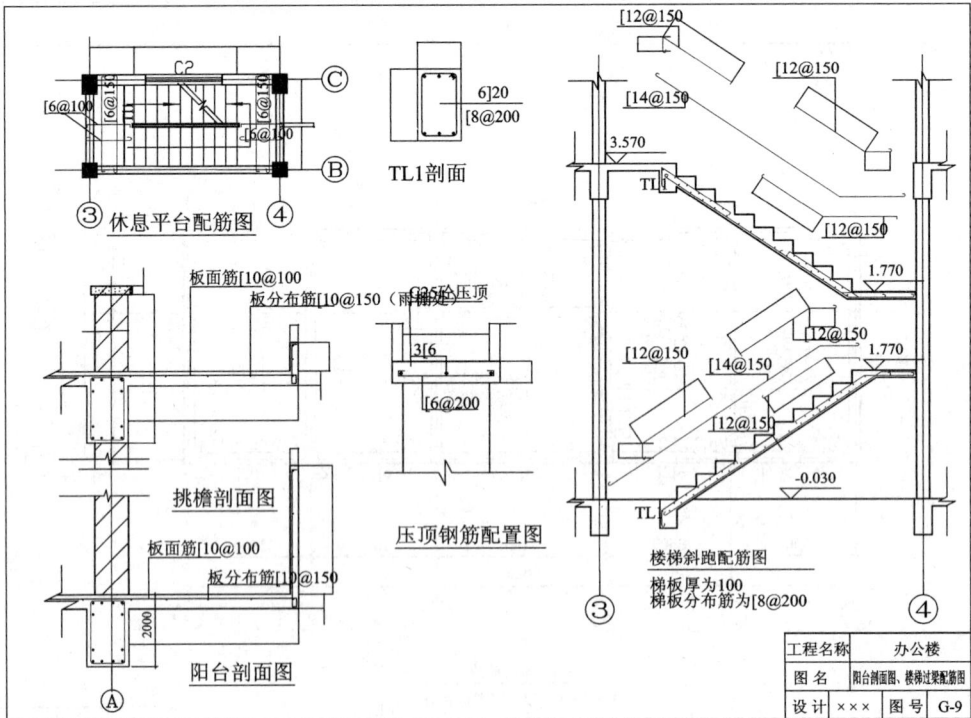

C2

[6@100
[6@150
[6@150
[6@100

③ 休息平台配筋图 ④

6]20
[8@200

TL1剖面

板面筋[10@100
板分布筋[10@150（雨棚同）

挑檐剖面图
板面筋[10@100
板分布筋[10@150

2000

阳台剖面图

C25砼压顶
3[6
[6@200

压顶钢筋配置图

[12@150
[12@150
[14@150
3.570
TL1
[12@150
1.770
[12@150
[14@150
1.770
[12@150
[12@150
-0.030
TL1

楼梯斜跑配筋图
梯板厚为100
梯板分布筋为[8@200

③　　　　　　　　　　④

工程名称	办公楼	
图 名	阳台剖面图、楼梯过梁配筋图	
设 计	×××	图号　G-9

参考文献

[1] 夏昭萍，王燕，钱达友. 建设工程招投标与合同管理[M]. 武汉：中国地质大学出版社，2018.

[2] 武永峰，魏静，年立辉，等. 建设工程招投标与合同管理[M]. 南京：南京大学出版社，2020.

[3] 中国建设监理协会. 建设工程合同管理[M]. 北京：中国建筑工业出版社，2018.

[4] 冯伟，张俊玲，李娟，BIM 招标投标与合同管理[M]. 北京：化学工业出版社，2018.

[5] 《中华人民共和国房屋建筑和市政工程标准施工招标资格预审文件》编制组. 中华人民共和国房屋建筑和市政工程标准施工招标资格预审文件[S]. 北京：中国建筑工业出版社，2010.

[6] 《中华人民共和国房屋建筑和市政工程标准施工招标文件》编制组. 中华人民共和国房屋建筑和市政工程标准施工招标文件[S]. 北京：中国建筑工业出版社，2010.

[7] 中华人民共和国住房和城乡建设部，国家工商行政管理总局. 建设工程施工合同（示范文本）（GF—2017—0201）[S]. 北京：中国建筑工业出版社，2017.

[8] 中华人民共和国住房和城乡建设部，中华人民共和国国家质量监督检验检疫总局. 建设工程工程量清单计价规范（GB 50500—2013）[S]. 北京：中国计划出版社，2013.

[9] 法律出版社法规中心. 中华人民共和国工程建设法律法规全书（含全部规章）[M]. 北京：法律出版社，2021.

[10] 成虎，建设工程合同管理与索赔[M]. 第 5 版. 南京：东南大学出版社，2020.

图书在版编目(CIP)数据

建设工程招投标与合同管理 / 林孟洁，陈淼主编.
—2 版. —长沙：中南大学出版社，2022.6
　　ISBN 978-7-5487-4944-8

　　Ⅰ. ①建… Ⅱ. ①林… ②陈… Ⅲ. ①建筑工程－
招标②建筑工程－投标③建筑工程－合同－管理
Ⅳ. ①TU723

中国版本图书馆 CIP 数据核字(2022)第 100979 号

建设工程招投标与合同管理

林孟洁　陈　淼　主编

□出 版 人	吴湘华		
□策划编辑	周兴武		
□责任编辑	周兴武		
□封面设计	吴颖辉		
□责任印制	唐　曦		
□出版发行	中南大学出版社		
	社址：长沙市麓山南路	邮编：410083	
	发行科电话：0731-88876770	传真：0731-88710482	
□印　　装	长沙雅鑫印务有限公司		

□开　　本	787 mm×1092 mm 1/16	□印张 21.5	□字数 549 千字
□版　　次	2022 年 6 月第 2 版	□印次 2022 年 6 月第 1 次印刷	
□书　　号	ISBN 978-7-5487-4944-8		
□定　　价	54.00 元		

图书出现印装问题，请与经销商调换